工业机器人一体化系列教材

工业机器人离线编程与仿真

一体化教程

主　编　韩鸿鸾　时秀波　毕美晨

副主编　刘曙光　阮洪涛　陶建海

西安电子科技大学出版社

内 容 简 介

本书是根据高等职业院校工业机器人专业的相关标准，并结合工业机器人技能鉴定标准的要求编写而成的，在编写过程中也考虑到了工业机器人编程与操作初学者的实际应用要求。

本书内容包括工业机器人编程的基础、构建基本仿真工业机器人工作站、仿真软件 RobotStudio 中的建模功能、RobotStudio 中典型工作站的构建与离线轨迹编程、RobotArt 离线编程软件的基本操作与工作站系统的构建、RobotArt 离线编程的应用实例、认识其他常用离线编程软件的操作等七个模块，在附录中还包含有"Smart 组件——子组件概览"的相关知识，供读者参考学习。

本书既可作为高等职业学校、高等专科学校、成人教育高校及本科院校的二级职业技术学院、技术(技师)学院、高级技工学校、继续教育学院和民办高校的机电专业、机器人专业师生的教材，也可作为工厂中工业机器人编程与操作初学者的参考用书。本书配有课件、试题等资源，可到出版社网站免费下载。本书亦配有微课视频，读者可通过用移动终端扫描二维码播放。

图书在版编目(CIP)数据

工业机器人离线编程与仿真一体化教程/韩鸿鸾，时秀波，毕美晨主编.
—西安：西安电子科技大学出版社，2020.3(2021.10 重印)
ISBN 978-7-5606-5555-0

Ⅰ. ① 工… Ⅱ. ① 韩… ② 时… ③ 毕… Ⅲ. ① 工业机器人—程序设计—教材
② 工业机器人—计算机仿真—教材 Ⅳ. ① TP242.2

中国版本图书馆 CIP 数据核字(2019)第 272895 号

策划编辑 毛红兵 刘小莉
责任编辑 任倍萱 毛红兵
出版发行 西安电子科技大学出版社(西安市太白南路 2 号)
电 话 (029)88202421 88201467 邮 编 710071
网 址 www.xduph.com 电子邮箱 xdupfxb001@163.com
经 销 新华书店
印刷单位 陕西天意印务有限责任公司
版 次 2020 年 3 月第 1 版 2021 年 10 月第 2 次印刷
开 本 787 毫米×1092 毫米 1/16 印张 26.5
字 数 633 千字
印 数 1001～3000 册
定 价 60.00 元

ISBN 978 - 7 - 5606 - 5555 - 0 / TP

XDUP 5857001-2

如有印装问题可调换

工业机器人一体化系列教材编写委员会名单

主　任　韩鸿鸢

副主任　王鸿亮　周经财　何成平

委　员　(按姓氏拼音排序)

程宝鑫　刘衍文　沈建峰　王海军　相洪英　谢 华

张林辉　郑建强　周永钢　朱晓华

工匠精神与企业文化指导　王鸿亮

课程思政指导　时秀波　袁雪芬

工作单指导　周经财

课证融通指导　冯波

前　言

为了提高职业院校人才培养质量，满足产业转型升级对高素质复合型、创新型技术技能人才的需求，《国家职业教育改革实施方案》和教育部关于双高计划的文件中提出了"教师、教材、教法"三教改革的系统性要求。

国务院印发的《国家职业教育改革实施方案》提出，从 2019 年开始，在职业院校、应用型本科高校启动"学历证书+若干职业技能等级证书"制度试点(以下称 1+X 证书制度试点)工作。

该套教材开发的是基于"1+X"的"课证融通"教材，具体地说，就是与高等职业学校工业机器人技术专业教学标准和工业机器人应用编程职业技能等级标准、工业机器人操作与运维职业技能等级标准的不同级别(初级、中级、高级)对接，并与专业课程学习考核对接的教材。

为了实现职业技能等级标准与各个层次职业教育的专业教学标准相互对接，不同等级的职业技能标准应与不同教育阶段学历职业教育的培养目标和专业核心课程的学习目标相对应，保持培养目标和教学要求的一致性。具体来说，初级对应中职、中级对应高职、高级对应持续本科和应用大学。

为认真贯彻党的十九大精神，进一步把贯彻落实全国高校思想政治工作会议和《中共中央国务院关于加强和改进新形势下高校思想政治工作的意见》精神引向深入，大力提升高校思想政治工作质量，中共教育部党组特制定了《高校思想政治工作质量提升工程实施纲要》。由此，实施课程思政也是当下职业教育教材建设的首要任务。

为此，我们按照"信息化＋课证融通＋自学报告＋企业文化＋课程思政＋工匠精神＋工作单"等多位一体的表现模式策划、编写了专业理论与实践一体化课程系列教材。

本套教材按照"以学生为中心、以学习成果为导向、促进自主学习"思路进行教材开发设计，将"企业岗位(群)任职要求、职业标准、工作过程或产品"作为教材主体内容，将"以德树人、课程思政"有机融合到教材中，提供丰富、适用和引领创新作用的多种类型立体化、信息化课程资源，实现教材多功能作用并构建深度学习的管理体系。

我们通过校企合作和广泛的企业调研，对工业机器人专业的教材进行了统筹设计，最终确定工业机器人专业教材包括《工业机器人工作站的集成一体化教程》《工业机器人现场编程与调试一体化教程》《工业机器人的组成一体化教程》《工业机器人操作与应用一体化教程》《工业机器人离线编程与仿真一体化教程》《工业机器人机电装调与维修一体化教程》、《工业机器人的三维造型与设计一体化教程》《工业机器人视觉系统一体化教程》等八种。

本套教材以多个学习性任务为载体，通过项目导向、任务驱动等多种"情境化"的表现形式，突出过程性知识，引导学生学习相关知识，获得经验、诀窍、实用技术、操作规范等与岗位能力直接相关的知识和技能，使其知道在实际岗位工作中"如何做""如何做会做得更好"。

在编写过程中，我们对课程教材进行了系统性改革和模式创新，将课程内容进行了系统化、规范化和体系化设计，按照多位一体模式进行策划设计。本套教材通过理念和模式创新形成了以下特点和创新点：

(1) 基于岗位知识需求，系统化、规范化地构建课程体系和教材内容。

(2) 通过教材的多位一体表现模式和教、学、做之间的引导和转换，强化学生学中做、做中学训练，潜移默化地提升岗位管理能力。

(3) 任务驱动式的教学设计，强调互动式学习、训练，激发学生的学习兴趣和动手能力，快速有效地将知识内化为技能、能力。

(4) 针对学生的群体特征，以可视化内容为主，通过图示、图片、电路图、逻辑图、教学资源(以二维码形式呈现，置于每模块末尾)等形式表现学习内容，降低学生的学习难度，培养学生的兴趣和信心，提高学生自主学习的效率。

本套教材注重职业素养的培养，以德树人，通过操作规范、安全操作、职业标准、环保、人文关爱等知识的有机融合，提高学生的职业素养和道德水平。

本书由韩鸿鸾、时秀波、毕美晨任主编，由刘曙光、阮洪涛、陶建海任副主编。本书在编写过程中得到了柳道机械、天润泰达、西安乐博士、上海 ABB、KUKA、淄博环鑫家电配件有限公司等工业机器人生产企业与北汽黑豹(威海)汽车有限公司、山东新北洋信息技术股份有限公司、豪顿华(英国)、联桥仲精机械(日本)有限公司等工业机器人应用企业的大力支持，同时得到了众多职业院校的帮助，有的职业院校还安排了编审人员，在此深表谢意。

由于编者水平有限，书中不足之处在所难免，敬请广大读者给予批评指正。

编　者

2019 年 11 月

目　　录

模块一

工业机器人编程的基础

任务一 认识工业机器人的编程

课程思政

总要求
守初心、担使命，找差距、抓落实。

工作任务

图 1-1(a)为工业机器人在码垛方面的应用，因工业机器人操作动作较简单，故采用了示教器编程，如图 1-1(b)所示。图 1-2 为工业机器人的轻型加工，属于工业机器人的复杂操作，若采用图 1-1 所示的示教编程，实现起来有一定难度，故采用离线编程。

(a) 码垛工业机器

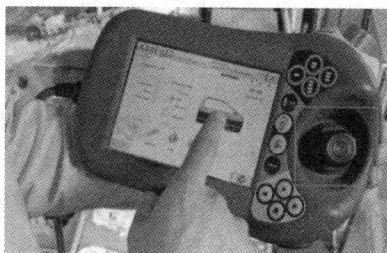

(b) ABBIRC5 示教器

图 1-1 工业机器在码垛方面的应用

图 1-2 工业机器人的轻型加工

笔记

📹 任务目标

知 识 目 标	能 力 目 标
1. 了解对机器人编程的要求 2. 掌握机器人编程语言的类型 3. 知道机器人语言系统的结构 4. 掌握机器人语言的编程要求 5. 了解机器人编程语言的特征	1. 能读懂用编程语言编写的工业机器人程序 2. 能设计简单的工业机器人程序

📹 任务实施

教师讲解

　　机器人运动和控制两者在机器人的程序编制上得到了有机结合；机器人程序设计是实现人与机器人通信的主要方法，也是研究机器人系统的最困难和关键的问题之一。编程系统的核心问题是操作运动控制问题。

　　对机器人的编程程度决定了该机器人的适应性。例如，机器人能否执行复杂顺序的任务？能否快速地从一种操作方式转换到另一种操作方式？能否在特定环境中做出决策?所有这些问题,在很大程度上都是程序设计所要考虑的问题，而且与机器人的控制问题密切相关。

　　由于机器人的机构和运动均与一般机械不同，因而其程序设计也具有一定的特色，进而也对机器人程序设计提出了特别要求。

一、对机器人编程的要求

1. 能够建立世界模型(world model)

　　机器人编程需要一种描述物体在三维空间内运动的方法，因此存在具体的几何形式是机器人编程语言中最普通的组成部分。物体的所有运动都以相对于基坐标系的工具坐标来描述。机器人语言应当具有对世界(环境)的建模功能。

2. 能够描述机器人的作业

　　对机器人作业的描述与其环境模型密切相关，描述水平决定了编程语言水平。其中以自然语言输入为最高水平。现有的机器人语言需要给出作业顺序，由语法和词法定义输入语言，并由它描述整个作业。例如，装配作业可描述为世界模型的一系列状态，这些状态可用工作空间内所有物体的形态给定，这些形态可利用物体间的空间关系来说明。

3. 能够描述机器人的运动

　　机器人编程语言的基本功能之一就是描述机器人需要进行的运动。用户能够运用语言中的运动语句，与路径规划器和发生器连接，允许用户规定路径上的点及目标点，决定是否采用点插补运动或笛卡儿直线运动。用户还可以控制运动速度或运动持续时间。

4. 允许用户规定执行流程

机器人编程系统允许用户规定执行流程，包括试验和转移、循环、调用子程序以至中断等，这与一般的计算机编程语言一样。

5. 要有良好的编程环境

一个好的计算机编程环境有助于提高程序员的工作效率。机械手的程序编制是困难的，其编程趋向于试探对话式。如果用户忙于应付连续重复的编译语言的编辑→编译→执行循环，那么其工作效率必然是低的。因此，现在大多数机器人编程语言含有中断功能，以便能够在程序开发和调试过程中每次只执行一条单独语句。典型的编程支撑(如文本编辑调试程序)和文件系统也是必需的。

6. 需要人机接口和综合传感信号

要求在编程和作业过程中，便于人与机器人之间进行信息交换，以便在运动出现故障时能及时处理，确保安全。而且，随着作业环境和作业内容复杂程度的增加，需要有功能强大的人机接口。

机器人语言系统的一个极其重要的部分是与传感器的相互作用。语言系统应能提供一般的决策结构，以便根据传感器的信息来控制程序的流程。

二、机器人语言编程

工业机器人编程分为语言编程、在线编程与离线编程三种。

1. 机器人编程语言的类型

机器人编程语言尽管有很多种分类方法，但根据作业描述水平的高低，通常可分为三级。

1) 动作级编程语言

动作级编程语言是以机器人的运动作为描述中心，通常由指挥夹手从一个位置到另一个位置的一系列命令组成。动作级编程语言的每一个命令(指令)对应于一个动作，如可以定义机器人的运动序列(MOVE)，其基本语句形式为

　　　　MOVE TO(destination)

动作级编程语言的代表是 VAL 语言，它的语句比较简单，易于编程。动作级编程语言的缺点是不能进行复杂的数学运算，不能接受复杂的传感器信息，仅能接受传感器的开关信号，并且和其他计算机的通信能力很差。VAL语言不提供浮点数或字符串，子程序不含自变量。

动作级编程又可分为关节级编程和终端执行器级编程两种。

(1) 关节级编程。关节级编程程序给出机器人各关节位移的时间序列。这种程序可以用汇编语言、简单的编程指令来实现，也可通过示教盒示教或键入示教实现。

关节级编程是一种在关节坐标系中工作的初级编程方法，用于直角坐标型机器人和圆柱坐标型机器人，编程较为简便。但应用于关节型机器人时，即使完成简单的作业，也首先要作运动综合才能编程，整个编程过程很不方便。

(2) 终端执行器级编程。终端执行器级编程是一种在作业空间内直角坐标系里工作的编程方法。

终端执行器级编程程序给出机器人终端执行器的位姿和辅助机能的时间序列，包括力觉、触觉、视觉等机能以及作业用量、作业工具的选定等。这种语言的指令由系统软件解释执行，可提供简单的条件分支，可应用子程序，并提供较强的感受处理功能和工具使用功能。这类语言有的还具有并行功能。

2) 对象级编程语言

对象级编程语言解决了动作级语言的不足，它是描述操作物体间关系使机器人动作的语言，即是以描述操作物体之间的关系为中心的语言，这类语言有 AML、AUTOPASS 等。

AUTOPASS 是一种用于计算机控制下进行机械零件装配的自动编程系统，这一编程系统面对作业对象及装配操作而不直接面对装配机器人的运动。

3) 任务级编程语言

任务级编程语言是比较高级的机器人语言，这类语言允许使用者对工作任务所要求达到的目标直接下命令，不需要规定机器人所做的每一个动作的细节。只要按某种原则给出最初的环境模型和最终工作状态，机器人即可自动进行推理、计算，最后自动生成机器人的动作。任务级编程语言的概念类似于人工智能中程序自动生成的概念。任务级机器人编程系统能够自动执行许多规划任务。

各种机器人编程语言具有不同的设计特点，它们是由许多因素决定的，这些因素包括：

(1) 语言模式，如文本、清单等。

(2) 语言形式，如子程序、新语言等。

(3) 几何学数据形式，如坐标系、关节转角、矢量变换、旋转以及路径等。

(4) 旋转矩阵的规定与表示，如旋转矩阵、矢量角、四元数组、欧拉角以及滚动→偏航→俯仰角等。

(5) 控制多个机械手的能力。

(6) 控制结构，如状态标记等。

(7) 控制模式，如位置、偏移力、柔顺运动、视觉伺服、传送带及物体跟踪等。

(8) 运动形式，如两点间的坐标关系、两点间的直线、连接几个点、连续路径、隐式几何图形(如圆周)等。

(9) 信号线，如二进制输入输出，模拟输入输出等。

(10) 传感器接口，如视觉、力/力矩、接近度传感器和限位开关等。

(11) 支援模块，如文件编辑程序、文件系统、解释程序、编译程序、模拟程序、宏程序、指令文件、分段联机、差错联机、HELP 功能以及指导诊断程序等。

(12) 调试性能，如信号分级变化、中断点和自动记录等。

2. 机器人语言系统的结构

如同其他计算机语言一样，机器人语言实际上是一个语言系统。机器人语言系统既包含语言本身，即给出作业指示和动作指示，同时又包含处理系统，即根据上述指示来控制机器人系统。机器人语言系统如图 1-3 所示，它能够支持机器人编程、控制，以及与外围设备、传感器和机器人的接口；同时还能支持和计算机系统的通信。

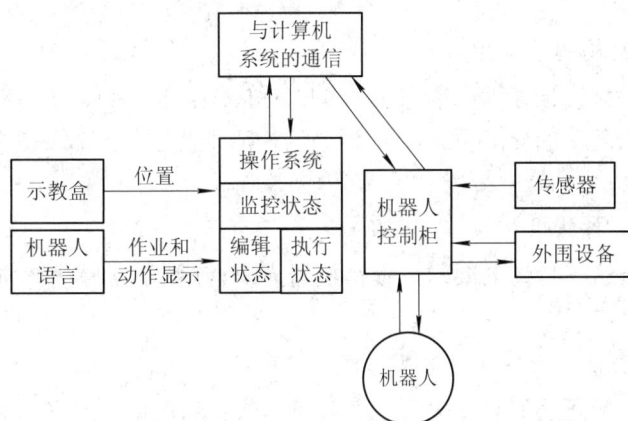

图 1-3 机器人语言系统

3. 机器人语言编程系统的操作状态

机器人语言编程系统包括三个基本操作状态：监控状态、编辑状态和执行状态。

1) 监控状态

监控状态用于整个系统的监督控制，操作者可以用示教盒定义机器人在空间中的位置，设置机器人的运动速度、存储和调出程序等。

2) 编辑状态

编辑状态用于操作者编制或编辑程序，一般包括写入指令，修改或删去指令以及插入指令等。

3) 执行状态

执行状态用来执行机器人程序。在执行状态，机器人执行程序的每一条指令，都是经过调试的，不允许执行有错误的程序。

和计算机语言程序类似，机器人语言程序可以编译，把机器人源程序转换成机器码，以便机器人控制柜能直接读取和执行。

4. 机器人编程语言的特征

机器人编程语言一直以三种方式发展着：一是产生一种全新的语言；二

笔记

✍ 笔记

是对老版本语言(指计算机通用语言)进行修改和增加一些句法或规则；三是在原计算机编程语言中增加新的子程序。因此，机器人编程语言与计算机编程语言有着密切的关系，它也应有一般程序语言所具有的特性。

1) 简易性和一致性

清晰性、简易性和一致性。基本运动级作为点位引导级与结构化级的混合体，它可能有大量的指令，但控制指令很少，因此缺乏一致性。

结构化级和任务级编程语言在开发过程中，自始至终都考虑了程序设计语言的特性。结构化程序设计技术和数据结构，减轻了对特定指令的要求，坐标变换使得表达运动更一般化，而子句的运用大大提高了基本运动语句的通用性。

2) 程序结构的清晰性

结构化程序设计技术的引入，如 while-do、if-then-else 这种类似自然语言的语句代替简单的 goto 语句，使程序结构清晰明了，但需要更多的时间和精力来掌握。

3) 应用的自然性

正是由于这一特性的要求，使得机器人语言逐渐增加各种功能，由低级向高级发展。

4) 易扩展性

从技术不断发展的观点来说，各种机器人语言既能满足各自机器人的需要，又能在扩展后满足未来新应用领域以及传感设备改进的需要。

5) 调试和外部支持工具

它能快速有效地对程序进行修改，已商品化的较低级别的语言有非常丰富的调试手段，结构化级在设计过程中始终考虑到离线编程，因此也只需要少量的自动调试。

6) 效率

语言的效率取决于编程的容易性，即编程效率和语言适应新硬件环境的能力(可移植性)。随着计算机技术的不断发展，处理速度越来越快，已能满足一般机器人控制的需要，各种复杂控制算法的实用化指日可待。

5. 机器人编程语言的基本功能

机器人编程语言的基本功能包括运算、决策、通信、机械手运动、工具指令以及传感器数据处理等。许多正在运行的机器人系统，只提供机械手运动和工具指令以及某些简单的传感器数据处理功能。机器人编程语言体现出来的基本功能都是机器人系统软件支持形成的。

1) 运算

在作业过程中执行的规定运算能力是机器人控制系统最重要的能力之一。

如果机器人未装有任何传感器，那么就可能不需要对机器人程序规定什么运算。没有传感器的机器人只不过是一台适于编程的数控机器。

笔记

对于装有传感器的机器人所进行的最有用的运算是解析几何计算。这些运算结果能使机器人自行作出在下一步把工具或夹手置于何处的决定。用于解析几何运算的计算工具可能包括下列内容：

(1) 机械手解答及逆解答。

(2) 坐标运算和位置表示，例如相对位置的构成和坐标的变化等。

(3) 矢量运算，例如点积、交积、长度、单位矢量、比例尺以及矢量的线性组合等。

2) 决策

机器人系统能够根据传感器输入信息作出决策，而不必执行任何运算。传感器数据计算得到的结果，是作出下一步该干什么这类决策的基础。这种决策能力使机器人控制系统的功能变得更强有力。一条简单的条件转移指令(例如检验零值)就足以执行任何决策算法。决策采用的形式包括符号检验(正、负或零)、关系检验(大于、不等于等)、布尔检验(开或关、真或假)、逻辑检验(对一个计算字进行位组检验)以及集合检验(一个集合的数、空集等)。

3) 通信

人和机器能够通过许多不同方式进行通信。机器人向人提供信息的设备，按其复杂程度排列如下：

(1) 信号灯，通过发光二极管，机器人能够给出显示信号。

(2) 字符打印机、显示器。

(3) 绘图仪。

(4) 语言合成器或其他音响设备(铃、扬声器等)。

这些输入设备包括以下几种：按钮、旋钮和指压开关；数字或字母数字键盘；光笔、光标指示器和数字变换板；光学字符阅读机；远距离操纵主控装置，如悬挂式操作台等。

4) 机械手运动

可用许多不同方法来规定机械手的运动。最简单的方法是向各关节伺服装置提供一组关节位置，然后等待伺服装置到达这些规定位置。比较复杂的方法是在机械手工作空间内插入一些中间位置，这种程序使所有关节同时开始运动和同时停止运动。

用与机械手的形状无关的坐标来表示工具位置是更先进的方法，但是需要用一台计算机对解答进行计算。在笛卡尔空间内引入一个参考坐标系，用以描述工具位置，然后让该坐标系运动，这对许多情况是很方便的。采用计算机之后，极大地提高了机械手的工作能力，包括：

(1) 使复杂得多的运动顺序成为可能；

(2) 使运用传感器控制机械手运动成为可能；

(3) 能够独立存储工具位置，而与机械手的设计以及刻度系数无关。

5) 工具指令

一个工具控制指令通常是由闭合某个开关或继电器而开始触发的，而继

工匠精神

树立起对职业敬畏、对工作执着、对产品负责的态度，极度注重细节，不断追求完美和极致，给客户无可挑剔的体验。将一丝不苟、精益求精的工匠精神融入每一个环节，做出打动人心的一流产品。

✐ 笔记

电器又可能把电源接通或断开，以直接控制工具运动，或者送出一个小功率信号给电子控制器，让后者去控制工具运动。直接控制是最简单的方法，而且对控制系统的要求也较少。可以用传感器来感受工具运动及其功能的执行情况。

当采用工具功能控制器时，对机器人主控制器来说就能对机器人进行比较复杂的控制。采用单独控制系统能够使工具功能控制与机器人控制协调一致地工作。这种控制方法已被成功地用于飞机机架的钻孔和铣削加工。

6) 传感器数据处理

用于机械手控制的通用计算机只有与传感器连接起来，才能发挥其全部效用。传感器数据处理是许多机器人程序编制的十分重要而又复杂的组成部分。当采用触觉、听觉或视觉传感器时，更是如此。例如，当应用视觉传感器获取视觉特征数据、辨识物体和进行机器人定位时，对视觉数据的处理工作往往是极其大量和费时的。

6. 工业机器人编程指令

编程语言的功能决定了机器人的适应性和提供给用户的方便性。目前，机器人编程语言还没有公认的国际标准，各制造厂商有各自的机器人编程语言。在世界范围内，机器人大多采用封闭的体系结构，没有统一的标准和平台，无法实现软件的可重用、硬件的可互换，而且产品开发周期长，效率低，这些因素阻碍了机器人产业化发展。

为促进我国工业机器人行业的发展，提高我国工业机器人在国际上的竞争能力，避免像国外工业机器人一样，由于编程指令不统一的原因，在一定程度上制约机器人发展，张铁等人针对我国工业机器人当前发展的现状，为解决工业机器人发展和应用中企业"各自为政"的问题，提出一套面向弧焊、点焊、搬运、装配等作业的工业机器人产品的编程指令，即工业机器人指令标准(GB/T 29824—2013)，为工业机器人离线编程系统的发展提供必要的基础，促进了工业机器人在工业生产中的推广和应用，推动了我国工业机器人产业的发展。

工业机器人编程指令是指描述工业机器人动作指令的子程序库，它包含前台操作指令和后台坐标数据。工业机器人编程指令包含运动类、信号处理类、I/O 控制类、流程控制类、数学运算类、逻辑运算类、操作符类编程指令、文件管理指令、数据编辑指令、调试程序/运行程序指令、程序流程命令、手动控制指令等。

工业机器人指令标准(GB/T 29824—2013)规定了各种工业机器人的编程基本指令，适用于弧焊机器人、点焊机器人、搬运机器人、喷涂机器人、装配机器人等各种工业机器人。

带领学生到工厂的工业机器人旁边介绍，但应注意安全。

7. 工业机器人程序设计过程

不同厂家的机器人都有不同的编程语言，但程序设计的过程都大同小异，

一体化教学

下面以三菱公司生产的 Movemaster EX RV-M1 装配机器人的一个应用实例 ✍ 笔记
为例来说明程序设计的具体过程。要求：该机器人将待测货盘 1 拾起，在检
测设备上检测之后，再放在货盘 2 上；共 60 个工件，在货盘 1 上按 12×5 的
形式摆放，在货盘 2 上按 15×4 的形式摆放。

1) Movemaster EX RV_M1装配机器人各硬件的功能

如图 1-4 所示，Movemaster EX RV-M1 装配机器人各主要硬件的功能
如下：

(1) 机器人主体。具有和人手臂相似的动作机能，可在空间中抓放物体
或进行其他动作。

(2) 机器人控制器。可以通过 RS232 接口和 Centronics connector 连接上
位编程 PC，实现控制器存储器与 PC 存储器程序之间的相互传送；也可以与
示教盒相接，处理操作者的示教信号并驱动相应的输出；还可以把外部 I/O
信号转换成控制器的 CPU 可以处理的信号；并且可以与驱动器(直流电机)直
接连接，用控制器 CPU 处理的结果去控制相应关节的转动速度与转动角速度。

(3) 示教盒。操作者可利用示教盒上所具有的各种功能的按钮来驱动工
业机器人的各关节轴，从而完成位置定义等功能。

(4) PC。可通过 PC 用三菱公司所提供的编程软件对机器人进行在线和
离线编程。

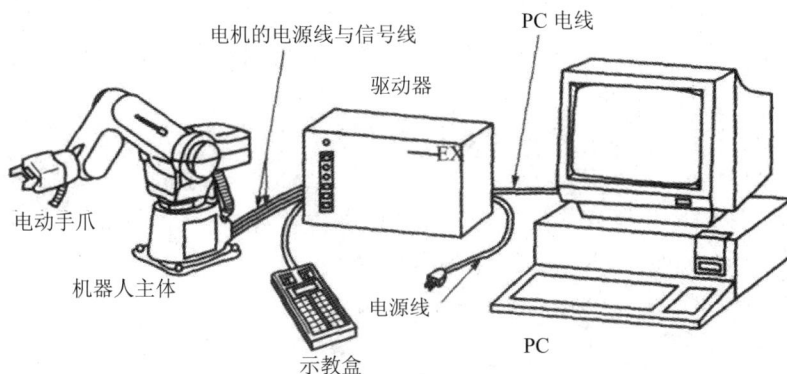

图 1-4　Movemaster EX RV-M1 装配机器人的系统组成

2) 设计流程图

实际上是用流程图的形式表示机器人的动作顺序。对于简单的机器人动
作，这一步可以省略，直接进行编程；但对于复杂的机器人动作，为了完整
地表达机器人所要完成的动作，这一步必不可少。可以看出，该任务中，虽
然机器人需要取放 60 个工件，但每一个工件的动作过程都是一样的，因此采
用循环编程的方式，从而设计出如图 1-5 所示的流程。

3) 按功能块进行编程

(1) 初始化程序。对于工业机器人，初始化一般包括复位、设置末端操

笔记 作器的参数、定义位置点、定义货盘参数、给所需的计数器赋初值等。

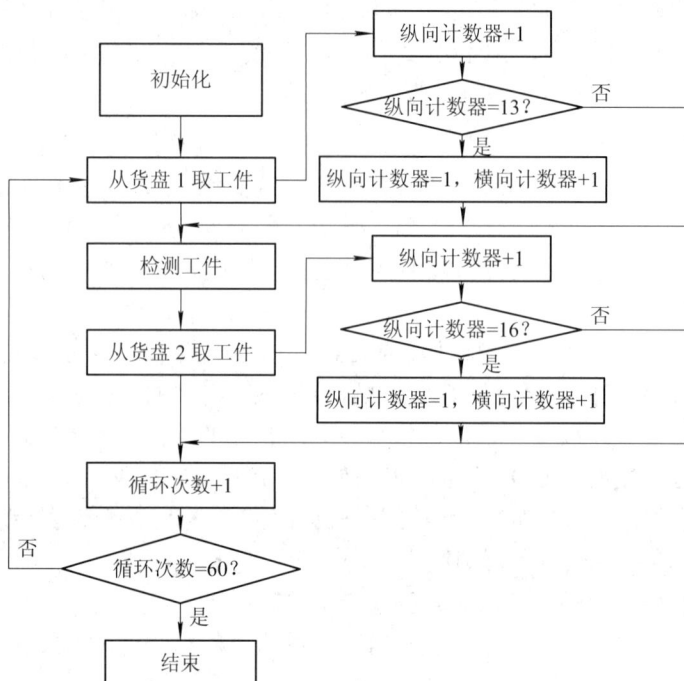

图 1-5 Movemaster EX RV-M1 装配机器人工件检测动作流程

PD 50，0，20，0，0；定义位置偏移量，位置号为 50，只在 Z 轴上有 20 mm 的偏移量

复位：

    10 NT；   复位

定义末端操作器参数：

    15 TL 145；   工具长度设为 145 mm

    20 GP I0，8，10；   设置手爪的开/闭参数

定义货盘参数：

    25 PA 1，12，5；   定义货盘 l(垂直 12×水平 5)

    30 PA 2，15，4；   定义货盘 2(垂直 15×水平 4)

定义货盘计数器初值：

    35 SC 11，1；   设置货盘 1 纵向计数器的初值

    40 SC 12，1；   设置货盘 1 横向计数器的初值

    45 SC 21，1；   设置货盘 2 纵向计数器的初值

    50 SC 22，1；   设置货盘 2 横向计数器的初值

(2) 主程序。

    100 RC 60；   设置从该行到 100 行的循环次数为 60

    110 GS 200；   跳转至 200 行，从货盘 1 上夹起工件

    120 GS 300；   跳转至 300 行，将工件装在检测设备上

130 GS 400；	跳转至 400 行，将工件放在货盘 2 上
140 NX；	返回 100 行
150 ED；	结束

(3) 从货盘 1 夹起要检测的工件子程序。货盘 1 如图 1-6 所示。

200 SP 7；	设置速度
202 PT 1；	定义货盘 1 上所计光栅数的坐标为位置 1
204 MA 1，50，0；	机器人移至位置 1Z 方向 20 mm
206 SP 2；	设置速度
208 MO 1，0；	机器人移至位置 1
210 GC；	闭合手爪，抓紧工件
212 MA 1，50，C；	抓紧工件，机器人移至位置 1Z 方向 20 mm
214 IC 11；	货盘 1 的纵向计数器按 1 递增
216 CP 11；	将计数器 11 的值放入内部比较寄存器
218 EQ 13，230；	如计数器的值等于 13，程序跳转至 230 执行
220 RT；	结束子程序
230 SC 11，1；	初始化计数器 11
232 IC 12；	货盘 1 的横计数器按 1 递增
234 RT；	结束子程序

(4) 工件检测子程序。

300 SP 7；	设置速度
302 MT 30，−50，C；	机器人移至检测设备前 50 mm 处
304 SP 2；	设置速度
306 MO 30，C；	机器人将工件装在检测设备上
308 ID；	取输入数据
310 TB-7，308；	机器人等待工件检测完毕
312 MT 30，−50，C；	机器人移至检测设备前 50 mm 处
314 RT；	结束子程序

(5) 向货盘 2 放置已检测完工件程序。货盘 2 如图 1-7 所示。

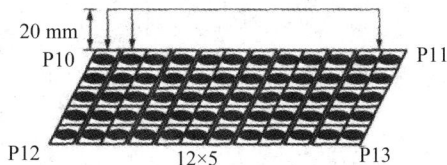

图 1-6　货盘 1

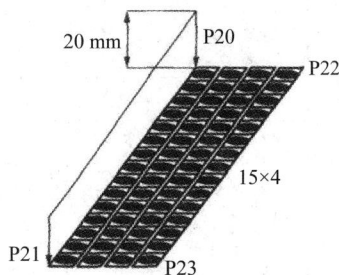

图 1-7　货盘 2

400 SP 7；	设置速度
402 PT 2；	定义货盘 2 上所计光栅数的坐标为位置 2

笔记

404 MA 2，50，C；	机器人移至位置 2 正上方的一个位置
406 SP 2；	设置速度
408 MO 2，C；	机器人移至位置 2
410 GO；	打开手爪，释放工件
412 MA 2，50，C；	机器人移至位置 2 正上方 20mm 处
414 IC 21；	货盘 2 的纵向计数器按 1 递增
416 CP 21；	将计数器 21 的值放入内部比较寄存器
418 EQ 16，430；	如计数器的值等于 16，程序跳转至 430 执行
420 RT；	结束子程序
430 SC 21，1；	初始化计数器 21
432 IC 22；	货盘 2 的横向计数器按 1 递增
434 RT；	结束子程序

任务扩展

机器人语言的种类

到现在为止，已经有很多种机器人语言问世，其中有的是研究室里的实验语言，有的是实用的机器人语言，如表 1-1 所示。

表 1-1 国外常用的机器人语言举例

序号	语言名称	国家	简 要 说 明
1	AL	美	对机器人动作及对象物进行描述，是机器人语言研究的开始
2	AUTOPASS	美	属于组装机器人语言
3	LAMA-S	美	属于高级机器人语言
4	VAL	美	用于PUMA机器人(采用MC6800和DECLSI-11)两级微型计算机
5	RIAL	美	用视觉传感器检查零件时用的机器人语言
6	WAVE	美	操作器的控制符号语言，在T型水泵装配曲柄摇杆工作中使用
7	DIAL	美	具有RCC顺应性手腕控制的特殊指令
8	RPL	美	可与Unimation机器人操作程序结合，预先定义子程序库
9	REACH	美	适于两臂协调动作，和VAL一样是使用范围广的语言
10	MCI	美	编程机器人NC机床传感器、摄像机及其控制的计算机综合制造用语言
11	INDA	美英	类似RTL/2编程语言的子集，具有使用方便的处理系统
12	RAPT	英	类似NC语言APT(用DEC20，LSI11/2)
13	LM	法	类似PASCAL，数据类似AL。用于机器人(用LS11/3)

序号	语言名称	国家	简 要 说 明
14	ROBEX	德	具有与高级NC语言EXAPT相似结构的脱机编程语言
15	SIGLA	意	SIGMA机器人语言
16	MAI	意	两臂机器人装配语言,其特征是方便、易于编程
17	SERF	日	SKILAM装配机器人(用Z-80微单板机)
18	PLAW	日	RW系统弧焊机器人
19	IMI	日	动作级机器人语言

任务巩固

一、对机器人编程的要求是什么?

二、机器人编程语言有哪几种?

三、机器人编程语言的特征是什么?

任务二 在 线 编 程

工作任务

图 1-8 所示为工业机器人的组成,对于动作比较简单的操作,一般采用在线编程。

机器人本体　　　　　控制柜　　　　　示教盒

图 1-8 工业机器人的组成

任务目标

知 识 目 标	能 力 目 标
1. 了解在线编程的特点	1. 会操作常见工业机器人的示教器
2. 掌握在线编程的种类	2. 能进行简单在线程序的编制
3. 掌握示教再现原理	

任务实施

一、在线编程的特点

在线编程又叫做示教编程或示教再现编程，用于示教再现型机器人中，它是目前大多数工业机器人的编程方式，在机器人作业现场进行。所谓示教编程，即操作者根据机器人作业的需要把机器人末端执行器送到目标位置，且处于相应的姿态，然后把这一位置、姿态所对应的关节角度信息记录到存储器保存。对机器人作业空间的各点重复以上操作，就把整个作业过程记录下来，再通过适当的软件系统，自动生成整个作业过程的程序代码，这个过程就是示教过程。

机器人示教后可以立即应用，在再现时，机器人重复示教时存入存储器的轨迹和各种操作，如果需要，过程可以重复多次。机器人实际作业时，再现示教时的作业操作步骤就能完成预定工作。机器人示教产生的程序代码与机器人编程语言的程序指令形式非常类似。

示教编程的优点：操作简单，不需要环境模型；易于掌握，操作者不需要具备专门知识，不需要复杂的装置和设备，轨迹修改方便，再现过程快。对实际的机器人进行示教时，可以修正机械结构带来的误差。

示教编程的缺点：功能编辑比较困难，难以使用传感器，难以表现条件分支，对实际的机器人进行示教时，要占用机器人。

示教的方法有很多种，有主从式、编程式、示教盒式、直接示教(手把手示教)等。

主从式示教采用结构相同的大、小两个机器人，当操作者对主动小机器人手把手进行操作控制的时候，由于两机器人所对应关节之间装有传感器，所以从动大机器人可以以相同的运动姿态完成所示教操作。

编程式示教运用上位机进行控制，将示教点以程序的格式输入到计算机中，当再现时，按照程序语句一条一条地执行。这种方法除了计算机外，不需要任何其他设备，简单可靠，适用小批量、单件机器人的控制。

示教盒示教和上位机控制的方法大体一致，只是由示教盒中的单片机代替了计算机，从而使示教过程简单化。这种方法由于成本较高，所以适用在较大批量的成型的产品中。

示教再现机器人的控制方式如图 1-9 所示。

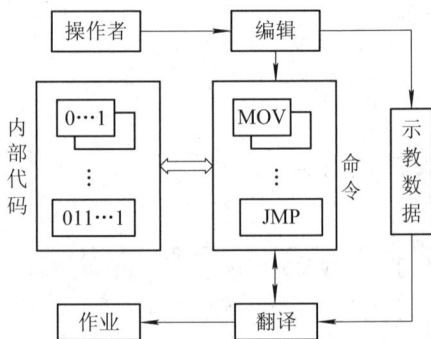

图 1-9　示教再现机器人的控制方式

二、在线编程的种类

1. 直接示教

直接示教就是操作者操纵安装在机器人手臂内的操纵杆，按规定动作顺序示教动作内容，主要用于示教再现型机器人，通过引导或其他方式，先教会机器人动作，输入工作程序，机器人则自动重复进行作业，如图1-10 所示。

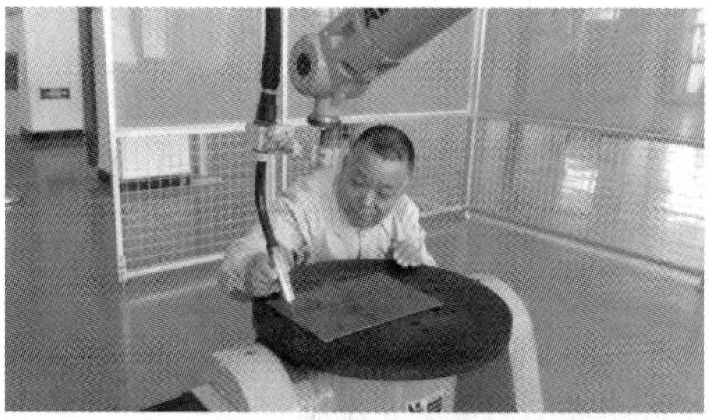

图 1-10　由操作者直接控制执行机构

直接示教是一项成熟的技术，易于被熟悉工作任务的人员所掌握，并且使用简单的设备和控制装置即可进行操作。示教过程进行得很快，示教过后，马上即可应用。在某些系统中，还可以用与示教时不同的速度再现。

如果能够从一个运输装置获得使机器人的操作与搬运装置同步的信号，就可以采用示教的方法来解决机器人与搬运装置配合的问题了。

直接示教方式编程的缺点：只能在人所能达到的速度下工作；难以与传感器的信息相配合；不能用于某些危险的情况；在操作大型机器人时，这种方法不实用；难以获得高速度和直线运动；难以与其他操作同步。

2. 示教盒示教

示教盒示教是指操作者利用示教控制盒上的按钮驱动机器人一步一步运动。它主要用于数控型机器人，即不需要机器人动作，通过数值、语言等对机器人进行示教，利用装在控制盒上的按钮可以驱动机器人按需要的顺序进行操作。机器人根据示教后形成的程序进行作业，如图1-11 所示。

图 1-11　由操作者手动控制

带领学生到工厂的工业机器人旁边介绍，但应注意安全。

三、示教器

如图 1-12 所示，在示教盒中，每个关节都有一对按钮，分别控制该关节在两个方向上的运动，有时还提供附加的最大允许速度控制。虽然为了获得最高的运行效率，人们希望机器人能实现多关节合成运动，但在用示教盒示教的方式下，却难以同时移动多个关节。类似于电视游戏机上的游戏杆，可通过移动控制盒中的编码器或电位器来控制各关节的速度和方向，但难以实现精确控制。

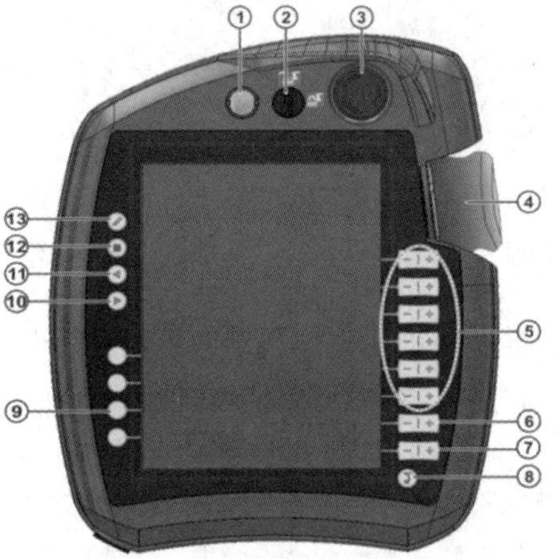

1—smartPAD 的按钮
2—钥匙开关
3—急停
4—3D 鼠标
5—移动键
6、7—倍率键
8—主菜单按键
9—状态键
10—启动键
11—逆向启动键
12—停止键
13—键盘按键

背面

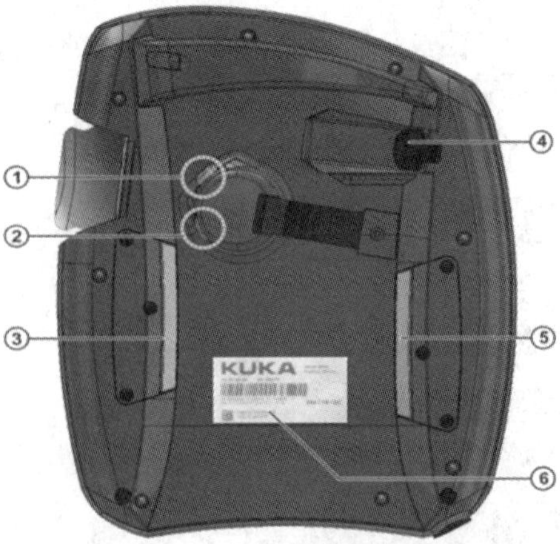

1、3、5—确认开关
2—启动键 (绿色)
4—USB 接口
6—型号铭牌

(a) KUKA 工业机器人示教盒

• 16 •

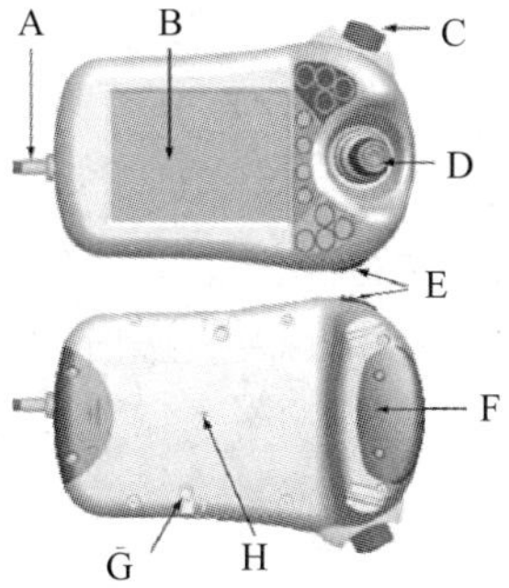

A—连接器
B—触摸屏
C—紧急停止按钮
D—控制杆
E—USB 端口
F—使动装置
G—触摸笔
H—重置按钮

(b) ABB 工业机器人示教盒

图 1-12 示教盒

示教盒示教方式的缺点：示教相对于再现所需的时间较长，即机器人的有效工作时间短，尤其对一些复杂的动作和轨迹，示教时间远远超过再现时间；很难示教复杂的运动轨迹及准确度要求高的直线；示教轨迹的重复性差，两个不同的操作者示教不出同一个轨迹，即使同一个人两次不同的示教也不能产生同一个轨迹。示教盒一般用于对大型机器人或危险作业条件下的机器人示教，但这种方法仍然难以获得高的控制精度，也难以与其他设备同步和与传感器信息相配合。

1. 机器人示教器的组成

示教编程器由操作键、开关按钮、指示灯和显示屏等组成。

1) 操作键

示教编程器的操作键主要分为四类：

(1) 示教功能键，如示教/再现、存入、删除、修改、检查、回零、直线插补、圆弧插补等，为示教编程用。

(2) 运动功能键，如 x±移动、y±移动、z±移动、1～6 关节±转动等，为操纵机器人示教用。

(3) 参数设定键，如各轴的速度设定、焊接参数设定、摆动参数设定等。

(4) 特殊功能键，根据功能键所对应的相应功能菜单，从而打开各种不同的子菜单，并确定相应不同的控制功能。

2) 开关按钮

示教编程器常用的开关按钮有急停开关、选择开关、使能键等。

(1) 急停开关。当此按钮按下时，机器人立即处于紧急停止状态，同时各机械手臂上的伺服控制器同时断电，机器人处于停止工作状态。

(2) 选择开关。该开关与操作盒或操作面板配合，选择示教模式或者再现模式。

(3) 使能键。该开关只在示教模式下操作机器人时才有效，在开关被按住时机器人才可进行手动操作。紧急情况下，释放该开关，机器人将立刻停止工作。

笔记

笔记

2. 机器人示教器的功能

示教编程器主要提供一些操作键、按钮、开关等，其目的是能够为用户编制程序、设定变量时提供一个良好的操作环境，它既是输入设备，也是输出显示设备，同时还是机器人示教的人机交互接口。

在示教过程中，示教器是一个专用的功能终端，它将控制机器人的全部动作。它不断扫描示教编程器上的功能，并将全部信息送入控制器和存储器中。示教器主要有以下功能：

(1) 手动操作机器人的功能；

(2) 位置、命令的登录和编辑功能；

(3) 示教轨迹的确认功能；

(4) 生产运行功能；

(5) 查阅机器人的状态(I/O 设置、位置、焊接电流等)。

教师讲解

四、示教再现原理

机器人的示教再现过程可分为以下四个步骤：

步骤一：示教。操作者把规定的目标动作(包括每个运动部件、每个运动轴的动作)一步一步地教给机器人。示教的简繁标志着机器人自动化水平的高低。

步骤二：记忆。机器人将操作者所示教的各个点的动作顺序信息、动作速度信息、位姿信息等记录在存储器中。存储信息的形式、存储存量的大小决定机器人能够进行的操作的复杂程度。

步骤三：再现。根据需要，将存储器所存储的信息读出，向执行机构发出具体的指令。机器人根据给定顺序或者工作情况，自动选择相应程序再现，这一功能标志着机器人对工作环境的适应性。

步骤四：操作。机器人以再现信号作为输入指令，使执行机构重复示教过程规定的各种动作。

在示教再现这一动作循环中，示教和记忆同时进行，再现和操作同时进行。这种方式是机器人控制中比较方便和常用的方法之一。

一体化教学

带领学生到工业机器人旁边介绍，但应注意安全。

五、示教再现的操作方法

示教再现过程分为示教前准备、示教、再现前准备、再现四个阶段。

1. 示教前准备

(1) 接通主电源把控制柜的主电源开关扳转到接通的位置，接通主电源并进入系统。

(2) 选择示教模式。示教模式分为手动模式和自动模式，示教阶段选择手动模式。　　　　　　　　　　　　　　　　　　　　　　　　　　　　　　✎ 笔记

(3) 接通伺服电源。

2. 示教

(1) 创建示教文件。在示教器上创建一个未曾示教过的文件名称，用于储存后面的示教文件。

(2) 示教点的设置。示教作业是一种工作程序，它表示机械手将要执行的任务。如图 1-13 所示，下面以工业机器人从 A 处搬运工件至 B 处为例，说明工业机器人示教点的设置步骤。该示教过程由 10 个步骤组成。

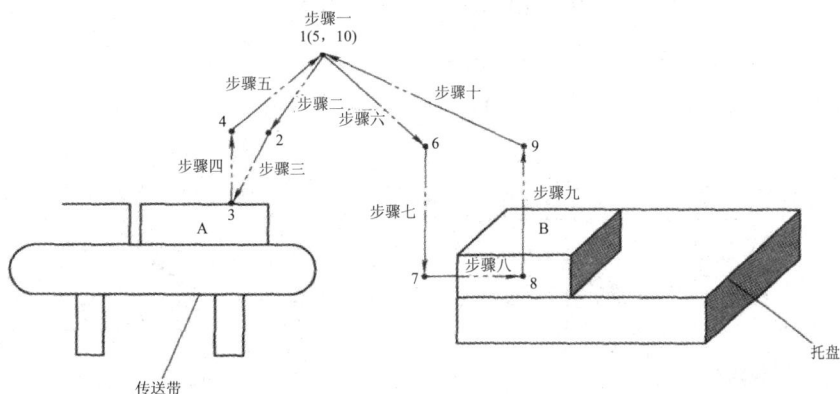

图 1-13　示教作业过程示意图

步骤一，开始位置如图 1-14 所示。开始位置 1 要求设置在安全并且适合作业准备的位置。一般情况下，可以将机器人操作开始位置选择在机器人的零点位置。手动操作机器人回到零点位置后，记录该点位置。

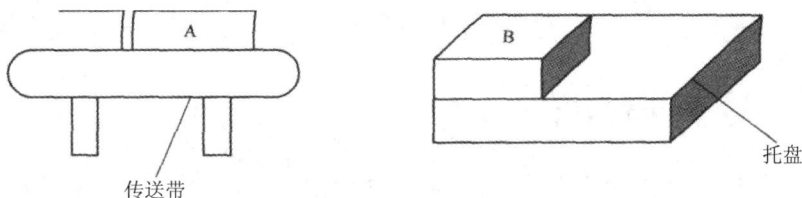

图 1-14　示教开始位置点

步骤二，移动到抓取位置附近抓取前，如图 1-15 所示。选取机器人接近工件时但不与工件发生干涉的方向、位置作为机器人可以抓取工件的姿态(通常在抓取位置的正上方)。用轴操作键设置机器人移动到该位置，并记录该点(示教位置点 2)位置。

步骤三，到抓取位置抓取工件，如图 1-16 所示。

设置操作模式为直角坐标系，设置运行速度为较低速度。

保持步骤二的姿态不变，用轴操作键将机器人移动到示教位置点 3(抓取点)位置；抓取工件并记录该点位置。

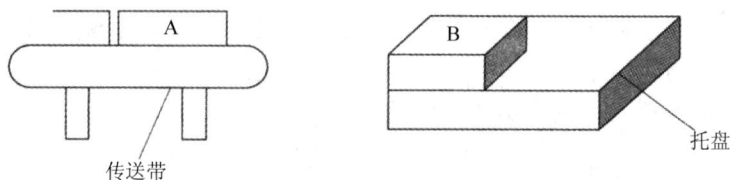

图 1-15　示教位置点 2

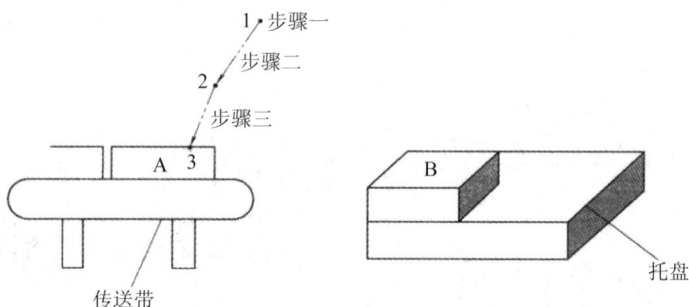

图 1-16　示教位置点 3

步骤四，退回到抓取位置附近(抓取后的退让位置)，如图 1-17 所示。

用轴操作键把抓住工件的机器人移动到抓取位置附近。移动时，选择与周边设备和工具不发生干涉的方向、位置(通常在抓取位置的正上方，也可和步骤二在同一位置)，并记录该点(示教位置点 4)位置。

图 1-17　示教位置点 4

步骤五，回到开始位置，如图 1-18 所示。

步骤六，移动到放置位置附近(放置前)，如图 1-19 所示。

用轴操作键设定机器人能够放置工件的姿态。在机器人接近工作台时，要选择把持的工件和堆积的工件不干涉的方向、位置(通常，在放置辅助位置的正上方)，并记录该点(示教位置点 6)位置。

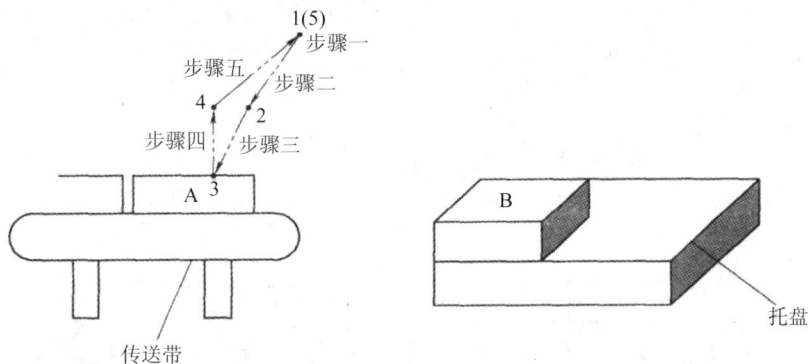

图 1-18   示教位置点 5

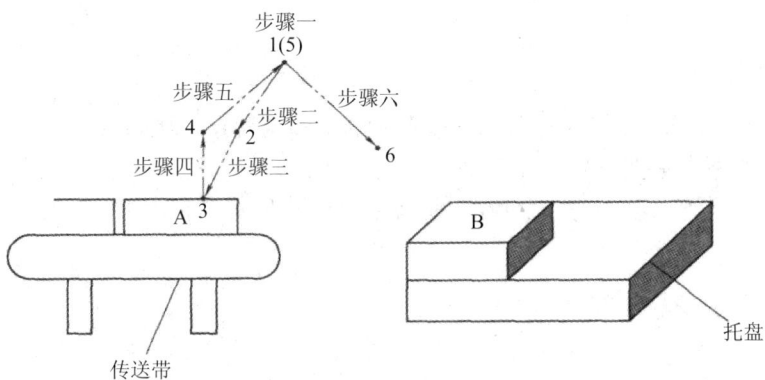

图 1-19   示教位置点 6

工匠精神

主题教育的根本任务：深入学习贯彻新时代中国特色社会主义思想、锤炼忠诚干净担当的政治品格、团结带领全国各族人民为实现伟大梦想共同奋斗。

步骤七，到达放置辅助位置，如图 1-20 所示。

从步骤六直接移到放置位置，已经放置的工件和夹持着的工件可能发生干涉，这时为了避开干涉，要用轴操作键设定一个辅助位置(示教位置点 7)，姿态和程序点 6 相同，并记录该点位置。

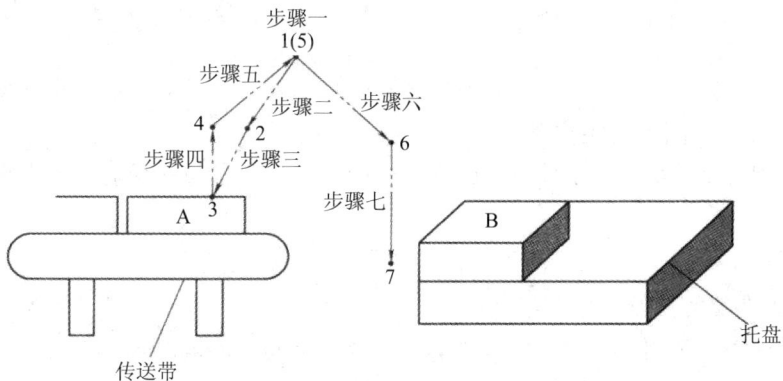

图 1-20   示教位置点 7

步骤八，到达放置位置放置工件，如图 1-21 所示。

用轴操作键把机器人移到放置位置(示教位置点 8)，这时请保持步骤七的姿态不变。释放工件并记录该点位置。

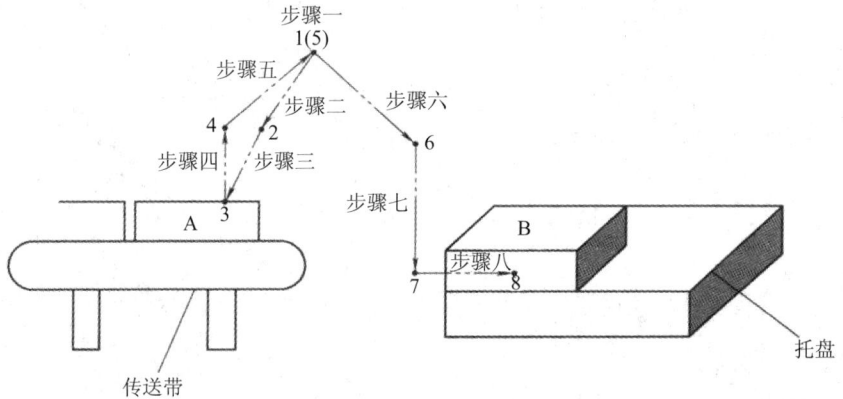

图 1-21　示教位置点 8

步骤九，退到放置位置附近(放置后的退让位置)，如图 1-22 所示。

用轴操作键把机器人移到放置位置附近(示教位置点 9)。移动时，选择工件和工具不干涉的方向、位置(通常是在放置位置的正上方)，并记录该点位置。

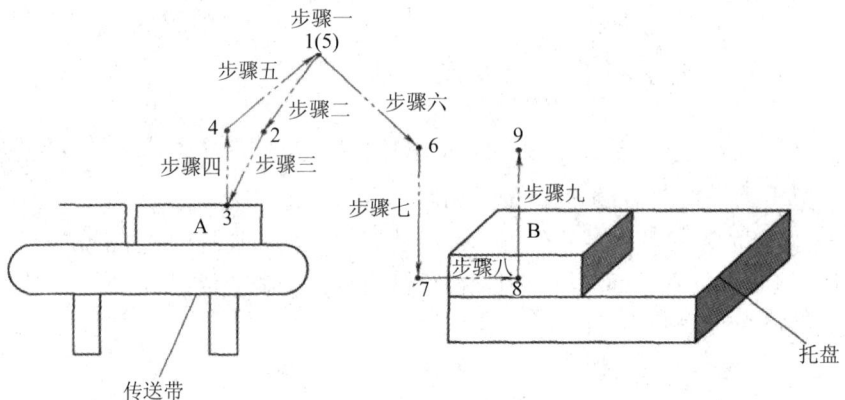

图 1-22　示教位置点 9

步骤十，回到开始位置。

步骤十设置了最后的位置点，并使得最后的位置点与最初的位置点重合。记录该点位置。

(3) 保存示教文件。

3. 再现前准备

(1) 选择示教文件中已经示教好的文件，并将光标移到程序开头。

(2) 回初始位置手动操作机器人移到步骤 1 位置。

(3) 示教路径确认在手动模式下，使工业机器人沿着示教路径执行一个循环，确保示教运行路径正确。

（4）选择再现模式，示教模式为自动模式。

（5）接通伺服电源。

4. 再现

设置好再现循环次数，确保没有人在机器人的工作区域里。启动机器人自动运行模式，使得机器人按示教过的路径循环运行程序。

六、示教编程实例

某机器人用于焊接作业时的示教编程示例，其轨迹如图 1-23 所示。该机器人经过示教自动产生的一个作业程序，如表 1-2 所示。

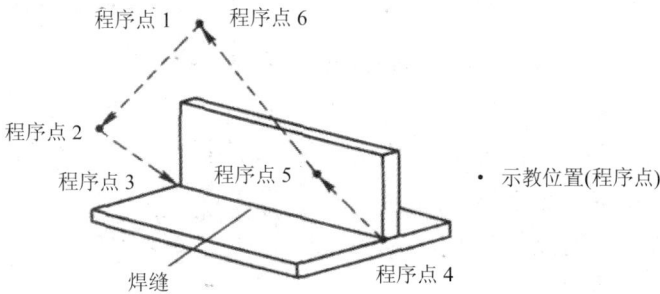

图 1-23　机器人焊接示教轨迹

表 1-2　焊接参考程序

行	命　令	内　容　说　明
0000	NOP	程序开始
0001	MOVJVJ=25	移到待机位置程序点1
0002	MOVJ VJ=25	移到焊接开始位置附近程序点2
0003	MOVJ VJ=12.5	移到焊接开始位置程序点3
0004	ARCON	焊接开始
0005	MOVLV=5	移到焊接结束位置程序点4
0006	ARCOF	焊接结束
0007	MOVJ VJ=25	移到不碰触工件和夹具的位置程序点5
0008	MOVJVJ=25	移到待机位置程序点6
0009	END	程序结束

任务扩展

松下系统机器人的示教器(见图 1-24)。

笔记

✎ 笔记

图1-24 松下系统机器人的示教器

任务巩固

1. 在线编程有什么特点？
2. 在线编程有哪几种？
3. 简述示教再现的原理。
4. 根据本单位的实际情况，进行简单的示教编程。

任务三 机器人的离线编程

工作任务

如图1-25所示，对于应用工业机器人进行复杂操作时，若用在线编程就很难胜任了，一般应用离线编程。当然，对于有些院校不能做到人手一机的情况，也可以先采用计算机进行离线练习，再进行实际操作，如图1-26所示。

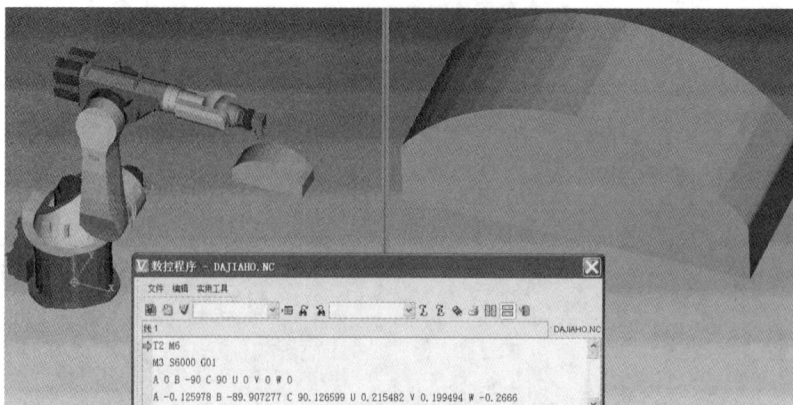

图1-25 复杂操作

图1-26　离线练习

任务目标

知　识　目　标	能　力　目　标
1. 了解机器人离线编程的特点	1. 知道机器人离线编程系统的结构
2. 掌握机器人离线编程的过程	2. 能根据实际情况选择离线编程软件
3. 掌握工业机器人离线编程分类	

任务实施

随着大批量工业化生产向单件、小批量、多品种生产方式转化，生产系统越来越趋向于柔性制造系统(FMS)和集成制造系统(CIMS)。这样一些系统包含数控机床、机器人等自动化设备，结合 CAD/CAM 技术，由多层控制系统控制，具有很大的灵活性和很高的生产适应性。系统是一个连续协调工作的整体，其中任何一个生产要素停止工作都必将迫使整个系统的生产工作停止。例如用示教编程来控制机器人时，示教或修改程序时需让整体生产线停下来，从而会占用生产时间，所以它不适用于这种场合。

另外，FMS 和 CIMS 是一些大型的复杂系统，如果用机器人语言编程，编好的程序不经过离线仿真就直接用在生产系统中，很可能引起干涉、碰撞，有时甚至造成生产系统的损坏，所以需要独立于机器人在计算机系统上实现一种编程方法，这时机器人离线编程方法就应运而生了。

一、机器人离线编程的特点

机器人离线编程系统是在机器人编程语言的基础上发展起来的，是机器人语言的拓展。它利用机器人图形学的成果，建立起机器人及其作业环境的模型，再利用一些规划算法，通过对图形的操作和控制，在离线的情况下进行轨迹规划。

与其他编程方法相比，离线编程具有下列优点：

1. 减少机器人的非工作时间

当机器人在生产线或柔性系统中进行正常工作时，编程人员可对下一个任务进行离线编程仿真，这样编程不占用生产时间，提高了机器人的利用率，从而提高了整个生产系统的工作效率。

2. 使编程人员远离危险的作业环境

由于机器人是一个高速的自动执行机，而且作业现场环境复杂，如果采用示教这样的编程方法，编程员必须在作业现场靠近机器人末端，执行器才能很好地观察机器人的位姿，这样机器人的运动可能会给操作者带来危险，而离线编程不必在作业现场进行。

3. 使用范围广

同一个离线编程系统可以适应各种机器人的编程。

4. 便于构建 FMS 和 CIMS 系统

FMS 和 CIMS 系统中有许多搬运、装配等工作需要由预先进行离线编程的机器人来完成，机器人与 CAD/CAM 系统结合，做到机器人及 CAD/CAM 的一体化。

5. 可实现复杂系统的编程

可使用高级机器人语言对复杂系统及任务进行编程。

6. 便于修改程序

一般的机器人语言是对机器人动作的描述。当然，有些机器人语言还具有简单环境构造功能。但对于目前常用的动作级和对象级机器人语言来说，用数字构造环境这样的工作，其算法复杂，计算量大且程序冗长。而对任务级语言来说，一方面，高水平的任务级语言尚在研制中；另一方面，任务级语言要求复杂的机器人环境模型的支持，需借助人工智能技术，才能自动生成控制决策和轨迹规划。

机器人离线编程系统是机器人编程语言的拓展，它利用计算机图形学的成果，建立起机器人及其工作环境的模型，再利用一些规划算法，通过对图形的控制和操作，在离线的情况下进行轨迹规划。机器人离线编程系统已被证明是一个有力的工具，用以增加安全性，减小机器人非工作时间和降低成本等。表 1-3 给出了示教编程和离线编程两种方式的比较。

表 1-3　两种机器人编程的比较

示 教 编 程	离 线 编 程
需要实际机器人系统和工作环境	需要机器人系统和工作环境的图形模型
编程时机器人停止工作	编程不影响机器人工作
在实际系统上试验程序	通过仿真试验程序
编程的质量取决于编者的经验	可用 CAD 方法，进行最佳轨迹规划
很难实现复杂的机器人运动轨迹	可实现复杂运动轨迹的编程

二、机器人离线编程的过程

机器人离线编程不仅需要掌握机器人的有关知识，还需要掌握数学、计算机及通信的有关知识，另外必须对生产过程及环境了解透彻，所以它是一个复杂的工作过程。机器人离线编程大约需要经历如下的一些过程：

(1) 对生产过程及机器人作业环境进行全面的了解。

(2) 构造出机器人及作业环境的三维实体模型。

(3) 选用通用或专用的基于图形的计算机语言。

(4) 利用几何学、运动学及动力学的知识，进行轨迹规划、算法检查、屏幕动态仿真，检查关节超限及传感器碰撞的情况，规划机器人在动作空间的路径和运动轨迹。

(5) 进行传感器接口连接和仿真，利用传感器信息进行决策和规划。

(6) 实现通信接口，完成离线编程系统所生成的代码到各种机器人控制器的通信。

(7) 实现用户接口，提供有效的人机界面，便于人工干预和进行系统操作。

最后完成的离线编程及仿真还需考虑理想模型和实际机器人系统之间的差异。可以预测两者的误差，然后对离线编程进行修正，直到误差在容许范围内。

三、工业机器人离线编程的分类

我们常说的工业机器人离线编程软件，大概可以分为两类：

第一类是通用型离线编程软件，这类软件一般都由第三方软件公司负责开发和维护，不单独依赖某一品牌机器人。换句话说，通用型离线编程软件，可以支持多款机器人的仿真、轨迹编程和后置输出。这类软件优缺点很明显，优点是可以支持多款机器人；缺点就是对某一品牌的机器人的支持力度不如第二类专用型离线软件的支持力度高。

通用型离线编程软件常见的有 RobotArt、RobotMaster、Robomove、RobotCAD、DELMIA。

第二类是专用型离线编程软件，这类软件一般由机器人本体厂家自行或者委托第三方软件公司开发维护。这类软件有一个特点，就是只支持本品牌的机器人仿真、轨迹编程和后置输出。由于开发人员可以拿到机器人底层数据通信接口，所以这类离线编程软件可以有更强大和实用的功能，与机器人本体兼容性也更好。

专用型离线编程软件常见的有 RobotStudio、RoboGuide、KUKASim。

四、机器人离线编程系统的结构

离线编程系统的结构框图如图 1-27 所示，主要由用户接口、机器人系统的三维几何构造、运动学计算、轨迹规划、动力学仿真、传感器仿真、并行操作、通信接口和误差校正九部分组成。

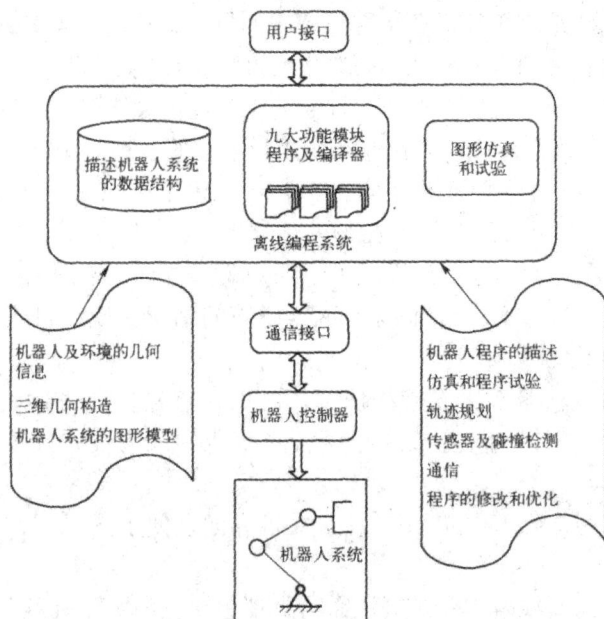

图1-27　离线编程系统结构框图

1. 用户接口

用户接口即人机界面,是计算机和操作人员之间信息交互的唯一途径,它的方便与否直接决定了离线编程系统的优劣。设计离线编程系统方案时,就应该考虑建立一个方便实用、界面直观的用户接口;通过它产生机器人系统编程的环境并快捷地进行人机交互。

离线编程的用户接口一般要求具有图形仿真界面和文本编辑界面。文本编辑方式下的界面用于对机器人程序的编辑、编译等,而图形界面用于对机器人及环境的图形仿真和编辑。用户可以通过操作鼠标等交互工具改变屏幕上机器人及环境几何模型的位置和形态。通过通信接口及联机至用户接口可以实现对实际机器人的控制,使之与屏幕机器人的位姿一致。

2. 机器人系统的三维几何构造

三维几何构造是离线编程的特色之一,正是有了三维几何构造模型才能进行图形及环境的仿真。

三维几何构造的方法有结构立体几何表示、扫描变换表示及边界表示三种。其中边界表示最便于形体的数字表示、运算、修改和显示;扫描变换表示便于生成轴对称图形;而结构立体几何表示所覆盖的形体较多。机器人的三维几何构造一般采用这三种方法的综合。

三维几何构造时要考虑用户使用的方便性,构造后要能够自动生成机器人系统的图形信息和拓扑信息,便于修改,并保证构造的通用性。

三维几何构造的核心是机器人及其环境的图形构造。作为整个生产线或生产系统的一部分，构造的机器人、夹具、零件和工具的三维几何图形最好用现成的 CAD 模型从 CAD 系统获得，这样可实现 CAD 数据共享，即离线编程系统作为 CAD 系统的一部分。如离线编程系统独立于 CAD 系统，则必须有适当的接口实现与 CAD 系统的连接。

　　构建三维几何模型时最好将机器人系统进行适当简化，仅保留其外部特征和构件间的相互关系，忽略构件内部细节。这是因为三维构造的目的不是研究其内部结构，而是用图形方式模拟机器人的运动过程，检验运动轨迹的正确性和合理性。

3. 运动学计算

　　机器人的运动学计算分为运动学正解和运动学逆解两个方面。所谓机器人的运动学正解，是指已知机器人的几何参数和关节变量值，求出机器人末端执行器相对于基座坐标系的位置和姿态。所谓机器人的逆解，是指给出机器人末端执行器的位置和姿态及机器人的几何参数，反过来求各个关节的关节变量值。机器人的正、逆解是一个复杂的数学运算过程，尤其是逆解需要解高阶矩阵方程，求解过程非常繁复，而且每一种机器人正、逆解的推导过程又不同。所以在机器人的运动学求解中，人们一直在寻求一种正、逆解的通用求解方法，这种方法能适用于大多数机器人的求解。这一目标如果能在机器人离线编程系统中加以解决，即在该系统中能自动生成运动学方程并求解，则系统的适应性强，容易推广。

4. 轨迹规划

　　轨迹规划的目的是生成关节空间或直角空间内机器人的运动轨迹。离线编程系统中的轨迹规划是生成机器人在虚拟工作环境下的运动轨迹。机器人的运动轨迹有两种：一种是点到点的自由运动轨迹，这样的运动只要求起始点和终止点的位姿及速度和加速度，对中间过程机器人运动参数无任何要求，离线编程系统自动选择各关节状态最佳的一条路径来实现；另一种是对路径形态有要求的连续路径控制，当离线编程系统实现这种轨迹时，轨迹规划器接受预定路径和速度、加速度要求，如路径为直线、圆弧等形态时，除了保证路径起点和终点的位姿及速度、加速度以外，还必须按照路径形态和误差的要求用插补的方法求出一系列路径中间点的位姿及速度、加速度。在连续路径控制中，离线系统还必须进行障碍物的防碰撞检测。

5. 动力学仿真

　　离线编程系统根据运动轨迹要求求出的机器人运动轨迹，理论上能满足路径的轨迹规划要求。当机器人的负载较轻或空载时，确实不会因机器人动力学特性的变化而引起太大误差，但当机器人处于高速或重载的情况下时，机器人的机构或关节可能产生变形而引起轨迹位置和姿态的较大误差。这时就需要对轨迹规划进行机器人动力学仿真，对过大的轨迹误差进行修正。

　　动力学仿真是离线编程系统实时仿真的重要功能之一，因为只有模拟机器人实际的工作环境(包括负载情况)后，仿真的结果才能用于实际生产。

6. 传感器仿真

传感器信号的仿真及误差校正也是离线编程系统的重要内容之一。仿真的方法也是通过几何图形仿真。例如，对于触觉信息的获取，可以将触觉阵列的几何模型分解成一些小的几何块阵列，然后通过对每一个几何块和物体间干涉的检查，将所有和物体发生干涉的几何块用颜色编码，通过图形显示而获得接触信息。

7. 并行操作

有些应用工业机器人的场合需用两台或两台以上的机器人，还可能有其他与机器人有同步要求的装置，如传送带、变位机及视觉系统等，这些设备必须在同一作业环境中协调工作。这时不仅需要对单个机器人或同步装置进行仿真，还需要同一时刻对多个装置进行仿真，也即所谓的并行操作。所以离线编程系统必须提供并行操作的环境。

8. 通信接口

一般工业机器人提供两个通信接口，一个是示教接口，用于示教编程器与机器人控制器的连接，通过该接口把示教编程器的程序信息输出；另一个是程序接口，该接口与具有机器人语言环境的计算机相连，离线编程也通过该接口输出信息给控制器。所以通信接口是离线编程系统和机器人控制器之间信息传递的桥梁，利用通信接口可以把离线系统仿真生成的机器人运动程序转换成机器人控制器能接受的信息。

通信接口的发展方向是接口的标准化。标准化的通信接口能将机器人仿真程序转化为各种机器人控制柜均能接受的数据格式。

9. 误差校正

由于离线编程系统中的机器人仿真模型与实际的机器人模型之间存在误差，所以离线编程系统中误差校正的环节是必不可少的。误差产生的原因很多，主要有以下几个方面。

(1) 机器人的几何精度误差：离线系统中的机器人模型是用数字表示的理想模型，同一型号机器人的模型是相同的，而实际环境中所使用的机器人由于制造精度误差其尺寸会有一定的出入。

(2) 动力学变形误差：机器人在重载的情况下因弹性形变导致机器人连杆弯曲，从而导致机器人的位置和姿态误差。

(3) 控制器及离线系统的字长：控制器和离线系统的字长决定了运算数据的位数，字长越长则精度越高。

(4) 控制算法：不同的控制算法其运算结果具有不同的精度。

(5) 工作环境：在工作空间内，有时环境与理想状态相比变化较大，使机器人位姿产生误差，如温度变化产生的机器人变形。

五、机器人离线编程与仿真核心技术

特征建模、对工件和机器人工作单元的标定、自动编程技术等是弧焊机器人离线编程与仿真的核心技术；稳定高效的标定算法和传感器集成是焊接机器人离线编程系统实用化的关键技术，具体内容如下。

1. 支持 CAD 的 CAM 技术

在传统的 CAD(Computer Aided Design，计算机辅助设计)系统中，几何模型主要用来显示图形。而对于 CAD/CAM 集成化系统，几何模型更要为后续的加工生产提供信息，支持 CAM(Computer Aided Manufacturing，计算机辅助制造)。CAM 的核心是计算机数值控制(简称数控)，是将计算机应用于制造生产过程或系统。对于机器人离线编程系统，不仅要得到工件的几何模型，还要得到工件的加工制造信息(如焊缝位置、形态、板厚、坡口等)。通过实体模型只能得到工件的几何要素，不能得到加工信息，而从实体几何信息中往往不能正确或根本无法提取加工信息，所以，无法实现离线编程对焊接工艺和焊接机器人路径的推理和求解。这同其他 CAD/CAM 系统面临的问题是一样的，因此，必须从工件设计上进行特征建模。焊接特征为后续的规划、编程提供了必要的信息，如果没有焊接特征建模技术支持，后续的规划、编程就失去了根基。另外，焊接特征建模的实现是同实体建模平台紧密联系在一起的。目前，在 CAD/CAM 领域，为解决 CAD/CAM 信息集成的问题，对特征建模技术的研究主要包括自动特征识别和基于特征的设计。

在机器人离线编程系统中，焊接工件的特征模型需要为后续的焊接参数规划、焊接路径规划等提供充分的设计数据和加工信息，所以，特征是否全面准确地定义与组织，就成了直接影响后续程序使用的重要问题。国内对焊接工件特征建模技术的研究主要应用装配建模的理论，通过装配关系组建焊接结构。哈尔滨工业大学以 SolidWorks 为平台开发了焊接特征建模系统，具有操作简单、功能强大、开放性好的特点，并根据焊接接头设计要求及离线编程系统的需要，对焊接特征重新分类，采用特征链方法对焊接接头特征进行组织，给出了焊接特征建模系统的系统结构。系统实现了焊缝的几何造型，有效地提取了焊接特征，为后面焊接无碰路径规划及焊接参数规划提供了丰富的信息。

2. 自动编程技术

自动编程技术是指机器人离线编程系统采用任务级语言编程，即允许使用者对工作任务要求到达的目标直接下命令，不需要规定机器人所做的每一个动作的细节。编程者只需告诉编程器"焊什么"(任务)，而自动编程技术确定"怎么焊"。采用自动编程技术，系统只需利用特征建模获得工件的几何描述，通过焊接参数规划技术和焊接机器人路径规划技术给出专家化的焊接工艺知识以及机器人与变位机的自动运动学安排。面向任务的编程是弧焊离线编程系统实用化的重要支撑。

焊接机器人路径规划主要涉及焊缝放置规划、焊接路径规划、焊接顺序规划、机器人放置规划等。弧焊接机器人运动规划要在很好地控制机器人完成焊接作业任务的同时，避免机器人奇异空间，增大焊接作业的可达姿态灵

笔记 活度，避免关节碰撞等。焊接参数规划对于机器人弧焊离线编程非常必要，对焊接参数规划的研究经历了从建立焊接数据库到开发基于规则推理的焊接专家系统，再到基于事例与规则混合推理的焊接专家系统，再到后来基于人工神经网络的焊接参数规划系统，人工智能技术有效地提高了编程效率和质量。哈尔滨工业大学综合应用焊接结构特征建模、焊接工艺规划和运动规划技术，实现了机器人弧焊任务级离线编程，并以提高焊接质量和焊接效率为目标对机器人焊接顺序规划和机器人放置规划进行了研究，改善了编程合理性，提高了系统的自动编程能力。

3. 标定及修正技术

在机器人离线编程技术的研究与应用过程中，为了保证离线编程系统采用机器人系统的图形工作单元模型与机器人实际环境工作单元模型的一致性，需要进行实际工作单元的标定工作。因此，为了使编程结果很好地符合实际情况，并得到真正的应用，标定技术成为弧焊机器人离线编程实用化的关键问题。

标定工作包括机器人本体标定和机器人变位机关系标定及工件标定。其中，对机器人本体标定的研究较多，大致可分为利用测量设备进行标定和利用机器人本身标定两类。对于工作单元，机器人本体标定和机器人/变位机关系标定只需标定一次即可。每次更换焊接工件时，都需进行工件标定。最简单的工件标定方法是利用机器人示教得到实际工件上的特征点，使之与仿真环境下得到的相应点匹配。

Cunnarsson 研究了利用传感器信息进行标定，针对触觉传感的方式研究实际工件和模型间的修正技术。通过在实际表面上测量数据，进行 CAD 数据描述与工件表面的匹配，于是就可以采用低精度且通用的夹具，从而适应柔性小批量生产的要求。而 WorkSpace 技术则是利用机器人本身作为对工件的测量工具，其进行修正的原理是定义平面，利用平面间的相交重新定义棱边，或者重新定义模型上已知的位置。

4. 机器人接口

国外商品化离线编程系统都有多种商用机器人的接口，可以方便地上传或下载这些机器人的程序。而国内离线编程系统主要停留在仿真阶段，缺少与商用机器人的接口。大部分机器人厂商对机器人接口程序源码不予公开，制约着离线编程系统实用化的进程。

实际上，所有机器人都是用某种类型的机器人编程语言编程的，目前，还不存在通用机器人语言标准，因此，每个机器人制造商都在各自开发自己的机器人语言，每种语言都有其自己的语法和数据结构。这种趋势注定还将持续下去。目前，国内研发的离线编程系统很难实现将离线编程系统编制的程序和所有厂商的实际机器人程序进行转换。而弧焊离线编程结果必须能够用于实际机器人的编程，才有现实意义。

哈尔滨工业大学提出了将运动路径点数据转换为各机器人编程人员都易

理解的运动路径点位姿的数据格式，实际机器人程序根据此数据单独生成的方法。离线编程系统实用化的目标就是应用于商用机器人。虽然不同的机器人对应的机器人程序文件格式不同，但是对于这种采用机器人程序文件作为离线编程系统同实际机器人系统接口的方式，其实现方法是相同的。

六、常用离线编程软件简介

1. RobotArt

RobotArt 是北京华航唯实出的一款国产离线编程软件，虽然与国外同类的 RobotMaster、DELMIA 相比，功能稍逊一些，但是在国内离线编程软件里面是出类拔萃的。一站式解决方案，从轨迹规划、轨迹生成、仿真模拟，到最后的后置代码，其使用方法简单，学习起来更容易上手，它的操作界面如图 1-28 所示，这也是本书所要介绍的重点。

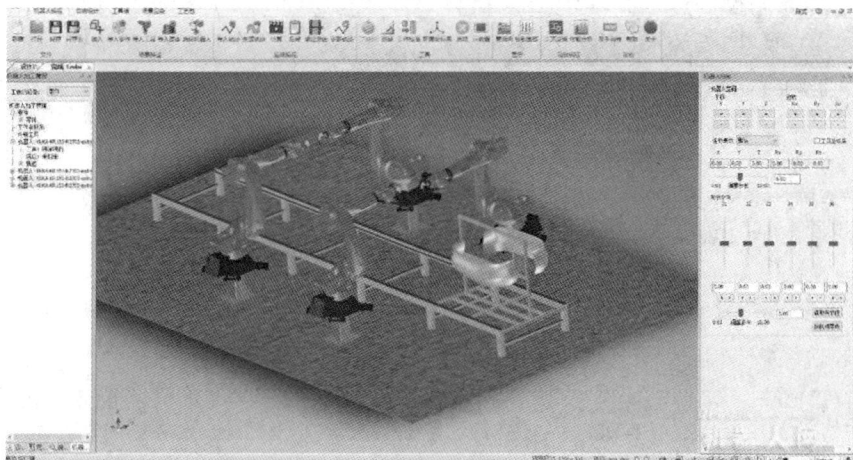

图 1-28 RobotArt 离线编程仿真软件的界面

（1）优点：

① 支持多种格式的三维 CAD 模型，可导入扩展名为 step、igs、stl、x_t、prt(UG)、prt(ProE)、CATPart、sldpart 等格式。

② 支持多种品牌工业机器人离线编程操作，如 ABB、KUKA、Fanuc、Yaskawa、Staubli、KEBA 系列、新时达、广数等。

③ 拥有大量航空航天高端应用经验。

④ 自动识别与搜索 CAD 模型的点、线、面信息生成轨迹。

⑤ 轨迹与 CAD 模型特征关联，模型移动或变形，轨迹自动变化。

⑥ 一键优化轨迹与几何级别的碰撞检测。

⑦ 支持多种工艺包，如切割、焊接、喷涂、去毛刺、数控加工。

⑧ 支持将整个工作站仿真动画发布到网页、手机端。

（2）缺点：

软件不支持整个生产线仿真，对外国小品牌机器人也不支持。

2. RobotMaster

RobotMaster 来自加拿大，是目前离线编程软件国外品牌中的顶尖的软件，几乎支持市场上绝大多数机器人品牌(KUKA、ABB、Fanuc、Motoman、史陶比尔、珂玛、三菱、DENSO、松下……)，其操作界面如图 1-29 所示。

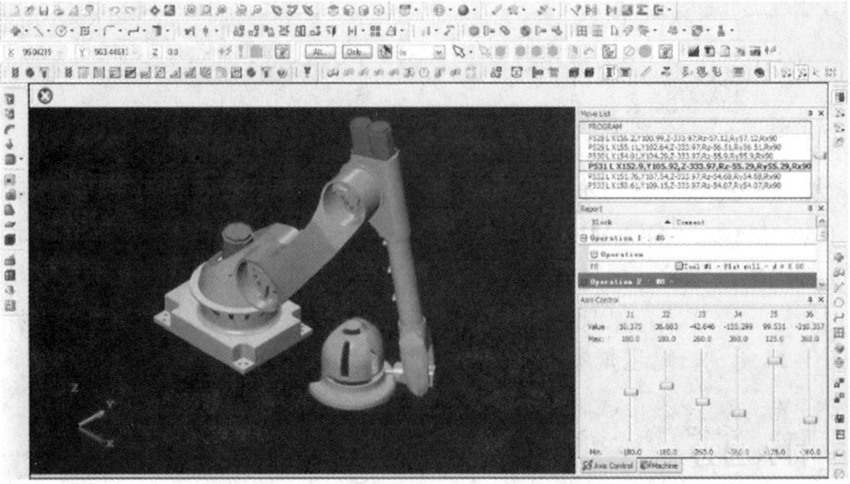

图 1-29　RobotMaster 软件界面

(1) 功能：Robotmaster 在 MasterCAM 中无缝集成了机器人编程、仿真和代码生成功能，提高了机器人编程速度。

(2) 优点：可以按照产品数模，生成程序，适用于切割、铣削、焊接、喷涂等；独家的优化功能，运动学规划和碰撞检测非常精确，支持外部轴(直线导轨系统、旋转系统)，并支持复合外部轴组合系统。

(3) 缺点：暂时不支持多台机器人同时模拟仿真(就是只能做单个工作站)，基于 MasterCAM 做的二次开发，价格昂贵，企业版在 20 万元左右。

3. RobotWorks

RobotWorks 是来自以色列的机器人离线编程仿真软件，与 RobotMaster 类似，是基于 SolidWorks 做的二次开发，其操作界面如图 1-30 所示。使用时，需要先购买 SolidWorks。

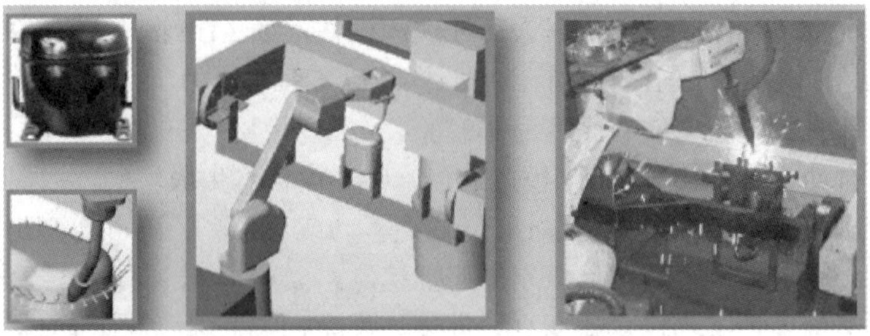

图 1-30　操作界面

(1) 主要功能有：

① 全面的数据接口：RobotWorks 基于 SolidWorks 平台开发，它可以通

过 IGES、DXF、DWG、PrarSolid、Step、VDA、SAT 等标准接口进行数据转换。

② 强大的编程能力：从输入 CAD 数据到输出机器人加工代码只需四步。

第一步，从 SolidWorks 直接创建或直接导入其他三维 CAD 数据，选取定义好的机器人工具与要加工的工件组合成装配体。所有装配夹具和工具客户均可以用 SolidWorks 自行创建和调用。

第二步，RobotWorks 选取工具，然后直接选取曲面的边缘或者样条曲线进行加工，产生数据点。

第三步，调用所需的机器人数据库，开始做碰撞检查和仿真，在每个数据点均可以自动修正，包含工具角度控制、引线设置、增加/减少加工点、调整切割次序、在每个点增加工艺参数；

第四步，RobotWorks 自动产生各种机器人代码，包含笛卡尔坐标数据、关节坐标数据、工具与坐标系数据、加工工艺等，按照工艺要求保存不同的代码。

③ 强大的工业机器人数据库：系统支持市场上主流的大多数的工业机器人，提供各大工业机器人各个型号的三维数模。

④ 完美的仿真模拟：独特的机器人加工仿真系统可对机器人手臂、工具与工件之间的运动进行自动碰撞检查、轴超限检查、自动删除不合格路径并调整，还可以自动优化路径，减少空跑时间。

⑤ 开放的工艺库定义：系统提供了完全开放的加工工艺指令文件库，用户可以按照自己的实际需求自行定义添加和设置自己的独特工艺，添加的任何指令都能输出到机器人加工数据里面。

(2) 优点：

生成轨迹方式多样，支持多种机器人，支持外部轴。

(3) 缺点：

RobotWorks 基于 SolidWorks，SolidWorks 本身不带 CAM 功能，编程繁琐，机器人运动学规划策略智能化程度低。

4. ROBCAD

ROBCAD 是 SIEMENS 旗下的软件，软件较庞大，重点在生产线仿真，价格也是同软件中最贵的。软件支持离线点焊、多台机器人仿真、非机器人运动机构仿真、精确的节拍仿真，ROBCAD 主要应用于产品生命周期中的概念设计和结构设计两个前期阶段，其操作界面如图 1-31 所示。

(1) 主要特点：

① 与主流的 CAD 软件(如 NX、CATIA、IDEAS)无缝集成。

② 实现工具工装、机器人和操作者的三维可视化。

③ 制造单元、测试以及编程的仿真。

(2) 主要功能：

① Workcelland Modeling：对白车身生产线进行设计、管理和信息控制。

笔记

企业文化

企业文化是企业的灵魂，是推动企业发展的不竭动力。它包含着非常丰富的内容，其核心是企业的精神和价值观。

② Spotand OLP：完成点焊工艺设计和离线编程。

③ Human：实现人因工程分析。

④ Application 中的 Paint、Arc、Laser 等模块：实现生产制造中喷涂、弧焊、激光加工、绲边等工艺的仿真验证及离线程序输出。

⑤ ROBCAD 的 Paint 模块：喷漆的设计、优化和离线编程，其功能包括喷漆路线的自动生成、多种颜色喷漆厚度的仿真、喷漆过程的优化。

(3) 缺点：

价格昂贵，离线功能较弱，UNIX 移植过来的界面，人机界面不友好，而且已经不再更新！

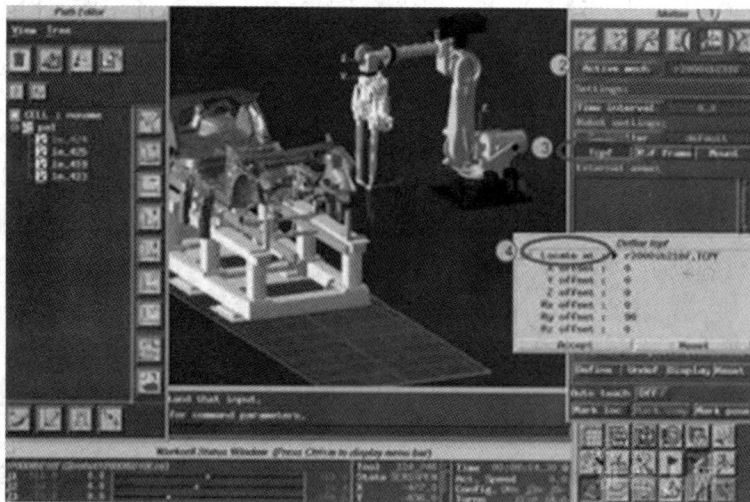

图 1-31　ROBCAD 软件界面

5. DELMIA

DELMIA 是法国达索旗下的 CAM 软件。DELMIA 有 6 大模块，其中 Robotics 解决方案涵盖汽车领域的发动机、总装和白车身(Body-in-White)，航空领域的机身装配、维修维护，以及一般制造业的制造工艺。

DELMIA 的机器人模块 Robotics 是一个可伸缩的解决方案，利用强大的 PPR 集成中枢快速进行机器人工作单元建立、仿真与验证，是一个完整的、可伸缩的、柔性的解决方案。

1) 功能

(1) 从可搜索的含有超过 400 种以上的机器人的资源目录中，下载机器人和其他的工具资源。

(2) 利用工厂布置规划工程师所完成的工作。

(3) 加入工作单元中工艺所需的资源，进一步细化布局。

2) 缺点

DELMIA 和 Process&Simulate 等都属于专家型软件，操作难度太高，不适宜高职学生学习，需要机器人专业研究生以上学生使用。DELMIA、

Process&Simulte 功能虽然十分强大，但是工业正版单价在百万级别。

6. RobotStudio

RobotStudio 是瑞士 ABB 公司配套的软件，是机器人本体商中软件做的最好的一款。RobotStudio 支持机器人的整个生命周期，使用图形化编程、编辑和调试机器人系统来创建机器人的运行，并模拟优化现有的机器人程序，其操作界面如图 1-32 所示，这也是本书所要介绍的重点。

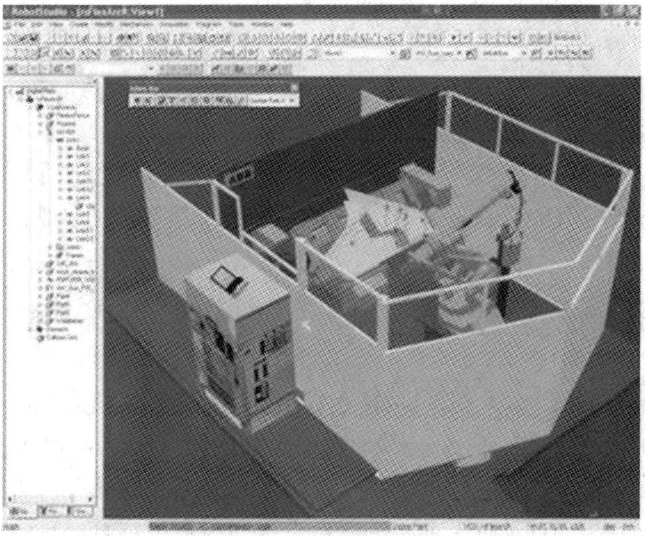

图 1-32　RobotStudio 软件界面

1) 功能

(1) CAD 导入。可方便地导入各种主流 CAD 格式的数据，包括 IGES、STEP、VRML、VDAFS、ACIS 及 CATIA 等。机器人程序员可依据这些精确的数据编制精度更高的机器人程序，从而提高产品质量。

(2) Auto Path 功能。该功能通过使用待加工零件的 CAD 模型，仅在数分钟之内便可自动生成跟踪加工曲线所需要的机器人位置(路径)，而这项任务以往通常需要数小时甚至数天。

(3) 程序编辑器。可生成机器人程序，使用户能够在 Windows 环境中离线开发或维护机器人程序，可显著缩短编程时间、改进程序结构。

(4) 路径优化。如果程序包含接近奇异点的机器人动作，RobotStudio 可自动检测出来并发出报警，从而防止机器人在实际运行中发生这种现象。仿真监视器是一种用于机器人运动优化的可视工具，红色线条显示可改进之处，以使机器人按照最有效的方式运行，可以对 TCP 速度、加速度、奇异点或轴线等进行优化，缩短周期时间。

(5) 可达性分析。通过 Autoreach 可自动进行可到达性分析，使用十分方便，用户可通过该功能任意移动机器人或工件，直到所有位置均可到达，在数分钟之内便可完成工作单元平面布置验证和优化。

(6) 虚拟示教台。虚拟示教台是实际示教台的图形显示，其核心技术是

✎ 笔记

Virtual Robot。从本质上讲，所有可以在实际示教台上进行的工作都可以在虚拟示教台上完成，因而是一种非常出色的教学和培训工具。

(7) 事件表。一种用于验证程序的结构与逻辑的理想工具。程序执行期间，可通过该工具直接观察工作单元的 I/O 状态。可将 I/O 连接到仿真事件，实现工位内机器人及所有设备的仿真。事件表是一种十分理想的调试工具。

(8) 碰撞检测。碰撞检测功能可避免设备碰撞造成的严重损失。选定检测对象后，RobotStudio 可自动监测并显示程序执行时这些对象是否会发生碰撞。

(9) VBA 功能。可采用 VBA 改进和扩充 RobotStudio 功能，根据用户具体需要开发功能强大的外接插件、宏，或定制用户界面。

(10) 直接上传和下载。整个机器人程序无需任何转换便可直接下载到实际机器人系统。该功能得益于 ABB 独有的 Virtual Robot 技术。

2) 缺点

RobotStudio 只支持 ABB 品牌机器人，机器人间的兼容性很差。

7. Robomove

Robomove 来自意大利，同样支持市面上大多数品牌的机器人，机器人加工轨迹由外部 CAM 导入。与其他软件不同的是，Robomove 走的是私人定制路线，根据实际项目进行定制。软件操作自由，功能完善，支持多台机器人仿真。其缺点是需要操作者对机器人有较为深入的理解，策略智能化程度与 RobotMaster 有较大差距，其操作现场如图 1-33 所示。

图 1-33　操作现场

8. RoboGuide

RoboGuide 来自美国，以过程为中心的软件包允许用户在 3D 中创建，编程和模拟机器人工作单元，而无需原型工作单元设置的物理需求和费用。使用虚拟机器人和工作单元模型，使用 Roboguide 进行离线编程可通过在实际安装之前实现单个和多个机器人工作单元布局的可视化来降低风险。其缺点是只支持本公司品牌机器人，机器人间的兼容性很差，其操作界面如图 1-34 所示。

还有其他一些离线编程软件，它们通常也有着不错的离线仿真功能，但是由于技术储备之类的原因，尚还属于第二梯队，比如 SprutCAM、RobotSim、川思特、天皇、亚龙、旭上、汇博等。

图 1-34　操作界面

任务扩展

机器人离线编程系统实用化技术研究趋势

1. 传感器接口与仿真功能

由于多传感器信息驱动的机器人控制策略已经成为研究热点，因此结合实用化需求传感器的接口和仿真工作将成为离线编程系统实用化的研究热点。通过外加焊缝跟踪传感器来动态调整焊缝位置偏差，可保证离线编程系统达到实焊要求。目前，传感器很少应用的主要原因在于难于编制带有传感器操作的机器人程序，德国的 DaiWenrui 研究了离线编程系统中对传感器操作进行编程的方法，在仿真焊缝寻找功能时，给出起始点和寻找方向，系统仿真出机器人的运动结果。

2. 高效的标定技术

机器人离线编程系统的标定精度直接决定了最后的焊接质量。哈尔滨工业大学针对机器人离线编程技术应用过程中工件标定问题进行了研究，提出正交平面工件标定、圆形基准四点工件标定和辅助特征点三点三种工件标定算法。实用化要求更精确的标定精度来保证焊接质量，故精度更高的标定方法成为重要研究方向。

在不需要变位机进行中间变位或协调焊接的情况下，工作单元简单，经过标定后的离线编程程序下载给机器人执行，得到的结果都很满意。而在有变位机协调焊接的情况下，如何把变位机和机器人的空间位置关系标得很准还需要深入研究。

任务巩固

一、机器人离线编程有什么特点？

二、简述机器人离线编程的过程。

三、工业机器人离线编程分为哪几种？

四、简述机器人离线编程系统的结构。

五、机器人离线编程与仿真核心技术有哪些？

六、上网查询常用离线编程软件的应用范围。

模块一资源

操作与应用

工　作　单

姓名		工作名称	认识工业机器人的编程	
班级		小组成员		
指导教师		分工内容		
计划用时		实施地点		
完成日期		备注		
工作准备				
资　料		工　具	设　备	
工作内容与实施				
工作内容		实　施		
1. 简述在线编程的种类				
2. 简述工业机器人离线编程的分类				
3. 简述机器人离线编程的过程				
4. 简述机器人离线编程的特点				
5. 根据左图说明离线编程系统的结构				
6. 根据左图说明虚拟工作站的组成				

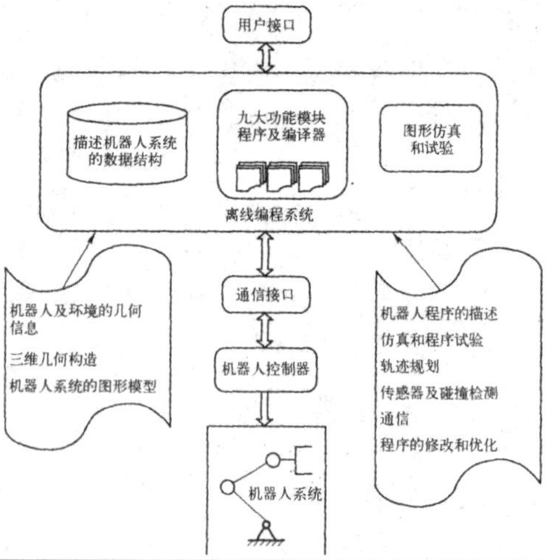

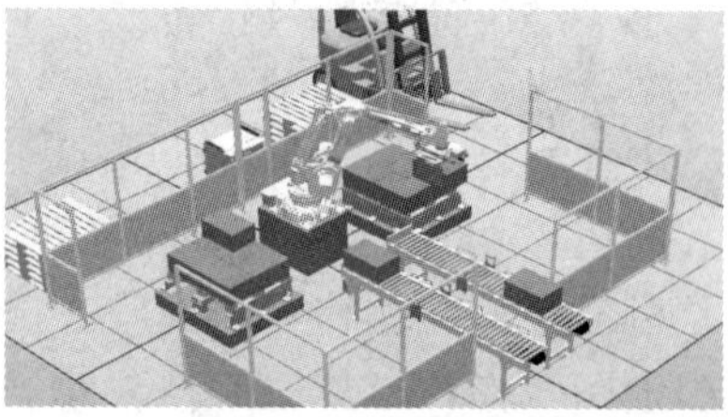

工 作 评 价

	评 价 内 容				
	完成的质量 (60 分)	技能提升能 力(20 分)	知识掌握能 力(10 分)	团队合作 (10 分)	备注
自我评价					
小组评价					
教师评价					

1. 自我评价

班级：＿＿＿＿＿   姓名：＿＿＿＿＿

工作名称：认识工业机器人的编程

序号	评 价 项 目	是	否
1	是否明确人员的职责		
2	能否按时完成工作任务的准备部分		
3	工作着装是否规范		
4	是否主动参与工作现场的清洁和整理工作		
5	是否主动帮助同学		
6	是否完成了清洁工具的摆放		
7	是否执行6S规定		
8	能否完成任务		
9	完成任务正确与否		
评价人	分数	时间	年　月　日

2. 小组评价

序号	评 价 项 目	评 价 情 况
1	与其他同学的沟通是否顺畅	
2	是否尊重他人	
3	工作态度是否积极主动	
4	是否服从教师的安排	
5	着装是否符合标准	
6	能否正确地理解他人提出的问题	
7	能否按照安全和规范的规程操作	
8	能否保持工作环境的干净整洁	
9	是否遵守工作场所的规章制度	
10	是否有工作岗位的责任心	
11	是否全勤	
12	是否能正确对待肯定和否定的意见	
13	团队工作中的表现如何	
14	是否达到任务目标	
15	存在的问题和建议	

笔记 **3. 教师评价**

课程	工业机器人离线编程与仿真	工作名称	认识工业机器人的编程	完成地点	
姓名		小组成员			
序号	项 目		分 值		得 分
1	简答题		40		
2	离线编程系统结构		30		
3	虚拟工作站的组成		30		

自 学 报 告

自学任务	常用离线编程软件的功能与特点
自学内容	
收获	
存在问题	
改进措施	
总结	

模块二

构建基本仿真工业机器人工作站

任务一　布局工业机器人基本工作站

🎥 工作任务

　　工业机器人工作站是指能进行简单作业，且使用一台或两台机器人的生产体系。工业机器人生产线是指进行工序内容多的复杂作业，使用了两台以上机器人的生产体系。在 RobitStudio 中，可以对基本的工作站(如图 2-1 所示)或者生产线进行仿真布局(如图 2-2 所示)。

图 2-1　工业机器人基本工作站

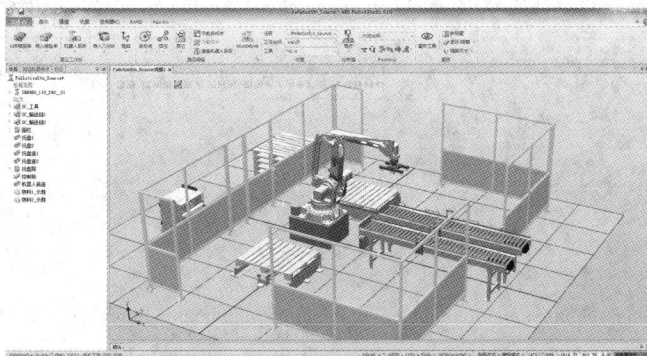

图 2-2　码垛工业机器人工作站

笔记

工作任务

1. 能安装工业机器人仿真软件 RobotStudio；
2. 能建立工业机器人工作站；
3. 能加载物件。

任务实施

技能训练

根据实际情况，让学生在教师的指导下进行技能训练

一、安装工业机器人仿真软件 RobotStudio

RobotStudio5.61 是 ABB 公司开发的机器人离线编程软件。该软件是网络版，有一定的使用期限，超过期限后软件将不能运行，用户需要向 ABB 公司申请 License 文件，安装之后才能重新运行。

下面介绍 RobotStudio5.61 软件的下载、安装与授权。

1. 下载

下载 RobotStudio5.61 软件，下载网址和位置，如图 2-3 所示，进入下载页面，如图 2-4 所示。

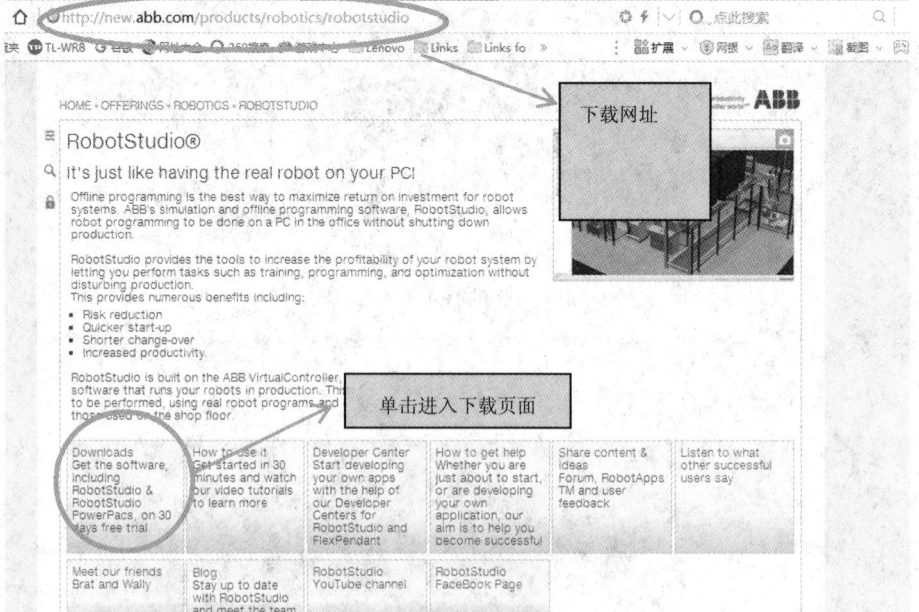

图 2-3　登录下载网址

图 2-4　下载离线编程软件

2. 安装

安装 RobotStudio 的过程如图 2-5～图 2-7 所示。

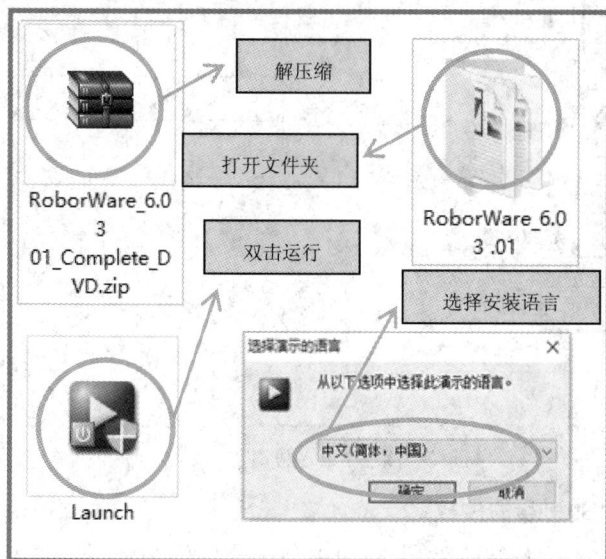

图 2-5　安装第一步

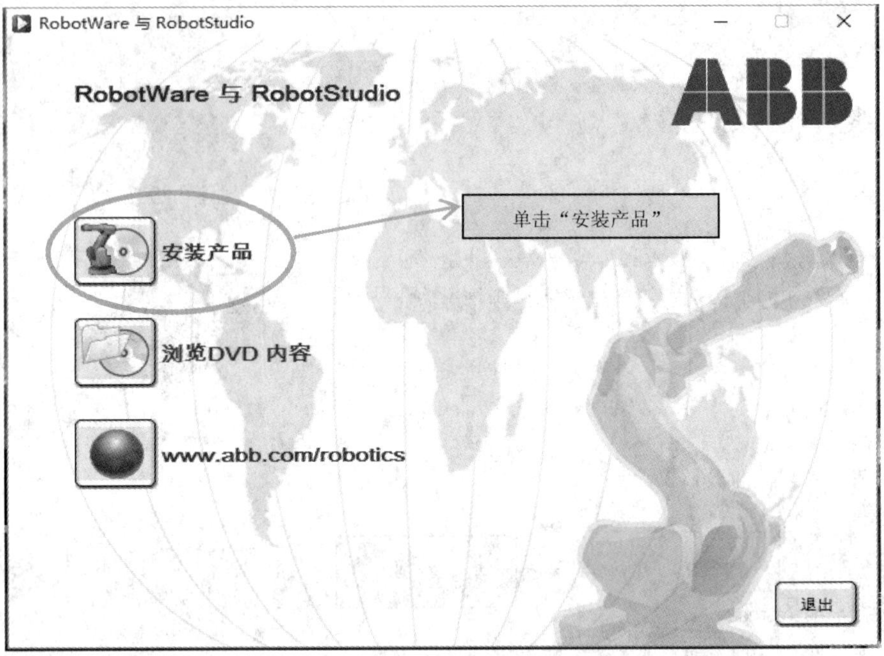

图 2-6　安装第二步

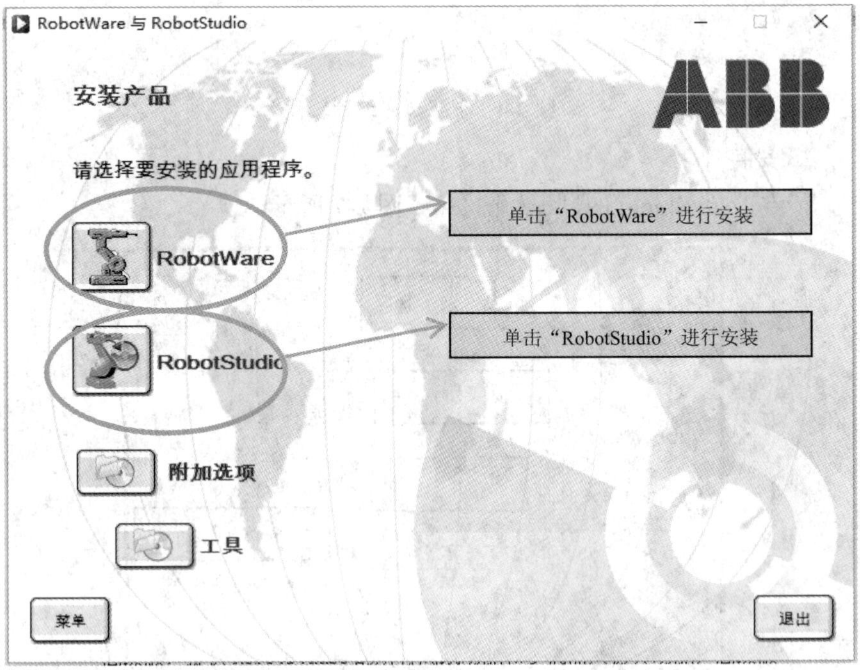

图 2-7　安装第三步

3. RobotStudio 的授权

在第一次正确安装软件后，ABB 公司会提供 30 天的全功能高级免费试用。30 天后，如果还未进行授权操作的话，则只能使用基本版的功能，如图 2-8 所示。

图 2-8 授权日期的查看

1) 基本版

提供基本的 RobotStudio 的功能，如配置、编程和运行虚拟控制器。还可以通过以太网对实际控制器进行编程、配置和监控等在线操作。

2) 高级版

提供 RobotStudio 的所有离线功能和多机器人仿真功能，高级版中包含基本版中的所有功能。要使用高级版需进行激活。

在激活之前，首先要将计算机连接上互联网。因为 RobotStudio 可以通过网络进行激活，激活的步骤如图 2-9～图 2-13 所示。

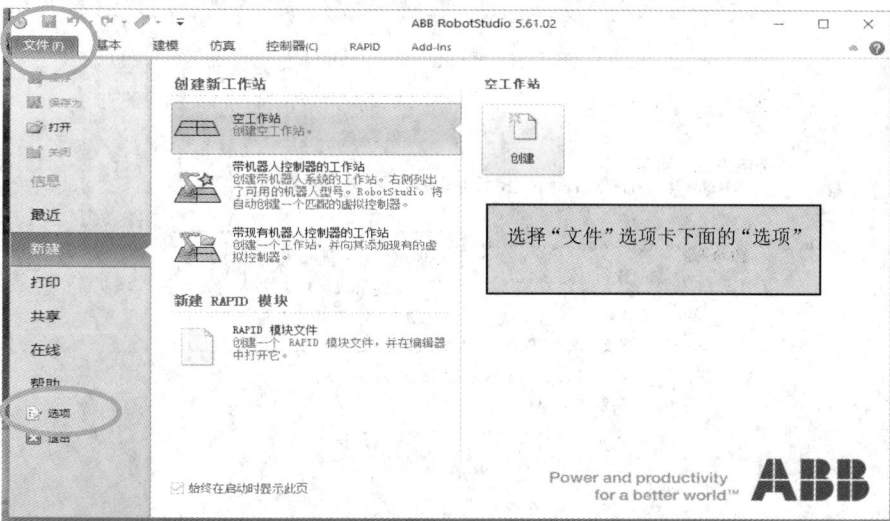

图 2-9 授权激活第一步

✍ 笔记

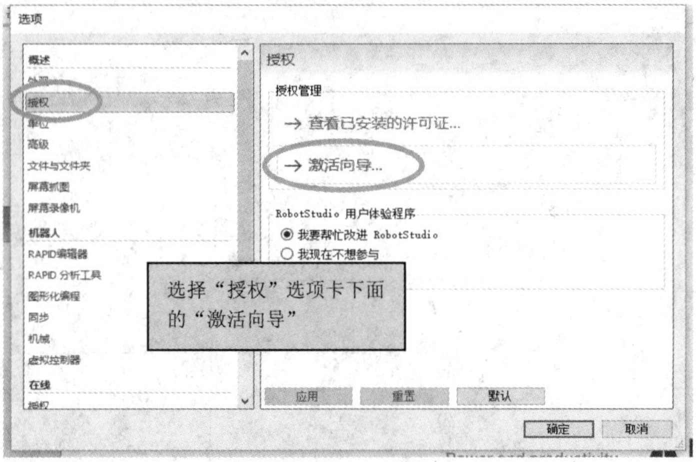

图 2-10　授权激活第二步

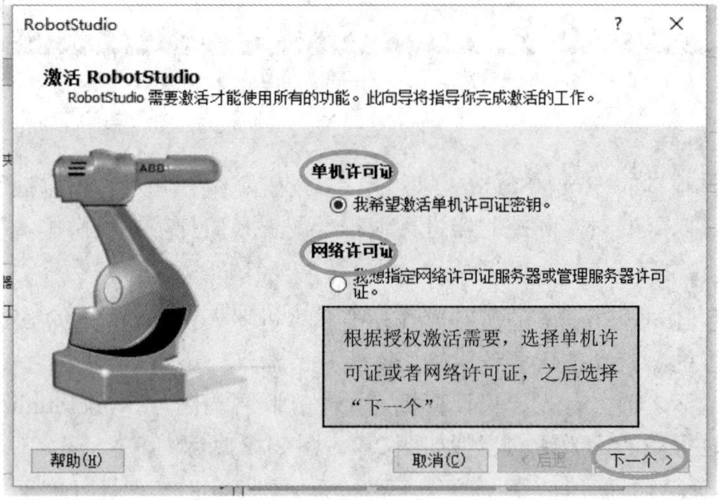

图 2-11　授权激活第三步

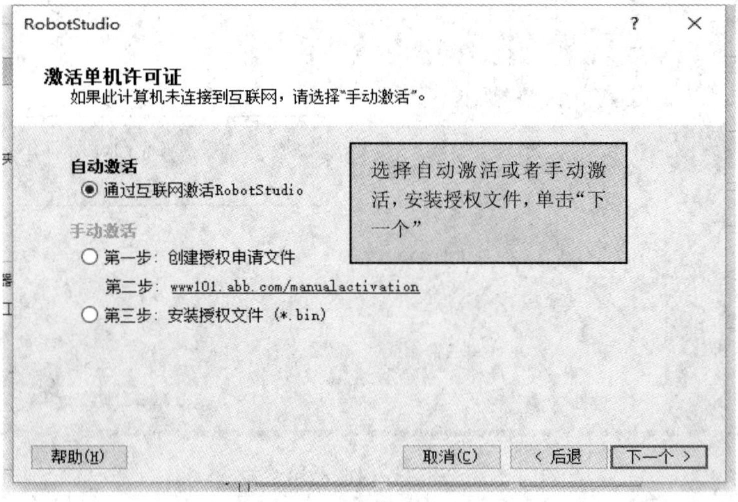

图 2-12　激活授权第四步

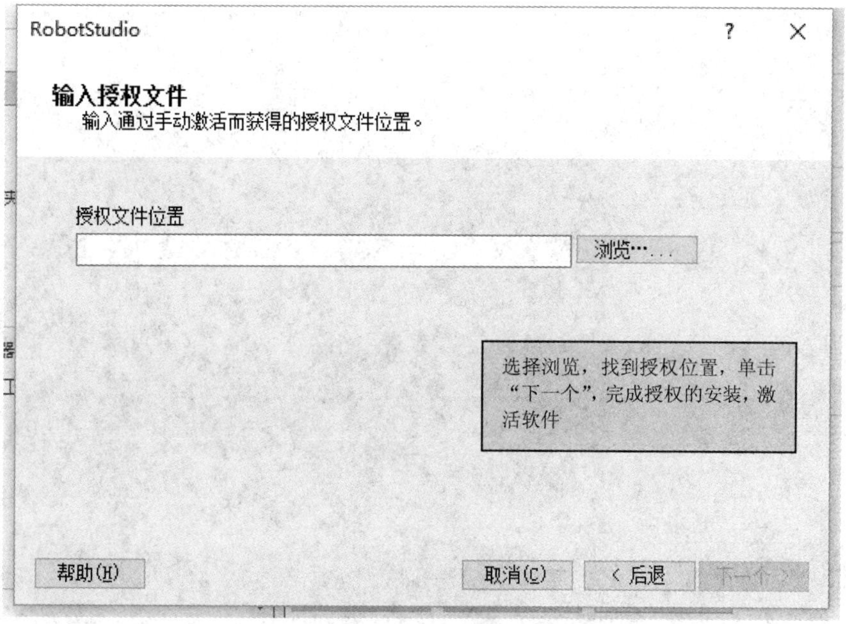

图 2-13　激活授权第五步

4. 仿真软件 RobotStudio5.61 的软件界面介绍

(1) RobotStudio 软件界面。"文件"功能选项卡，包含创建新工作站、创建新机器人系统、连接到控制器、将工作站另存为查看器的选项和 RobotStudio 选项，如图 2-14 所示。

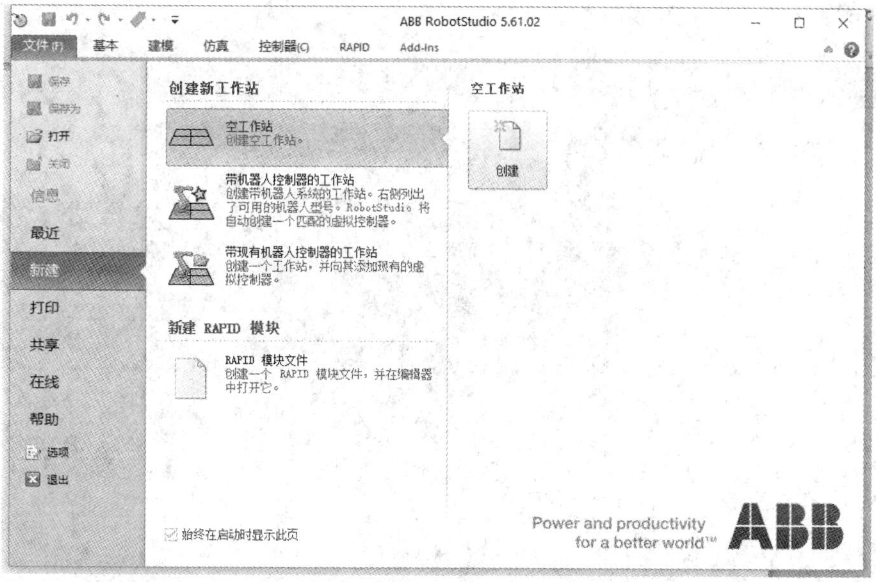

图 2-14　"文件"功能选项卡

(2) "基本"功能选项卡。"基本"功能选项卡包含搭建工作站、创建系统、编程路径和摆放物体所需的控件，如图 2-15 所示。

笔记

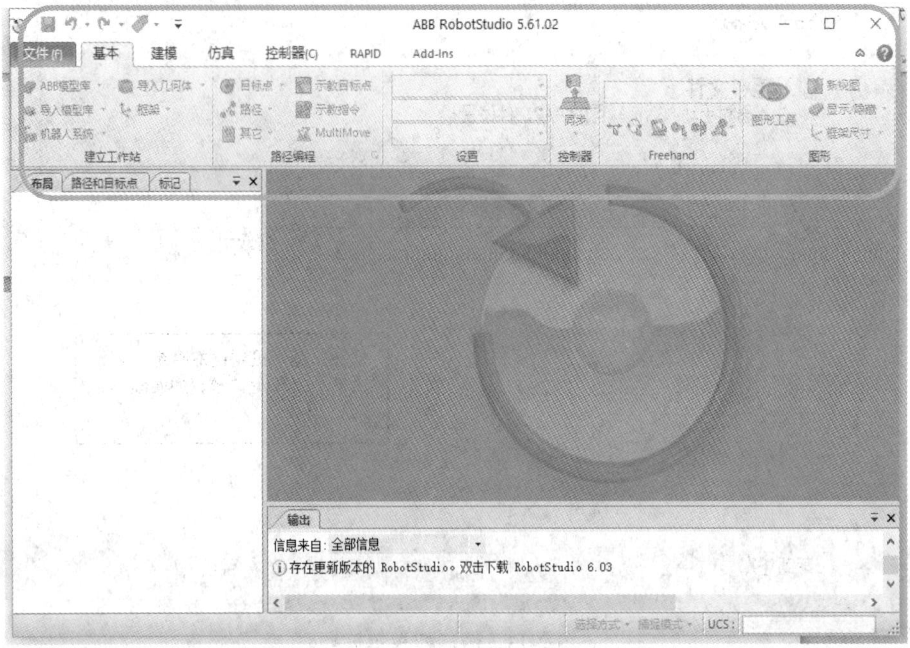

图 2-15 “基本”功能选项卡

工匠精神

技能不能留给自己,传给企业和社会才更有价值。

(3) “建模”功能选项卡。“建模”功能选项卡，包含创建和分组工作站组件、创建实体、测量以及其他 CAD 操作所需的控件，如图 2-16 所示。

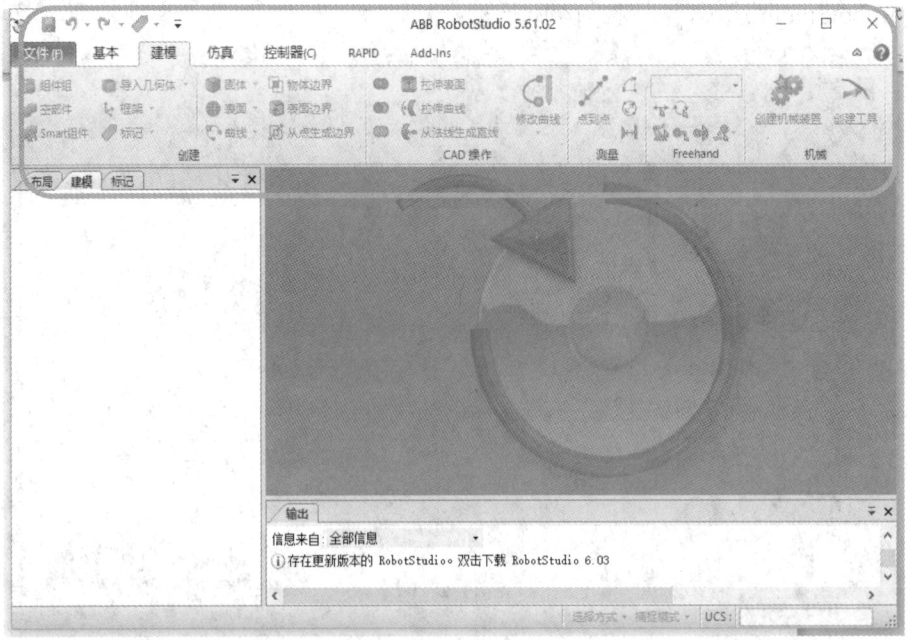

图 2-16 “建模”功能选项卡

(4) “仿真”功能选项卡。“仿真”功能选项卡，包含创建、控制、监控和记录仿真所需的控件，如图 2-17 所示。

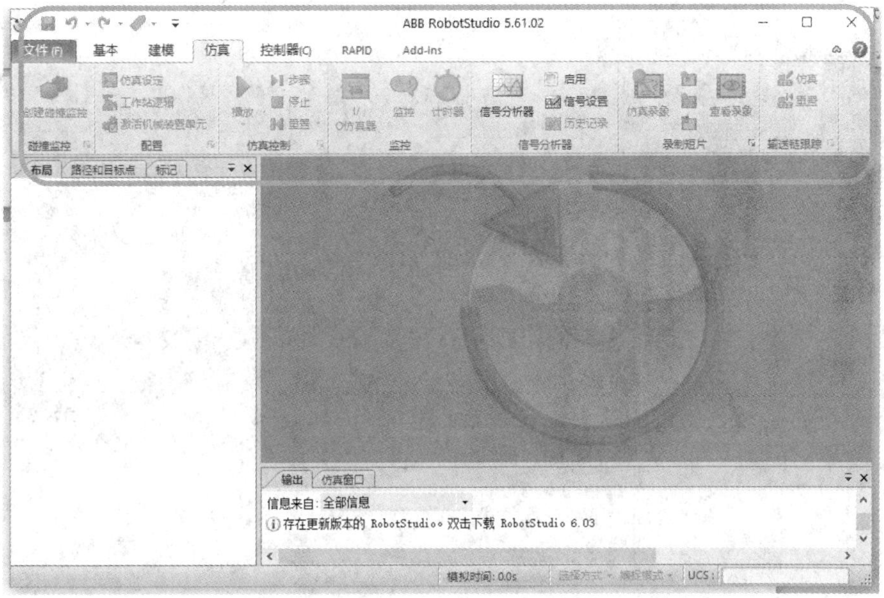

笔记

图 2-17 "仿真"功能选项卡

(5) "控制器"功能选项卡。"控制器"功能选项卡，包含用于虚拟控制器的同步、配置和分配给它的任务控制措施。它还包含用于管理真实控制器的控制功能，如图 2-18 所示。

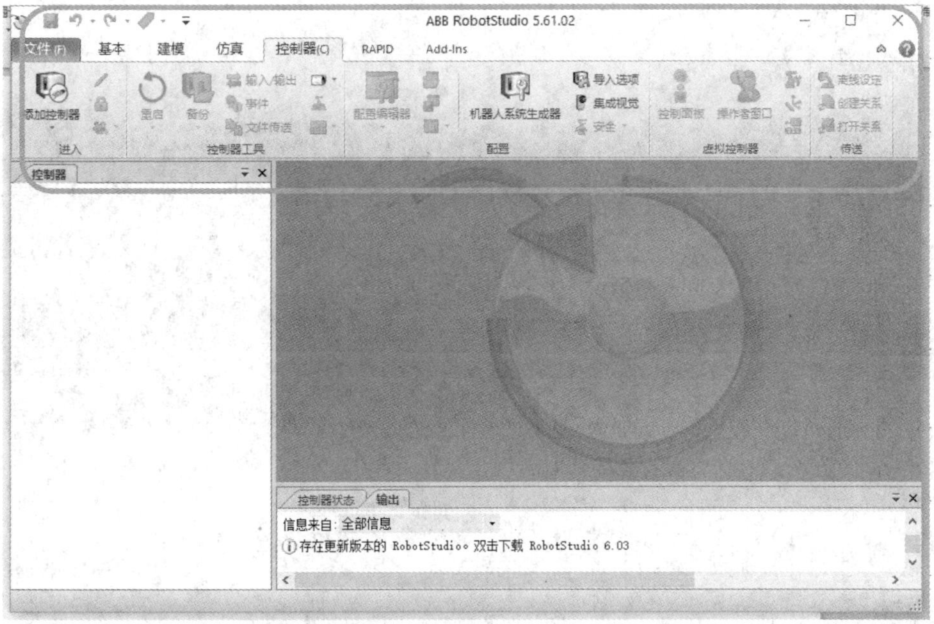

图 2-18 "控制器"功能选项卡

(6) "RAPID"功能选项卡。"RAPID"功能选项卡，包括 RAPID 编辑器的功能、RAPID 文件的管理以及用于 RAPID 编程的其他控件，如图 2-19 所示。

笔记

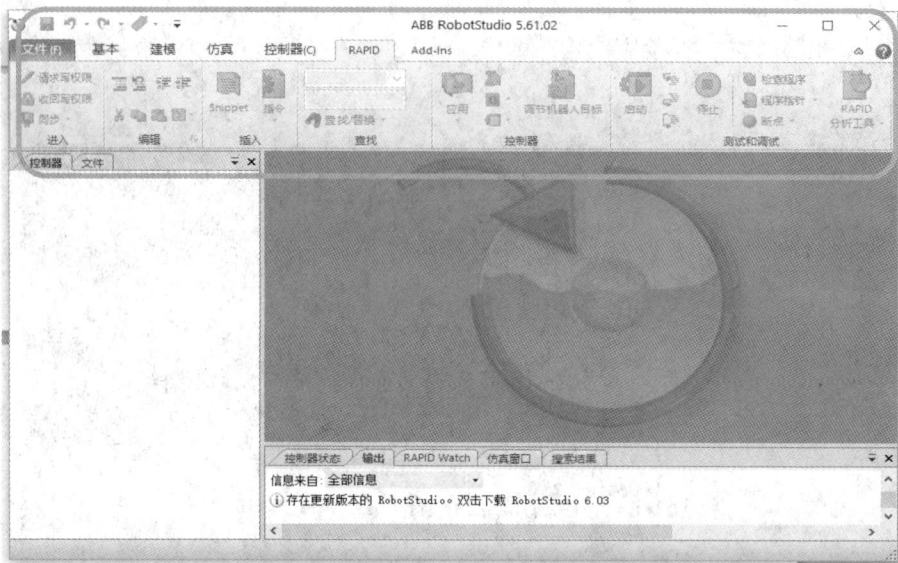

图 2-19 "RAPID"功能选项卡

(7) "Add-Ins"功能选项卡。"Add-Ins"功能选项卡，包含 PowerPacs 和 VSTA 的相关控件，如图 2-20 所示。

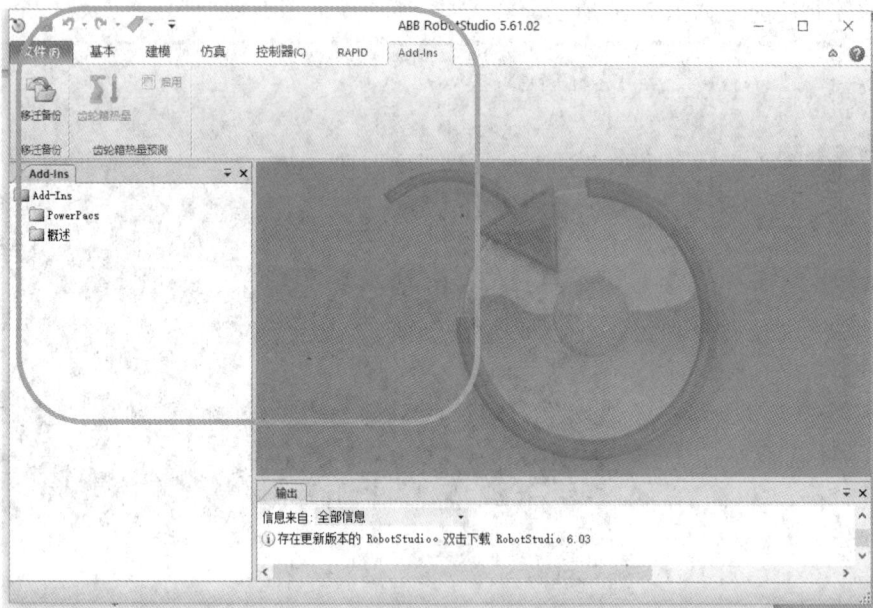

图 2-20 "Add-Ins"功能选项卡

(8) 意外关闭。恢复默认 RobotStudio 时，常常遇到操作窗口被意外关闭，无法找到对应操作的情况，可进行相关操作进行恢复，如图 2-21 和图 2-22 所示。

缺少左侧菜单，缺少输出选项

图 2-21 意外关闭操作对象的情况

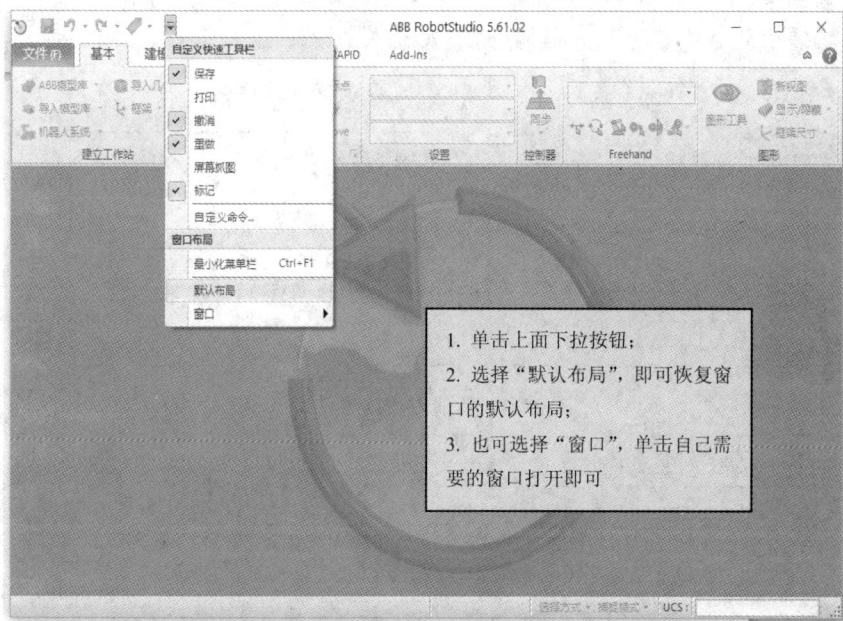

1. 单击上面下拉按钮；
2. 选择"默认布局"，即可恢复窗口的默认布局；
3. 也可选择"窗口"，单击自己需要的窗口打开即可

图 2-22 恢复默认操作

二、工业机器人工作站的建立

1. 导入机器人

(1) 新建工作站，方法 1 见图 2-23，方法 2 见图 2-24。

(2) 选择机器人模型库。

工业机器人库见图 2-25 和图 2-26，选择"IRB120"型机器人见图 2-27 和图 2-28，可选择不同类型的机器人。

笔记

笔记

选择"文件"功能选项卡→选择"新建"→双击"空工作站"

图 2-23　新建工作站方法 1

选择"文件"功能选项卡→选择"新建"→选择"空工作站"→单击"创建",建立一个新的工作站

图 2-24　新建工作站方法 2

选中"基本"功能选项卡→打开"ABB 模型库"

图 2-25　工业机器人库 1

选中"基本"功能选项卡→打开"ABB 模型库"选择不同类型的机器人和导轨

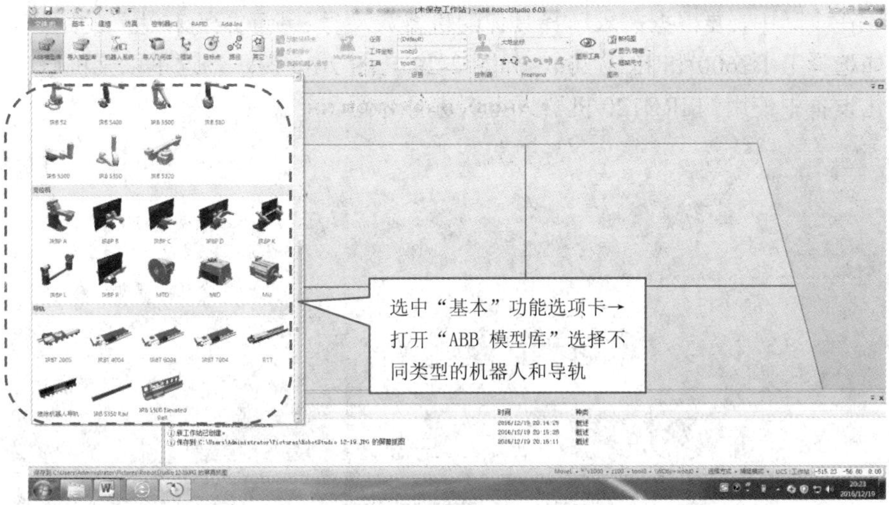

图 2-26 工业机器人库 2

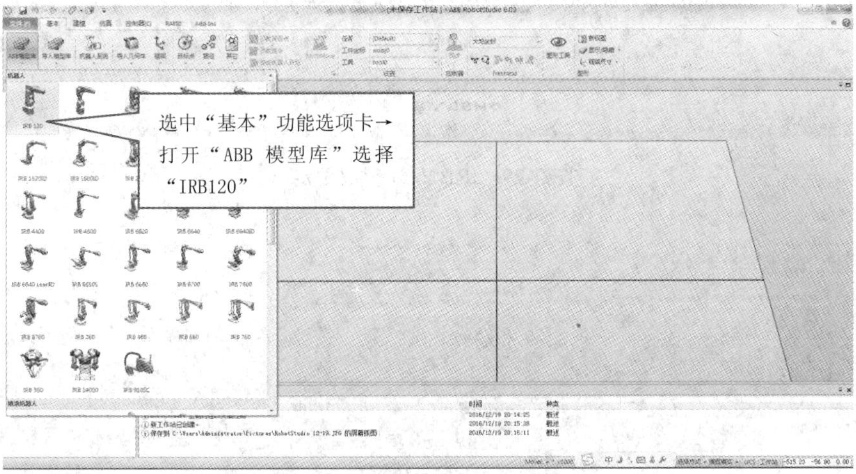

选中"基本"功能选项卡→打开"ABB 模型库"选择"IRB120"

图 2-27 选择"IRB120"型

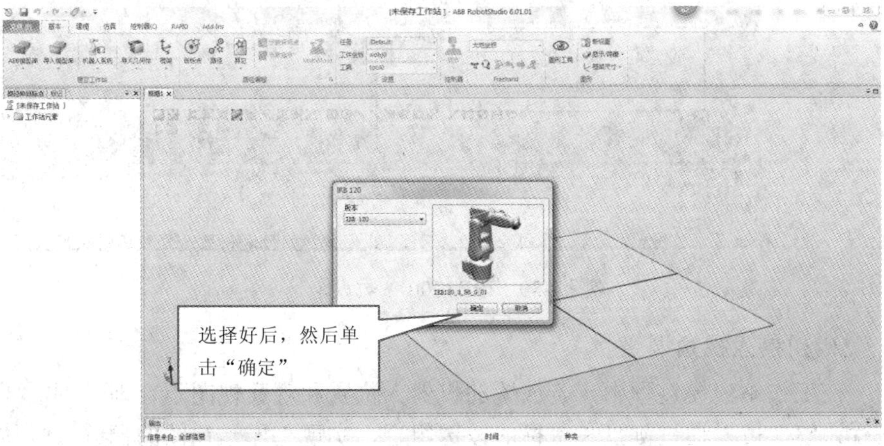

选择好后，然后单击"确定"

图 2-28 选取机器人 IRB120

✐ 笔记

在实际中，要根据需求选择具体的机器人型号、承重能力和达到的距离，例如选择 IRB2600 和 IRB1200，如图 2-29 与图 2-30 所示。这里以某机电一体化设备中使用的 IRB120 机器人为例进行介绍。

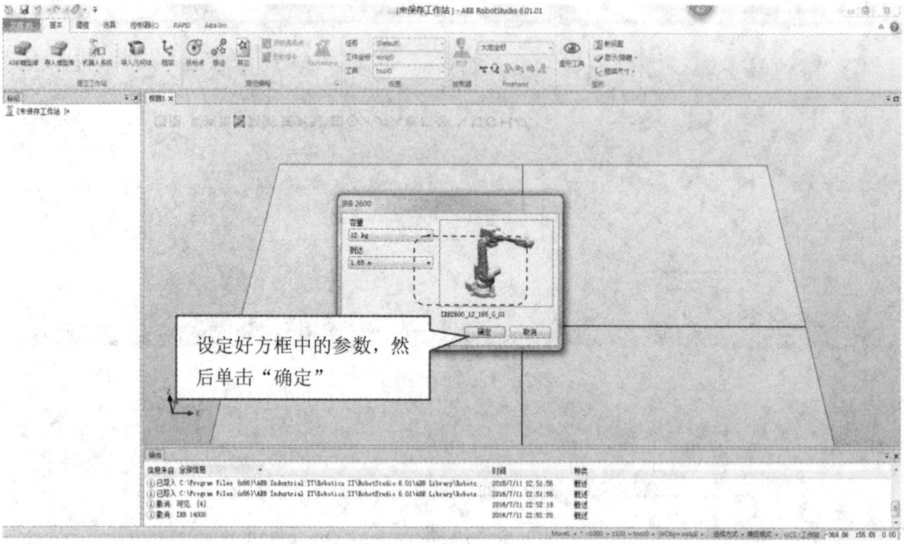

图 2-29　IRB2600 参数设定

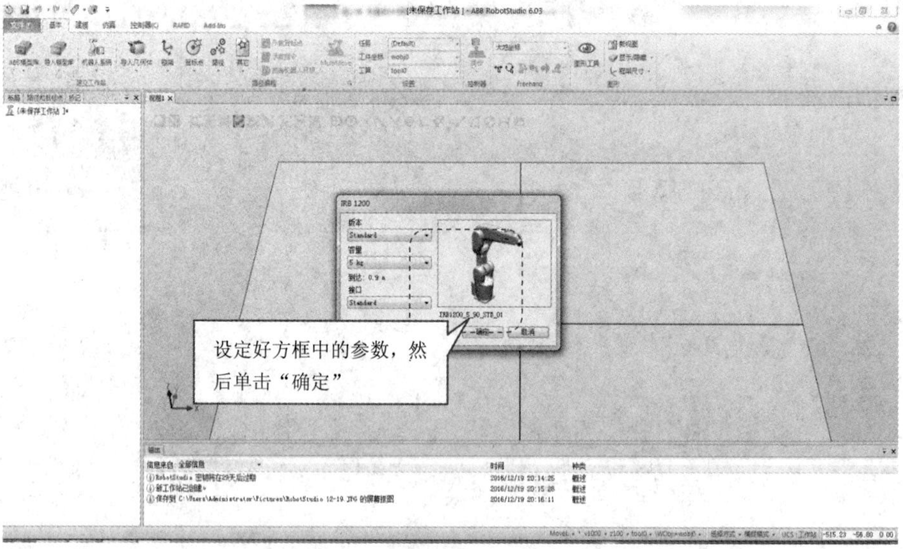

图 2-30　IRB1200 参数设定

2. 机器人视角调整

在工作站建模过程中，若放置的机器人位置和观察视图不合理，则需要进行调整，可以通过键盘和鼠标的按键组合，实现工作站视图的调整。具体平移如图 2-31 所示，360°视角如图 2-32 所示。

图 2-31 工作站平移视图

图 2-32 工作站平移视图

3. 加载机器人工具

(1) 选中"基本"功能选项卡→打开"导入模型库",如图 2-33 所示。

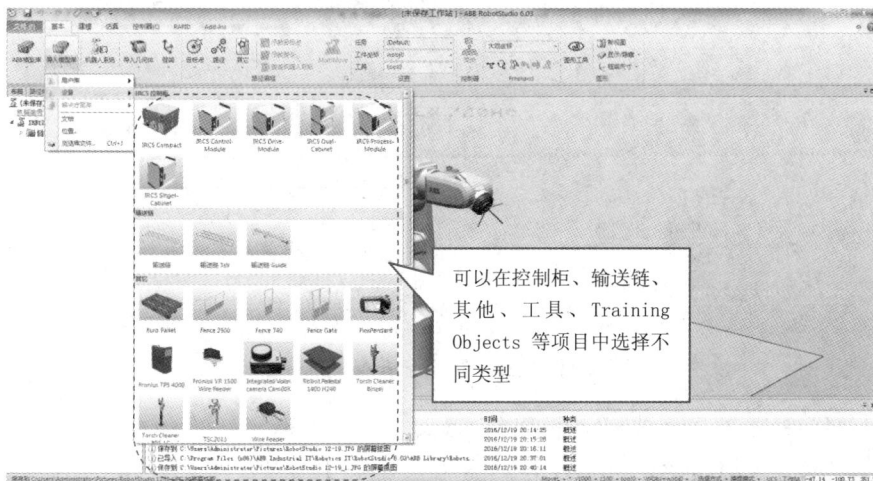

图 2-33 设备库

（2）选择"Training Objects"中的"Pen"加载机器人工具的操作，如图2-34所示。

图 2-34　选择工具

（3）选择"Pen"机器人工具后，如图2-35所示，"Pen"与机器人处于同一个坐标系中。

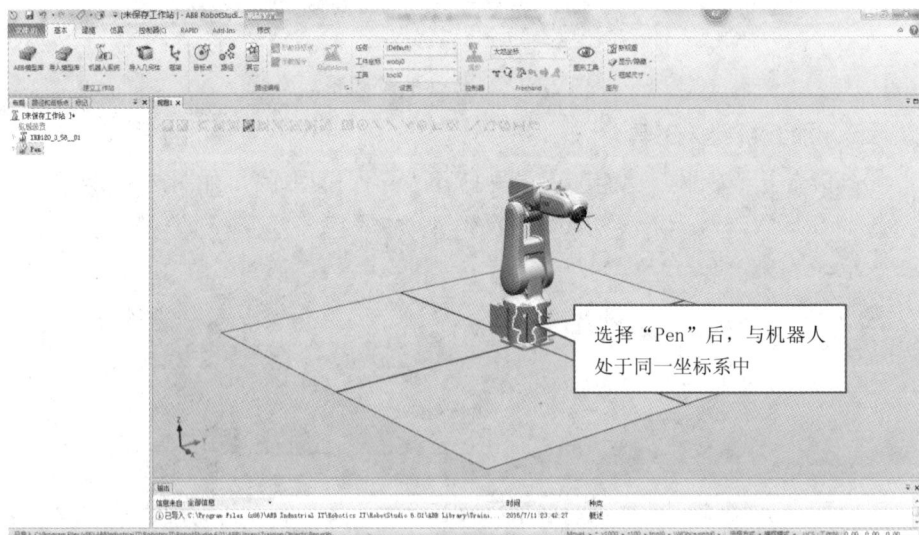

图 2-35　加载 Pen 工具

（4）安装工具"Pen"加载到机器人。方法有两种：一种在"Pen"上按住左键，向上拖到"IRB120_3_58_01"后松开左键，如图2-36～图2-38所示。

图 2-36　安装 Pen 工具方法 1

图 2-37　安装 Pen 工具方法 1

图 2-38　安装 Pen 工具方法 2

　　另一种方法是选中"Pen"并点击右键，在下拉菜单中选择"安装到"，弹出下拉菜单"IRB120_3_58_01"，如图 2-38 和图 2-39 所示。

　　(5)　"Pen"加载完成，如图 2-40 所示。

单击"是"

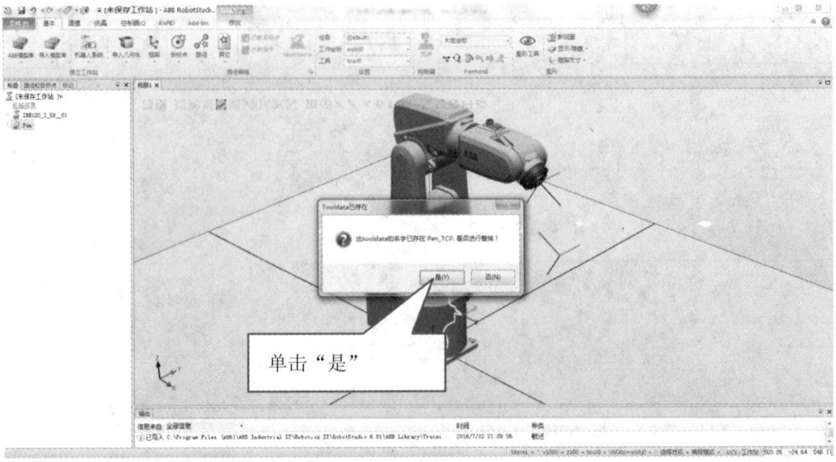

图 2-39　安装 Pen 工具方法 2

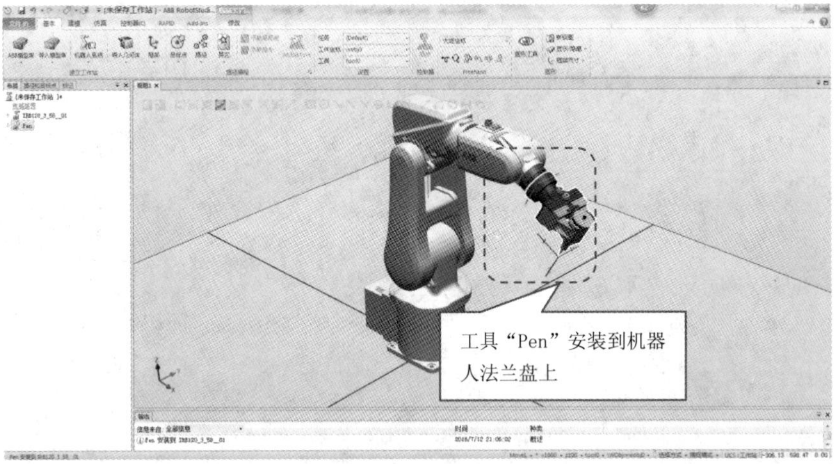

工具"Pen"安装到机器人法兰盘上

图 2-40　加载完成后

(6) 卸载"Pen"工具。选中安装到机器人法兰盘上的工具"Pen",将工具从法兰盘上拆除,在"Pen"上点击右键→在下拉菜单中选择"拆除",如图 2-41～图 2-43 所示。

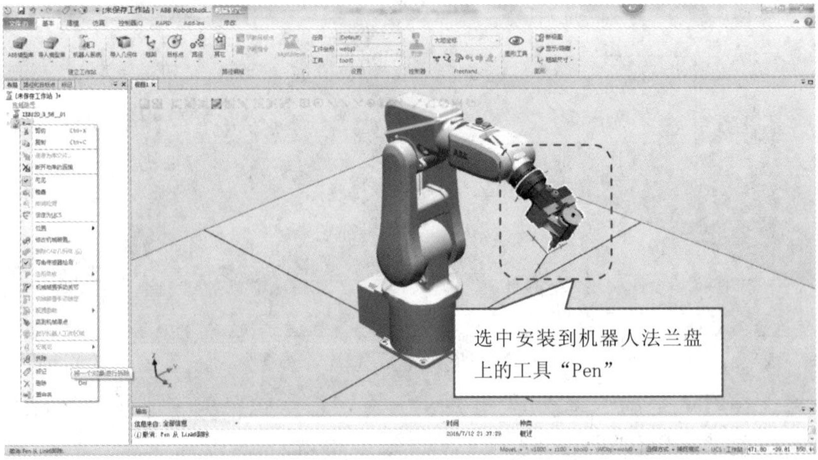

选中安装到机器人法兰盘上的工具"Pen"

图 2-41　选中拆除的工具

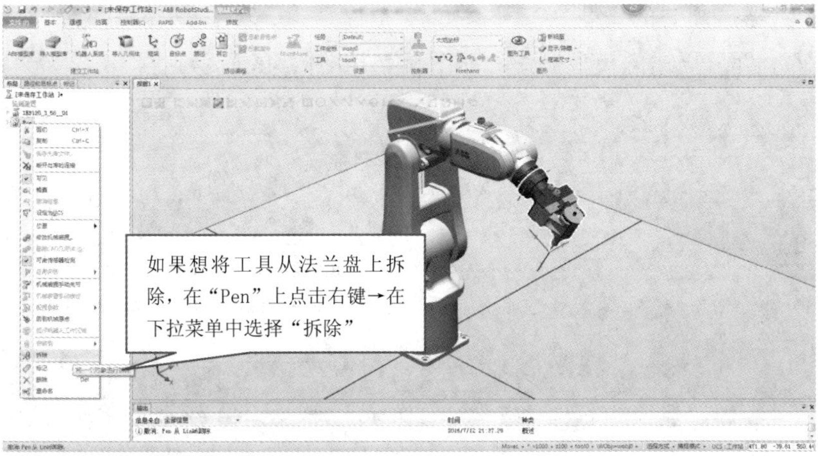

图 2-42　选中拆除菜单

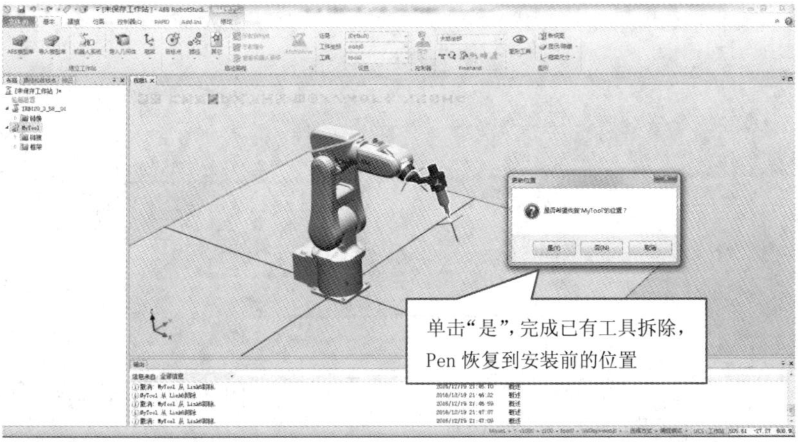

图 2-43　拆除工具

(7) 删除加载工具。右击鼠标，选中"BinzelTool"下拉项卡，单击"删除"，即完成加载工具删除，随后可以重新根据上述方法加载其他工具，如图 2-44 所示。

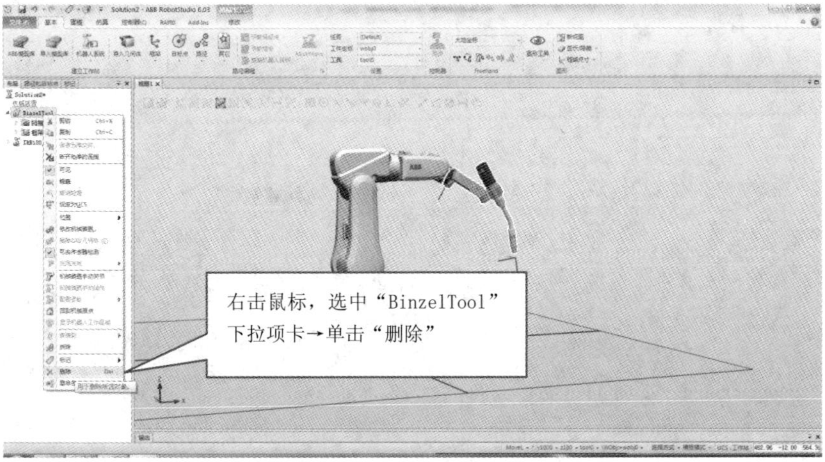

图 2-44　删除工具

笔记

4. 摆放周边的模型

(1) 摆放周边的模型操作，如图 2-45 和图 2-46 所示。

图 2-45　设备库

图 2-46　选择所需模型

(2) 加载后的效果如图 2-47 所示。

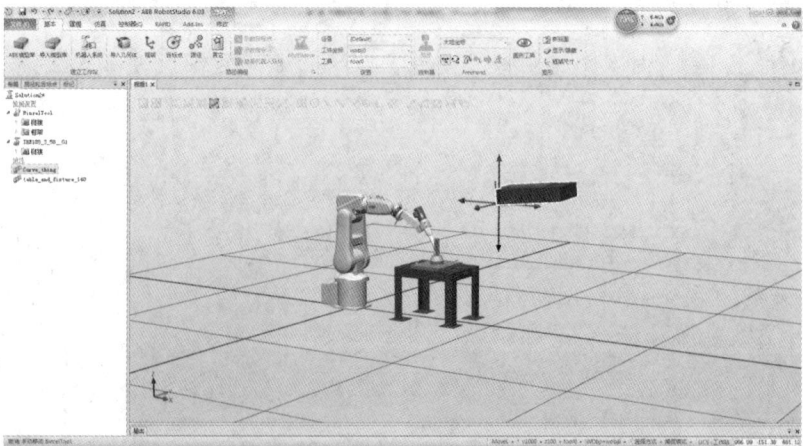

图 2-47　加载后效果

课程思政

四个贯穿始终

学习教育、调查研究、检视问题、整改落实贯穿主题教育全过程。

5. 移动相应设备

（1）显示机器人工作区域。如图 2-48 和图 2-49 所示，仿真的区域和目的见图 2-50 所示。

图 2-48　显示机器人工作区域

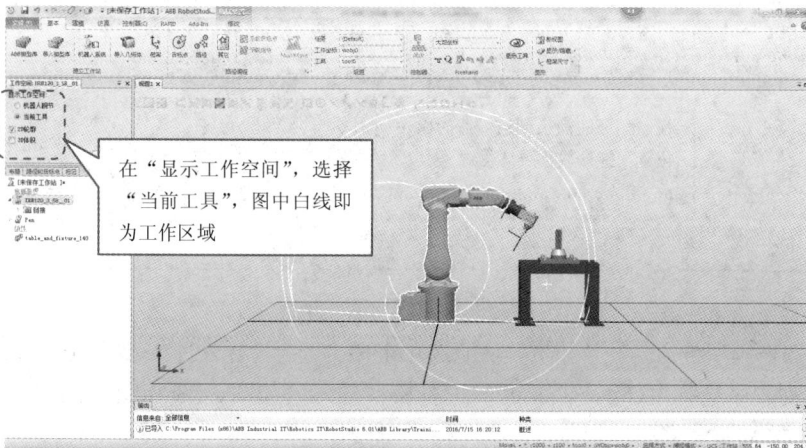

图 2-49　选择工作空间

图 2-50　仿真目的

✍ 笔记

(2) 移动对象。在移动机器人或加载的工具时，使用 Freehand 工具栏功能，如图 2-51 所示。

图 2-51　Freehand 工具

平移时的过程如图 2-52 所示，在"Freedhand"中选中"大地坐标"和单击"移动"按钮，然后拖动相应的箭头，使设备达到相应的位置。

图 2-52　选择移动坐标系

(3) 模型导入。在"基本"功能选项卡中，选择"导入库模型"，在下拉"设备"列表中选择"Curve Thing"，进行模型导入，如图 2-53 和图 2-54 所示。

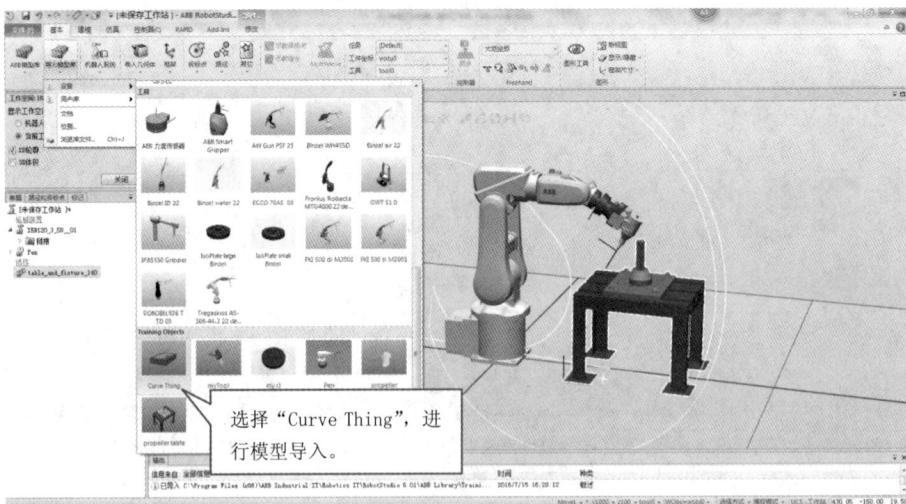

图 2-53　选中 Curve Thing

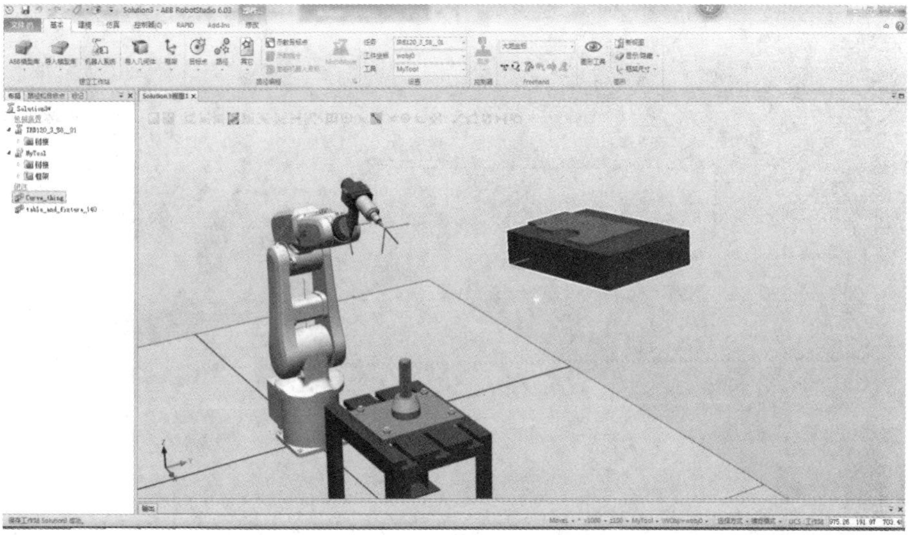

图 2-54　导入 Curve Thing 后

三、加载物件

在仿真时需要将加载的物件放置到相应的平台上，通常有五种方法：一点法、两点法、三点法、框架法、两个框架法。这里我们以两点法为例说明之。

两点法实施过程如图 2-55～图 2-56 所示。为了能准确捕捉对象特征，需要正确的选择捕捉工具，如图 2-57～图 2-62 所示。

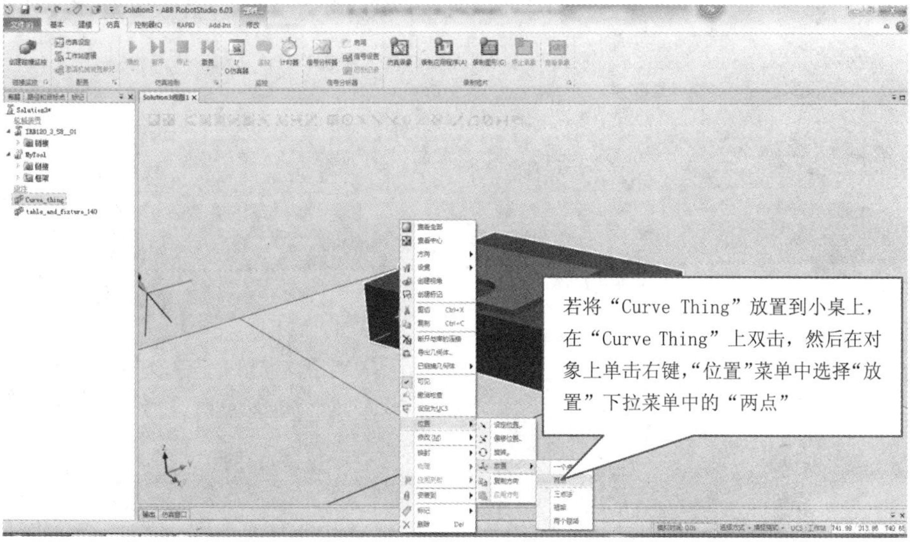

若将"Curve Thing"放置到小桌上，在"Curve Thing"上双击，然后在对象上单击右键，"位置"菜单中选择"放置"下拉菜单中的"两点"

图 2-55　选中两点法 1

笔记

鼠标右击"Curve Thing"→在下拉菜单中选择"放置"→在"放置"菜单中选择"两点"

图 2-56　选中两点法 2

将鼠标移动到对应的捕捉工具，则会显示详细的说明

图 2-57　捕捉工具运用

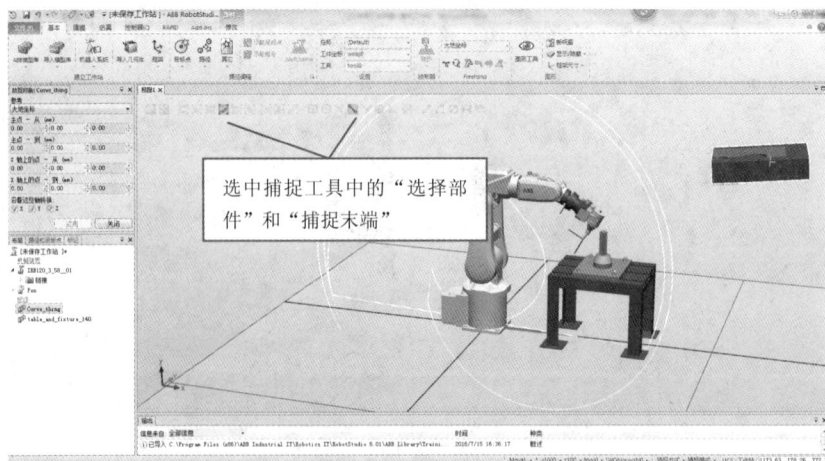

选中捕捉工具中的"选择部件"和"捕捉末端"

图 2-58　选中捕捉工具类型

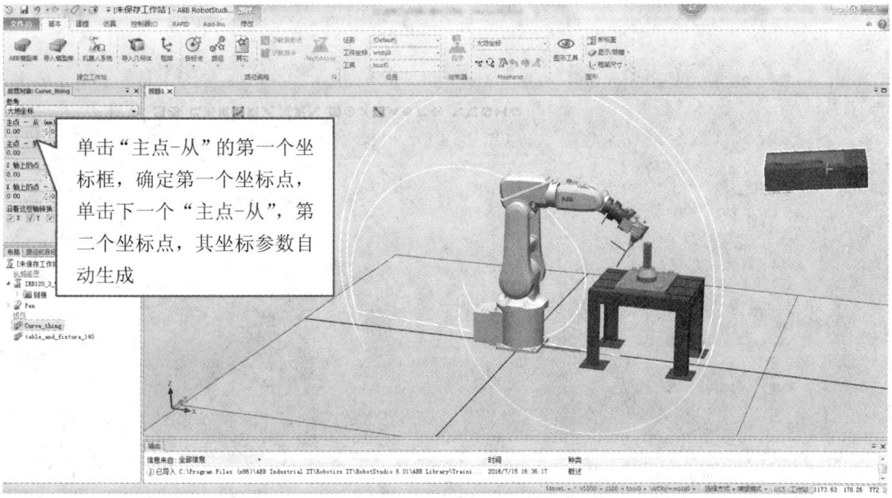

图 2-59　选取坐标点

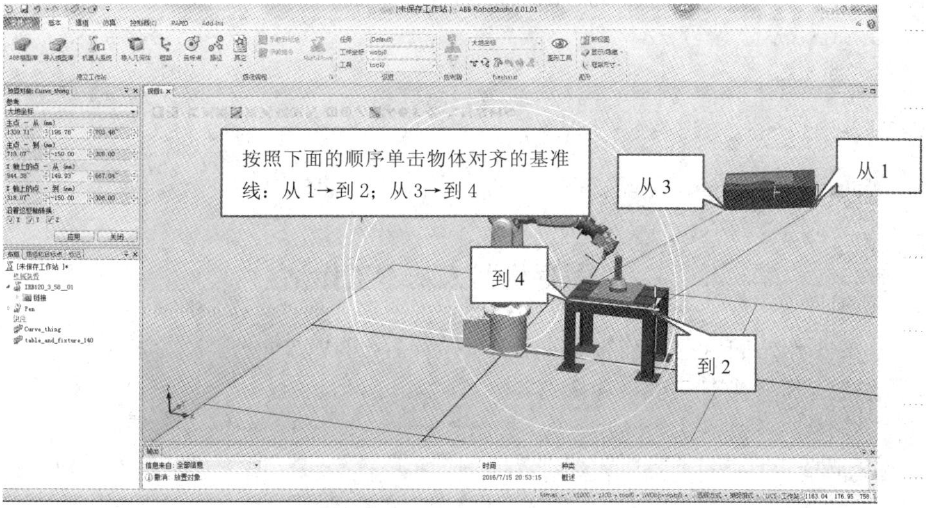

图 2-60　选择基准点

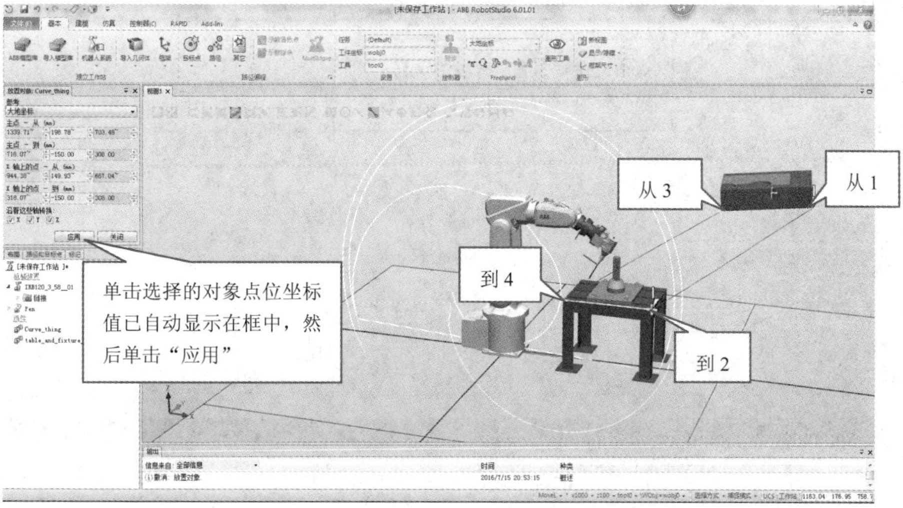

图 2-61　基点选取后应用

图 2-62　效果图

任务扩展

保存机器人基本工作站

　　工作站的保存工作很重要，及时的保存可以防止已经建立的工作站意外丢失，其方法有三种，如图 2-63～图 2-66 所示。

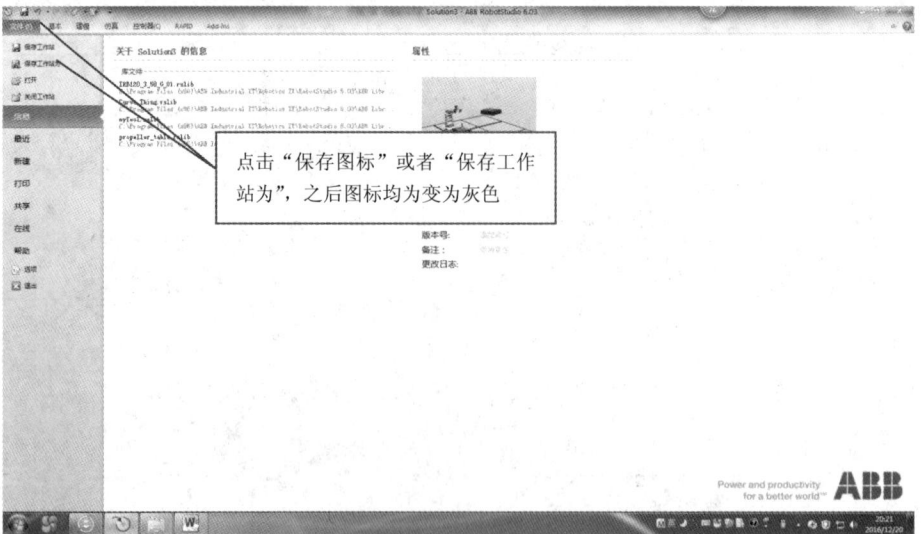

图 2-63　保存方法 1

图 2-64　保存方法 2

图 2-65　更改文件名并保存

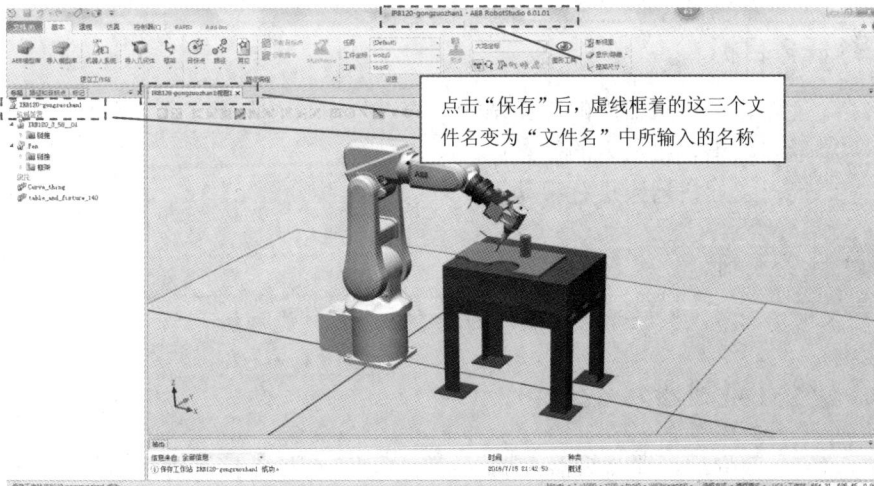

图 2-66　文件名更改保存后

笔记

工匠精神

传授手艺的同时，也传递了耐心、专注、坚持的精神，这是一切手工匠人所必须具备的特质。

✎ 笔记

🎥 **任务巩固**

选择不同种类的机器人练习建立不同的基本工作站。

任务二　建立工业机器人系统与手动操纵

🎥 **工作任务**

图 2-67 所示是玻璃涂胶虚拟工作站，为了更好地布置工业机器人与玻璃的位置，应该对工业机器人进行移动。为了涂胶操作工业机器人，还应进行工业机器人系统的设置。

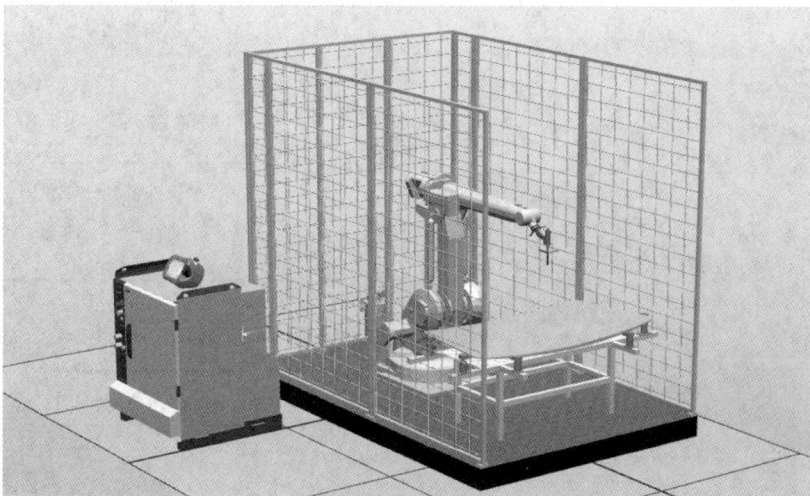

图 2-67　玻璃涂胶虚拟工作站

🎥 **任务目标**

1. 能建立工业机器人的操作系统；
2. 能移动虚拟机器人的位置；
3. 能对工业机器人进行手动操作。

🎥 **任务实施**

根据实际情况，让学生在教师的指导下进行技能训练。

技能训练

一、建立工业机器人系统操作

完成了布局后，要为机器人加载系统，建立虚拟的控制器，使其具有电气的特性来完称相关的仿真操作，具体操作见图 2-68～图 2-78。

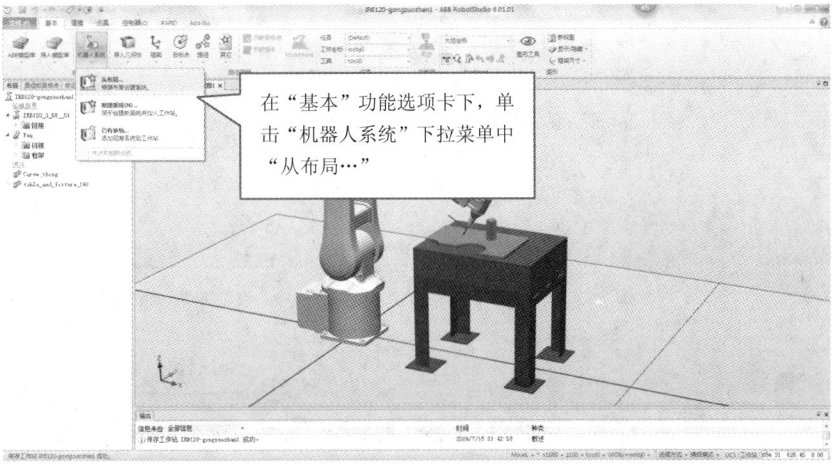

图 2-68　机器人布局

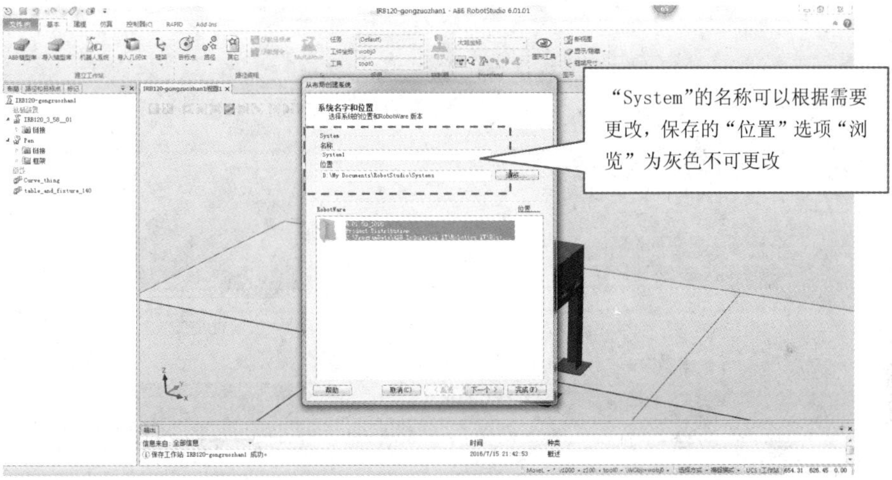

图 2-69　系统名字和位置

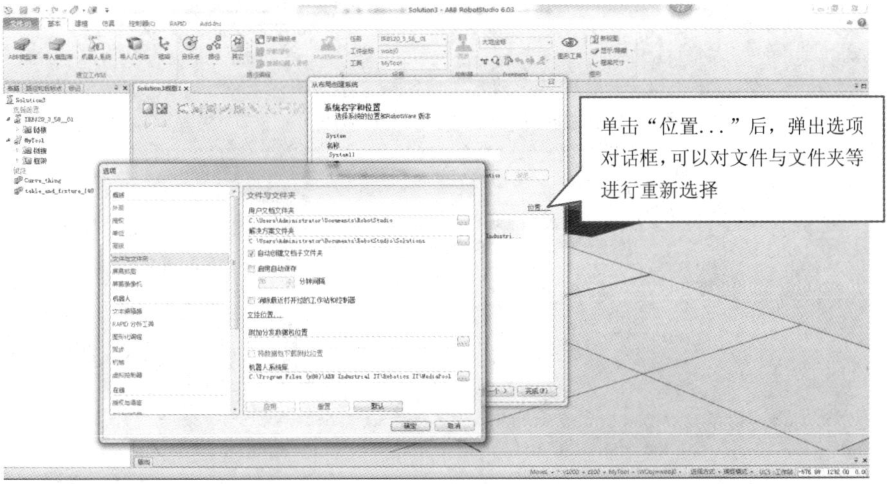

图 2-70　更改位置

笔记

设定好"System"的名称和保存的"位置"后，选中"RobotWare"中对应文件

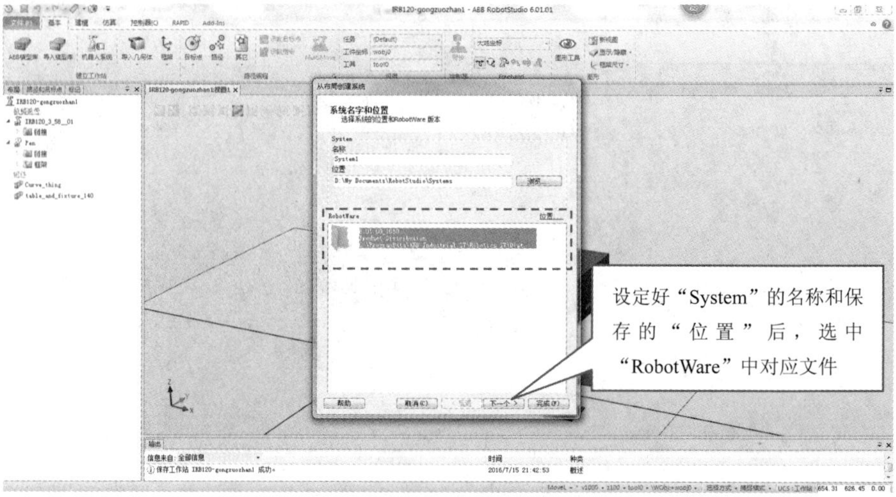

图 2-71　选择 RobotWare 文件

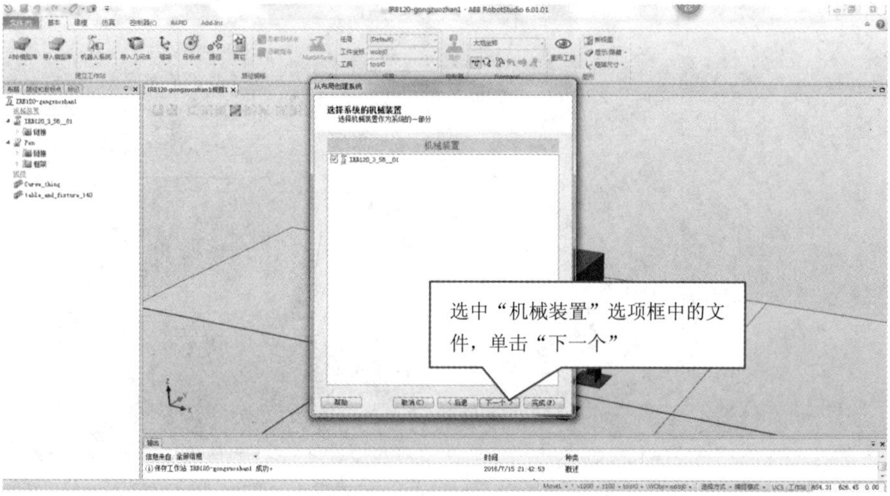

选中"机械装置"选项框中的文件，单击"下一个"

图 2-72　机械装置选择

系统选项中各参数配置完成后，显示相关信息

图 2-73　配置信息

系统选项中各参数配置更改时可点击"选项"

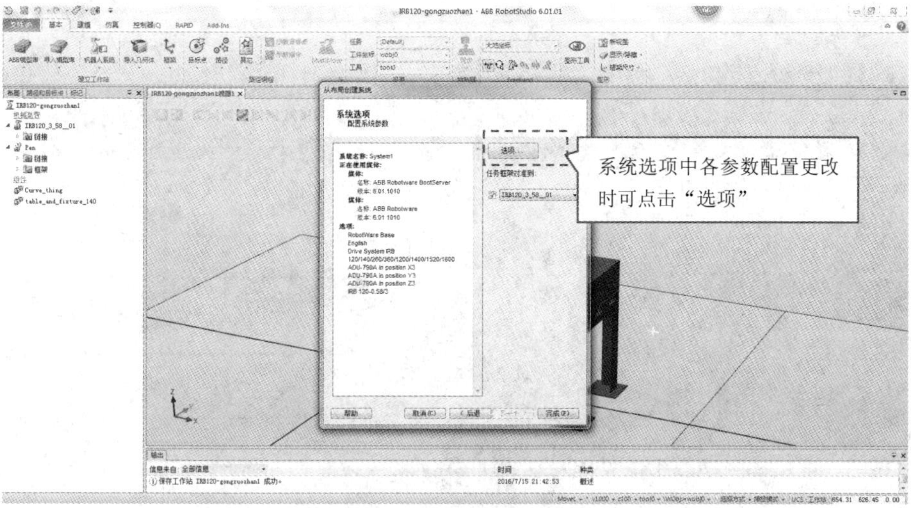

图 2-74　更改配置信息选项

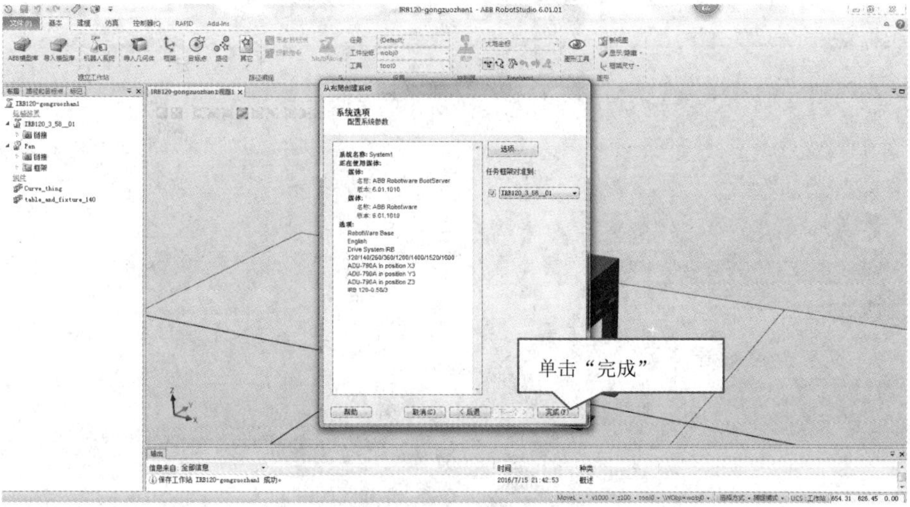

单击"完成"

图 2-75　机器人配置参数设置完成

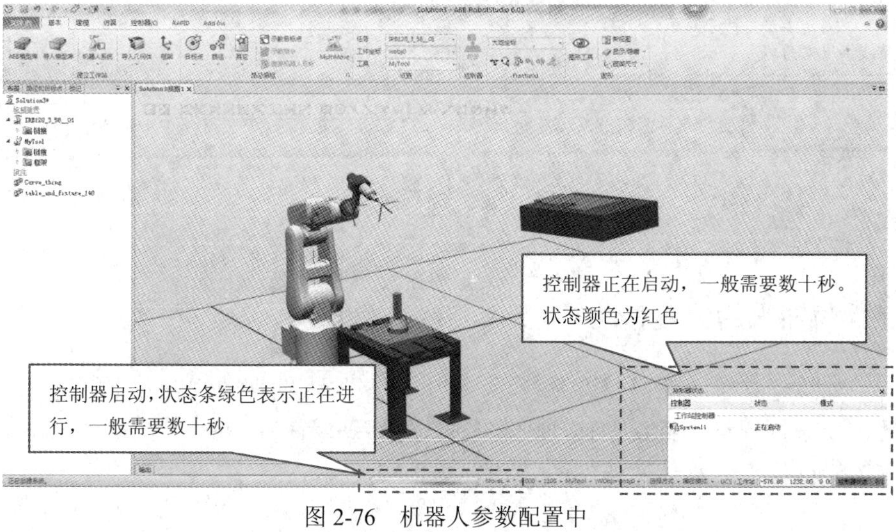

控制器正在启动,一般需要数十秒。状态颜色为红色

控制器启动,状态条绿色表示正在进行,一般需要数十秒

图 2-76　机器人参数配置中

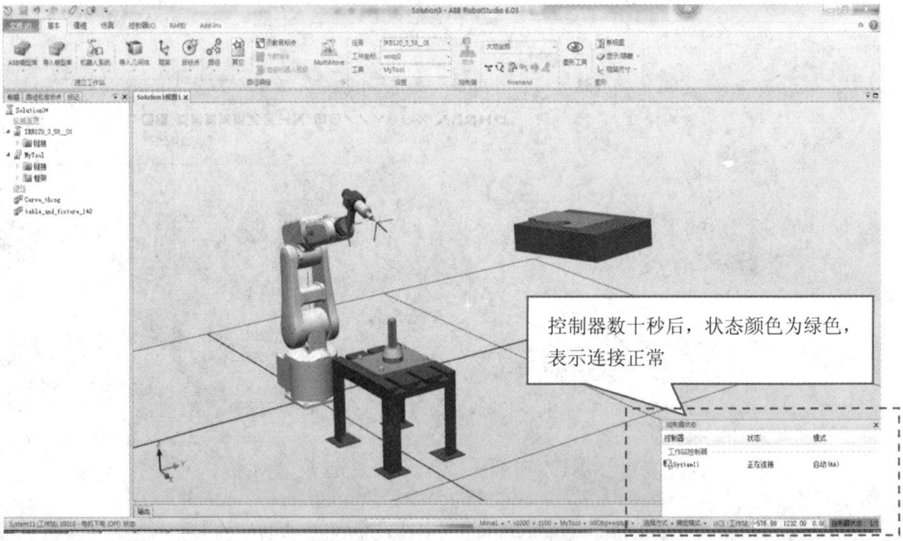

图 2-77　机器人参数配置正常

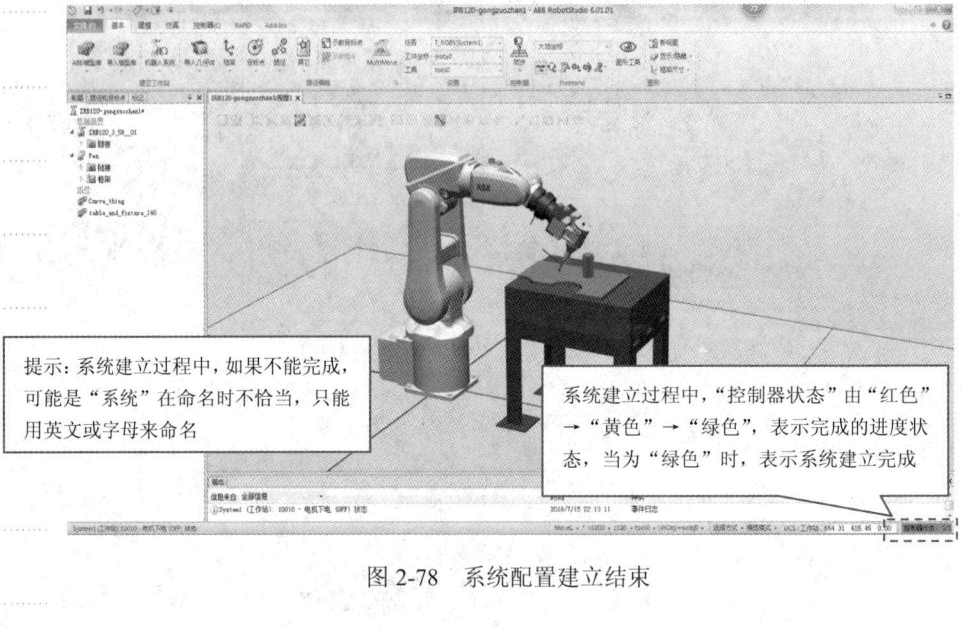

控制器数十秒后，状态颜色为绿色，表示连接正常

图 2-78　系统配置建立结束

提示：系统建立过程中，如果不能完成，可能是"系统"在命名时不恰当，只能用英文或字母来命名

系统建立过程中，"控制器状态"由"红色"→"黄色"→"绿色"，表示完成的进度状态，当为"绿色"时，表示系统建立完成

二、机器人的位置移动

如果建立了工业机器人系统后，会发现机器人的摆放位置并不合适，若还需要进行调整，就要在移动机器人的位置后重新确定机器人在整个工作站中的坐标位置。具体操作如图 2-79～图 2-82 所示。

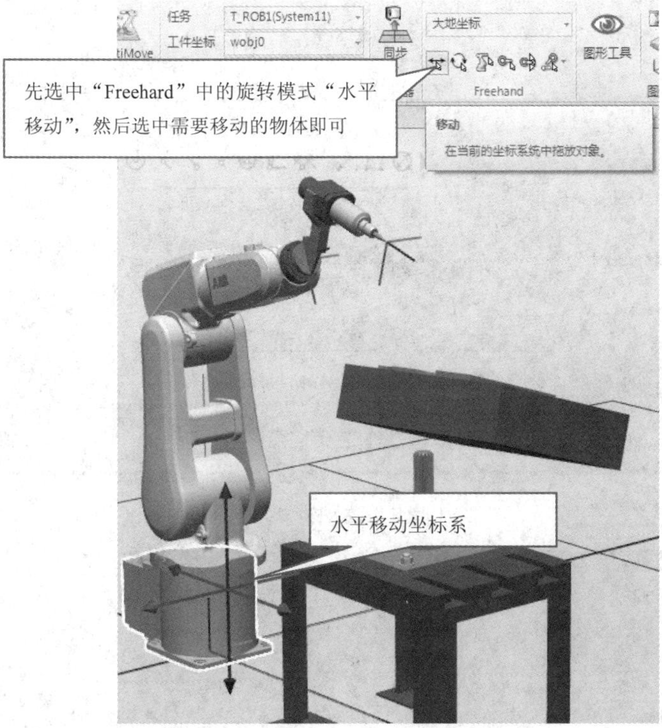

先选中"Freehard"中的旋转模式"水平移动",然后选中需要移动的物体即可

图 2-79 X、Y、Z 三轴方向移动

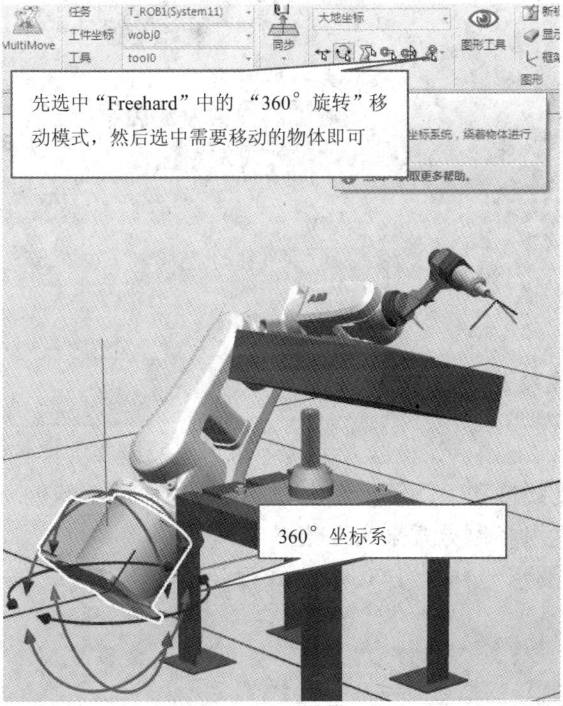

先选中"Freehard"中的"360°旋转"移动模式,然后选中需要移动的物体即可

图 2-80 X、Y、Z 轴 360°旋转

企业文化

企业文化 5 个要素,即企业环境、价值观、英雄人物、文化仪式和文化网络。

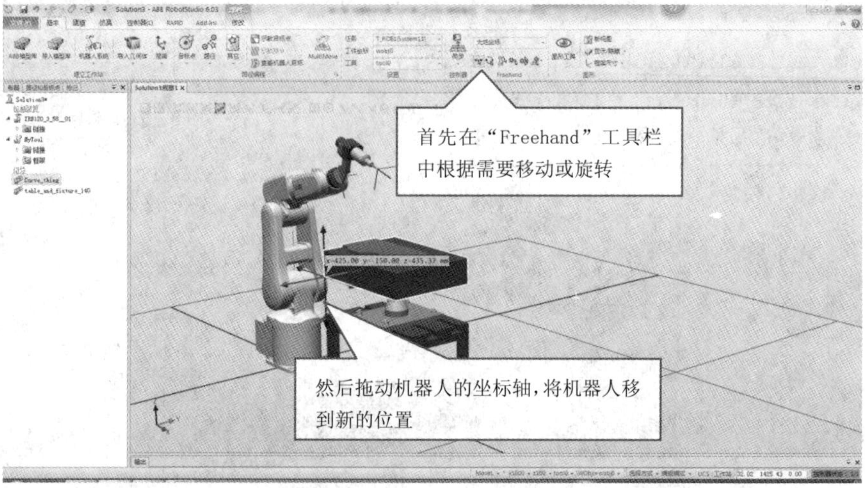

图 2-81　水平移动方式

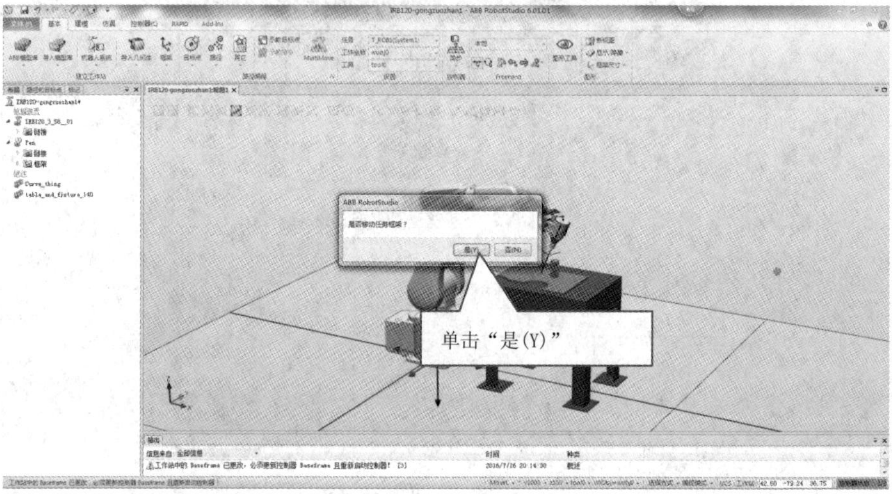

图 2-82　水平移动确认

旋转物体的 360°运动，参照水平移动。

三、工业机器人的手动操作

在 RobotStudio 中，让机器人手动运动到达所需要的位置的方式有三种：手动关节、手动线性和手动重复定位，如图 2-83 所示。我们可以通过直接拖动和精确手动两种控制方式来实现该操作。

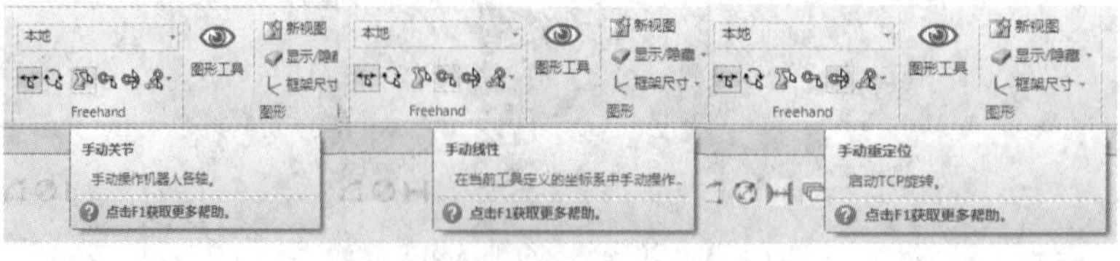

图 2-83　手动操作三种方式

1. 直接拖动

直接拖动的操作步骤如图 2-84 与图 2-85 所示。

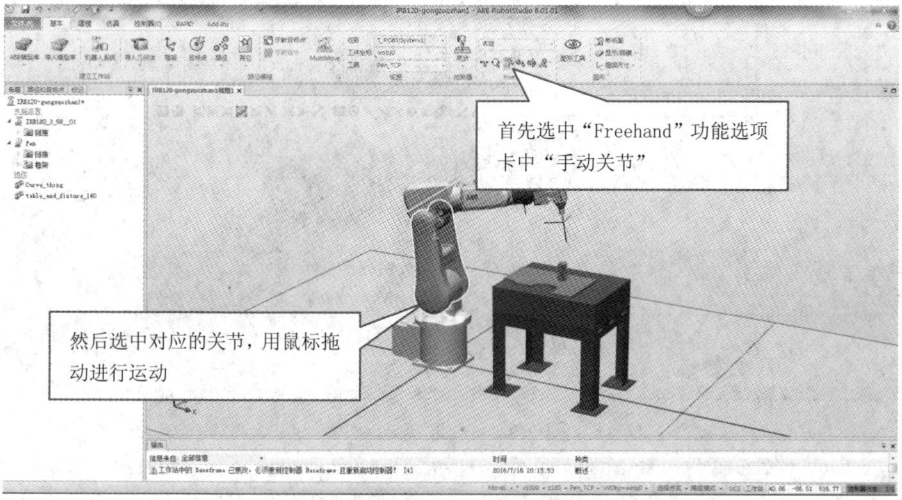

图 2-84　手动关节运动

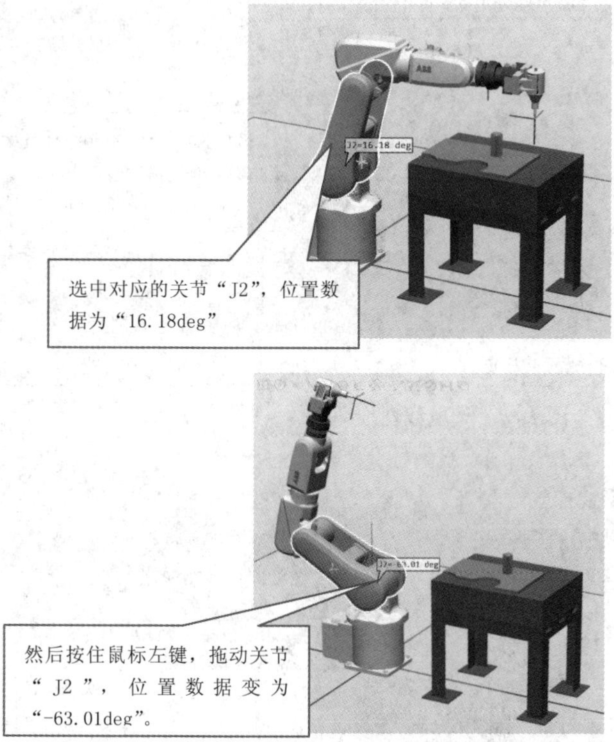

图 2-85　手动关节运动举例

机器人其他关节(J1 到 J6)的运动如图 2-84 和图 2-85 所示。

1) 线性运动

工业机器人手动线性运动见图 2-86～图 2-88。

先选中"设置"工具栏中的"工具"项，并设定为"Pen_TCP"

图 2-86　选取运动物体

然后选中"手动线性"

最后选中需要拖动的物体后，拖动箭头进行线性运动

图 2-87　选取线性拖动物体

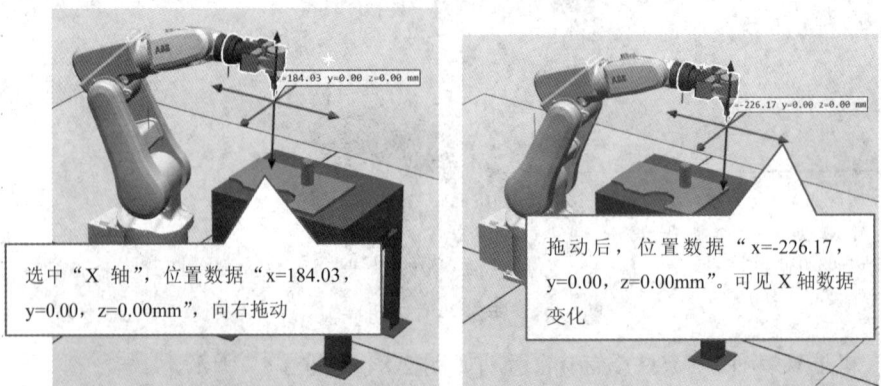

选中"X 轴"，位置数据"x=184.03，y=0.00，z=0.00mm"，向右拖动

拖动后，位置数据"x=-226.17，y=0.00，z=0.00mm"。可见 X 轴数据变化

图 2-88　手动线性拖动例子

工具"Pen_TCP"沿着"Y轴"和"Z轴"的移动与图8-65和图8-66相似。 ✐ 笔记

2) 手动重定位

手动重定位的具体操作如图2-89和图2-90所示。

图 2-89　手动重定位

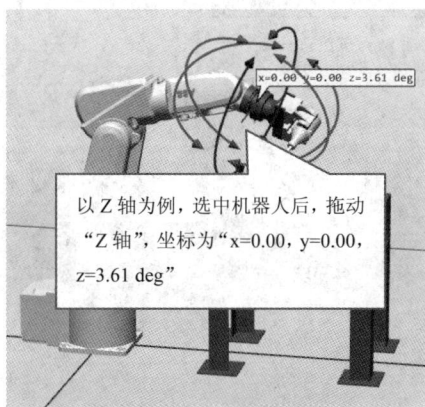

(a)

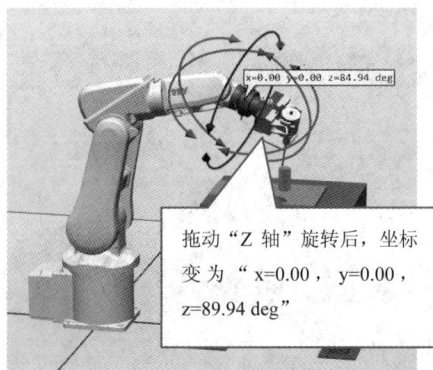

(b)

图 2-90　手动重定位举例

2. 精确手动

精确手动的操作步骤如图 2-91～图 2-97 所示。

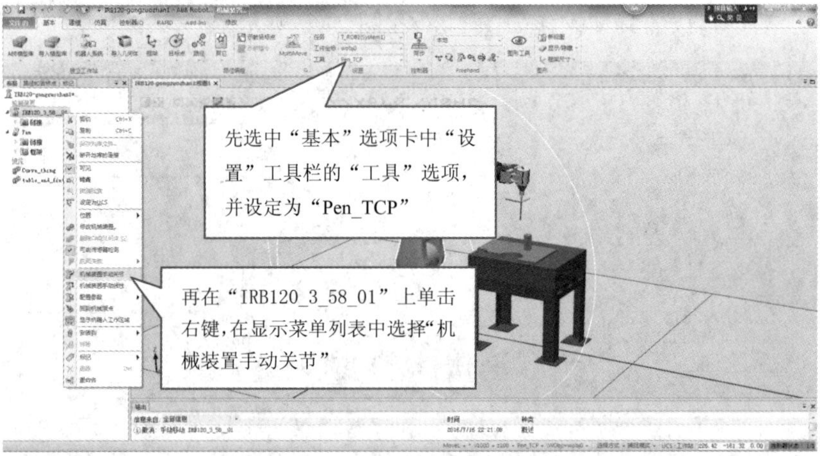

先选中"基本"选项卡中"设置"工具栏的"工具"选项，并设定为"Pen_TCP"

再在"IRB120_3_58_01"上单击右键，在显示菜单列表中选择"机械装置手动关节"

图 2-91　选择机械装置手动关节

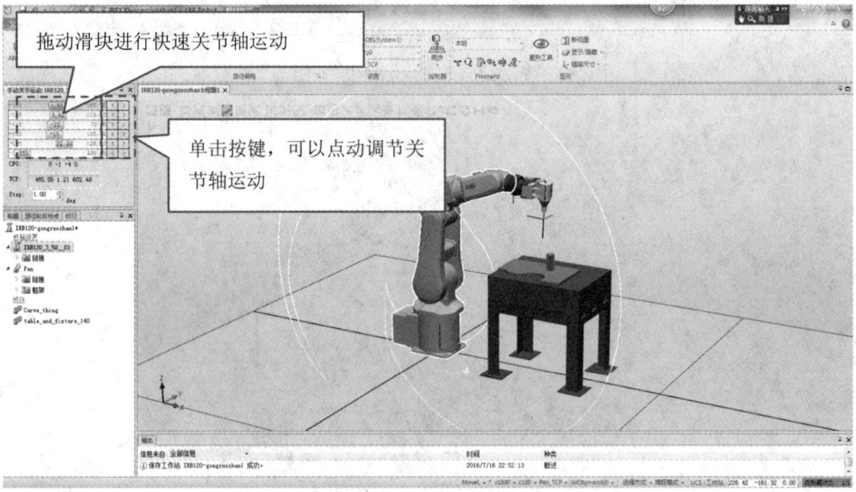

拖动滑块进行快速关节轴运动

单击按键，可以点动调节关节轴运动

图 2-92　快速移动

精确设定每次点动的距离

图 2-93　精确设定移动

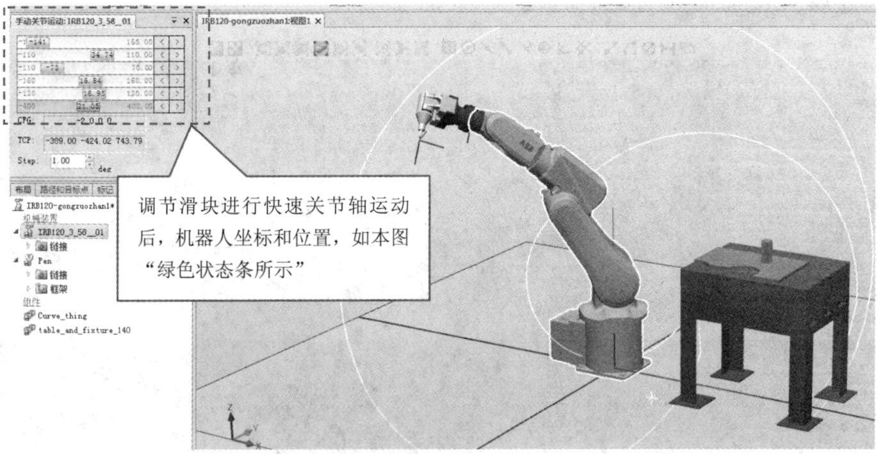

图 2-94　精确移动

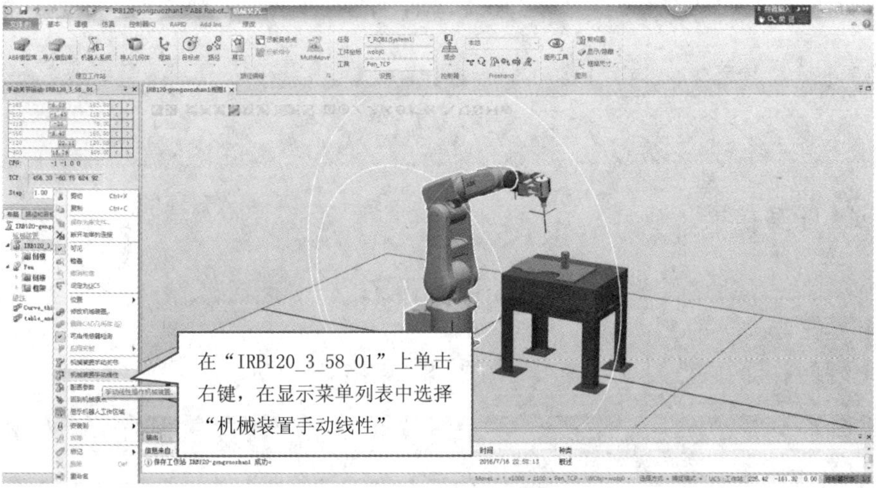

图 2-95　机械装置手动线性

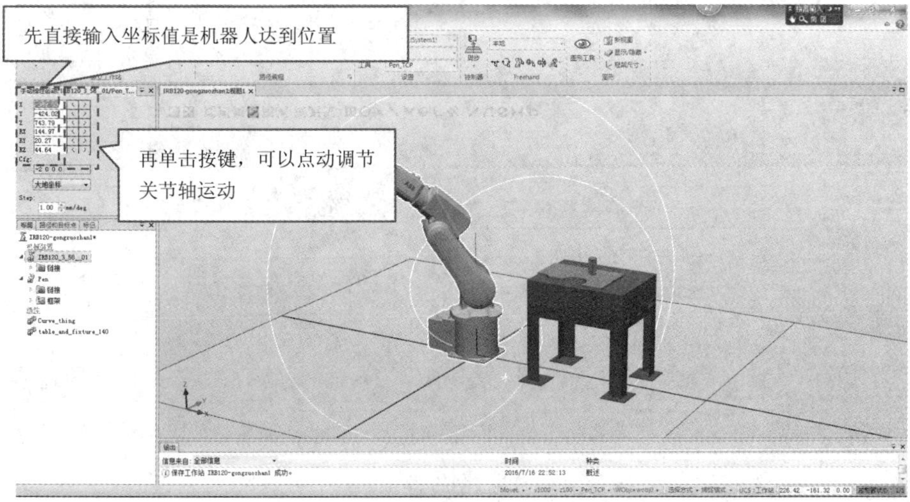

图 2-96　设定移动位置

笔记

精确设定每次点动的距离

图 2-97　精确设定点动

任务扩展

回机械原点

回到机械原点的具体操作如图 2-98 和图 2-99 所示。

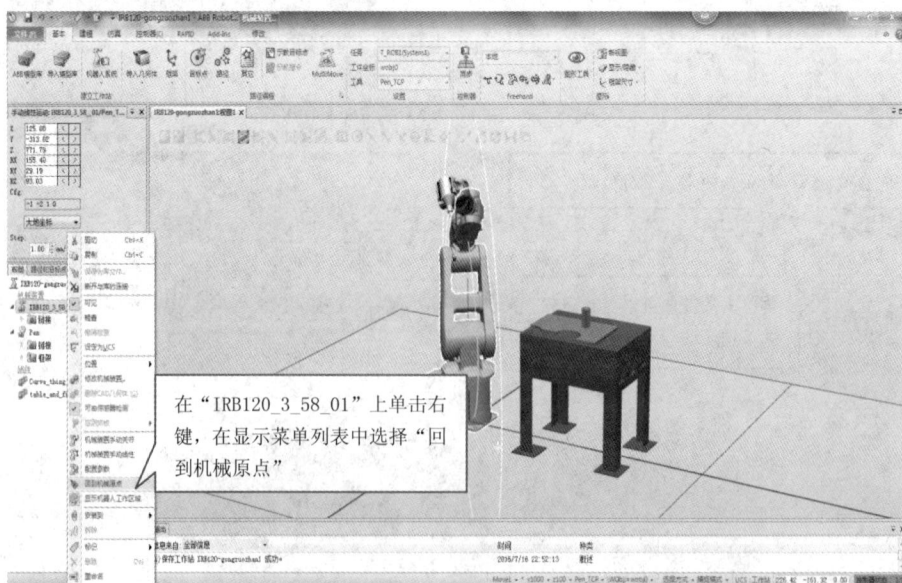

在 "IRB120_3_58_01" 上单击右键，在显示菜单列表中选择 "回到机械原点"

图 2-98　回机械原点

笔记

图中机器人会回到机械原点，但不是6个关节轴都为0°，轴5会在30°左右

图 2-99 机械回原点举例

任务巩固

在计算机上应用仿真软件，反复练习工业机器人的系统设定，并进行移动。

课程思政

具体目标

理论学习有收获、思想政治受洗礼、干事创业敢担当、为民服务解难题、清正廉洁作表率

任务三　创建工业机器人工件坐标系与轨迹程序

工作任务

如图 2-100 所示，是上下料工业机器人的虚拟工作站，要完成上下料的虚拟操作与实际工作站一样，也要创建工业机器人工件坐标系与轨迹程序。

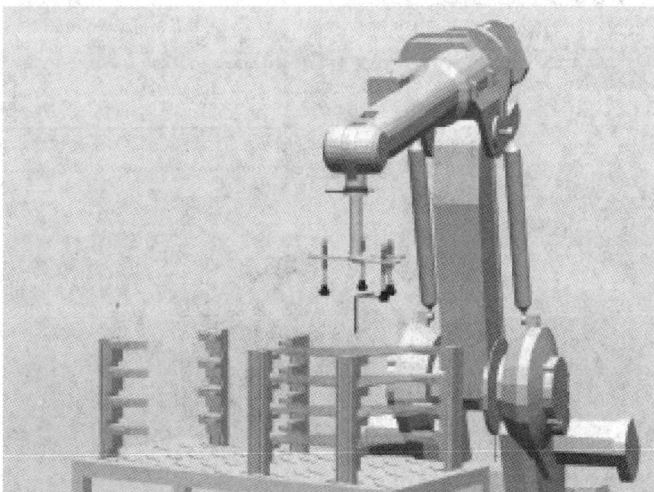

图 2-100　上下料工业机器人的虚拟工作站

📽 任务目标

1. 能创建工业机器人工件坐标；
2. 能创建工业机器人运动轨迹；
3. 能仿真运行机器人轨迹。

📽 任务实施

根据实际情况，让学生在教师的指导下进行技能训练。

一、建立工业机器人工件坐标

与实际的机器人一样，需要在 RobotStudio 中对工件对象建立工件坐标，具体步骤如图 2-101～图 2-108 所示。

图 2-101 创建坐标系

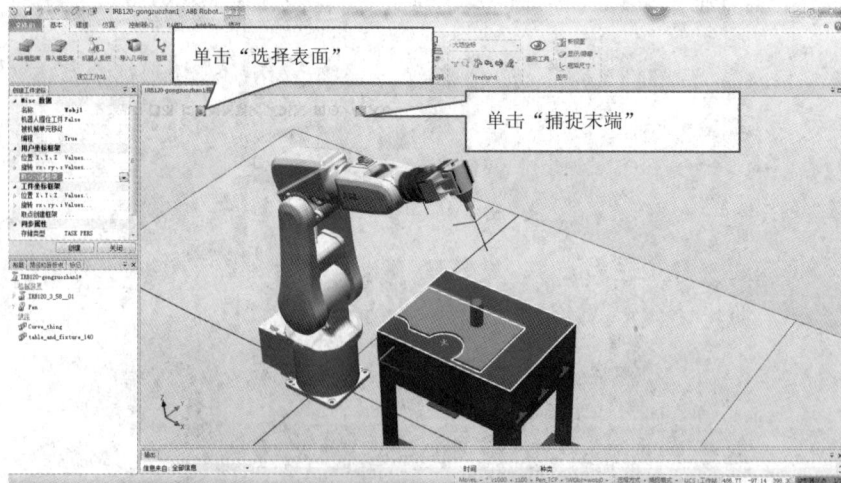

图 2-102 捕捉工具选择

笔记

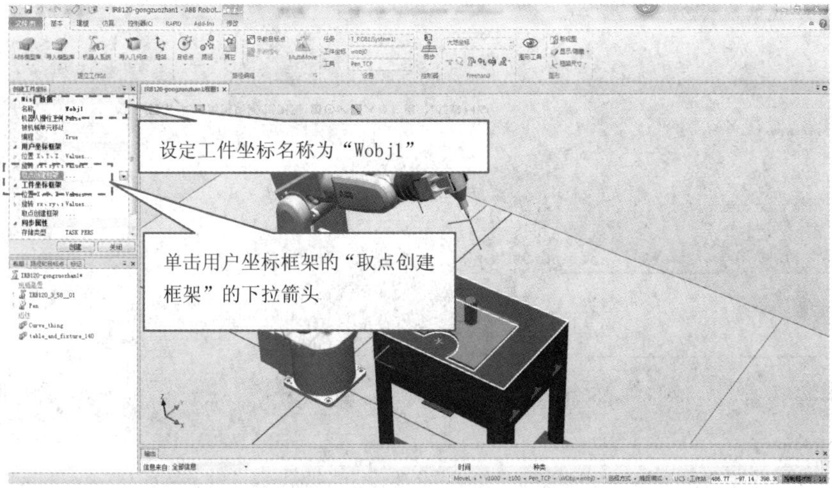
设定工件坐标名称为“Wobj1”
单击用户坐标框架的“取点创建框架”的下拉箭头

图 2-103　命名及坐标框架选取

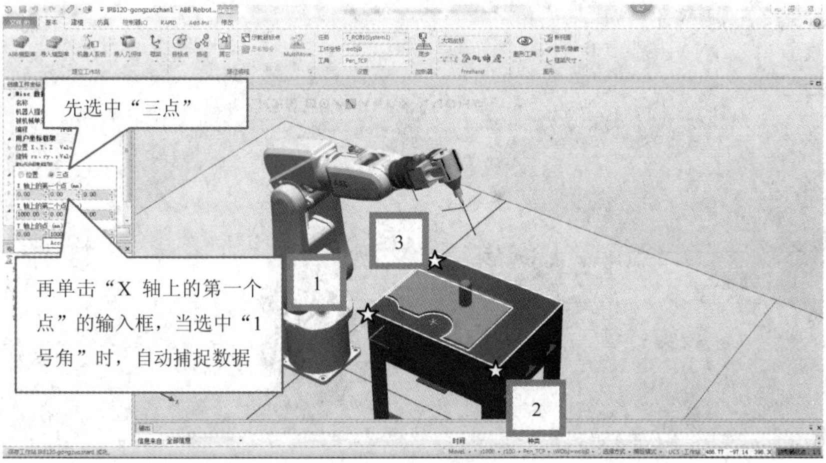
先选中“三点”
再单击“X 轴上的第一个点”的输入框，当选中“1 号角”时，自动捕捉数据
1
2
3

图 2-104　选择三点

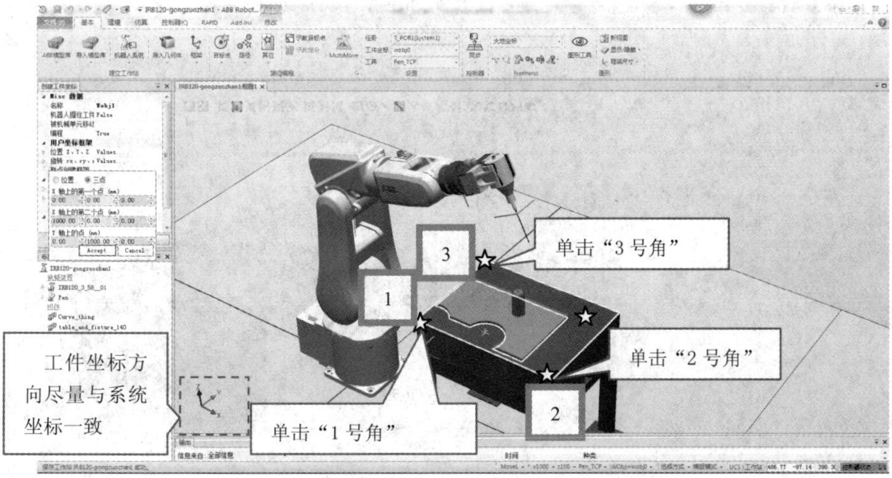
单击“3 号角”
单击“2 号角”
单击“1 号角”
工件坐标方向尽量与系统坐标一致
1
2
3

图 2-105　三点法

笔记

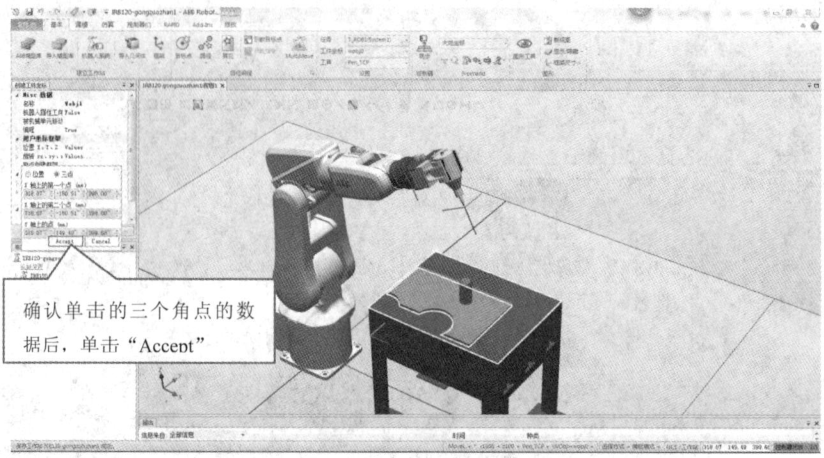

确认单击的三个角点的数据后，单击"Accent"

图 2-106　参数设定完毕

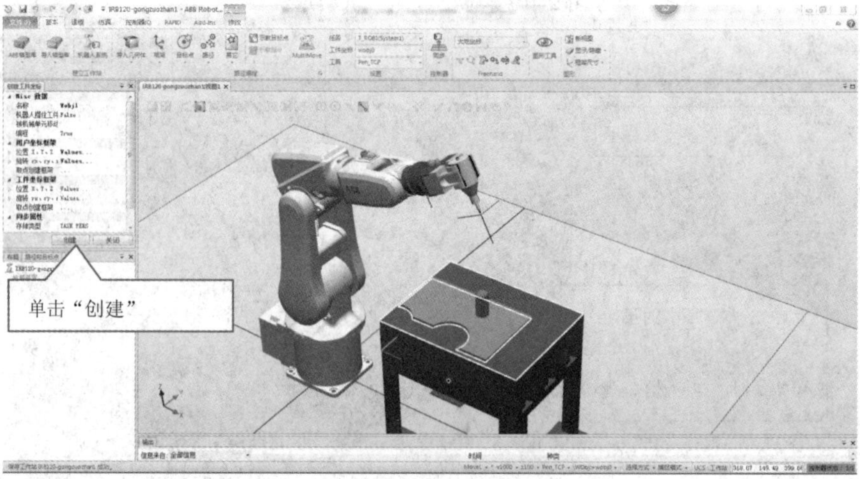

单击"创建"

图 2-107　创建坐标系

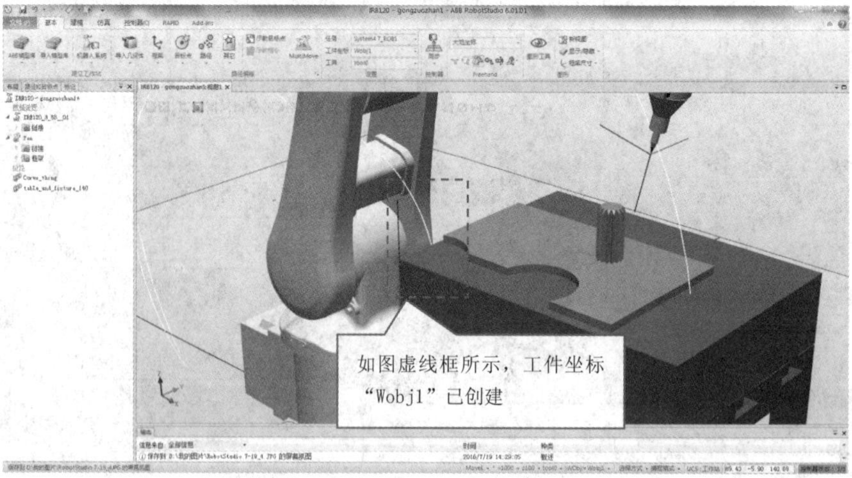

如图虚线框所示，工件坐标"Wobj1"已创建

图 2-108　工件坐标系建立

二、创建工业机器人运动轨迹程序

1. 建立步骤

与真实的机器人一样，在 RobotStudio 中，工业机器人的运动轨迹也通过 RAPID 程序指令进行控制。下面我们就来看如何在 RobotStudio 中进行轨迹的仿真，生成的轨迹可以下载到真实的机器人中运行。操作步骤如图 2-109～图 2-123 所示。

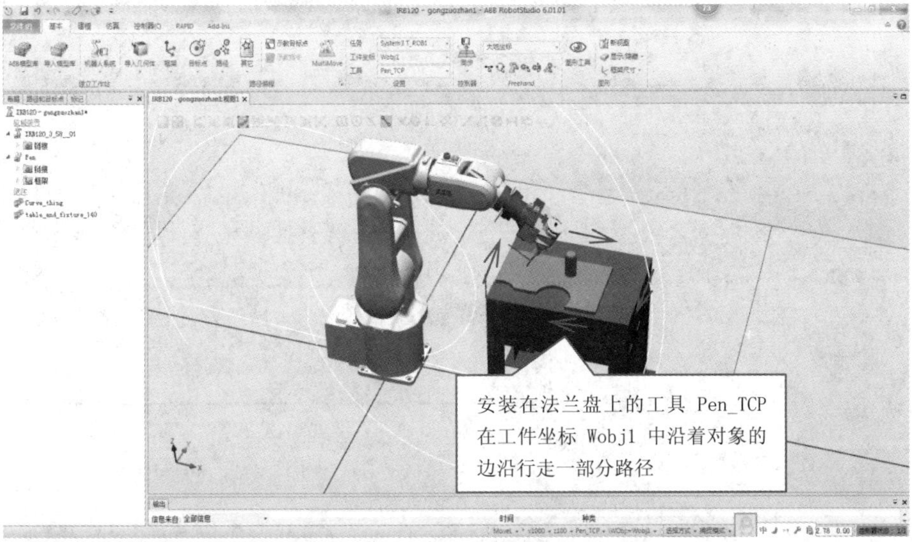

图 2-109　确认 Wobj1 路径

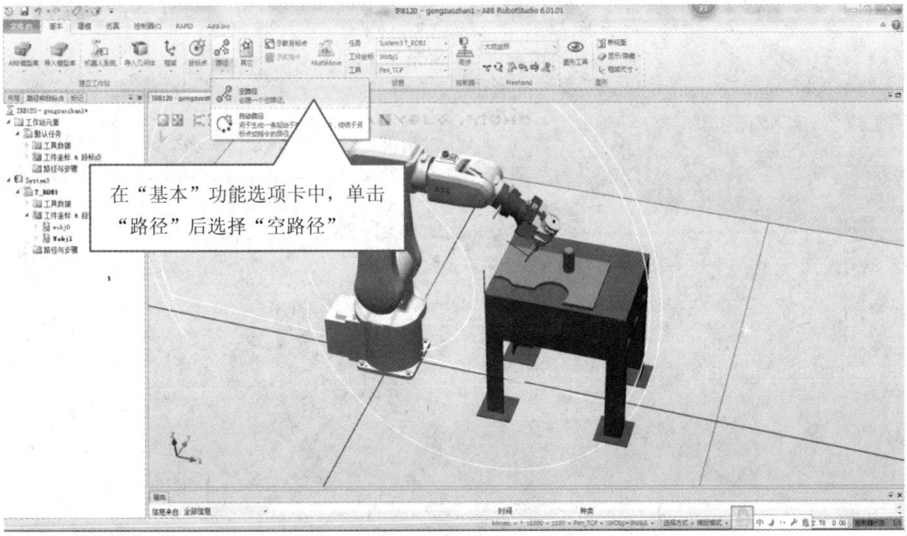

图 2-110　选择空路径

✎ 笔记

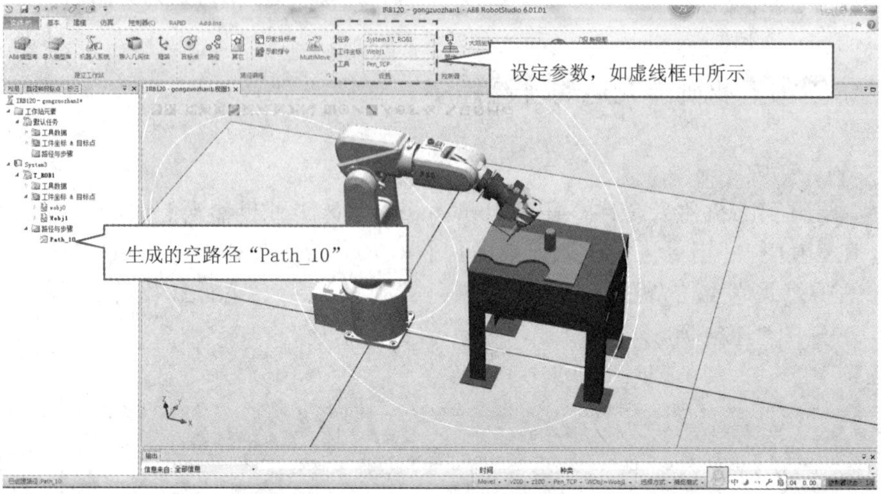

设定参数，如虚线框中所示

生成的空路径"Path_10"

图 2-111　参数设定

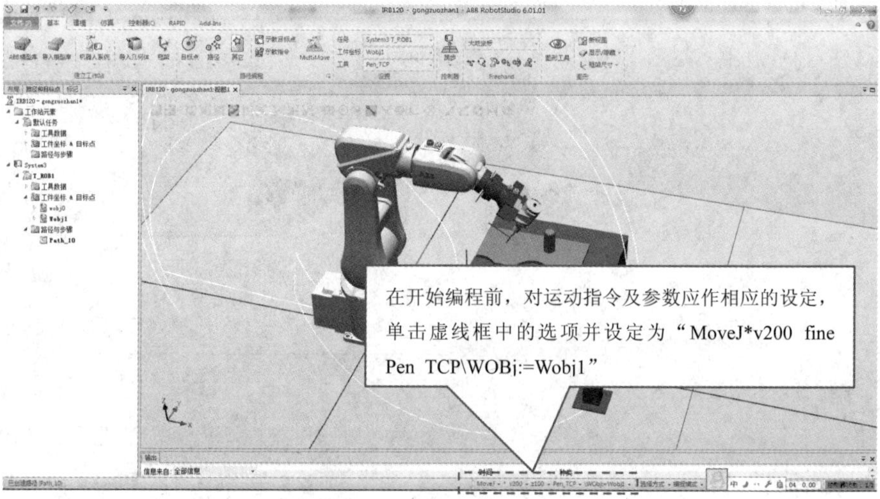

在开始编程前，对运动指令及参数应作相应的设定，单击虚线框中的选项并设定为"MoveJ*v200　fine Pen　TCP\WOBj:=Wobj1"

图 2-112　参数解读

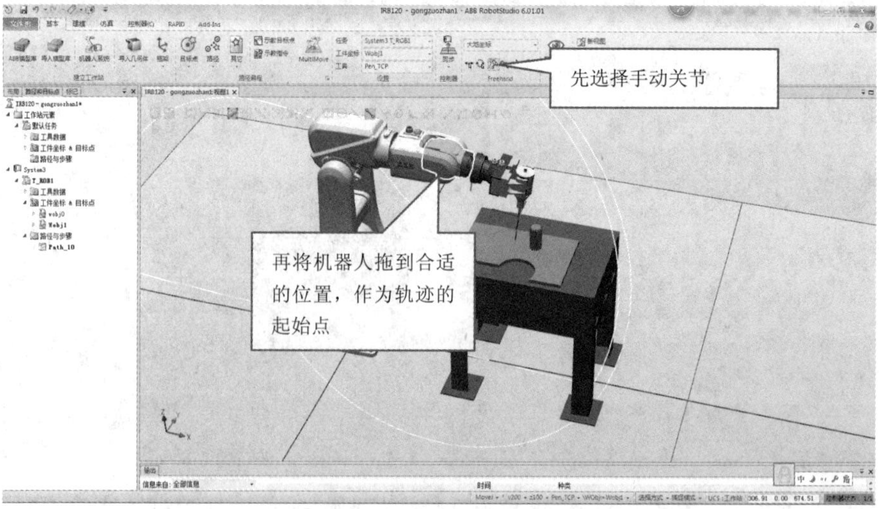

先选择手动关节

再将机器人拖到合适的位置，作为轨迹的起始点

图 2-113　设定机器人轨迹 1

先单击"示教指令"

在此处显示新创建的运动指令

图 2-114　设定机器人轨迹 2

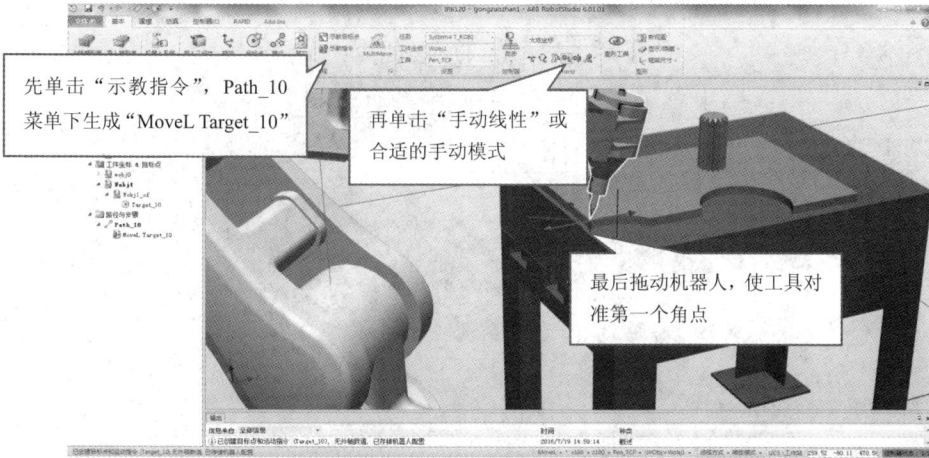

先单击"示教指令"，Path_10 菜单下生成"MoveL Target_10"

再单击"手动线性"或合适的手动模式

最后拖动机器人，使工具对准第一个角点

图 2-115　手动线性路径生成 1

工匠精神

工匠精神贯穿在大企业和各类中小企业中，以质量为生命，以质量赢得声誉，不断打造质量最高的产品，而不是追求所谓的"物美价廉"。

先单击"示教指令"，Path_10 菜单下生成"MoveL Target_20"

再拖动机器人，使工具对准第二个角点

接下来的指令要沿着物品边沿直线往复运动，单击虚线框中对应的选项并设定"MoveL*v100 fine Pen_TCP\WOBj:=Wobj1"

图 2-116　设定机器人轨迹 2

图 2-117　设定机器人轨迹 3

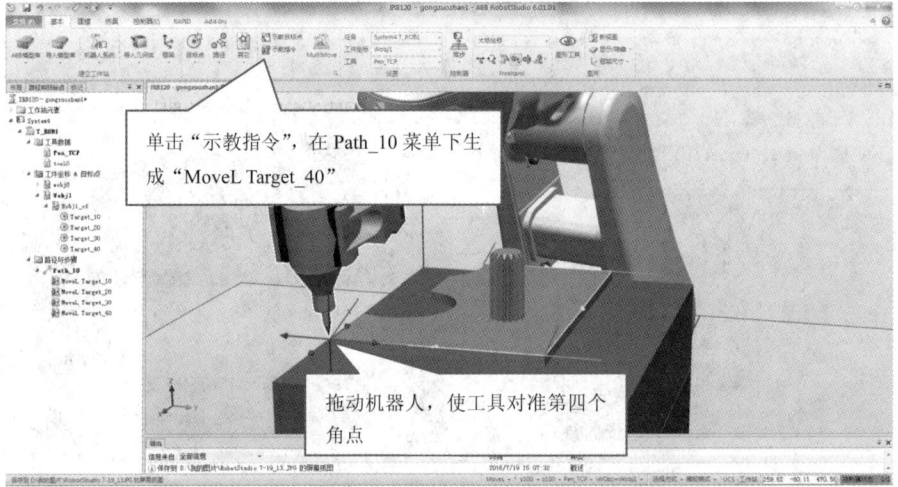

图 2-118　设定机器人轨迹 4(1)

图 2-119　设定机器人轨迹 4(2)

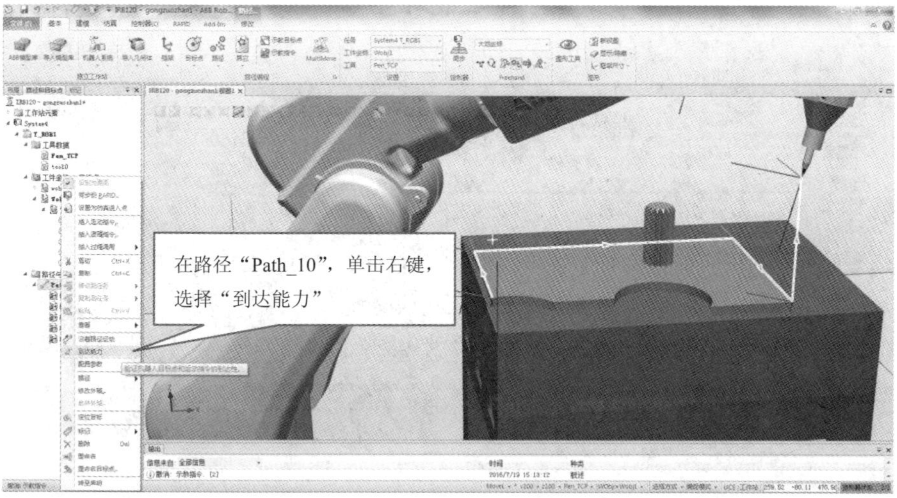

图 2-120 设定机器人轨迹 5(1)

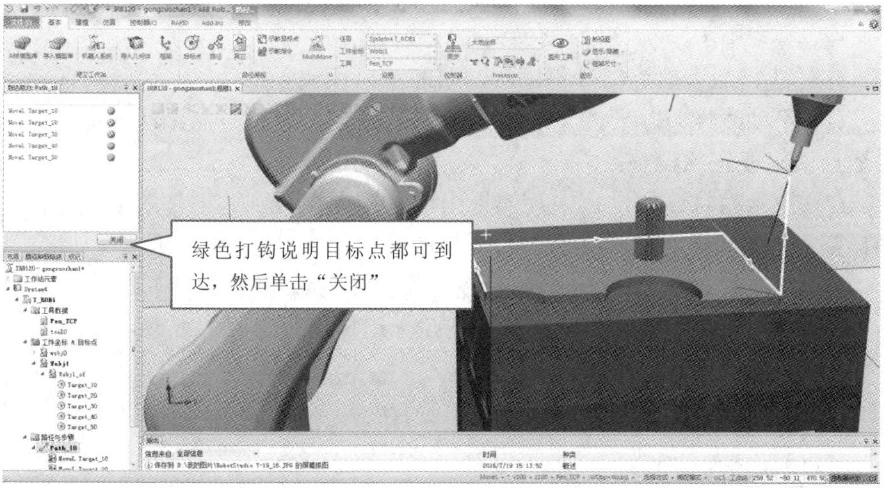

在路径"Path_10",单击右键,选择"到达能力"

图 2-121 设定机器人轨迹 4(3)

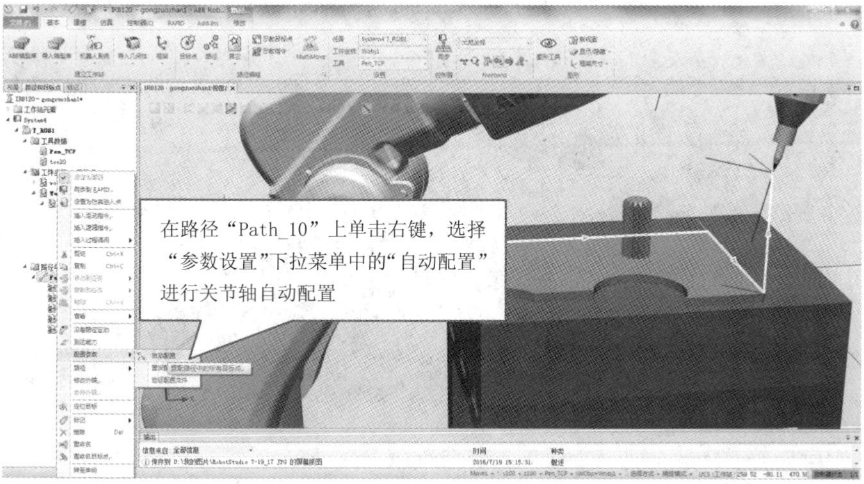

绿色打钩说明目标点都可到达,然后单击"关闭"

图 2-122 设定机器人轨迹 5(2)

在路径"Path_10"上单击右键,选择"参数设置"下拉菜单中的"自动配置"进行关节轴自动配置

图 2-123　设定机器人轨迹 6

2. 注意事项

在创建机器人轨迹指令程序时，要注意以下事项：

(1) 手动线性时，要注意观察关节轴是否会接近极限而无法拖动，这时要适当做出姿态的调整。

(2) 在示教轨迹的过程中，如果出现机器人无法到达工件的话，则需适当调整工件的位置再进行示教。

(3) 要注意 MoveJ 和 MoveL 指令的使用。可参考相关资料。

(4) 在示教过程中，要适当调整视角，这样可以更好的观察。

三、仿真运行机器人轨迹

1. 操作步骤

具体操作步骤如图 2-124～图 2-129 所示。

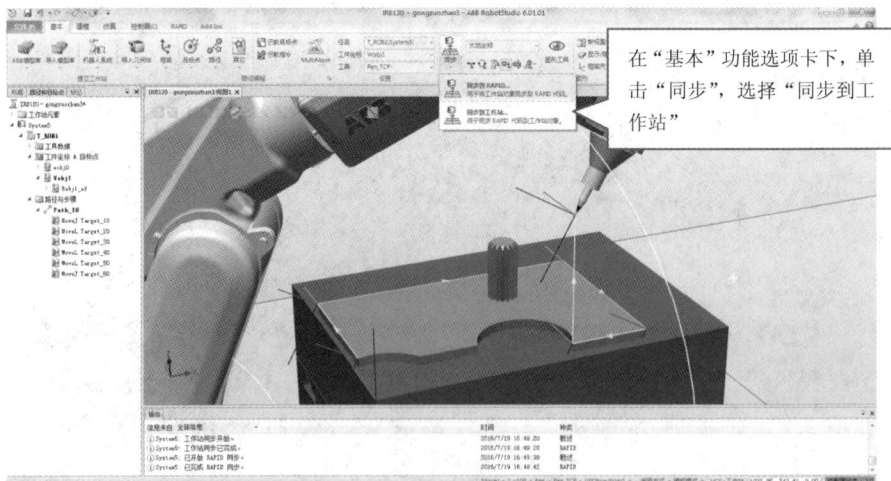

图 2-124　同步工作站

笔记

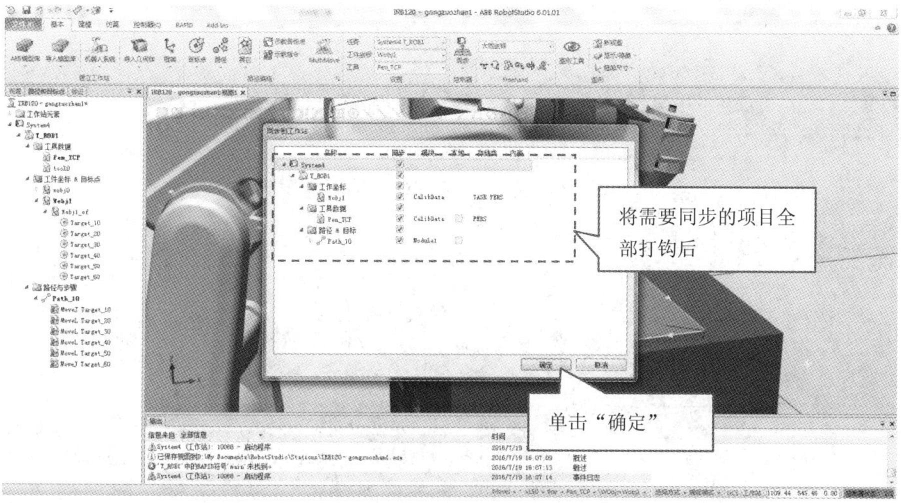

图 2-125　设置参数

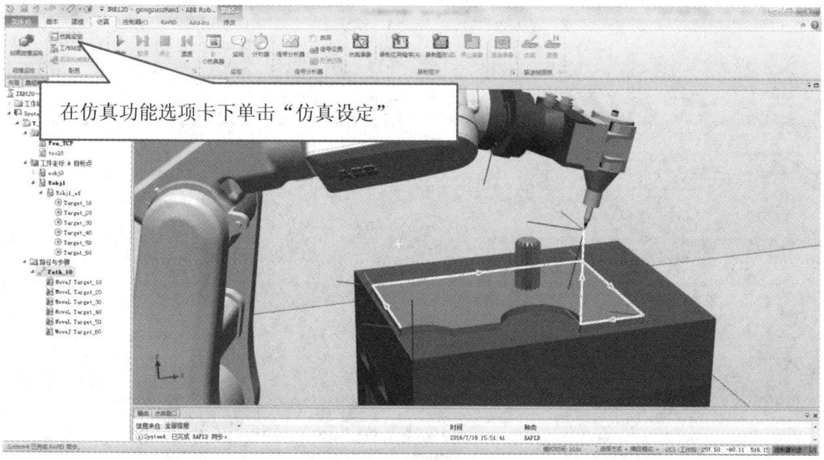

图 2-126　仿真设定

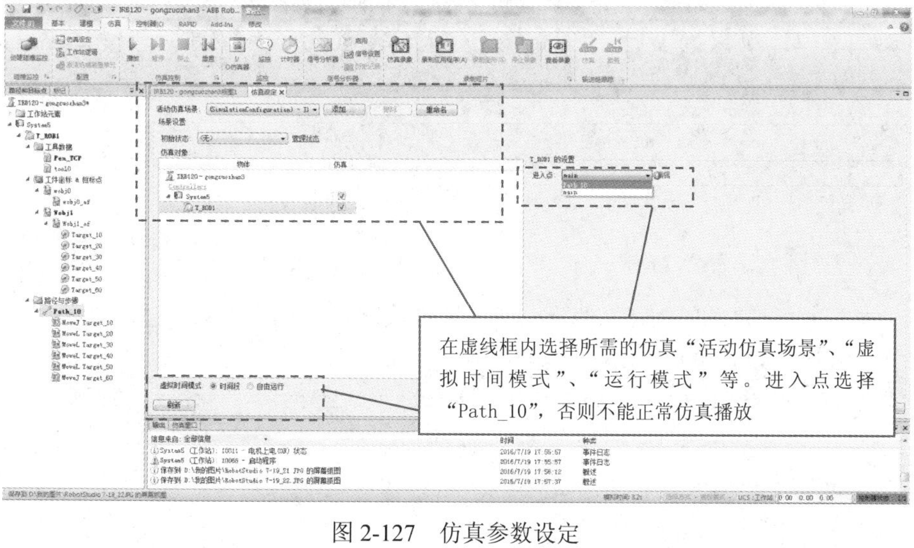

图 2-127　仿真参数设定

✐ 笔记

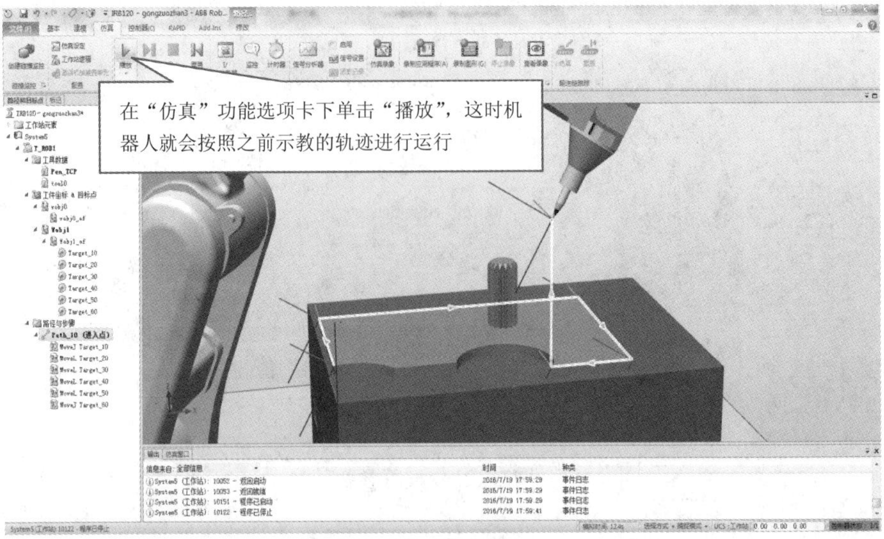

图 2-128　仿真播放

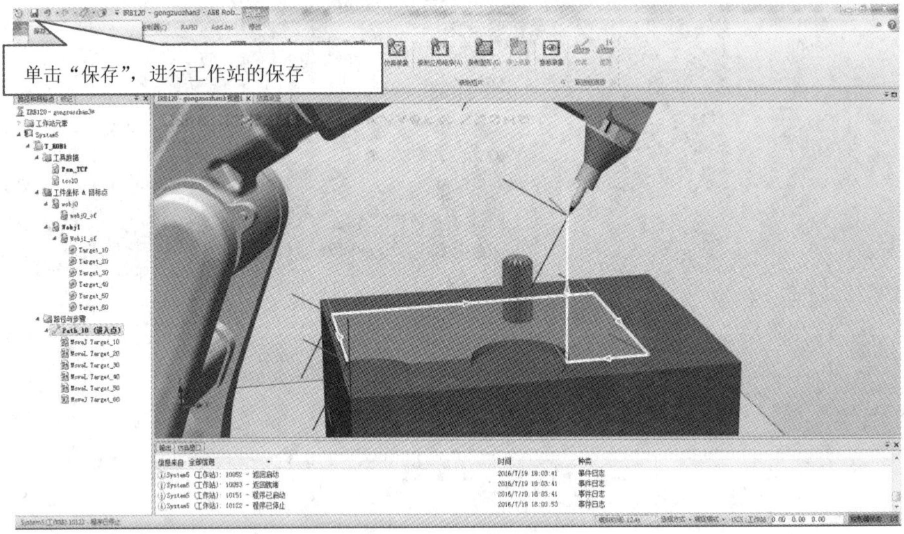

图 2-129　保存仿真视频

2. 机器人的仿真制成视频

可将工作站中的工业机器人运行轨迹或动作录制成视频，以便在没有安装 RobotStudio 软件的情况下查看工业机器人的运行，还可以将工作站制作成 EXE 可执行文件，便于进行更灵活的工作站查看。

1) 工作站中工业机器人的运行视频录制

操作步骤如图 2-130～图 2-134 所示。

图 2-130　选择屏幕录像机

图 2-131　屏幕录像机参数设置

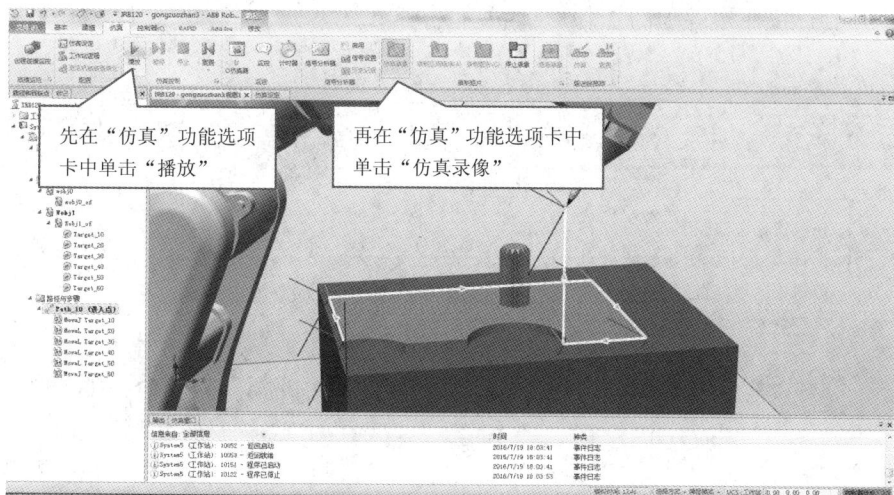

图 2-132　启动仿真录像功能

笔记

企业文化

企业环境是指企业的性质、企业的经营方向、外部环境、企业的社会形象、与外界的联系等方面。它往往决定企业的行为。

图 2-133　仿真录制

图 2-134　录制结束

2) 将工作站运行只作为EXE可执行文件

具体操作步骤如图 2-135～图 2-138 所示。

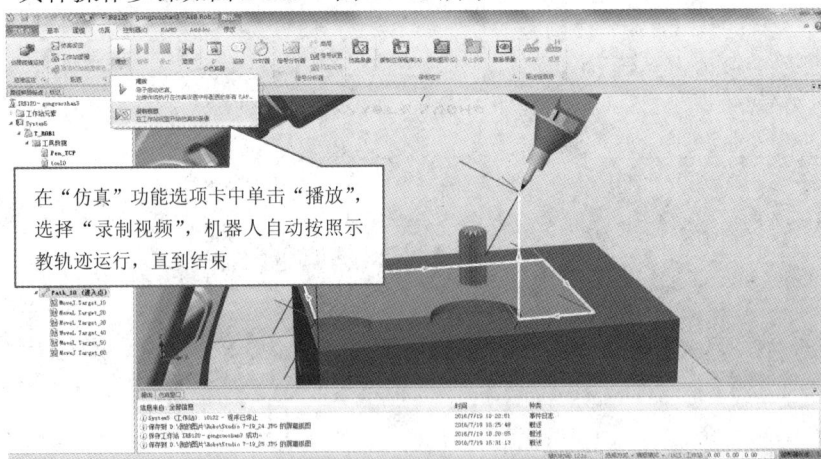

图 2-135　录制播放功能

录制完成后，会自动弹出保存对话框，根据要求可自行选择保存路径，并可重命名"文件名"，然后单击"保存"

图 2-136 录制结束后保存

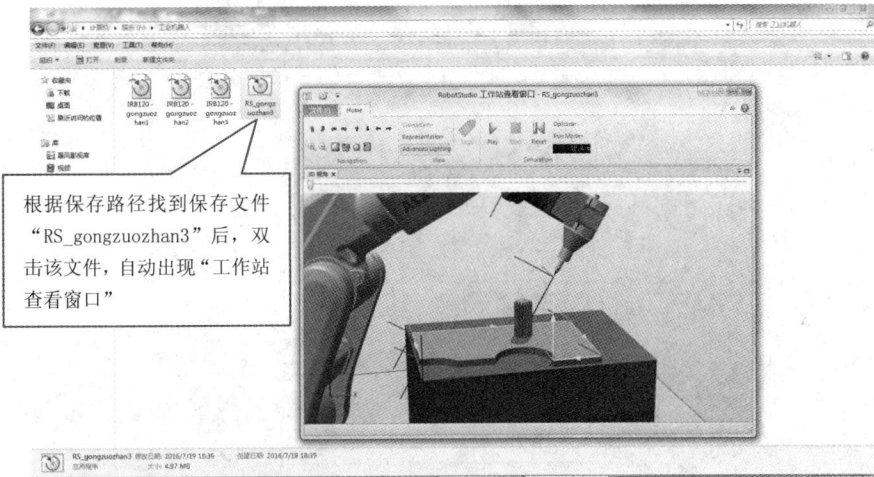

根据保存路径找到保存文件"RS_gongzuozhan3"后，双击该文件，自动出现"工作站查看窗口"

图 2-137 保存后的路径目标

点击"播放"后，开始播放工业机器人运行过程

在此窗口中，缩放、平移和旋转视角的操作和 RobotStudio 中完全一样

图 2-138 播放录制视频

✍ **笔记**

为了提高各版本的兼容性，在 RobotStudio 中做任何保存的操作时，保存的路径和文件名最好使用英文字符。

📹 任务扩展

六点法坐标系标定(见图 2-139～图 2-147)

图 2-139　工具

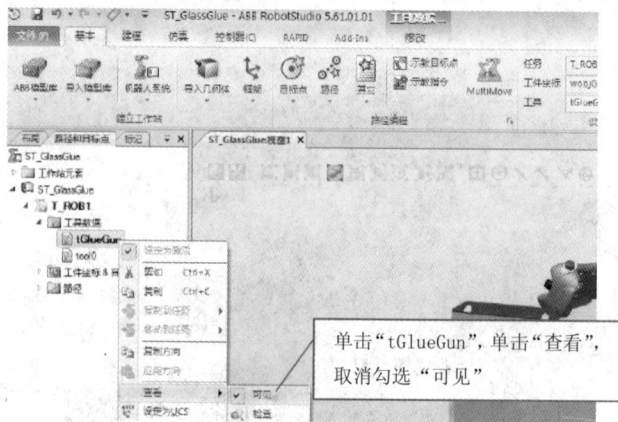

图 2-140　选择

图 2-141　取消可见

图 2-142 点 1

图 2-143 点 2

图 2-144 点 3

图 2-145 点 4

图 2-146 延伸 Z

图 2-147 延伸 X

任务巩固

创建图 2-148 所示图样的工业机器人运动轨迹程序。

模块二资源

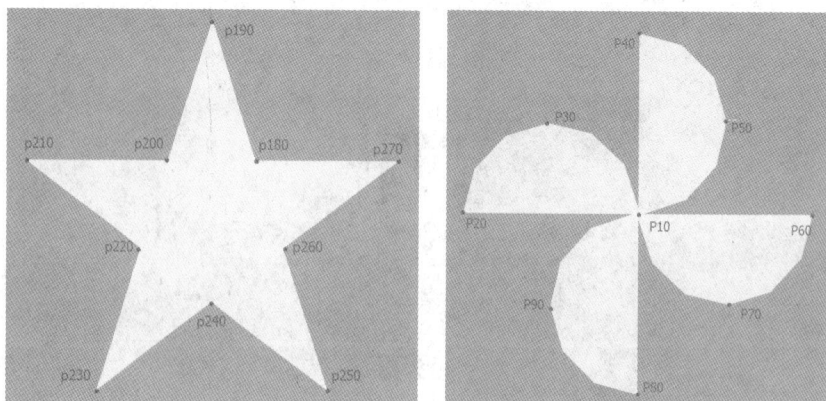

图 2-148 图样

操作与应用

工 作 单

姓名		工作名称	工业机器人运行轨迹工作站的建立
班级		小组成员	
指导教师		分工内容	
计划用时		实施地点	
完成日期		备注	

工 作 准 备		
资 料	工 具	设 备

工作内容与实施	
工作内容	实 施
1. 建立如左图所示的工作站	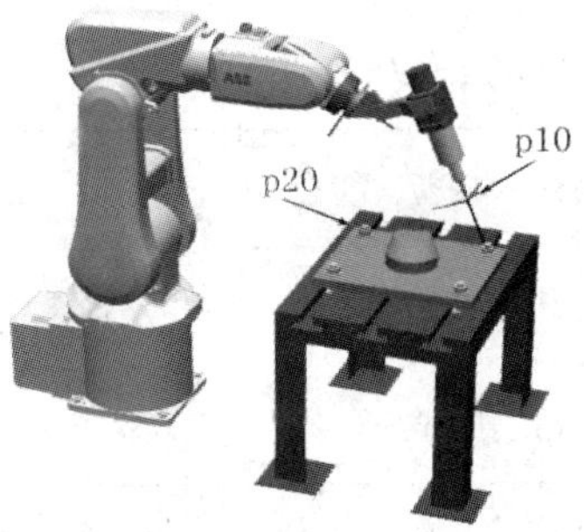
2. 利用左上图所示的工作站,编制如左图所示的程序	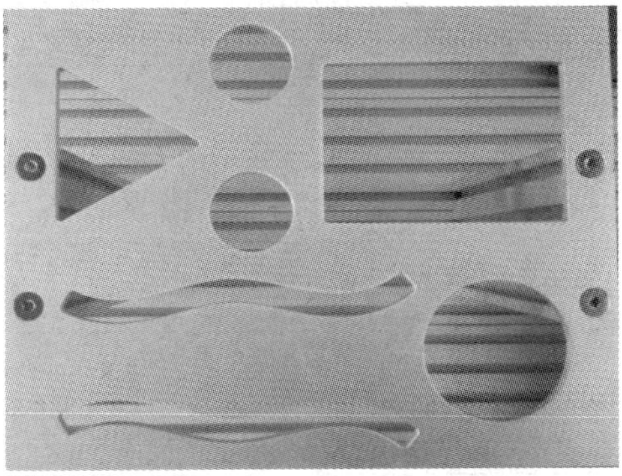

笔记

工 作 评 价

	评 价 内 容				
	完成的质量 （60分）	技能提升能力 （20分）	知识掌握能力 （10分）	团队合作 （10分）	备注
自我评价					
小组评价					
教师评价					

1. 自我评价

班级：_____   姓名：_____

工作名称：认识工业机器人的编程

序号	评 价 项 目	是	否
1	是否明确人员的职责		
2	能否按时完成工作任务的准备部分		
3	工作着装是否规范		
4	是否主动参与工作现场的清洁和整理工作		
5	是否主动帮助同学		
6	是否正确建立工业机器人基本工作站用工具		
7	是否正确选择工业机器人		
8	是否正确标准工业机器人		
9	是否完成了清洁工具和维护工具的摆放		
10	是否执行 6S 规定		
评价人		分数	时间	年 月 日

2．小组评价

序号	评 价 项 目	评 价 情 况
1	与其他同学的沟通是否顺畅	
2	是否尊重他人	
3	工作态度是否积极主动	
4	是否服从教师的安排	
5	着装是否符合标准	
6	能否正确地理解他人提出的问题	
7	能否按照安全和规范的规程操作	
8	能否保持工作环境的干净整洁	
9	是否遵守工作场所的规章制度	
10	是否有工作岗位的责任心	
11	是否全勤	
12	是否能正确对待肯定和否定的意见	
13	团队工作中的表现如何	
14	是否达到任务目标	
15	存在的问题和建议	

3．教师评价

课程	工业机器人离线编程与仿真	工作名称	工业机器人运行轨迹工作站的建立	完成地点	
姓名		小组成员			
序号	项 目		分 值	得 分	
1	建立工业机器工作站		50		
2	编制基本轨迹图样的程序		30		
3	到工业机器人上验证		20		

笔记

自 学 报 告

自学任务	应用RobotMaster离线编程软件建立基本工作站
自学内容	
收获	
存在问题	
改进措施	
总结	

模块三

仿真软件 RobotStudio 中的建模功能

任务一 基本形体的测量

▶ 工作任务

如图 3-1 所示，工业机器人的部件是由基本形体或基本形体的变形组成的，这些形体的尺寸就是建立工业机器人复杂虚拟工作站的关键。

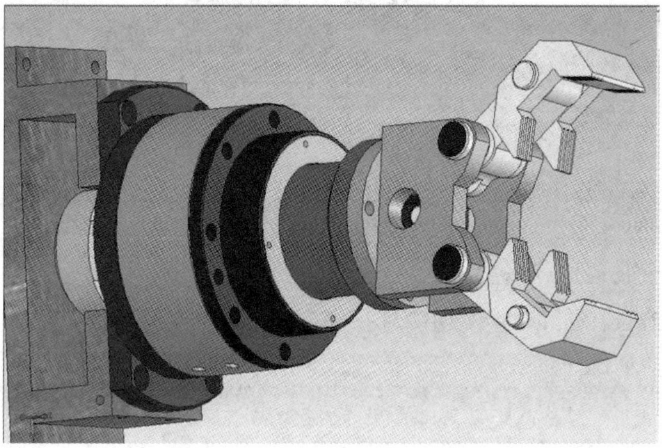

课程思政

四个迫切需要
用新时代中国特色社会主义思想武装全党的迫切需要，推进新时代党的建设的迫切需要，保持党同人民群众血肉联系的迫切需要，实现党的十九大确定的目标任务的迫切需要。

图 3-1 虚拟机械手

▶ 任务目标

1. 能应用 RobotStudio 进行建模；
2. 能对 3D 模型进行相关设置；
3. 能测量矩形体的边长；
4. 能测量锥体的角度；
5. 能测量圆柱体的直径；
6. 能测量两个物体间的最短距离。

笔记

任务实施

技能训练

根据实际情况，让学生在教师的指导下进行技能训练

一、建模功能的使用

当使用 RobotStudio 进行机器人仿真验证时，如节拍、到达能力、碰撞等，如果对周边模型要求不是非常细致，可以用简单的等同实际大小的基本模型来代替，这样可节约仿真验证的时间。如图 3-2 所示，如果需要精细的 3D 模型，可以通过第三方建模软件进行建模，并通过 .sat 格式导入到 RobotStudio 中来完成建模布局。

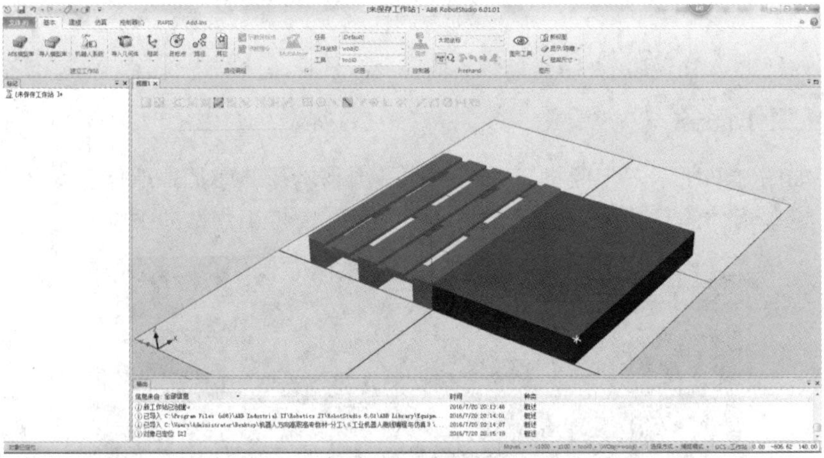

图 3-2　3D 模型

1. RobotStudio 建模

使用 RobotStudio 建模功能进行 3D 模型的创建，3D 建模的过程如图 3-3～图 3-7 所示。

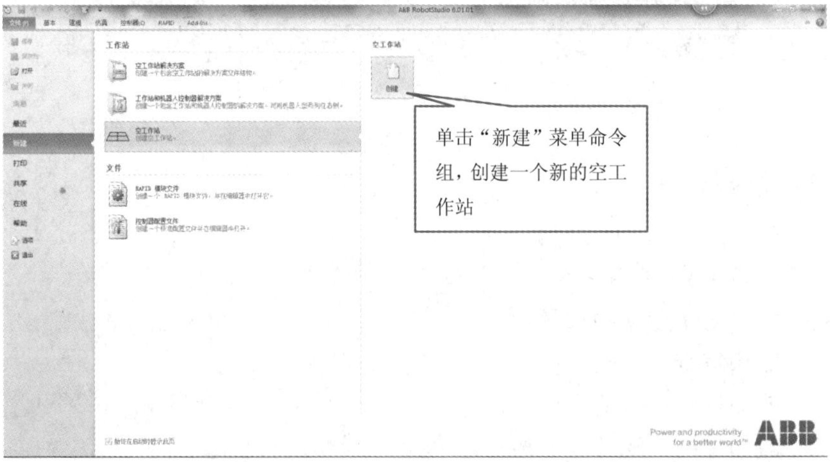

单击"新建"菜单命令组，创建一个新的空工作站

图 3-3　新建工作站

笔记

在"建模"功能选项卡中，单击"固体"菜单，选择"矩形体"，其他建模类型同理设置

图 3-4　查找建模材料

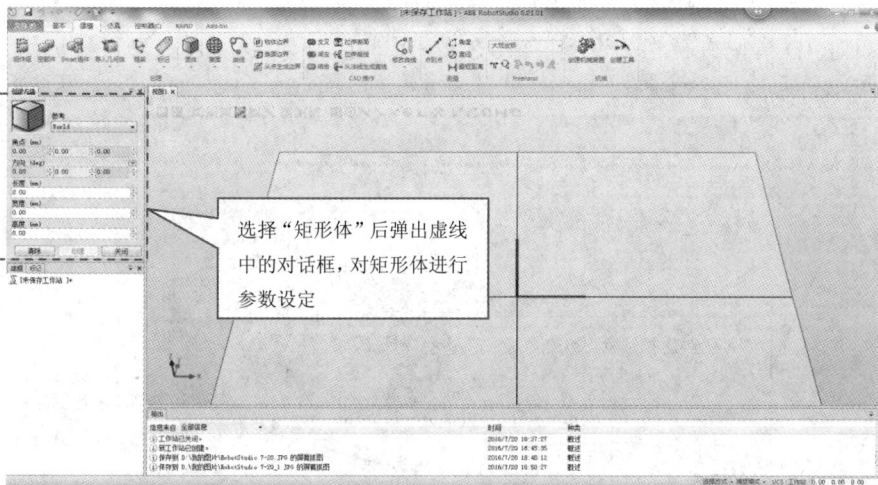

选择"矩形体"后弹出虚线中的对话框，对矩形体进行参数设定

图 3-5　矩形参数设置

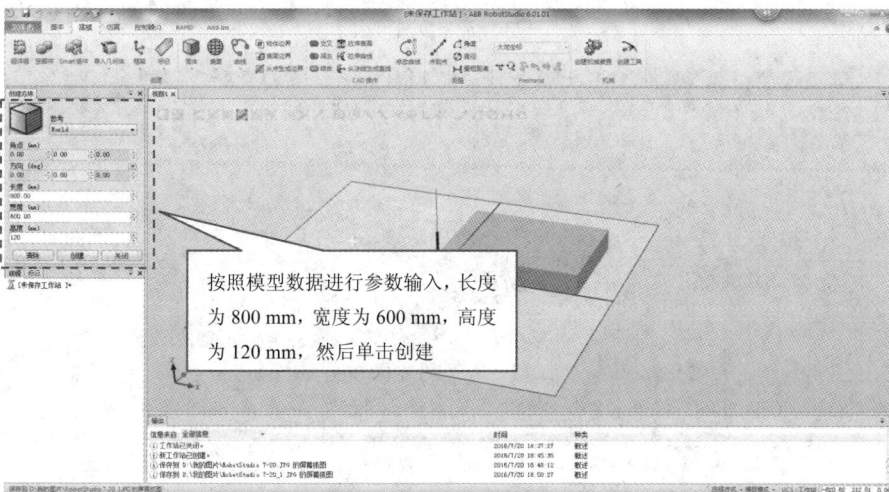

按照模型数据进行参数输入，长度为 800 mm，宽度为 600 mm，高度为 120 mm，然后单击创建

图 3-6　外形尺寸创建完毕

图 3-7　模块颜色

2. 对 3D 模型进行相关设置

对 3D 模型进行相关设置，如图 3-8～图 3-10 所示；对 3D 模型进行调用，如图 3-11～图 3-13 所示。

图 3-8　建模

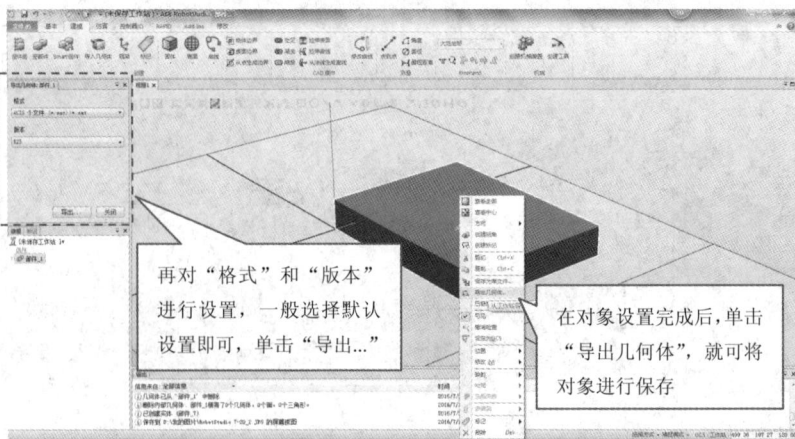

图 3-9　导出几何体

图 3-10　另存为

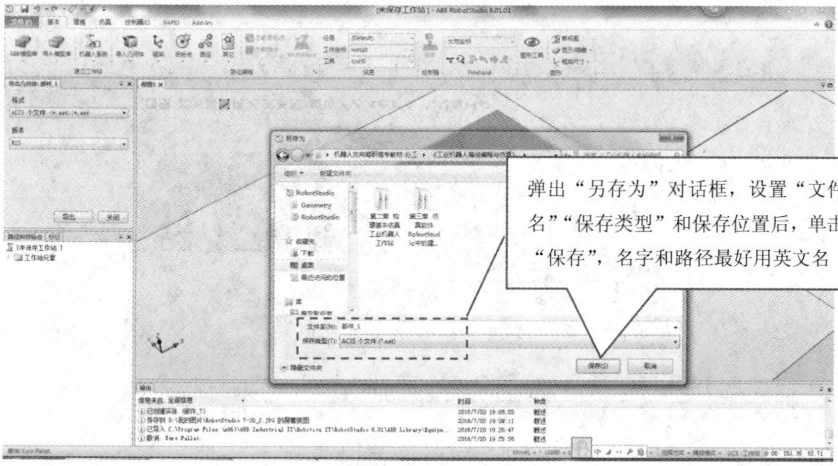

弹出"另存为"对话框，设置"文件名""保存类型"和保存位置后，单击"保存"，名字和路径最好用英文名

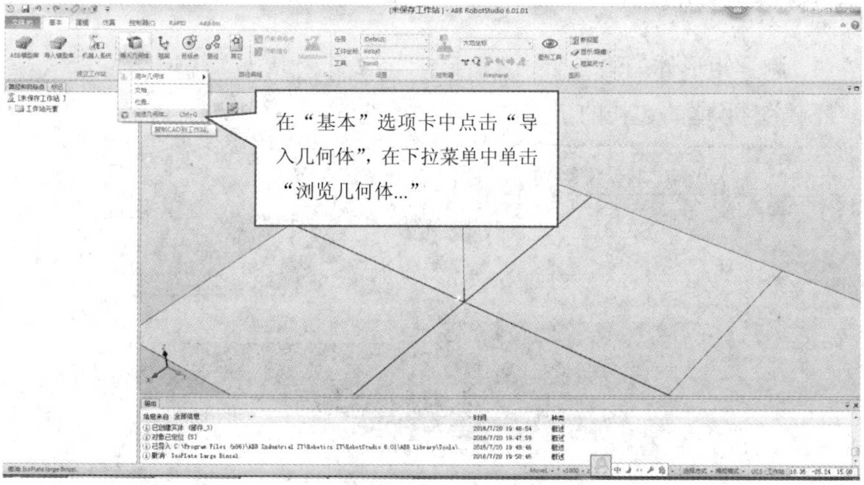

图 3-11　导入几何体菜单

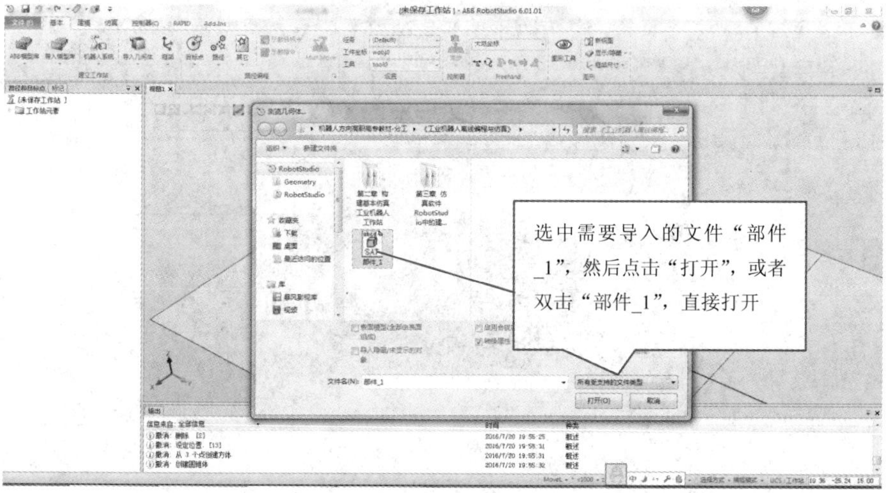

在"基本"选项卡中点击"导入几何体"，在下拉菜单中单击"浏览几何体…"

图 3-12　浏览后打开

选中需要导入的文件"部件_1"，然后点击"打开"，或者双击"部件_1"，直接打开

打开后在坐标系中出现建模后的图形

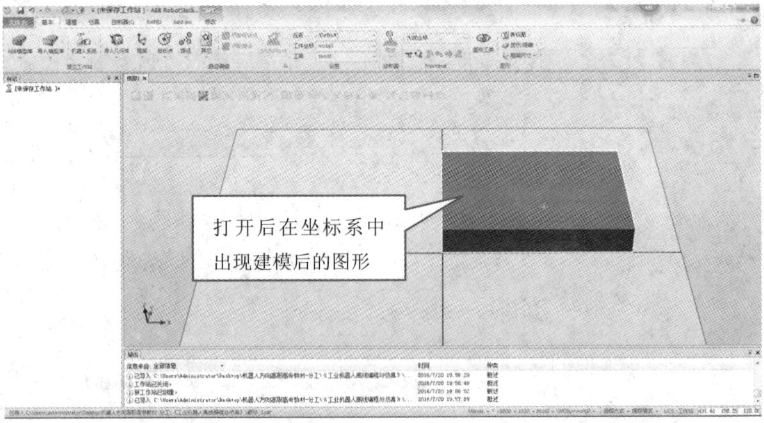

图 3-13　建模结束

二、测量工具的使用

1. 测量矩形体的边长

测量矩形体的边长的步骤如图 3-14～图 3-17 所示。

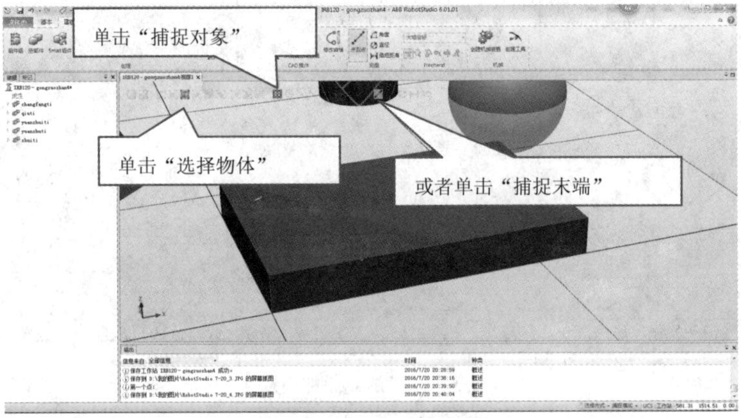

单击"捕捉对象"

单击"选择物体"

或者单击"捕捉末端"

图 3-14　选取捕捉工具

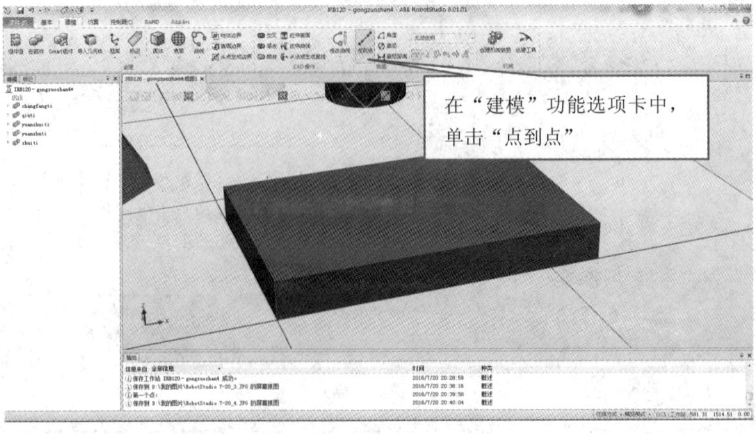

在"建模"功能选项卡中，单击"点到点"

图 3-15　选择测量方式

笔记

图 3-16 测量实例 1

图 3-17 测量实例 2

2. 测量锥体的角度

测量椎体顶角和底角的步骤如图 3-18～图 3-23 所示。

图 3-18 选取捕捉工具

工匠精神

一是严谨；
二是忍耐；
三是精益求精；
四是专业。

笔记

图 3-19　测量锥体角度 1

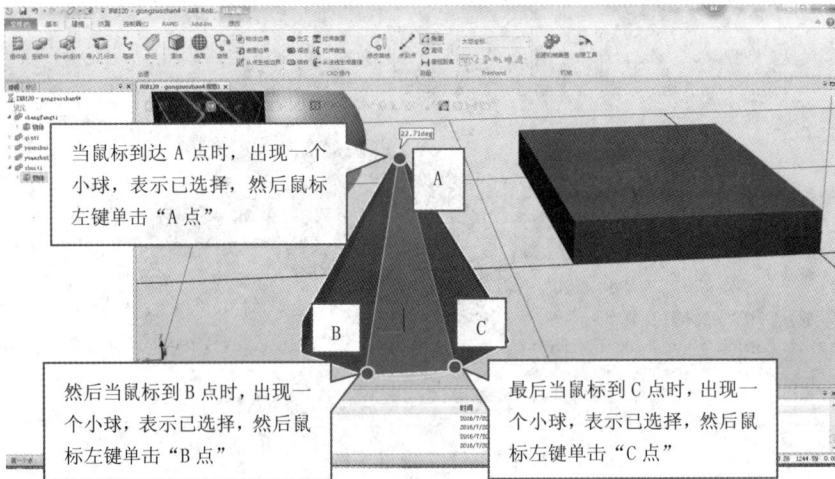

图 3-20　测量锥体角度 2

图 3-21　测量锥体角度解读

笔记

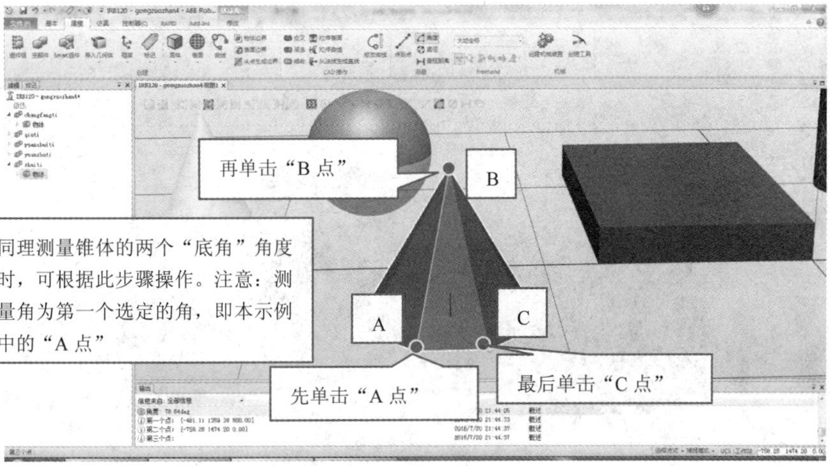

图 3-22　测量底角角度

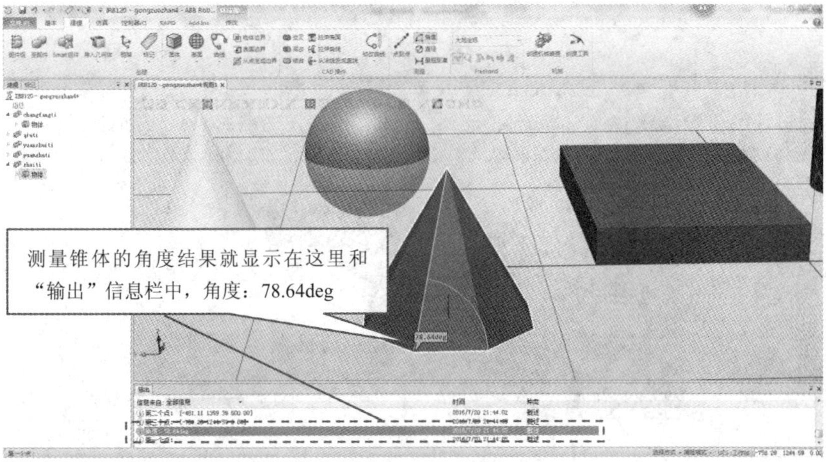

图 3-23　测量信息

3. 测量圆柱体的直径

测量圆柱体直径的步骤如图 3-24～图 3-27 所示。

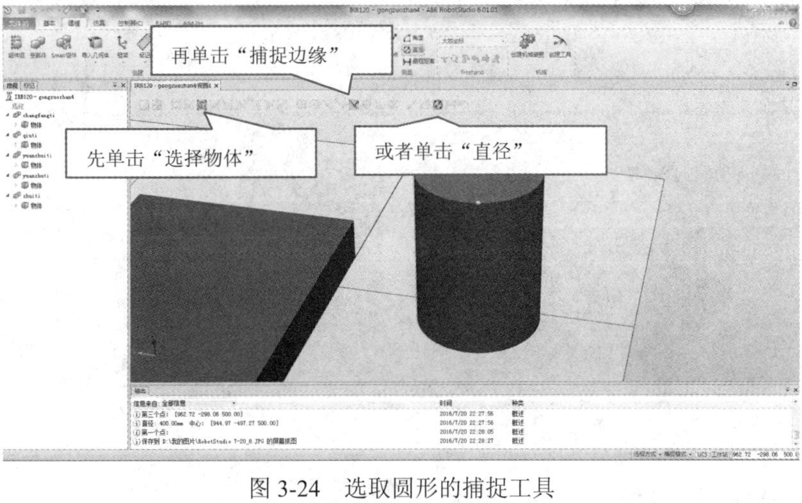

图 3-24　选取圆形的捕捉工具

笔记

图 3-25　测量工具选择"直径"

图 3-26　捕捉三点

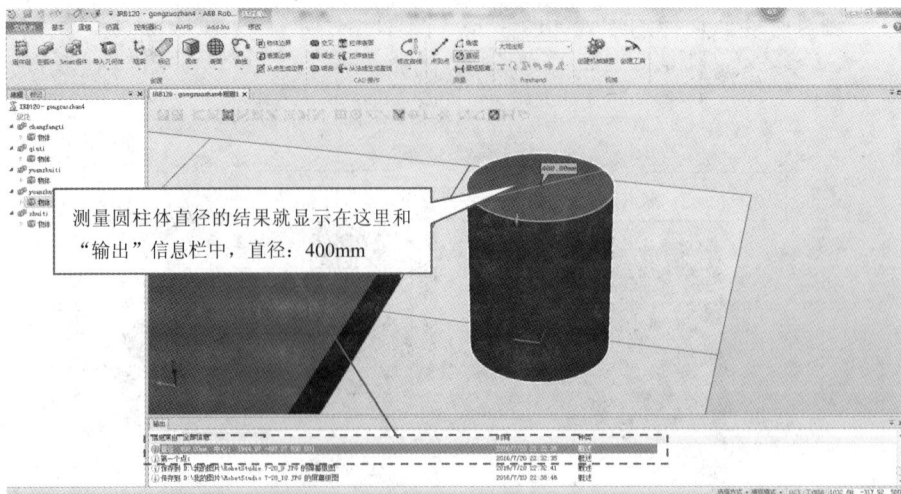

图 3-27　测量结果

4. 测量两个物体间的最短距离

测量两个物体间的最短距离，步骤如图 3-28～图 3-30 所示。

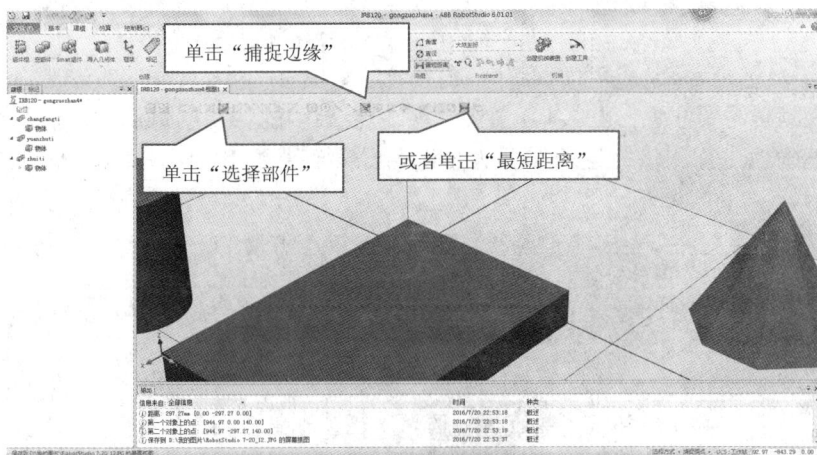

图 3-28　距离捕捉工具

图 3-29　最短距离

图 3-30　测量

任务扩展

测 量 技 巧

测量时要注意一些技巧,主要体现在能够运用各种选择部件和捕捉模式,能正确地进行测量,这就需要大量练习,熟练掌握其中的技巧,如图 3-31 所示。

合理地选择部件和捕捉模式,是快速准确测量的关键

图 3-31　测量工具菜单

任务巩固

对图 3-32 所示基本形体进行测量。

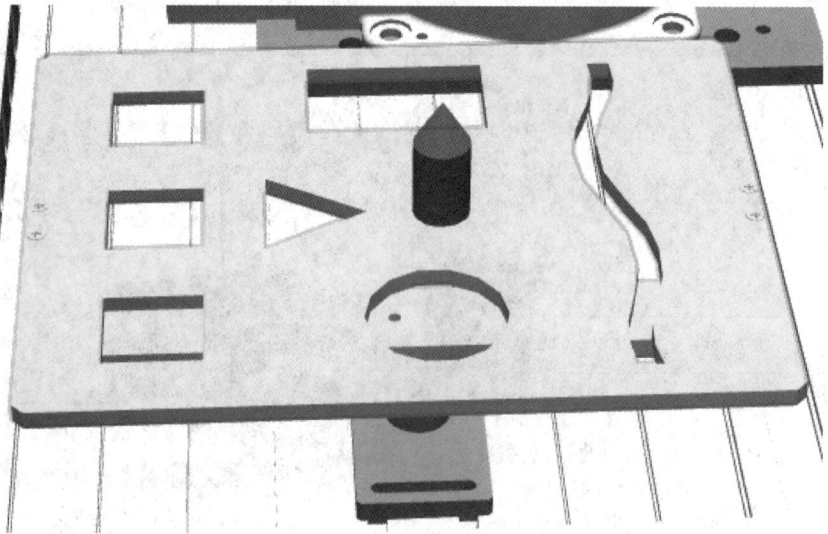

图 3-32　基本形体

任务二　工业机器人机械装置的创建

🎥 工作任务

图 3-33 所示为虚拟工业机器人工作站，有些是仿真软件中具有的，比如工业机器人；有些则需要在其他设计软件中设计后再导入，比如清枪器等。

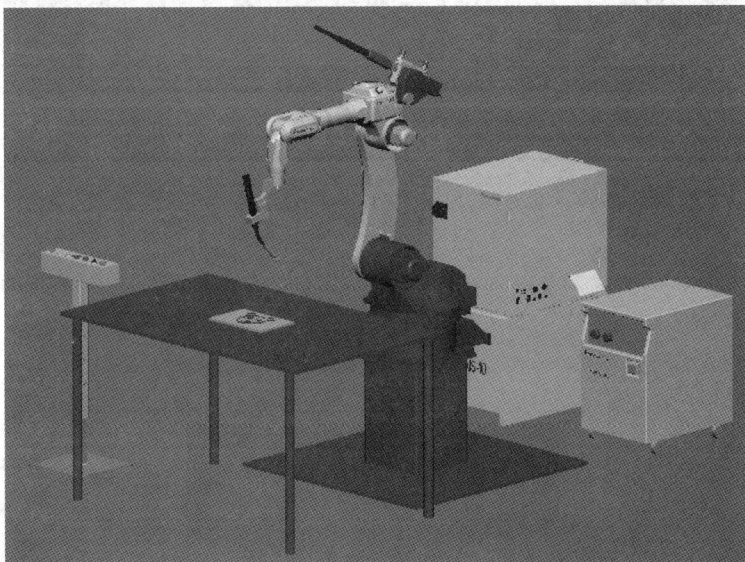

图 3-33　虚拟工业机器人工作站

🎥 任务目标

1. 能创建机械装置；
2. 会创建机器人用工具。

🎥 任务实施

根据实际情况，让学生在教师的指导下进行技能训练。

一、创建机械装置

在工作站中，为了更好地展示效果，会为机器人周边的模型制作动画效果，如输送带、夹具和滑台等。我们这里介绍一下创建一个机械装置的滑台，步骤如图 3-34～图 3-64 所示。

技能训练

・117・

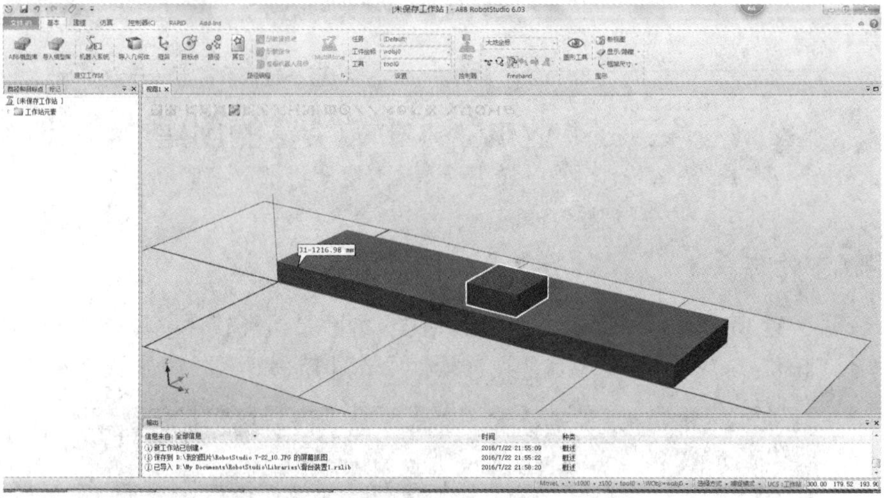

图 3-34　简单机械装置

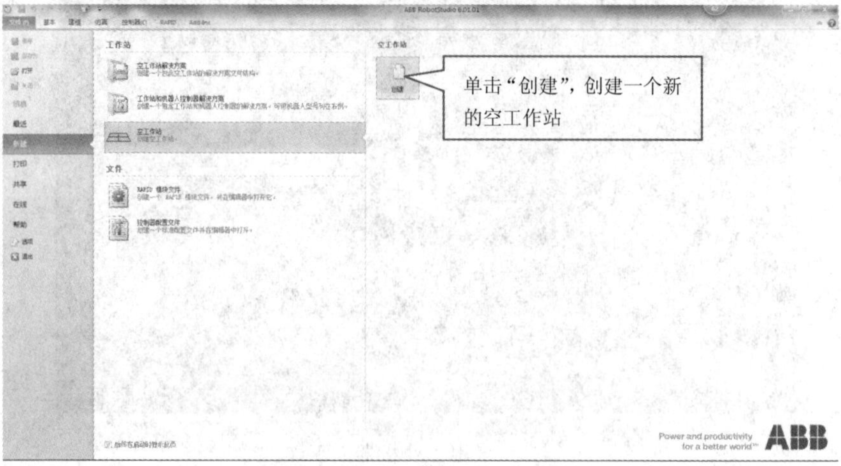

图 3-35　新建文件

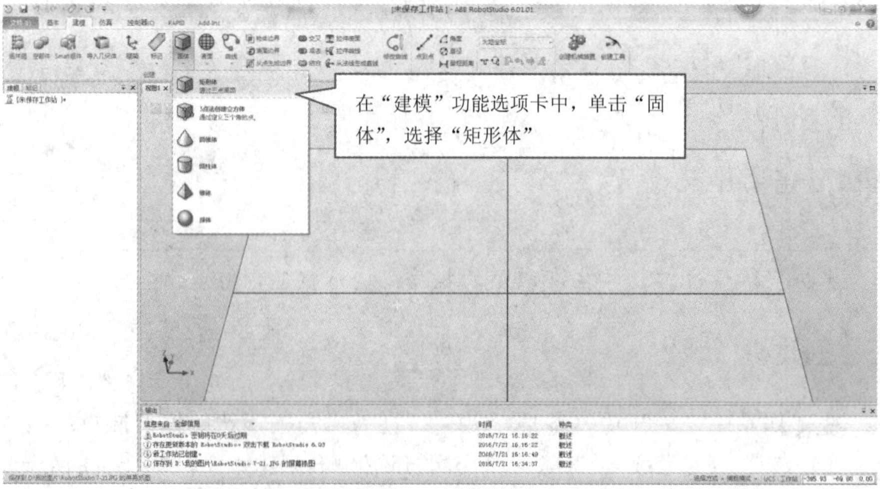

图 3-36　打开"矩形体"

按照滑台的数据参数要求输入，长度为 2400mm，宽度为 600mm，高度为 120mm，然后单击"创建"

图 3-37　设置滑台参数

在创建的滑台上单击右键，在弹出的菜单中选择"设定颜色"

图 3-38　设定参数

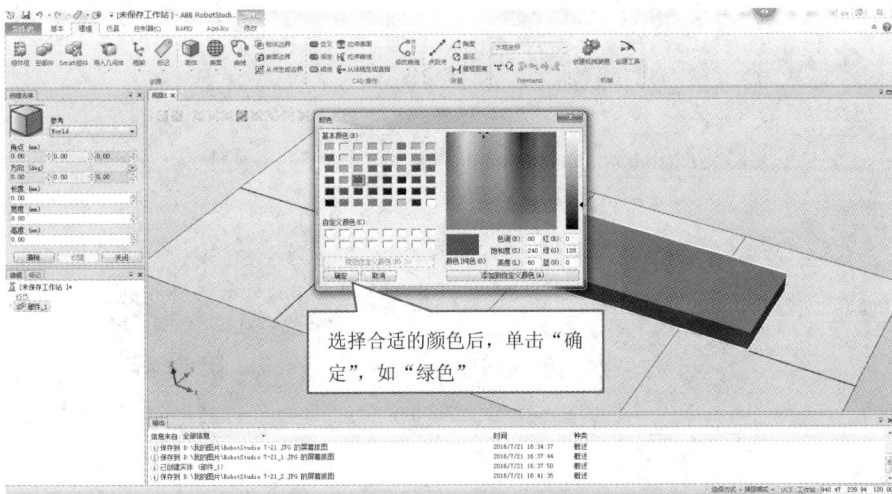

选择合适的颜色后，单击"确定"，如"绿色"

图 3-39　选取颜色

按照滑块的数据参数要求输入，角点为 X=0mm，Y=50mm，Z=120mm，长度为 300mm，宽度为 300mm，高度为 120mm，然后单击"创建"

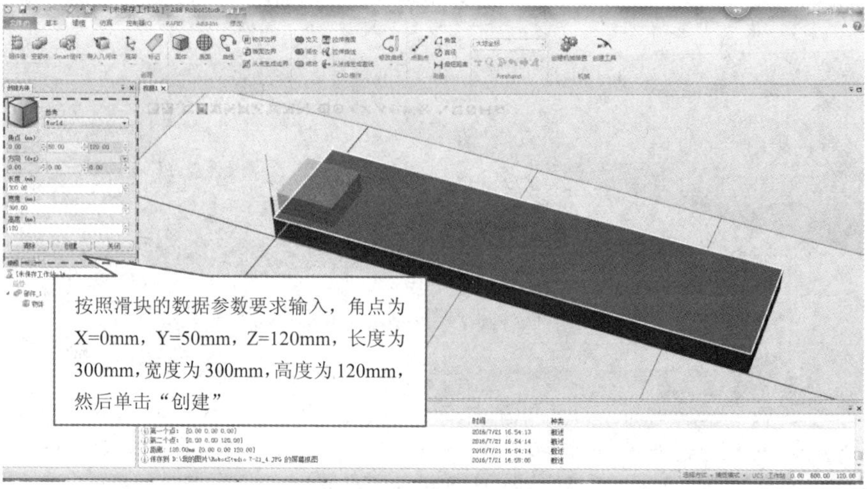

图 3-40　设定滑块参数

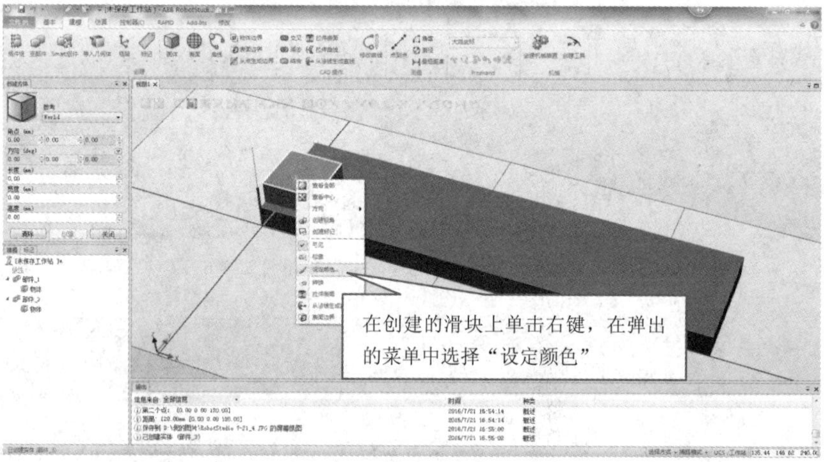

在创建的滑块上单击右键，在弹出的菜单中选择"设定颜色"

图 3-41　设定颜色

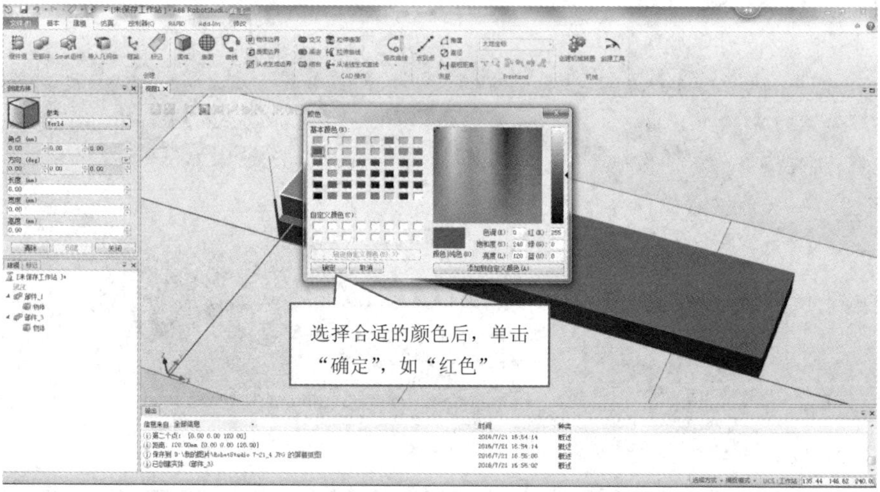

选择合适的颜色后，单击"确定"，如"红色"

图 3-42　选取合适的颜色

方法一：双击，对两个模型的名字进行重命名，为"huatai"和"huakuai"，方便识别。为了提高版本的兼容性，路径和文件名建议用英文字符，如是本地文件，可用中文以方便识别。

图 3-43　重命名 1

方法二：在"建模"选项栏中，选择需要重命名的文件，单击右键，在下拉菜单中选择"重命名"，然后输入便于识别的名称

图 3-44　重命名 2

先在"建模"选项卡中，单击右键　"创建机械装置"

图 3-45　创建机械装置

笔记

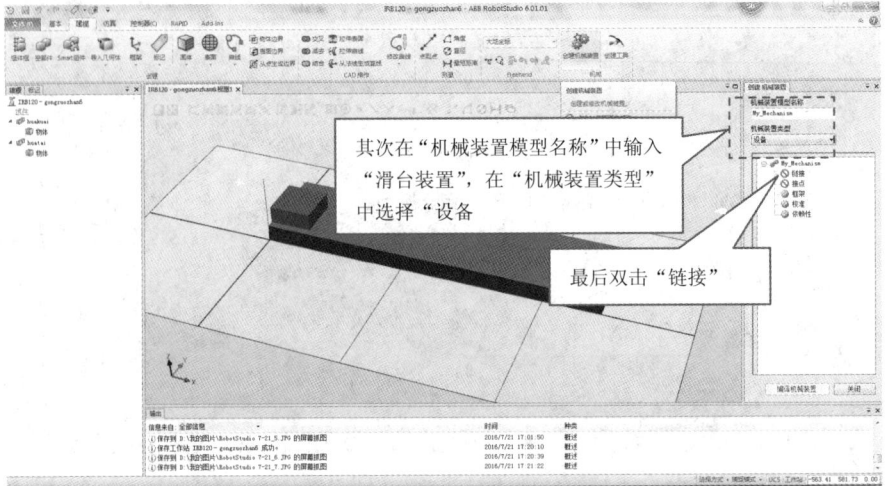

图 3-46 选择合适的机械装置

其次在"机械装置模型名称"中输入"滑台装置",在"机械装置类型"中选择"设备

最后双击"链接"

图 3-47 参数设定

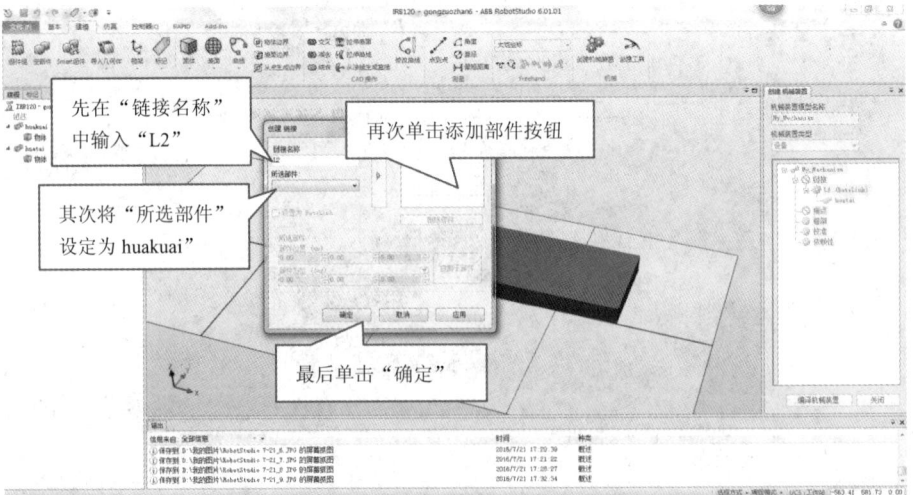

单击添加部件按钮

先在"所选部件"中选择"huatai"

勾选"设置为BaseLink"

单击"应用"

图 3-48 创建链接

先在"链接名称"中输入"L2"

再次单击添加部件按钮

其次将"所选部件"设定为 huakuai"

最后单击"确定"

笔记

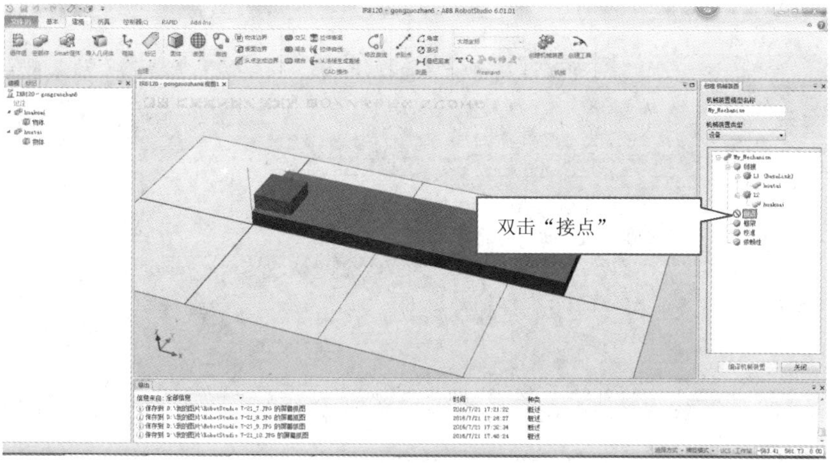

图 3-49　双击接点

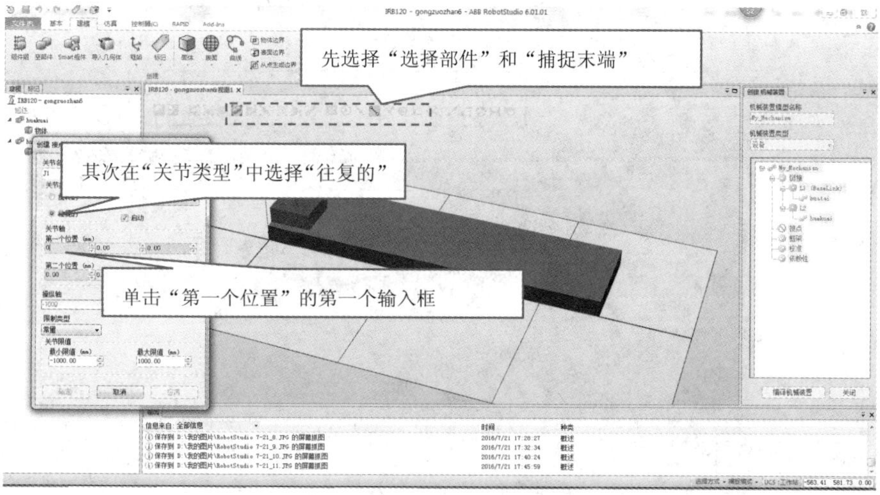

图 3-50　创建试点

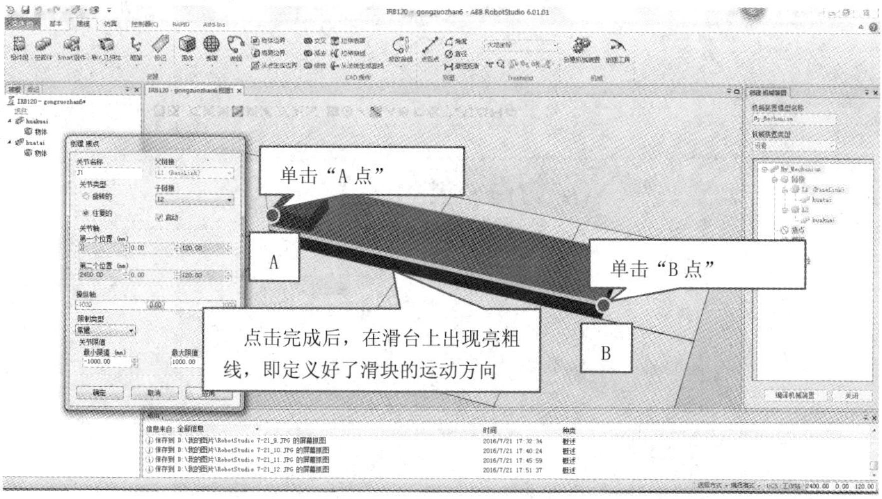

图 3-51　设置参数

运动的参数方向轴数据已添加到"第一个位置"和"第二个位置"

设定关节限值,以限定运动范围:最小限值为 0mm,最大限值为 2400mm

单击"确定"

图 3-52　设置参数

双击"创建机械装置"标签

图 3-53　创建机械装置

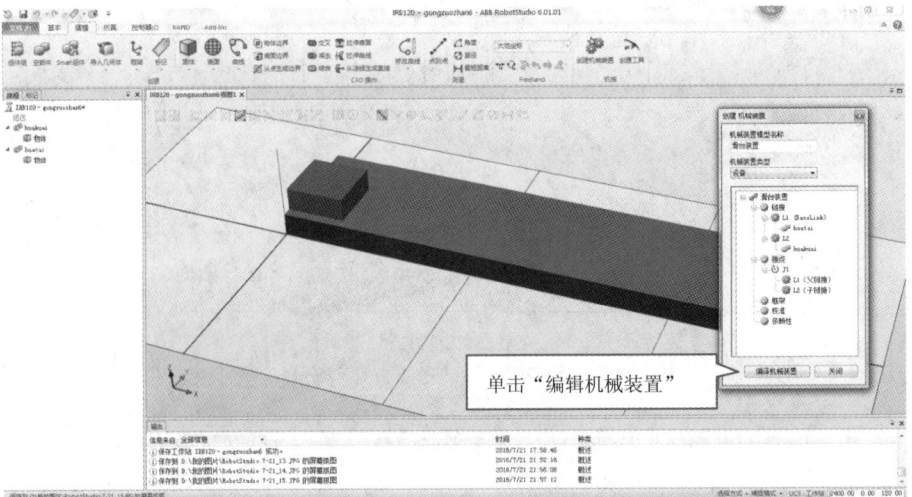

单击"编辑机械装置"

图 3-54　编辑机械装置

单击"添加"

图 3-55 完成编辑机械装置文件

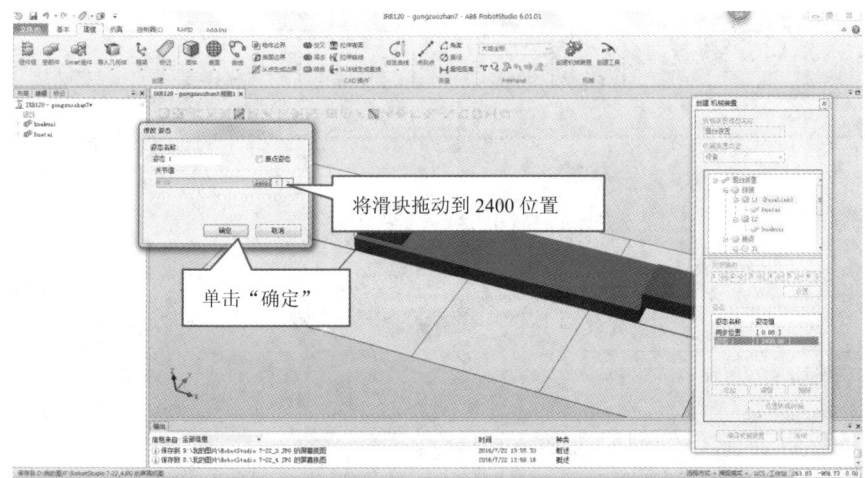

将滑块拖动到 2400 位置

单击"确定"

图 3-56 修改姿态

单击"设置转换时间"

图 3-57 设置转换时间

课程思政

三个结合

同完成改革发展稳定各项任务结合起来,同做好稳增长、促改革、调结构、惠民生、防风险、保稳定各项工作结合起来,同党中央部署正在做的事结合起来。

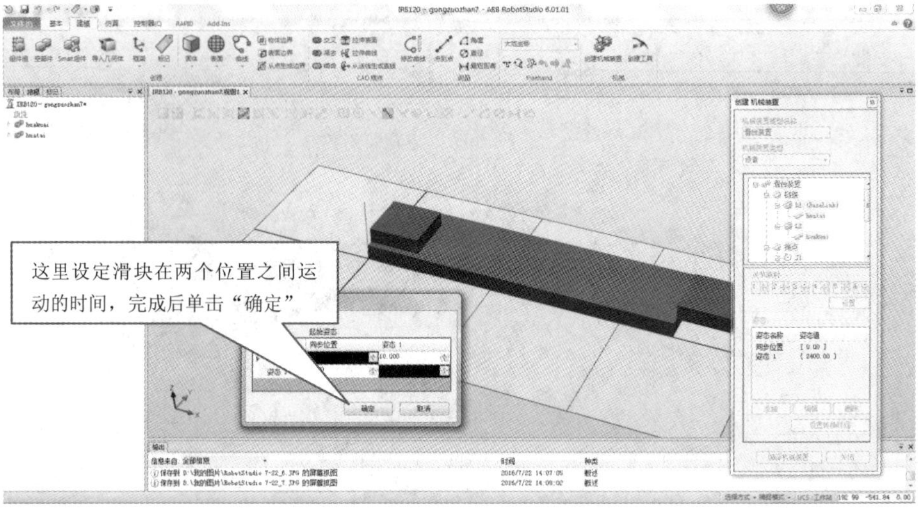

这里设定滑块在两个位置之间运动的时间，完成后单击"确定"

图 3-58　位置控制

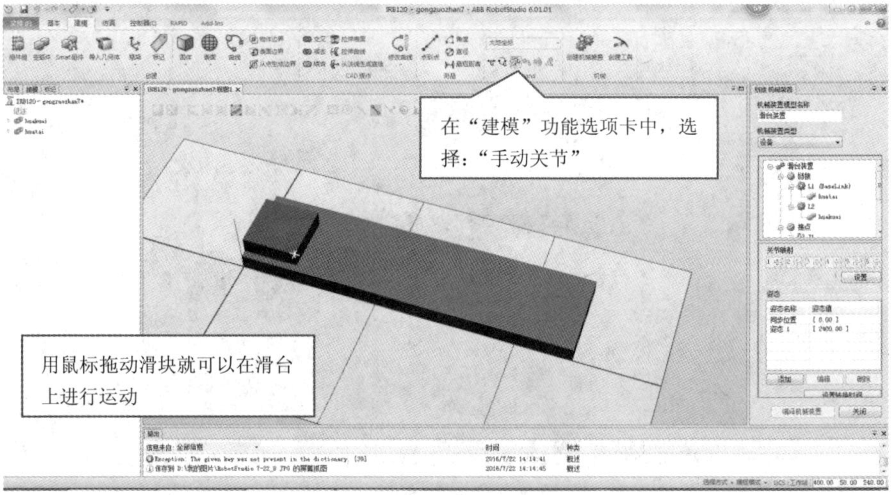

在"建模"功能选项卡中，选择："手动关节"

用鼠标拖动滑块就可以在滑台上进行运动

图 3-59　手动关节

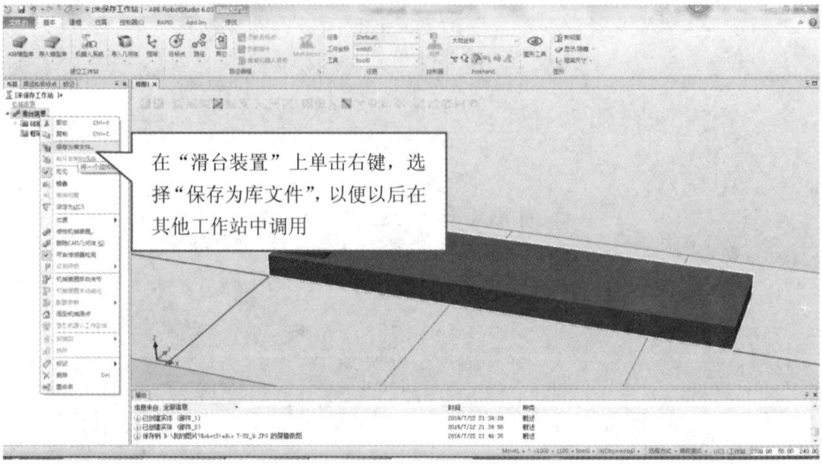

在"滑台装置"上单击右键，选择"保存为库文件"，以便以后在其他工作站中调用

图 3-60　保存为库文件

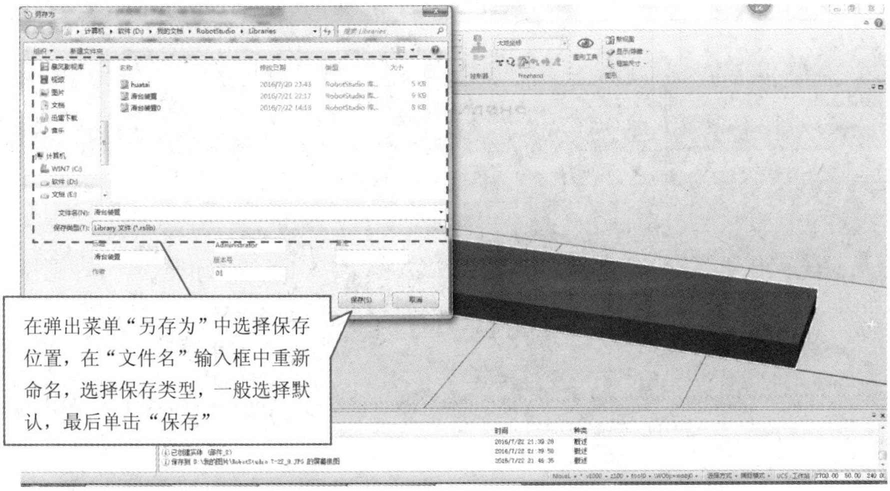

在弹出菜单"另存为"中选择保存
位置，在"文件名"输入框中重新
命名，选择保存类型，一般选择默
认，最后单击"保存"

图 3-61　另存为

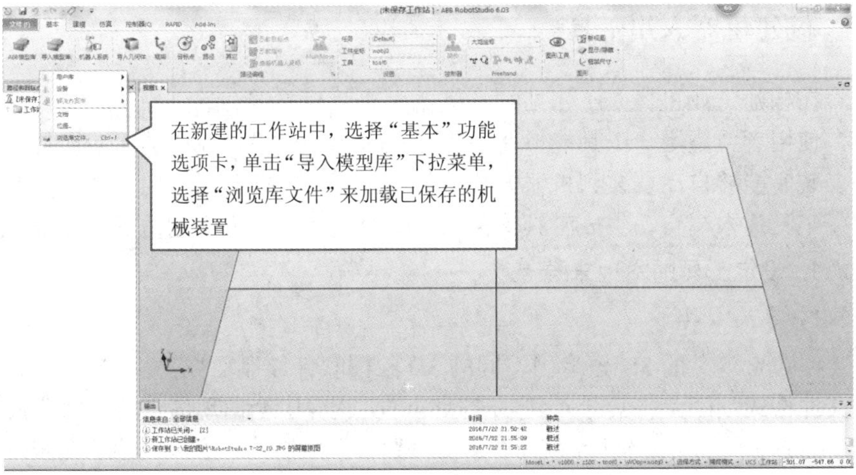

在新建的工作站中，选择"基本"功能
选项卡，单击"导入模型库"下拉菜单，
选择"浏览库文件"来加载已保存的机
械装置

图 3-62　基本功能选项卡

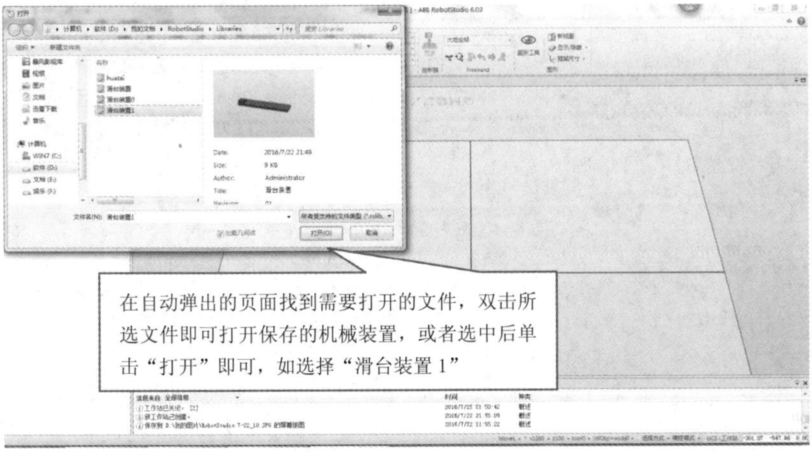

在自动弹出的页面找到需要打开的文件，双击所
选文件即可打开保存的机械装置，或者选中后单
击"打开"即可，如选择"滑台装置1"

图 3-63　机械装置文件打开

在"基本"功能选项卡中选择"Freehand"菜单中的"手动关节",然后拖动"huakuai",即可实现在既定设置的参数范围内运行

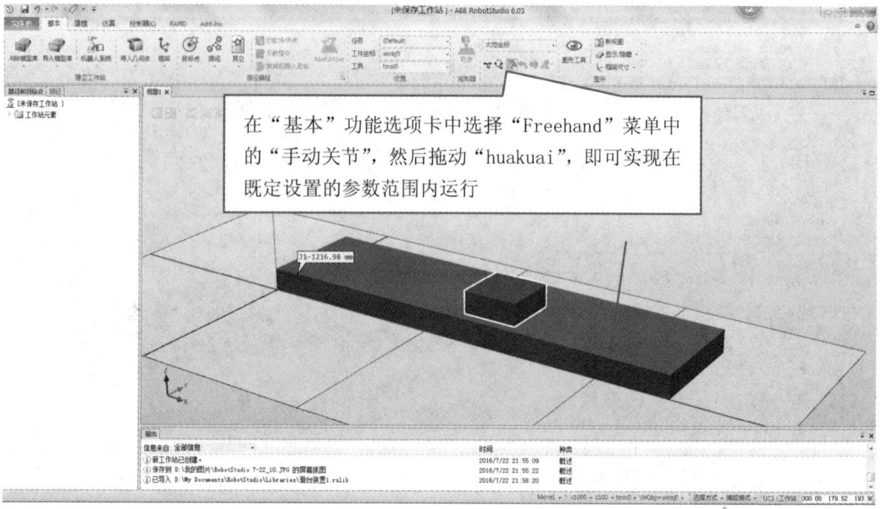

图 3-64　设定范围

二、创建机器人用工具

在构建工业机器人工作站时,机器人法兰盘末端会遇到用户自定义的工具,使用者希望用户工具能像在使用 RobotStudio 模型库中的工具一样,即在安装时能够自动安装到机器人的法兰盘末端并保证坐标方向一致,并且能够在工具的末端自动生成工具坐标系,从而避免工具方面的仿真误差。

1. 设定工具的本地末端点

1) 导入工具

用户自定义的 3D 模型由不同的 3D 绘图软件绘制而成,并被转换成特定的文件格式,因此将其导入到 RobotStudio 软件中会出现图形特征丢失的情况。设定工具的本地坐标原点的具体步骤如图 3-65～图 3-74 所示。在图形处理过程中,为了避免工作站地面特征影响视线和捕捉,需先隐藏地面设定。

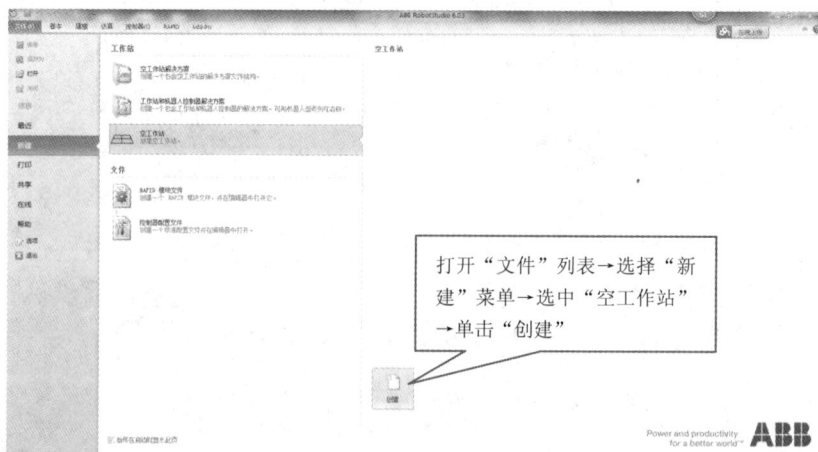

打开"文件"列表→选择"新建"菜单→选中"空工作站"→单击"创建"

图 3-65　创建新文件

128

图 3-66　放置机器人

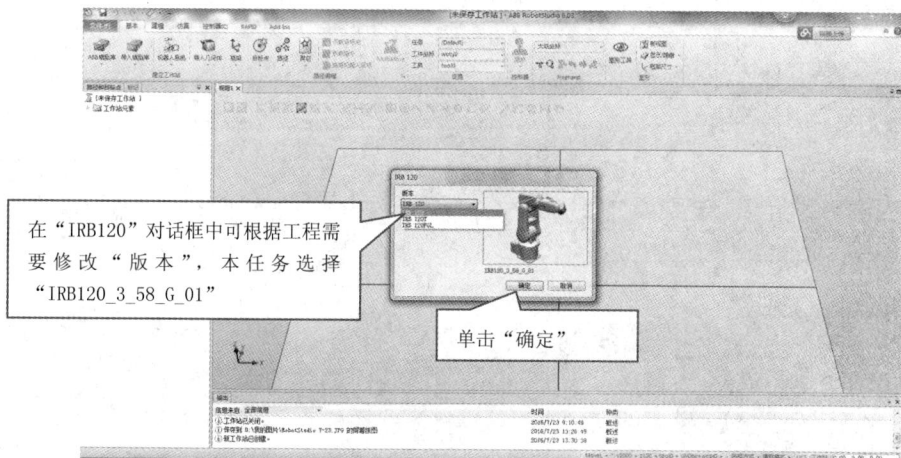

在"基本"功能选项卡中，选择"ABB模型库"菜单，在弹出选项机器人中选择"IRB120"

图 3-67　参数设置

在"IRB120"对话框中可根据工程需要修改"版本"，本任务选择"IRB120_3_58_G_01"

单击"确定"

图 3-68　浏览几何体

调用本任务设定工具，在"基本"功能选项卡中选择"导入几何体"，在下拉菜单中选择"浏览几何体"

笔记

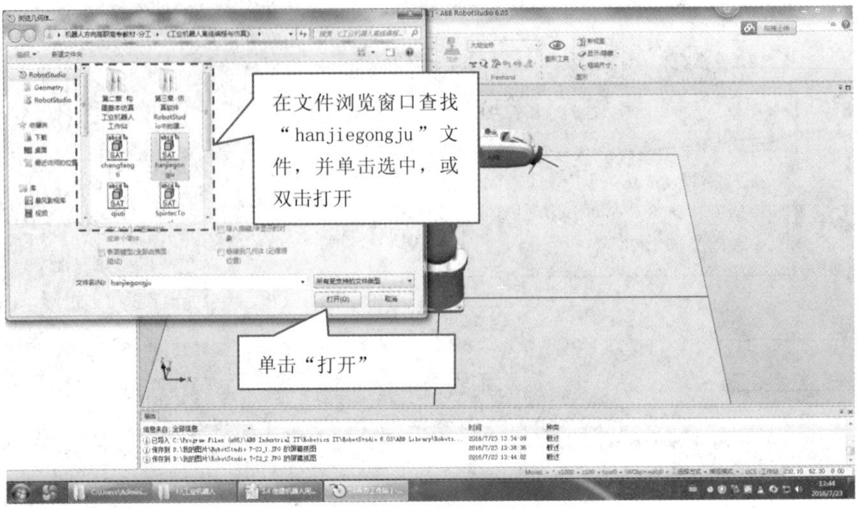

图 3-69　文件资料

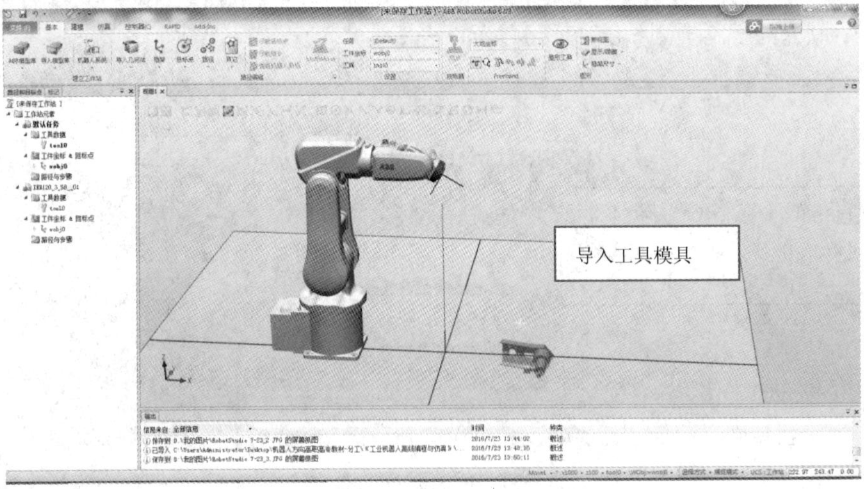

图 3-70　导入工具

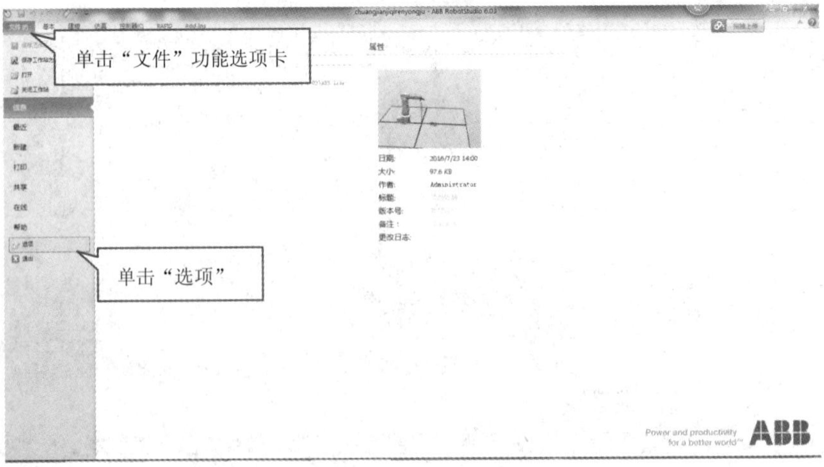

图 3-71　文本选项设置

图 3-72 外观设置选项

图 3-73 设置应用

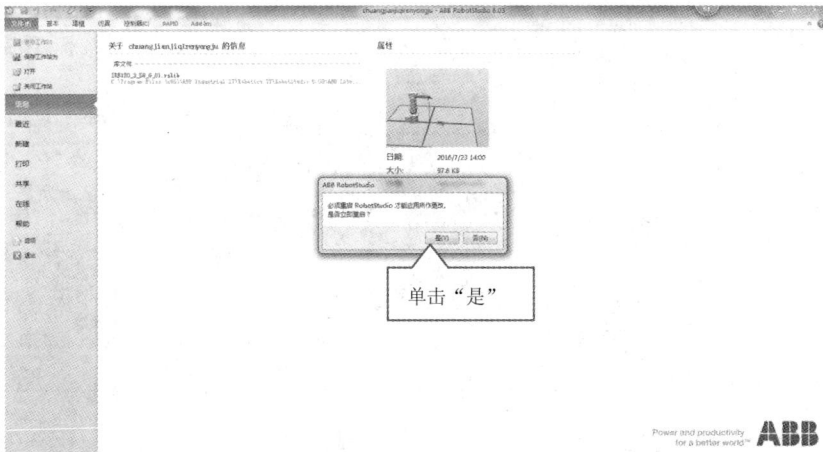

图 3-74 设置结束

2) 安装工具

工具模型的本地坐标系与机器人法兰盘坐标系 tool0 重合，工具末端的工具坐标系框架即作为机器人的工具坐标系，所以需要对此工具模型做两步图形处理。

首先在工具法兰盘端创建本地坐标系框架，之后在工具末端创建工具坐标系框架。这样自建的工具就有了跟系统库里默认的工具同样的属性了。

先来放置一个工具模型的位置，使其法兰盘所在面与大地坐标系正交，便于处理坐标系方向，其操作如图 3-75～图 3-85 所示。

图 3-75　机器人可见度

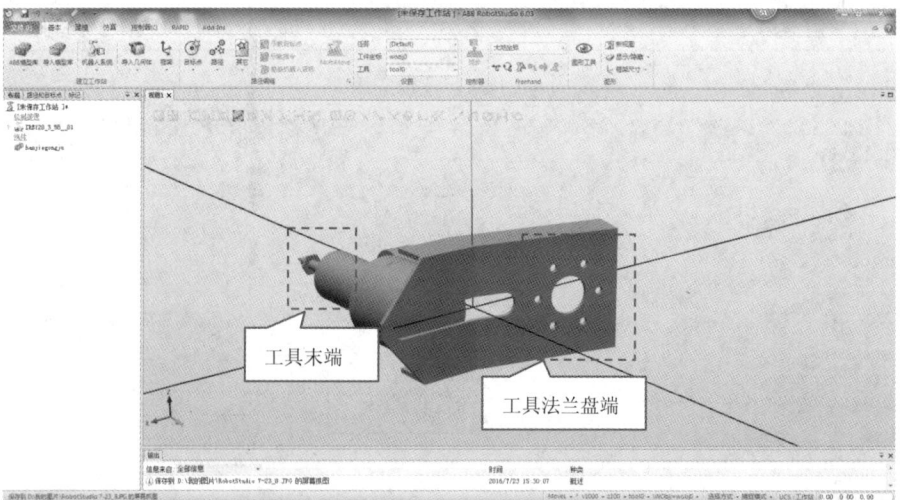

图 3-76　工具判断

一种方法：在工具上点击右键，选择"位置"，选择"放置"，单击"两点"

图 3-77 方法一

"技可进乎道，艺可通乎神。"锐意精进、精益求精永远是工匠精神之核心要义。

另一种方法：在"布局"窗口的"hanjiegongju"上单击右键，在菜单中选择"位置"，单击"两点"

图 3-78 方法二

再次，在虚线框中，将"主点-到"设为(0.00，.00，0.00)，"X 轴上的点-到"设为(100.00，0.00，0.00)

先选取合适的捕捉工具"选择部件"和"捕捉末端"

再捕捉 A 点作为"主点-从"的坐标数据

其次捕捉 B 点作为"X 轴上的点-从"的坐标数据

单击"应用"

B 点

A 点

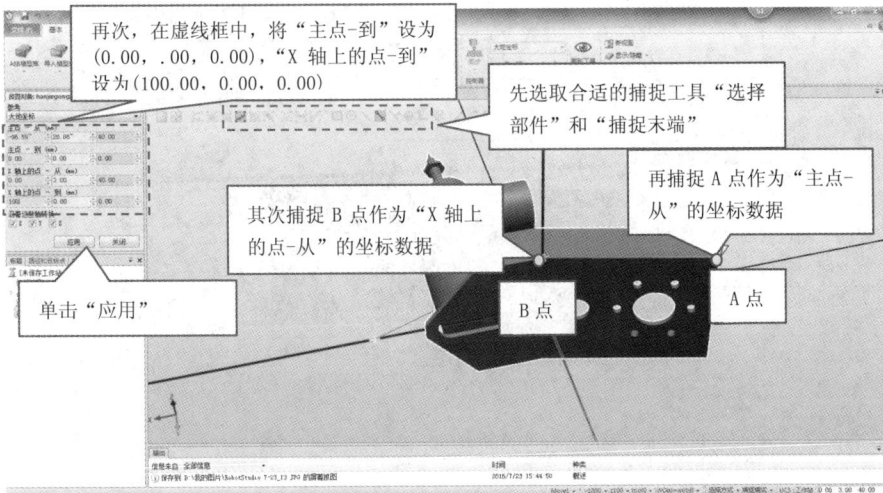

图 3-79 设置参数

笔记

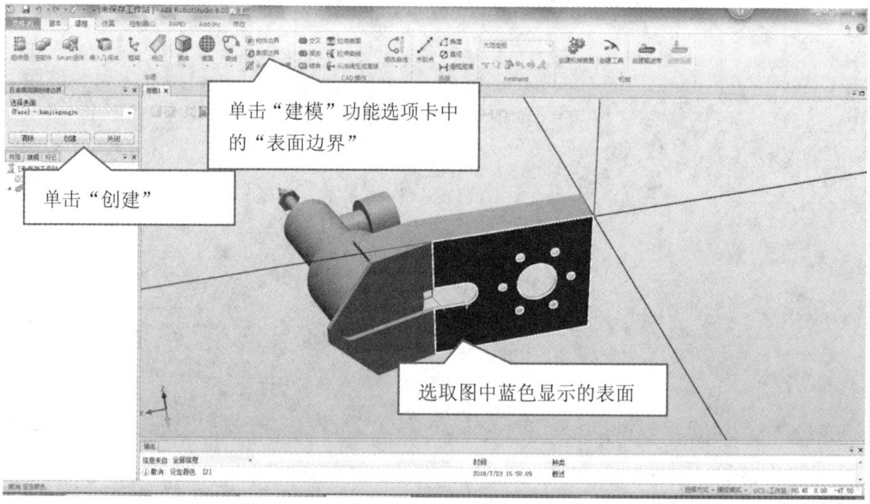

图 3-80　捕捉工具表面

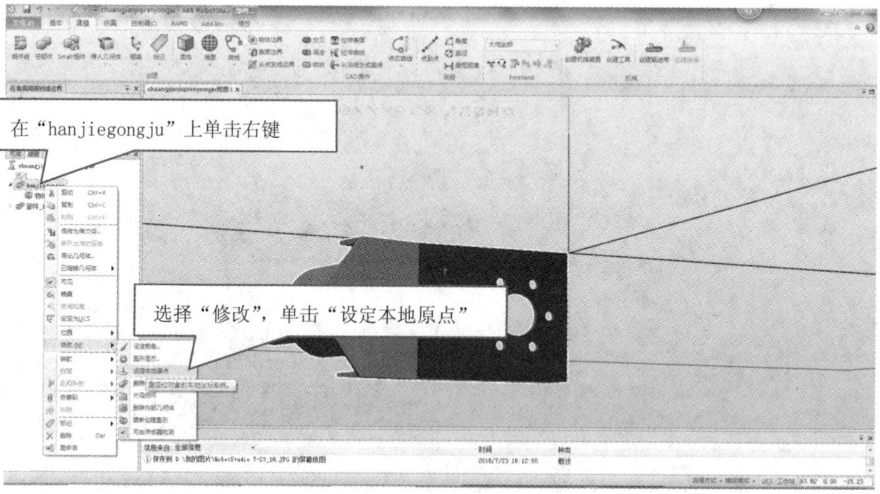

图 3-81　设定原点

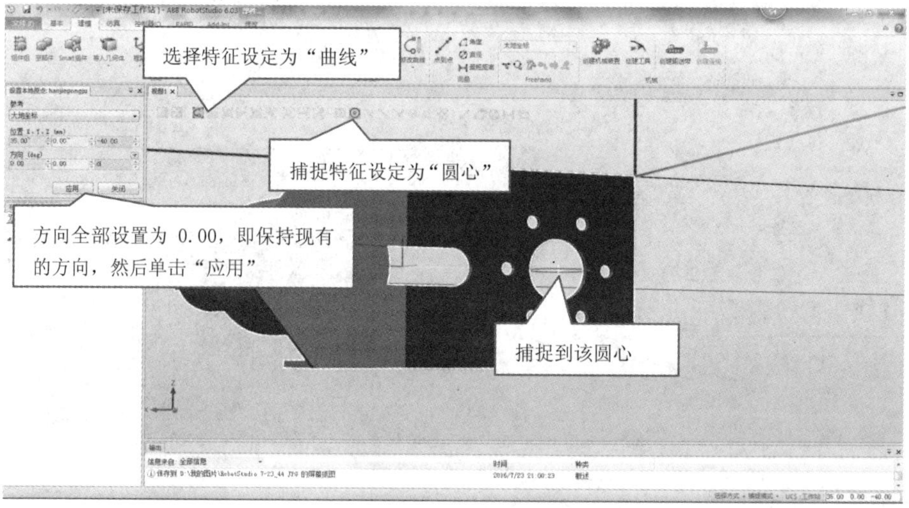

图 3-82　设置位置 1

图 3-83 设定位置 2

图 3-84 设定位置 3

图 3-85 设置完成后

3) 坐标系的设置

工具模型的本地坐标系的原点已经设置完成，但是本地坐标系的方向仍需设置，这样才能保证工具安装到机器人法兰盘末端时能够保证其工具姿态也是所需要的。对设置工具本地坐标系的方向，多数情况下可参考：工具法兰盘表面与大地水平重合，工具末端位于大地坐标系 X 轴负方向，如图 3-86～图 3-88 所示。

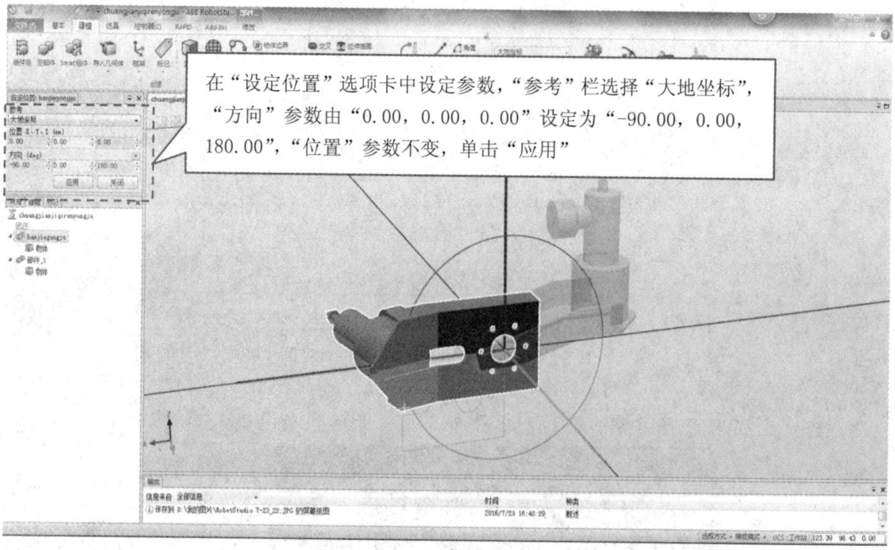

在"设定位置"选项卡中设定参数，"参考"栏选择"大地坐标"，"方向"参数由"0.00，0.00，0.00"设定为"-90.00，0.00，180.00"，"位置"参数不变，单击"应用"

图 3-86　设定参数

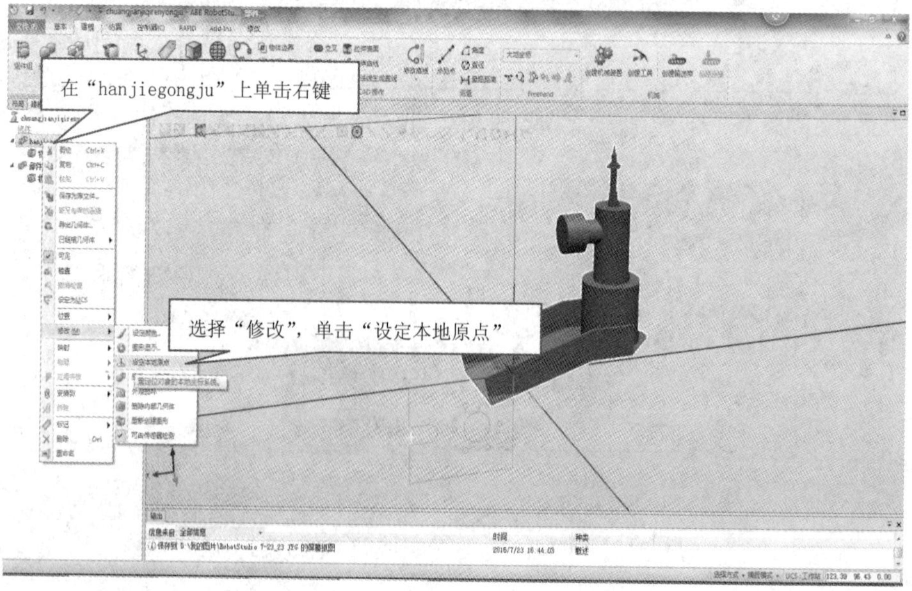

在"hanjiegongju"上单击右键

选择"修改"，单击"设定本地原点"

图 3-87　设定本地原点

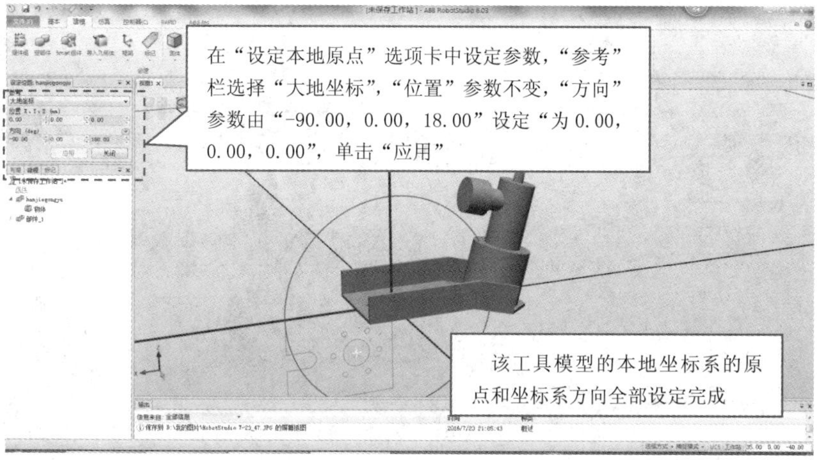

图 3-88 设定位置

2. 创建工具坐标系框架

在图 3-89 所示的虚线框位置创建一个坐标系框架，目的是在以后的操作中将此框架作为工具坐标系框架使用。其操作步骤如图 3-89～图 3-97 所示。

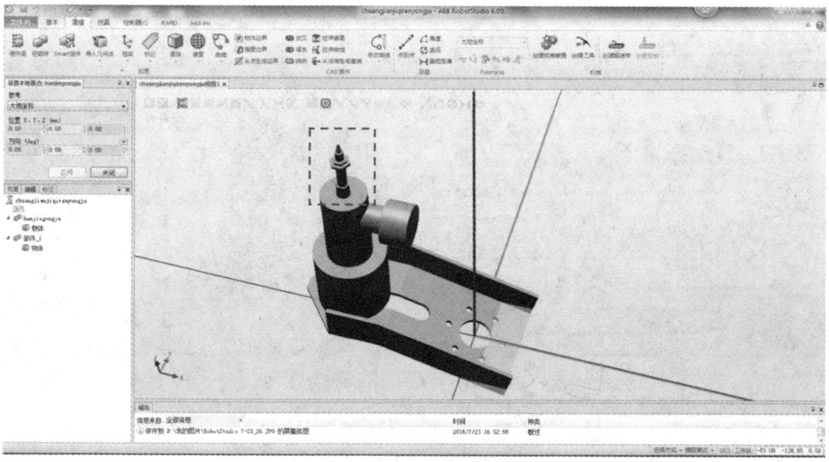

图 3-89 调用工具

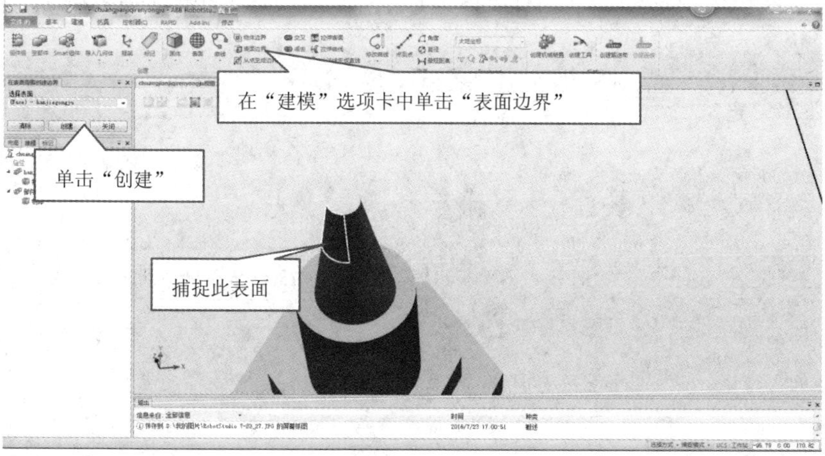

图 3-90 创建工具表面边界

图 3-91　创建框架

生成的框架如图 3-92 所示，接着设定坐标系的方向，一般期望的坐标系的 Z 轴是与工具末端表面垂直的。

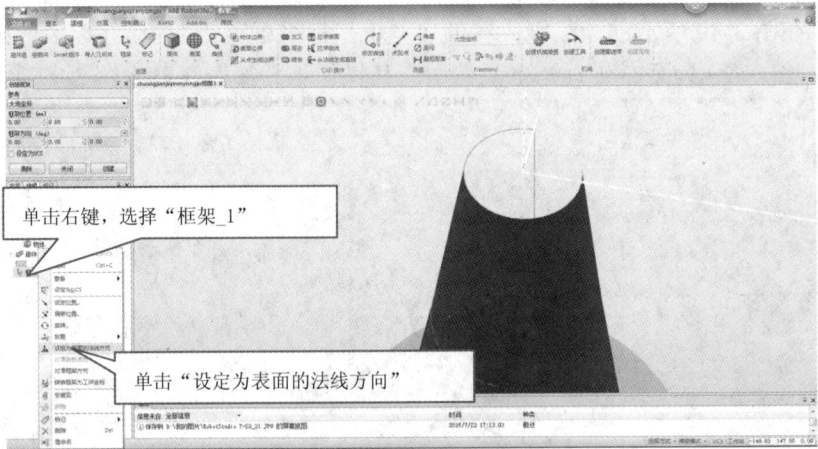

图 3-92　设定表面的法线方向

在 RobotStudio 中的坐标系，蓝色表示 Z 轴正方向，绿色表示 Y 轴正方向，红色表示 X 轴正方向。由于该工具模具末端表面丢失，所以捕捉不到，但是可以选择图 3-93 中所示表面，因为次表面与期望捕捉的末端表面是平行关系。

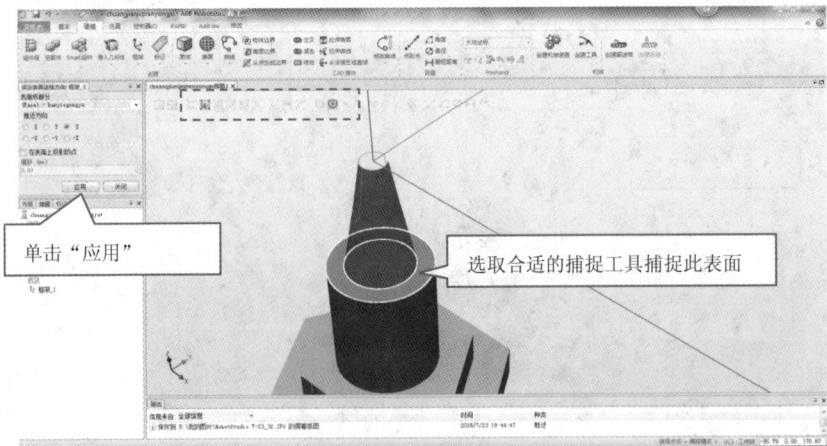

图 3-93　捕捉表面

在实际工程应用过程中，工具坐标系原点一般与工具末端有一定距离，如焊枪中的焊丝伸出的距离，或者激光切割枪、涂胶枪要与加工表面保持一定距离等,只需要将此框架沿着其本身的 Z 轴正向移动一定距离就能满足实际需要。

> 至此，完成该框架 Z 轴方向的设定，其余 X 轴和 Y 轴的朝向，一般按照经验设定，只要保证前面设定的模型本地坐标系是正确的，X、Y 采用默认的方向即可

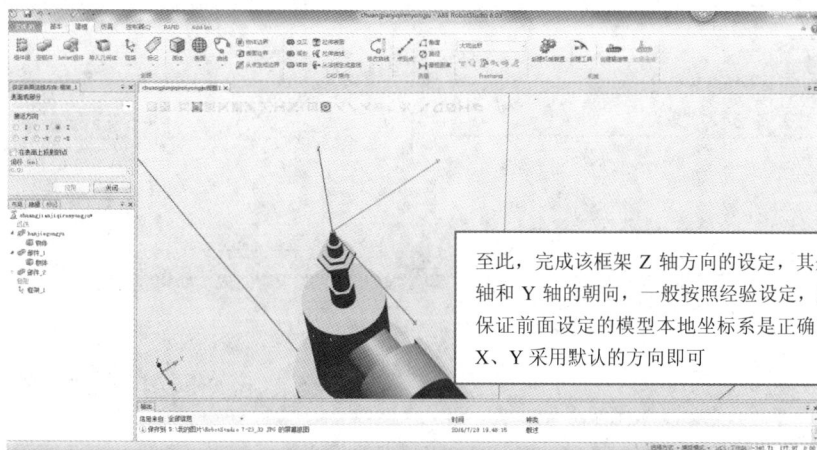

图 3-94　建立模型本地坐标系

> 单击右键，选择"框架_1"，单击"设定位置"

图 3-95　设定位置

> "参考"选为"本地"
> "位置"的 Z 轴设定为 5mm
> 单击"应用"

图 3-96　参数设置

框架就在 Z 方向，向外偏移了 5mm

到此设定完成，如本图所示

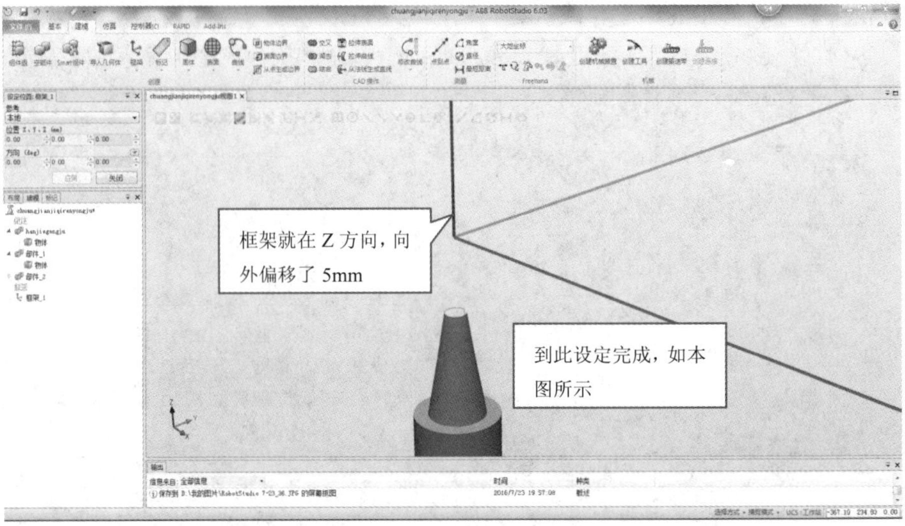

图 3-97　坐标平移

📹 **任务扩展**

创 建 工 具

创建工具的步骤如图 3-98～图 3-106 所示。

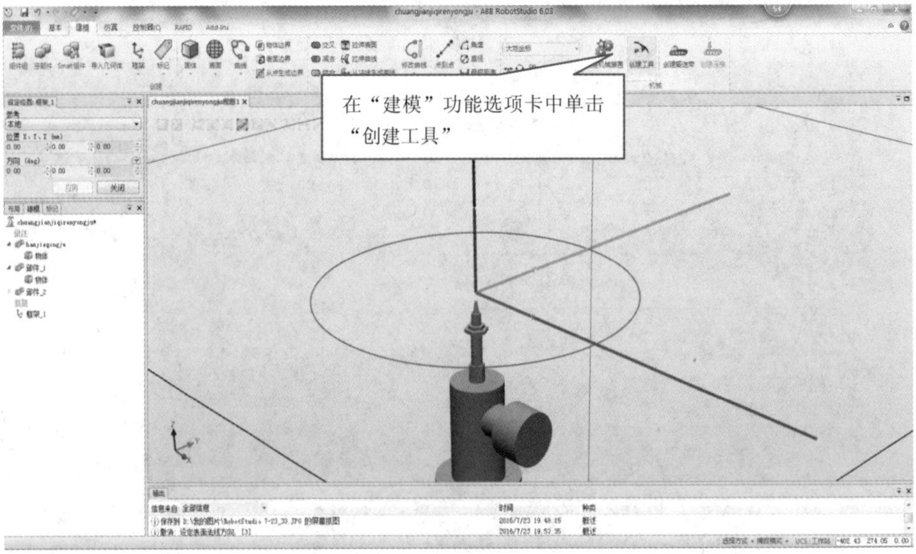

在"建模"功能选项卡中单击"创建工具"

图 3-98　建模

笔记

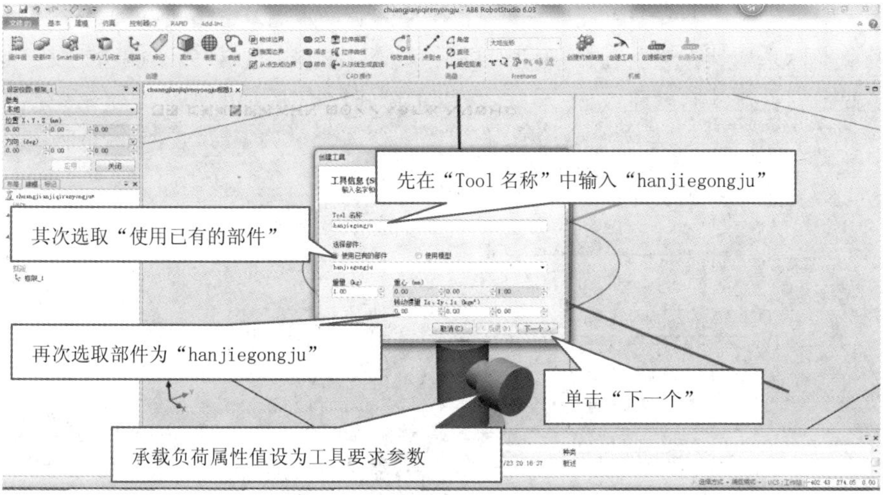

图 3-99　创建工具

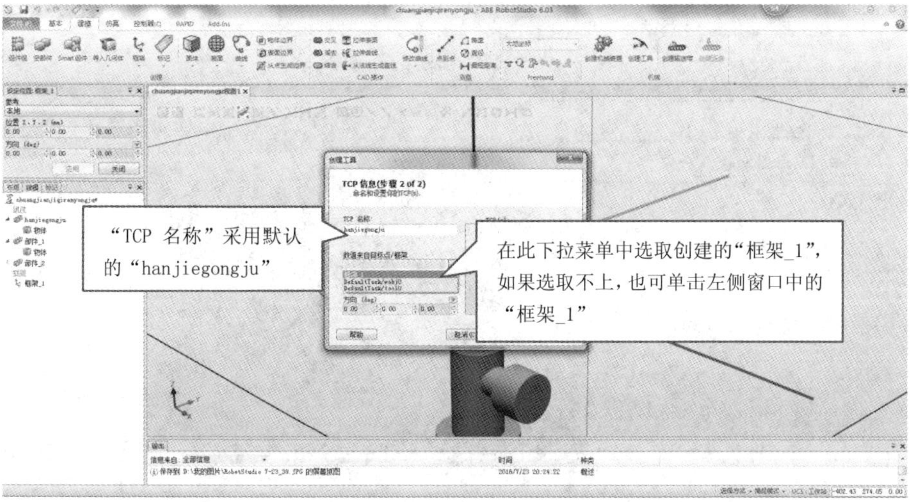

图 3-100　TCP 参数设置

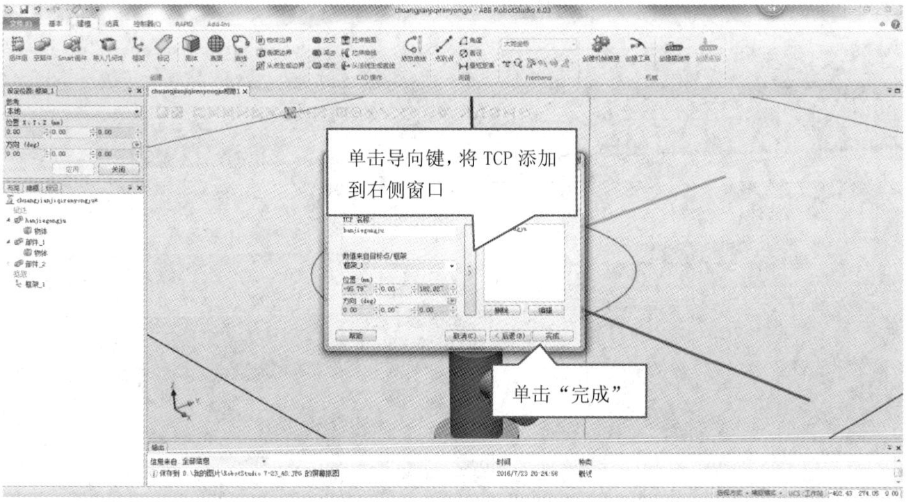

图 3-101　参数设置结束

✍ 笔记

　　如果一个工具上面创建了多个工具坐标系，那就可以根据实际情况创建多个坐标系框架，然后在此视图中将所有的 TCP 依次添加到右侧窗口中。这样就完成了工具的创建过程。然后，可以把创建过程中所创建的辅助图形删掉。

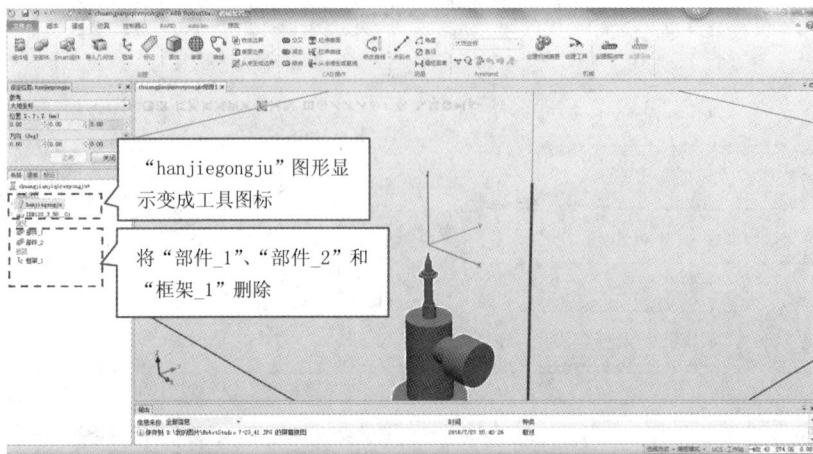

图 3-102　删除创建的辅助图形

图 3-103　将机器人设置为可见

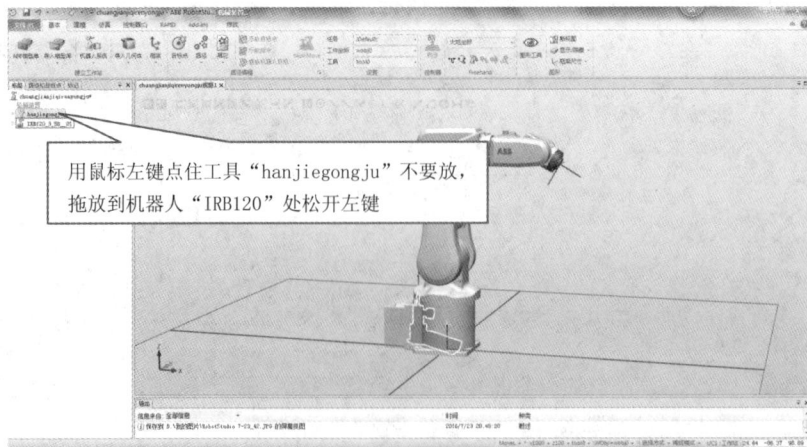

图 3-104　工具准备

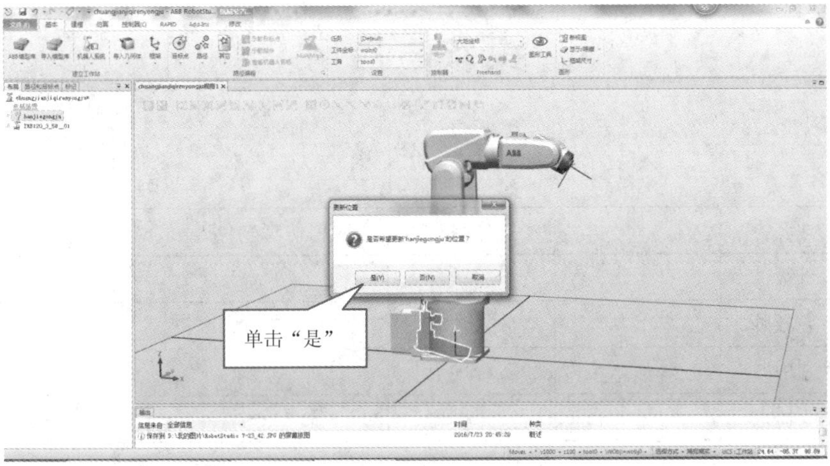

图 3-105　加载工具

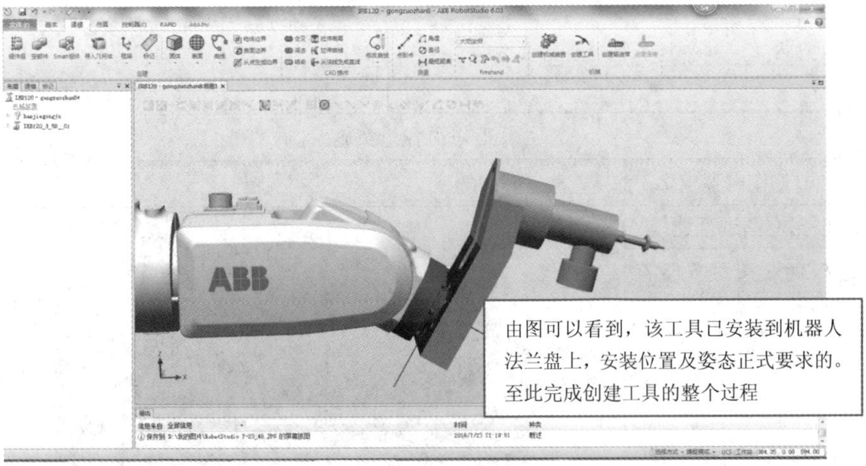

图 3-106　安装位置

任务巩固

创建如图 3-107 所示的焊枪。

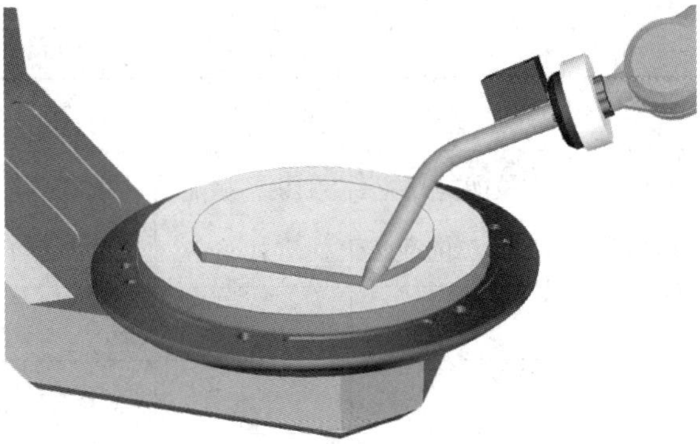

图 3-107　焊枪

模块三资源

操作与应用

工 作 单

姓名		工作名称	应用仿真软件RobotStudio进行建模
班级		小组成员	
指导教师		分工内容	
计划用时		实施地点	
完成日期		备注	

工作准备		
资 料	工 具	设 备

工作内容与实施	
工作内容	实 施
1. 根据左图进行建模 2. 根据左图对"基本形体进行测量" 3. 创建左图所用工具	

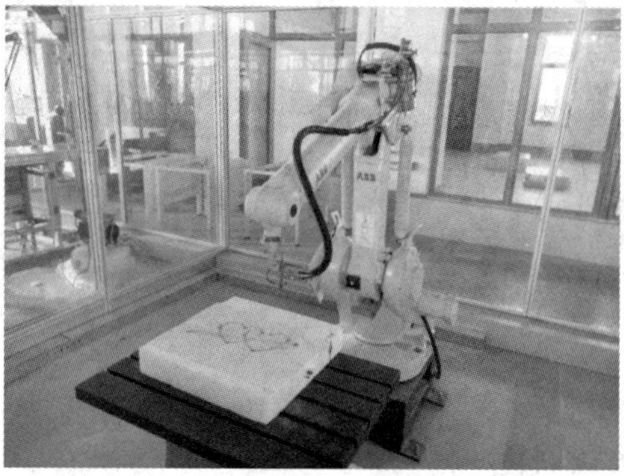

工 作 评 价

	评 价 内 容				
	完成的质量（60分）	技能提升能力（20分）	知识掌握能力（10分）	团队合作（10分）	备注
自我评价					
小组评价					
教师评价					

1. 自我评价

班级：＿＿＿＿＿＿＿＿ 姓名：＿＿＿＿＿＿＿＿

工作名称：认识工业机器人的编程

序号	评 价 项 目	是	否
1	是否明确人员的职责		
2	能否按时完成工作任务的准备部分		
3	工作着装是否规范		
4	是否主动参与工作现场的清洁和整理工作		
5	是否主动帮助同学		
6	能否进行建模		
7	是否对基本形体进行测量		
8	是否创建工具		
9	是否完成了清洁工具和维护工具的摆放		
10	是否执行6S规定		
评价人		分数		时间	年 月 日

2. 小组评价

序号	评 价 项 目	评 价 情 况
1	与其他同学的沟通是否顺畅	
2	是否尊重他人	
3	工作态度是否积极主动	
4	是否服从教师的安排	
5	着装是否符合标准	
6	能否正确地理解他人提出的问题	
7	能否按照安全和规范的规程操作	
8	能否保持工作环境的干净整洁	
9	是否遵守工作场所的规章制度	
10	是否有工作岗位的责任心	
11	是否全勤	
12	是否能正确对待肯定和否定的意见	
13	团队工作中的表现如何	
14	是否达到任务目标	
15	存在的问题和建议	

笔记

笔记

3. 教师评价

课程	工业机器人离线编程与仿真	工作名称	应用仿真软件RobotStudio 进行建模	完成地点	
姓名		小组成员			
序号	项目		分 值	得 分	
1	建模		40		
2	创建工具		40		
3	基本形体测量		20		

自 学 报 告

自学任务	应用RobotMaster离线编程软件进行建模
自学内容	
收获	
存在问题	
改进措施	
总结	

模块四

RobotStudio 中典型工作站的构建与离线轨迹编程

任务一　搬运工业机器人工作站的构建

🎥 工作任务

工业生产中，机器人运用较多的场合主要用于物品的搬运，包括水平位置的搬运(即将工件从一个位置搬运到另外一个位置)，还包括立体位置的搬运(即将工件搬运到高于或低于工件所在位置)。如图 4-1 所示，将包装箱(内有制成品)从流水线上搬运到转运车上。即从图中的 A 位置搬运到 B 位置，以便作入库处理。图 4-2 是其虚拟工作站。

🔧 课程思政

两个责任

各级党委(党组织)要把主体责任扛起来，主要领导同志要担负起第一责任人责任。

图 4-1　搬运工作站

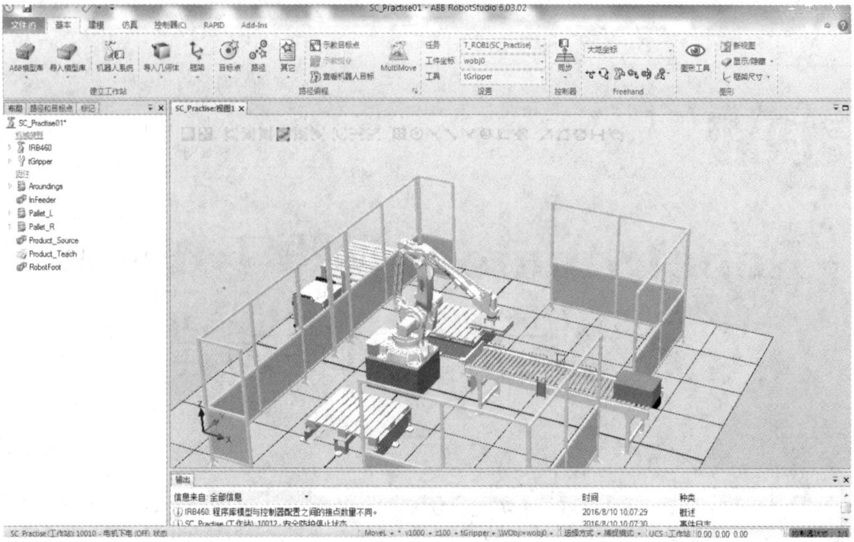

图 4-2　虚拟工作站

图中模型的说明如下：

Aroundings：周边围栏；

InFeeder：输送链；

Paller_L：左垛板；

Paller_R：右垛板；

Product_Source：箱子；

Product_Teach：用于示教的箱子；

RobotFoot：机器人底座。

任务目标

1. 学会用 Smart 组件创建动态传输链；

2. 学会用 Smart 组件创建动态夹具；

3. 学会设定 Smart 组件工作站逻辑。

任务实施

根据实际情况，让学生在教师的指导下进行技能训练。

一、设定输送链的产品源(Source)

输送链的产品源建立如图 4-3 所示，其步骤如下：

(1) 在"建模"中选择"Smart 组件"，构建一个新的 Smart 组件；

(2) 将其命名为"SC_In Feeder"；

(3) 添加组件"Source"并进行设置；

(4) 选择"动作"列表中的"Source"；

(5) "Source"选为"Product Source";

(6) 设定完成后单击"应用"。

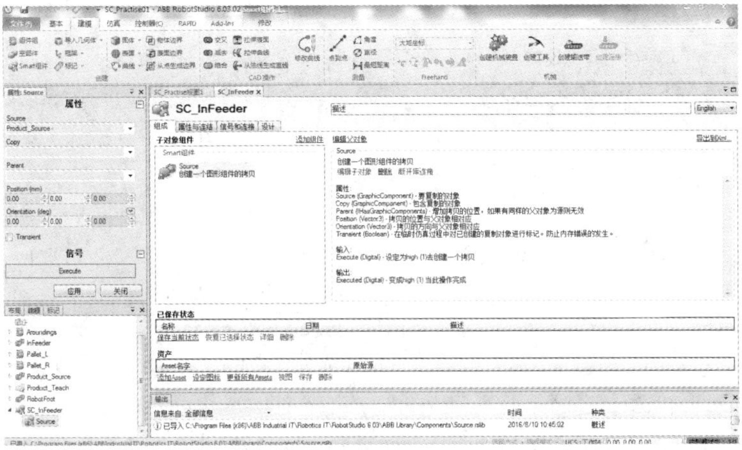

图 4-3　输送链的产品源建立步骤

说明:子组件 Source 用于设定产品源,每当触发一次 Source 执行,都会自动生成一个产品源的复制品。此处将要搬运产品设为产品源,则每次触发后都会产生一个搬运产品的复制品。

二、设定输送链的运动属性

输送链的运动属性设定如图 4-4 所示,其步骤如下:

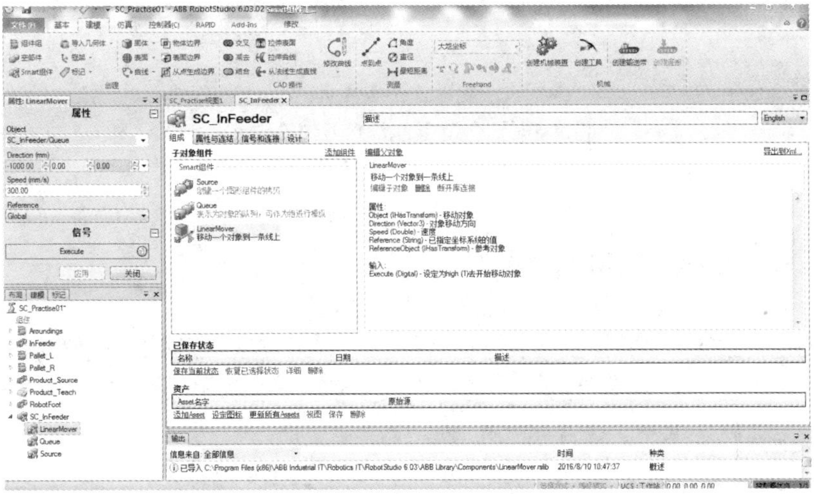

图 4-4　输送链的运动属性设定步骤

(1) 依次添加组件,选择"其他"列表中的"Queue";

(2) 选择"添加组件",选择"本体"列表中的"LinearMover",并对"LinearMover"进行设定;

(3) 将"Object"选为"SC_InFeeder/Queue";

笔记

(4) 将 "Direction" 中第一项数值设为 –1000.00;

(5) 将 "Speed" 设为 300.00;

(6) 将 "Execute" 值设置为 1,单击 "应用" 项。

注意:子组件 LinearMover 用于设定运动属性,其属性包含指定运动物体、运动方向、运动速度、参考坐标等。此处将之前设定的 Queue 设定为运动物体。比如:运动方向为大地坐标的 X 轴负方向 –1000.00 mm,速度为 300 mm/s,将 Execute 设置为 1,则该运动处于一直执行的状态。

三、设定输送链限位传感器

如图 4-5~图 4-8 所示,输送链限位传感器设定的主要步骤如下:

(1) 在图 4-5 中,添加组件,选择传感器 "PlaneSensor" 并进行设定;

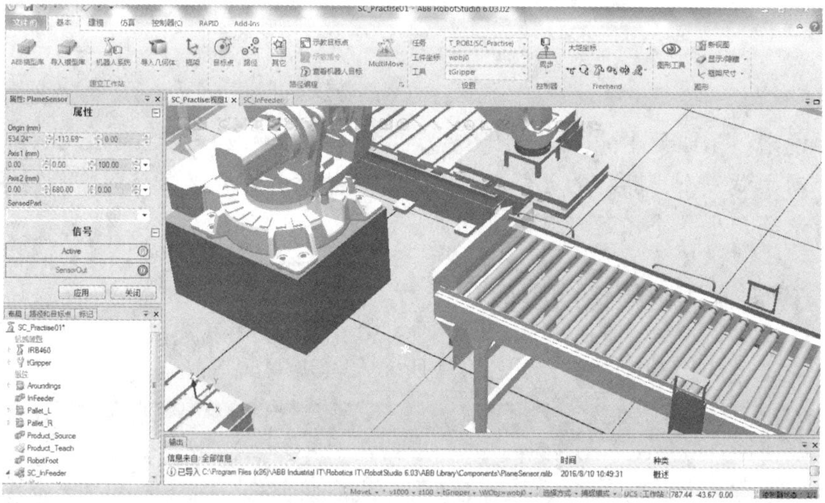

图 4-5　输送链限位传感器的设定(1)

(2) 选择合适的捕捉方式,并单击 "Origin" 输入框,单击一个点,比如 A 点,作为原点;

(3) 根据图中所示的数值,输入 "Axis1" 和 "Axis2";

(4) 按照所示参数设定,完成后单击 "应用"。

在输送链末端的挡板处设置面传感器,设定方法为捕捉一个点作为面的原点 A,然后设定基于原点 A 的两个延伸轴的方向及长度(参考大地坐标方向),这样就构成一个平面来设定原点以及延伸轴。

在此工作站中,也可以直接将数值输入到对应的数值框中,用于创建平面,此平面作为面传感器来检测产品到位,并会自动输出一个信号,用于逻辑控制。

(5) 在输送链末端创建一个面传感器,并在建模或布局窗口中右击 "Infeeder"。

(6) 在图 4-6 中,右击 "Infeeder",选中 "可由传感器检测",并将前面的钩去掉;

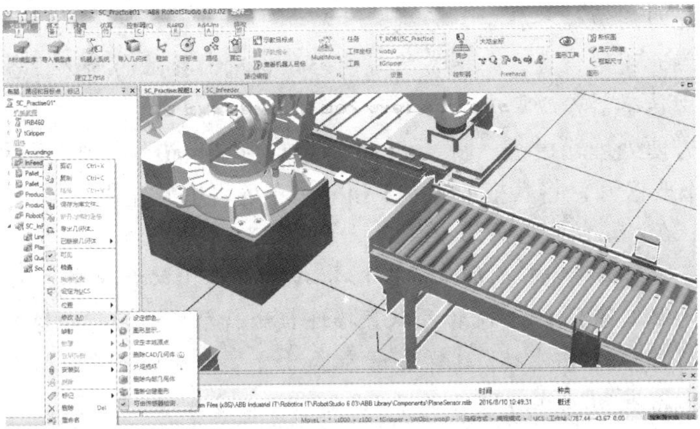

图 4-6　输送链限位传感器的设定(2)

(7) 在图 4-7 中，将"InFeeder"拖放到 Smart 组件的"SC_InFeeder"中去；

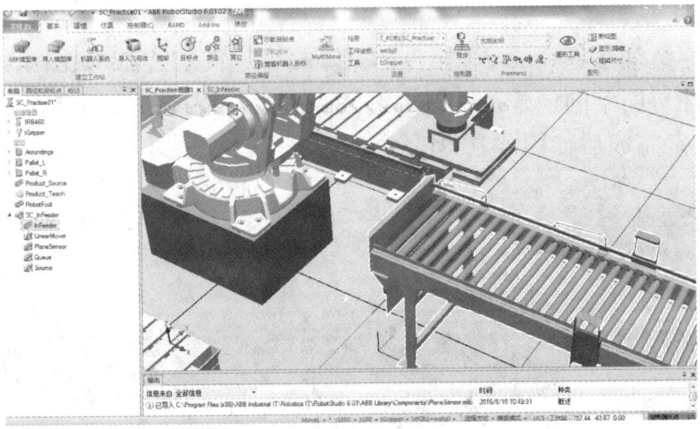

图 4-7　输送链限位传感器的设定(3)

(8) 在图 4-8 中，先添加组件，再设定"LogicGate"并进行应用；

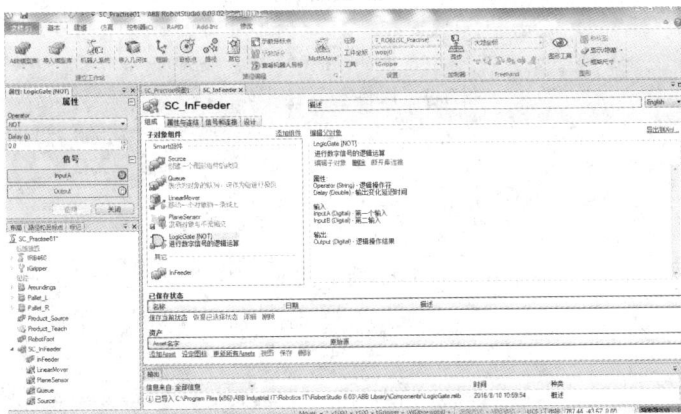

图 4-8　输送键限位传感器的设定(4)

(9) 最后，将"Operate"栏设为"NOT"，设置完成后单击"应用"。

注意：虚拟传感器一次只能检测一个物体，所以这里需要保证所创建的

笔记

传感器不能与周边设备接触，否则无法检测运动到输送链末端的产品。可以在创建时避开周边设备，但通常将可能与该传感器接触的周边设备的属性设为"不可由传感器检测"。

为了方便处理输送链，将 InFeeder 也放到 Smart 组件中，用左键点住 InFeeder 不要松开，将其拖放到 SC_InFeeder 处再松开左键。

说明：在 Smart 组件应用中只有信号发生 0→1 的变化时，才可以触发事件。假如有一个信号 A，我们希望当信号 A 由 0 变 1 时触发事件 B1，信号 A 由 1 变 0 时触发事件 B2；前者可以直接连接进行触发，但是后者就需要引入一个非门与信号 A 相连接，这样当信号 A 由 1 变 0 时，经过非门运算之后则转换成了由 0 变 1，然后再与事件 B2 连接，实现的最终效果就是当信号 A 由 1 变 0 时触发了事件 B2。

四、创建输送链的属性与连结

属性连结是指各 Smart 子组件的某项属性之间的连结。如图 4-9 和图 4-10 所示，属性与连结的创建是：首先进入"属性与连结"选项卡，单击"添加连结"，设定完成后如图 4-10 所示。

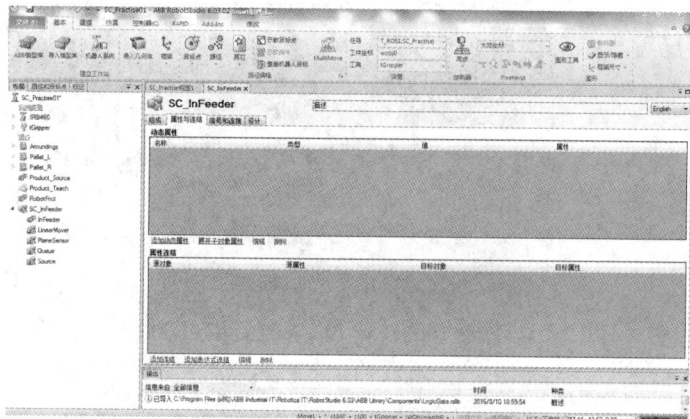

图 4-9　属性与连结步骤(1)

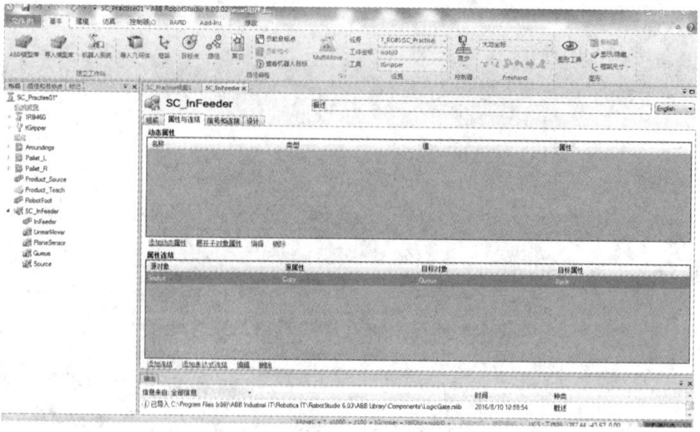

图 4-10　属性与连结步骤(2)

说明：Source 的 Copy 指的是源的复制品，Queue 的 Back 指的是下一个
将要加入队列的物体。通过这样的连结，可实现本任务中的产品源生成一个
复制品，执行加入队列动作后，该复制品会自动加入到队列 Queue 中；Queue
是一直执行线性运动的，则生成的复制品也会随着队列进行线性运动，而当
执行退出队列时，复制品退出队列后就停止线性运动了。

五、创建输送链的信号连接

I/O 信号指的是在本工作站中自行创建的数字信号，用于与各个 Smart
子组件进行信息交互。

I/O 链接是指设定创建的 I/O 信号与 Smart 子组件信号的连结关系，以及
各"Smart"子组件之间的信号连接关系。

信号与连接是在 Smart 组件窗口中的"信号与连接"选项卡中进行设置
的。主要过程如图 4-11～图 4-13 所示。首先，添加一个数字信号 diStart，用
于启动 Smart 输送链。其次，输入"信号和连接"选项卡，并单击"添加 I/O
Signals"；接着添加"diStart"和"doBoxInPos"信号，如图 4-12 所示，在
图中单击"添加 I/O Connection"；最后，按图 4-13 所示进行添加 I/O 连接。

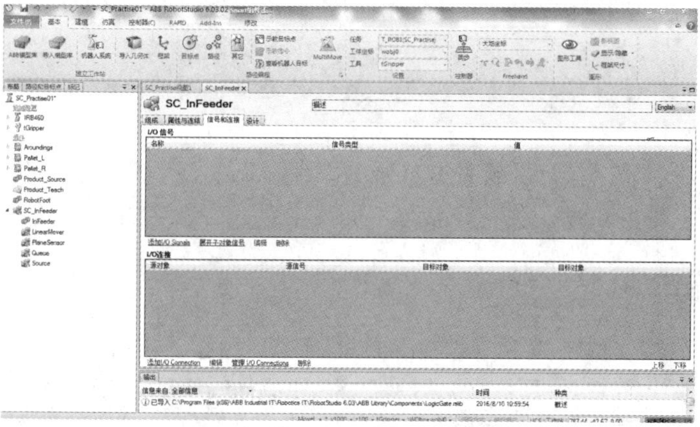

图 4-11　创建信号连接步骤(1)

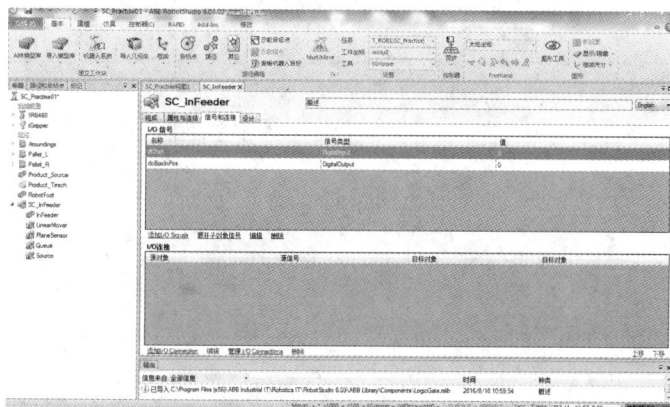

图 4-12　创建信号连接步骤(2)

图 4-13　创建信号连接步骤(3)

注意：用创建的 diStart 去触发 Source 组件执行动作，则产品源会自动产生一个复制品。产品源产生的复制品完成信号触发 Queue 的加入队列动作，则产生的复制品自动加入队列 Queue。

当复制品与输送链末端的传感器发生接触后，传感器将其本身的输出信号 SensorOut 置为 1，利用此信号触发 Queue 的退出队列动作，则队列里面的复制品自动退出队列。

当产品运动到输送链末端与限位传感器发生接触时，将 doBoxInPos 置为 1，表示产品已到位。

说明：将传感器的输出信号与非门进行连接，则非门的信号输出变化和传感器输出信号变化正好相反。

用非门的输出信号去触发 Source 的执行，则实现的效果为当传感器的输出信号由 1 变为 0 时，触发产品源 Source 产生一个复制品。

六、输送链的仿真运行

如图 4-14～图 4-17 所示，建立输送链仿真运行的主要步骤如下：

(1) 单击"I/O 仿真器"，选择"SC_InFeeder"后单击"播放"，再单击"diStart"；

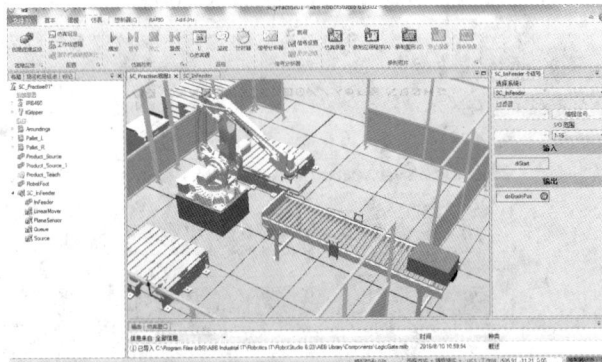

图 4-14　运行(1)

(2) 图 4-15 中，将复制品运动到输送链末端，与限位传感器接触后停止运动，并在"基本"功能选项卡中选中"FreeHand"中的"线性移动"，移动已到位的复制品，使其与传感器不再接触；

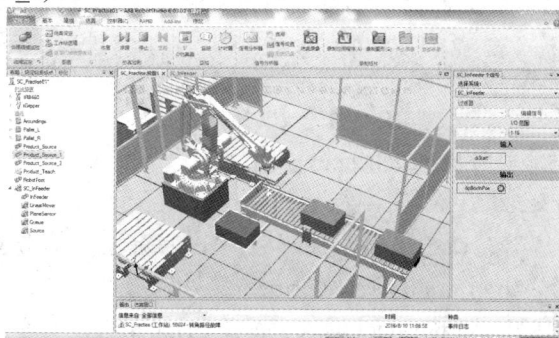

图 4-15　运行(2)

说明：利用 FreeHand 中的线性移动将复制品移开，使其与面传感器不接触，则输送链前端会再次产生一个复制品，进入下一个循环。

(3) 在图 4-16 中，自动生成下一个复制品，并开始沿着输送链线性运行，之后右击产生的复制品，将其删除。一般复制品名称为设定的源名称+数字(Product_Source_1)。

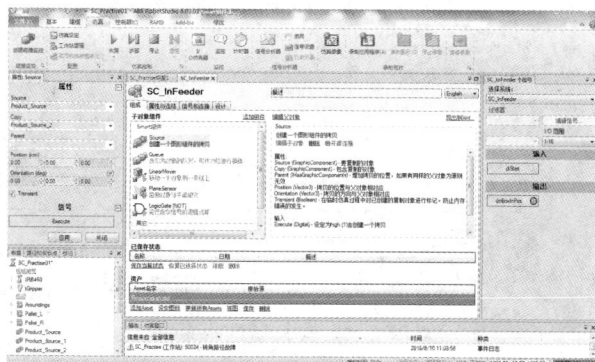

图 4-16　运行(3)

说明：完成动画效果验证后，删除生成的复制品，在设置 Source 属性时，可以设置成产生临时性复制品，当仿真结束后，所生成的复制品会自动消失。

(4) 在图 4-17 中的 Transient 属性前面打钩，则完成了相应的修改，单击"应用"。

工匠精神

大国工匠精神表现在五个方面：执着专注、作风严谨、精益求精、敬业守信、推陈出新

图 4-17　运行(4)

七、设定夹具属性

在 RobotStudio 中创建搬运的仿真工作站，夹具的动态效果是最为重要的部分。我们使用一个海绵式真空吸盘来进行产品的拾取释放，基于此吸盘来创建一个具有 Smart 组件特性的夹具，其主要过程如图 4-18～图 4-20 所示。

(1) 在"建模"功能选项卡中单击 Smart 组件，单击 Smart 组件，并将其命名为"SC_Gripper"；

图 4-18　设定夹具属性步骤(1)

注意： 首先需要将夹具 tGripper 从机器人末端拆卸下来，以便对独立后的 tGripper 进行处理。

(2) 在"布局"窗口的"tGripper"上单击右键后，单击"拆除"，之后在是否需要更新以下对象的位置"tGripper"处单击"NO"；

(3) 在图 4-19 中，将 tGripper 添加到 SC_Gripper 组件中，并勾选属性"设定为 Role"；

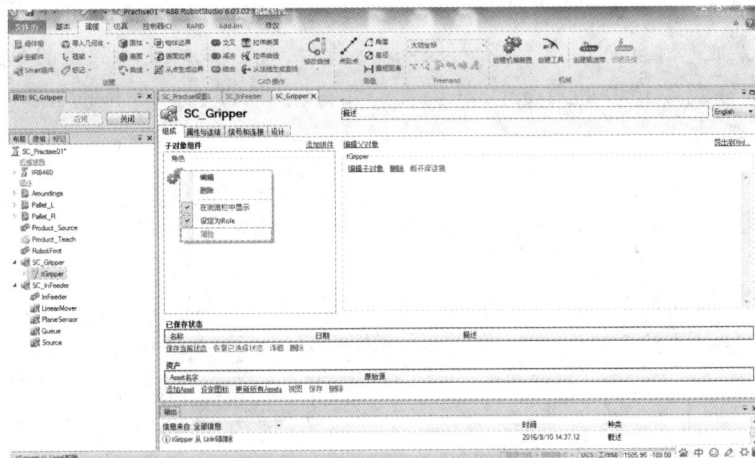

图 4-19　设定夹具属性步骤(2)

(4) 在图 4-20 中，将 SC_Gripper 拖放到机器人上面，将 Smart 工具安装到机器人末端。

图 4-20　设定夹具属性步骤(3)

八、设定夹具检测传感器

设定夹具检测传感器的主要过程如图 4-21～图 4-23 所示。

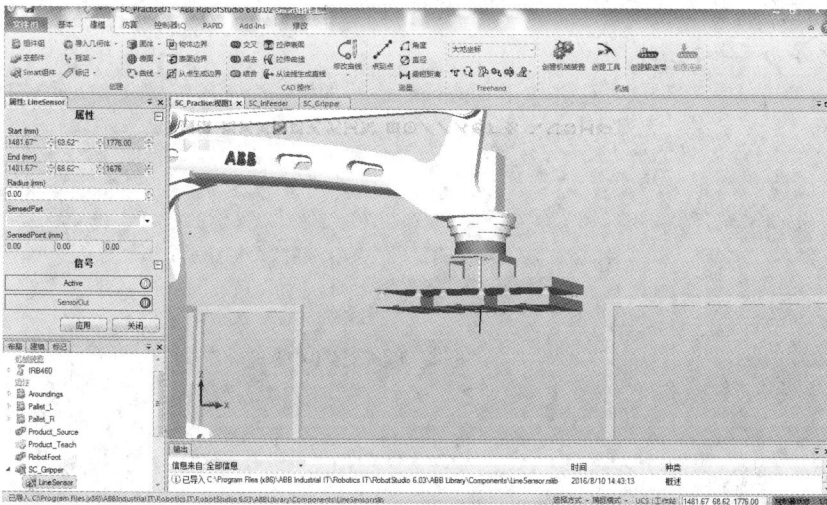

图 4-21　设定夹具检测传感器步骤(1)

(1) 在图 4-21 中，添加组件，选择传感器"LineSensor"并进行设置安装；

(2) 在子组件"LineSensor"上单击右键，在菜单中单击"属性"，设定线传感器，需要指定起点"Start"和终点"End"，选取合适的捕捉模式，在合适的位置处单击；

说明：在当前工具姿态下，终点 End 只是相对于起始点 Start 在大地坐标系 Z 轴负方向偏移一定距离，所以可以参考 Start 点直接输入 End 点的数值。此外，关于虚拟传感器的使用还有一项限制，即当物体与传感器接触时，如果接触部分完全覆盖了整个传感器，则传感器不能检测到与之接触的物体。

笔记 换言之，若要传感器准确检测到物体，则必须保证在接触时传感器的一部分在物体内部，一部分在物体外部。所以为了避免在吸盘拾取产品时该线传感器完全浸入产品内部，人为将起始点 Start 的 Z 值加大，保证在拾取时该线传感器一部分在产品内部，一部分在产品外部，这样才能够准确地检测到该产品。

(3) 设定完后生成的传感器如图 4-22 所示；

图 4-22　设定夹具检测传感器步骤(2)

注意：设置传感器后，仍需要将工具设为"不可由传感器检测"，以免传感器与工具发生干涉。

(4) 在图 4-23 中，右键单击"tGripper""可由传感器检测"，取消勾选。

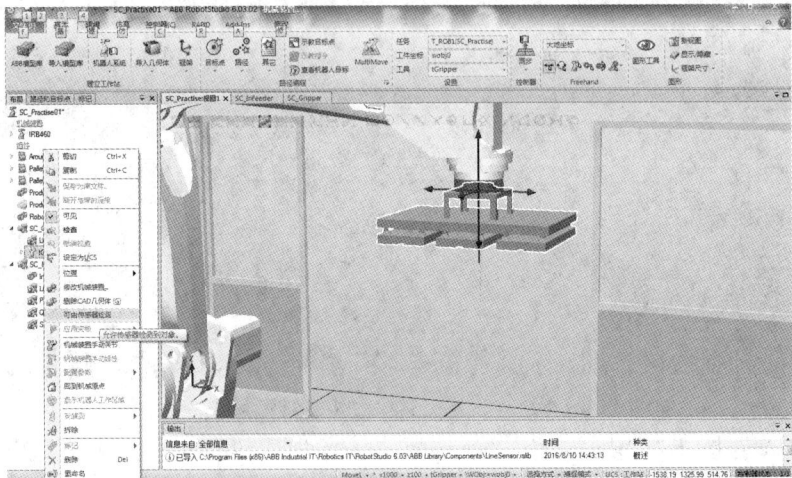

图 4-23　设定夹具检测传感器步骤(3)

九、设定拾取放置动作

子组件"LogicSRLatch"用于置位、复位信号，并且自带锁定功能，如图 4-24 所示。在其中添加组件：依次选择"Attacher""Detacher""LogicGate"

"LogicSRLatch"，添加并设置属性。

图 4-24　设定拾取放置动作

十、创建夹具属性与连结

创建夹具属性与连结的步骤如图 4-25 和图 4-26 所示。

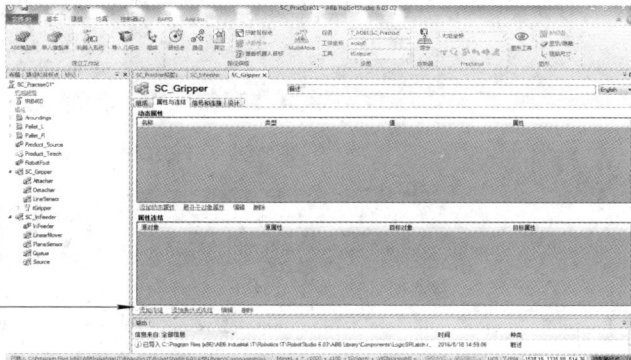

在"属性与连接"中单击"添加连结"

图 4-25　添加连接

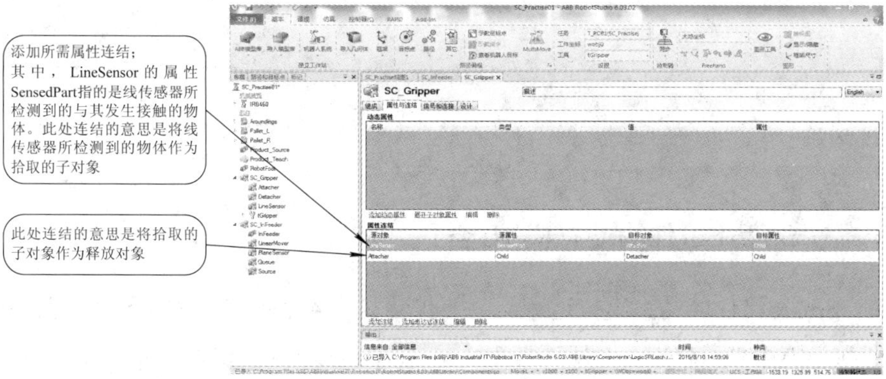

添加所需属性连结；
其中，LineSensor 的属性 SensedPart 指的是线传感器所检测到的与其发生接触的物体。此处连结的意思是将线传感器所检测到的物体作为拾取的子对象

此处连结的意思是将拾取的子对象作为释放对象

图 4-26　添加属性

笔记

十一、创建夹具信号与连接

机器人夹具运动到拾取位置，打开真空以后，线传感器开始检测，如果检测到产品 A 与其发生接触，则执行拾取动作，夹具将产品 A 拾取，并将真空反馈信号置为 1，然后机器人夹具运动到放置位置，关闭真空以后，执行释放动作，产品 A 被夹具放下，同时将真空反馈信号置为 0，机器人夹具再次运动到拾取位置去拾取下一个产品，进入下一个循环。

先创建一个数字输入信号 diGripper，用于控制夹具拾取、释放动作；再创建一个数字输出信号 doVacuumOK，用于真空反馈信号。添加后如图 4-27 所示，建立信号连接，设置完成后如图 4-28 所示。

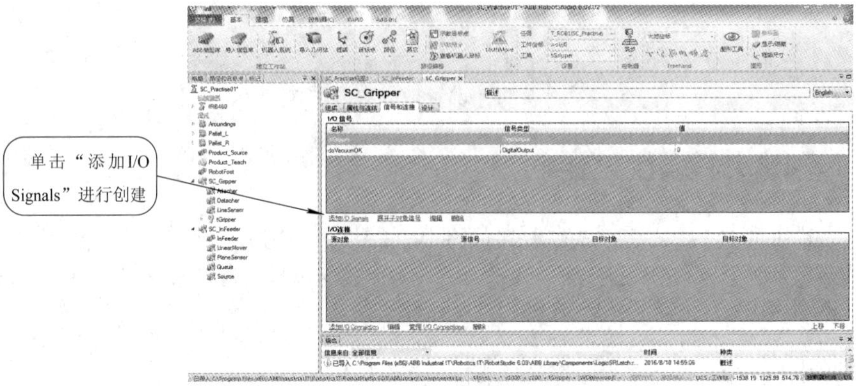
单击“添加I/O Signals”进行创建
SC_Gripper

图 4-27　添加信号

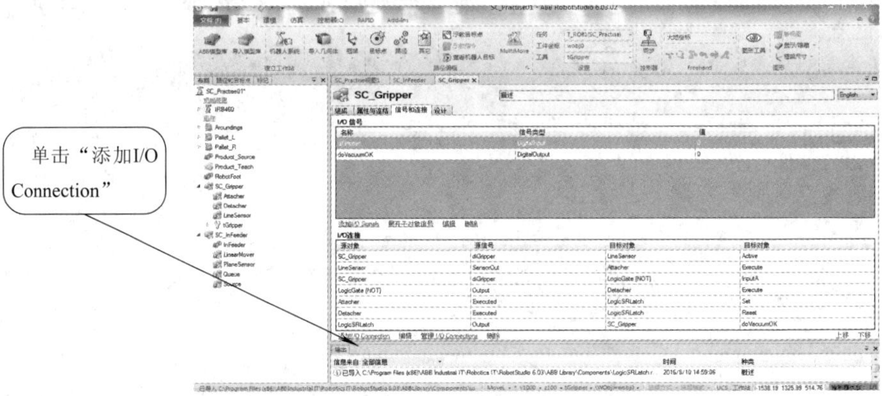
单击“添加I/O Connection”
SC_Gripper

图 4-28　添加连接

十二、Smart 组件的动态模拟运行

Smart 组件的动态模拟运行的主要步骤如图 4-29～图 4-33 所示。对演示产品“Product_Teach”进行设置。

(1) 在“布局”窗口中，打开“Product_Teach”，勾选“可见”与“可由传感器机器检测”。

图 4-29　Smart 组件的动态模拟运行(1)

(2) 在"基本"功能选项卡中选取"手动线性",并将夹具移到产品拾取位置。

图 4-30　Smart 组件的动态模拟运行(2)

(3) 在图 4-31 中,单击"I/O 仿真器",选择系统为"SC_Gripper",将 diGripper 置为 1;再次拖动机器人臂轴进行线性移动,此时,箱子跟着一起运动。

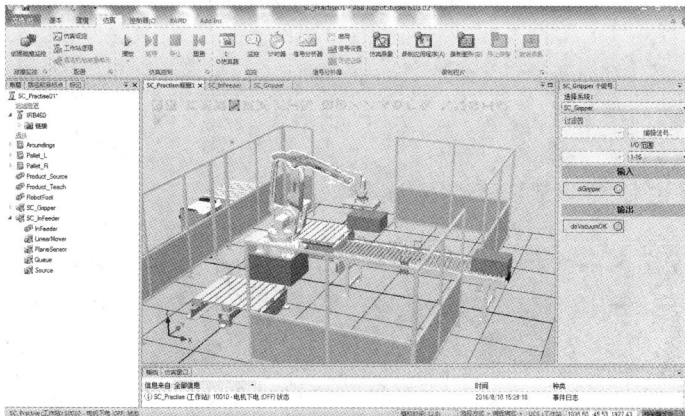

图 4-31　Smart 组件的动态模拟运行(3)

笔记

注意：夹具拾取产品后，真空反馈信号"doVacuumOK"自动置为1。接下来执行释放动作。

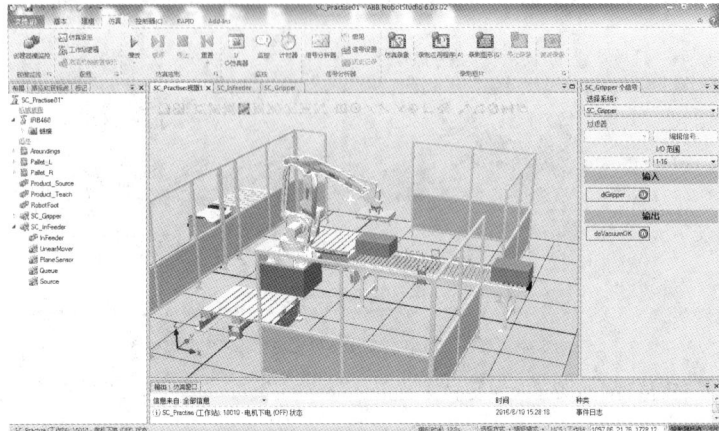

图 4-32　Smart 组件的动态模拟运行(4)

注意：夹具已将产品释放，同时真空反馈信号 doVacuumOK 信号自动置 0，验证完成后，将演示用的产品取消"可见"，并且取消"可由传感器检测"。

(4) 在"布局窗口"中的"Product_Teach"上单击右键，单击"可见"，取消勾选，并取消"可由传感器检测"的勾选。

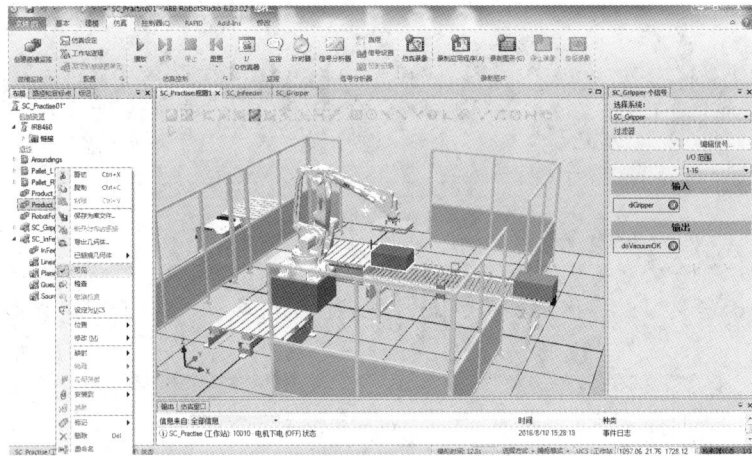

图 4-33　Smart 组件的动态模拟运行(5)

十三、设定机器人程序及 I/O 信号

完成设定 Smart 组件与机器人端的信号通信，才能完成整个工作站的仿真动画。本任务中程序的大致流程为：机器人在输送链末端等待，产品到位后将其拾取，放置在右侧托盘上面，跺型为常见的"3+2"，即竖着放 2 个产品，横着放 3 个产品，第二层位置交错。本任务中机器人只进行右侧搬运，共计搬运 10 个，即满载，机器人回到等待位继续等待，仿真结束。其 I/O 信号见表 4-1，设定步骤如图 4-34～图 4-36 所示。

表 4-1　三个 I／O 信号说明

信号名字	描　　述
diBoxInPos	数字输入信号，用作产品到位信号
diVacuumOK	数字输入信号，用作真空反馈信号
doGripper	数字输出信号，用作控制真空吸盘动作

(1) 在图 4-34 中，单击"配置编辑器"，选择"I/O"；

图 4-34　I/O 信号的设定(1)

(2) 在图 4-35 中，双击"Signal"，选中已定义的三个 I/O 信号；

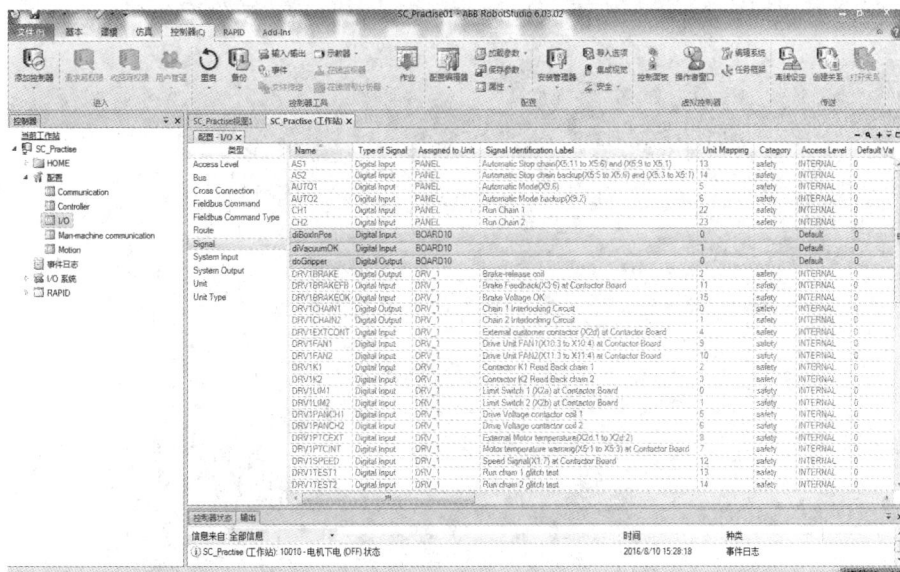

图 4-35　I/O 信号的设定(2)

(3) 在图 4-36 中，单击"RAPID""T_ROB1"功能选项卡，展开 MainMoudle。

企业文化

文化仪式是指企业内的各种表彰、奖励活动、聚会以及文娱活动等，它可以把企业中发生的某些事情戏剧化和形象化，来生动的宣传和体现本企业的价值观，使人们通过这些生动活泼的活动来领会企业文化的内涵，使企业文化"寓教于乐"之中。

笔记

图 4-36　I/O 信号的设定(3)

十四、设定工作站逻辑

工作站逻辑设定的主要步骤如图 4-37～图 4-39 所示。

(1) 单击图 4-37 所示的"工作站逻辑"项，进入图 4-38 所示的"信号与连接"选项卡，单击"添加 I/O Connection"项。

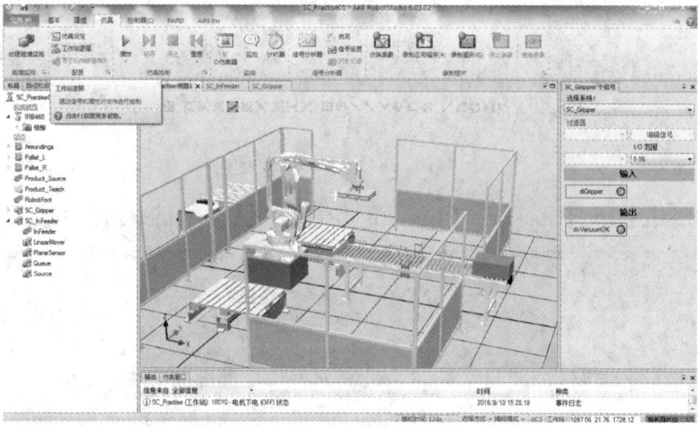

图 4-37

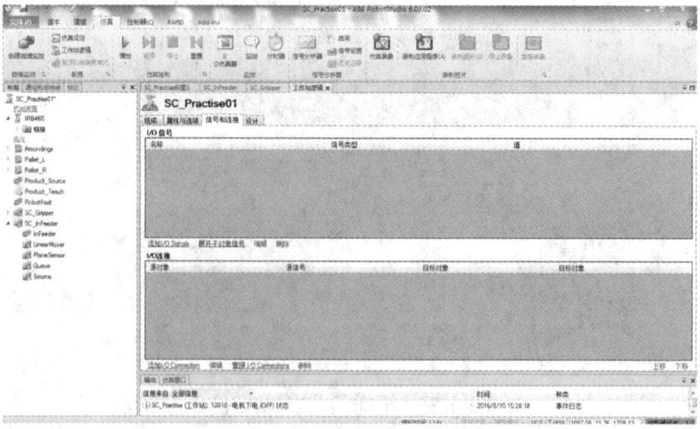

图 4-38

(2) 指定工作站与机器人系统，依次添加几个 I/O 连接，如图 4-39 所示。　　✍ 笔记

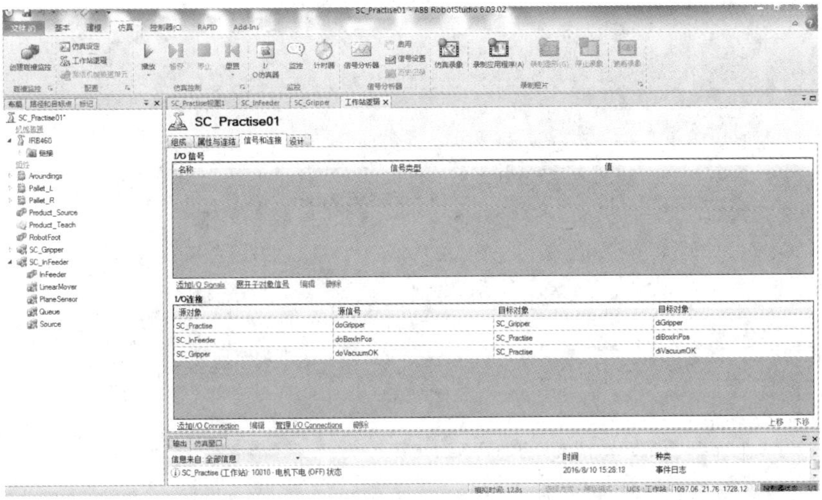

图 4-39

(3) 机器人端的控制真空吸盘动作的信号与 Smart 夹具的动作信号相关联，Smart 输送链的产品到位信号与机器人端的产品到信号相关联，Smart 夹具的真空反馈信号与机器人端的真空反馈信号相关联。

十五、仿真运行

仿真运行的主要步骤如图 4-40～图 4-43 所示。

(1) 单击图 4-40 中的"I/O 仿真器"项，将"选择系统"项设置为"SC_Infeeder"，单击"播放"后再单击"diStart"。

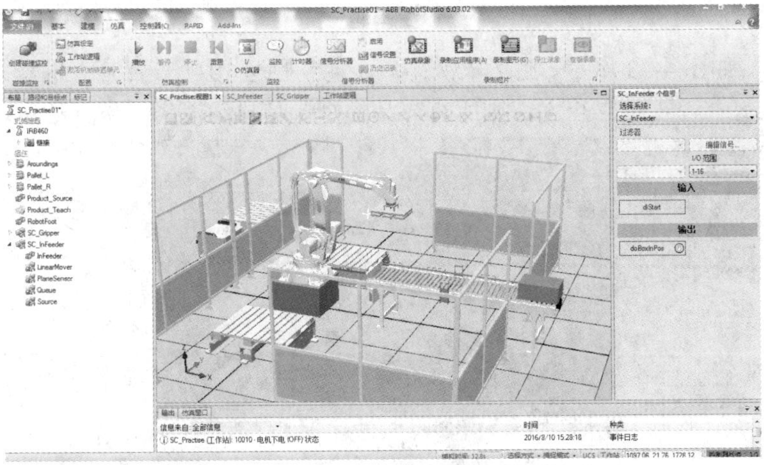

图 4-40

(2) 输送链前端产生复制品，并沿着输送链运动，如图 4-41 所示。

(3) 复制品到达输送链末端后，机器人接收到产品到位信号，则机器人将其拾取起来并放置到托盘的指定位置，如图 4-42 所示。

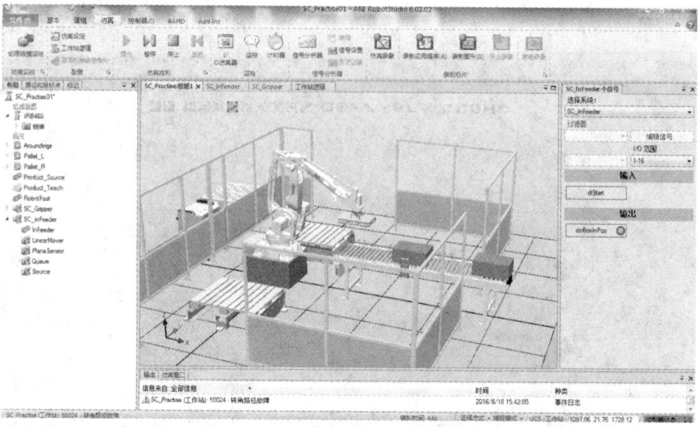

图 4-41

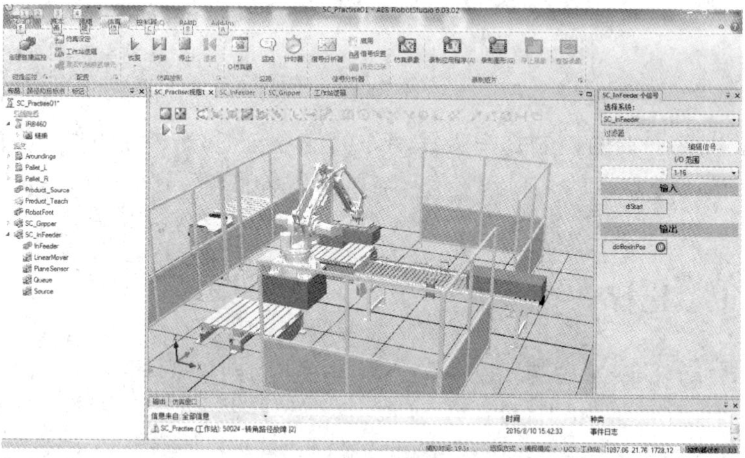

图 4-42

(4) 如图 4-43 所示，搬运依次循环，直至搬运 10 个产品后，机器人回到等待位置；单击"停止"，则所有产品的复制品自动消失，仿真结束。

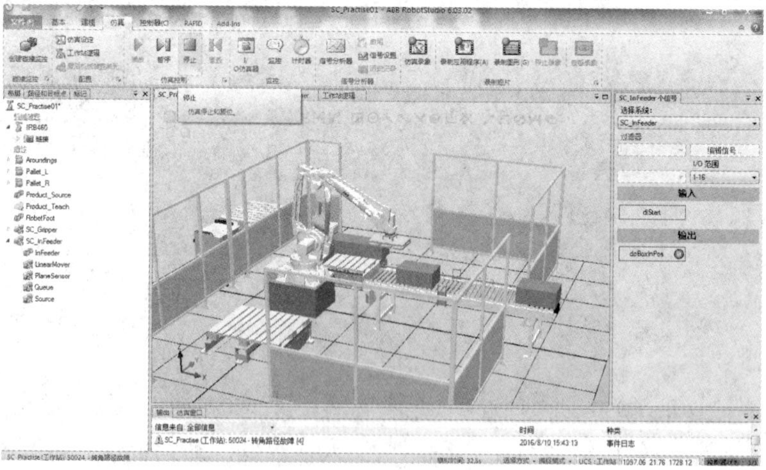

图 4-43　步骤 7～8

（5）仿真验证完成后，为了美观，将输送链前端的产品源隐藏，如图4-44 所示。单击"可见"项，取消勾选。

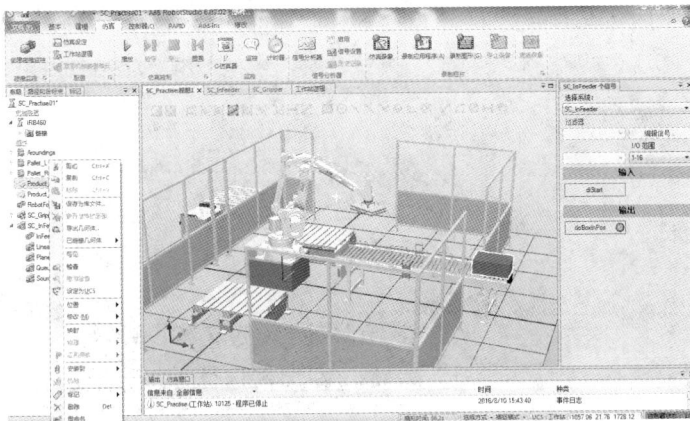

图4-44　将输送链前端的产品源隐藏

任务扩展

带导轨的机器人工作站的建立

1．创建带导轨的机器人系统

（1）创建一个空的工作站，并导入机器人模型以及导轨模型。

（2）在"基本"功能选项卡的"布局"窗口将机器人安装到导轨上面，如图4-45所示。

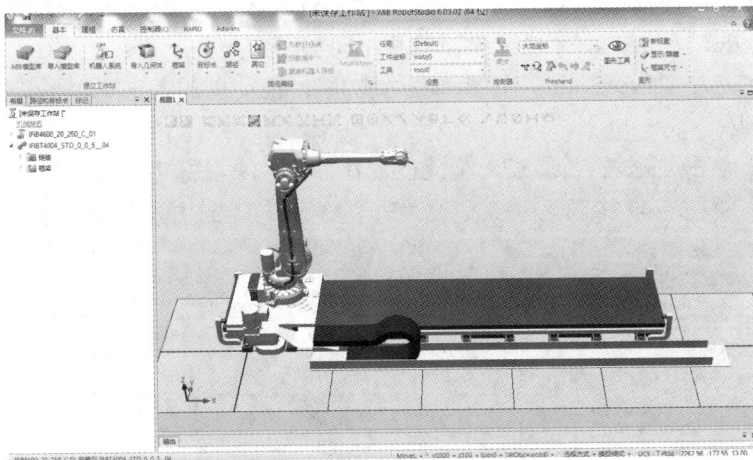

图4-45　将机器人放到导轨上

（3）在模型库中选择机器人"IRB4600"和导轨"IRBT4004"，按规定设定参数后将机器人拖放到导轨上面，更新位置。

（4）将机器人位置更新到导轨基座上面，则机器人与导轨进行同步运动，即机器人基标系随着导轨同步运动。

(5) 在创建带外轴的机器人系统时，建议使用从布局创建系统，如图 4-46 所示。这样在创建过程中，会自动添加相应的控制选项以及驱动选项，无需自己配置。单击图 4-46 中的"机器人系统"项，选择"从布局..."项，再进行设定。

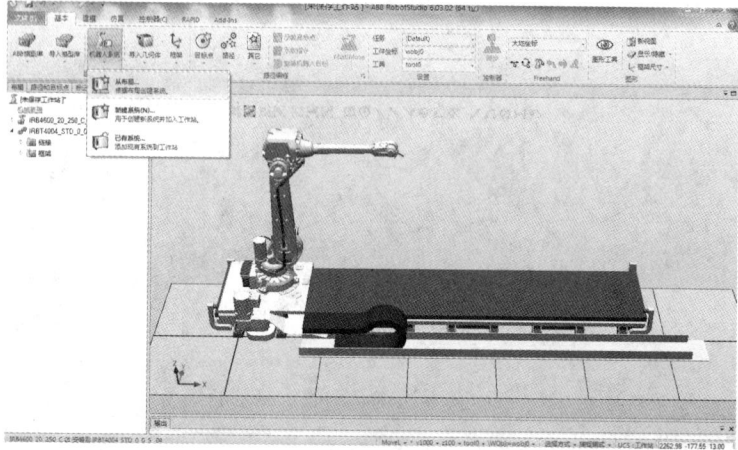

图 4-46　从布局创建系统

2. 创建运动轨迹并仿真运行

导轨作为机器人外轴，在示教目标点时，既保存了机器人本体的位置数据，又保存了导轨的位置数据。

将机器人原位置作为运动的起始位置，通过示教目标点将此位置记录下来，利用手动拖动将机器人以及导轨运动到另一个位置，并记录该目标点然后利用两个目标点生成运动轨迹。主要步骤如图 4-47～图 4-50 所示。

(1) 在"基本"功能选项卡中单击"示教目标点"，选中"FreeHand"中的"手动关节"，拖动导轨基座，将其正向移动至另外一点。

(2) 选中"FreeHand"中的"手动线性"，拖动机器人末端，将其移动至另外一点。

(3) 单击"示教目标点"，将此位置作为第二个目标点。

(4) 将图 4-47 中的运动类型设置为"MoveJ"，选择"添加到新路径"。

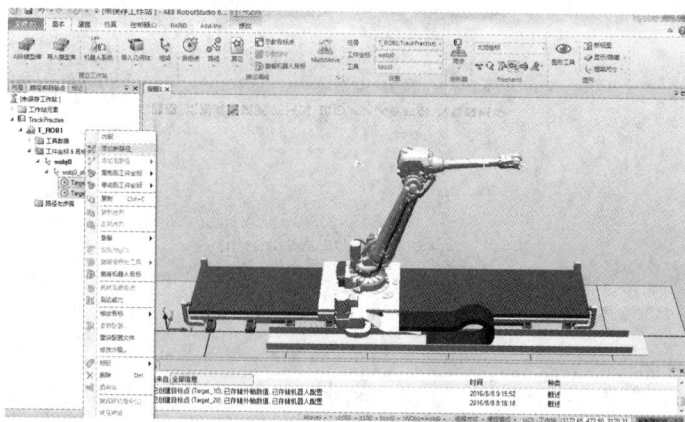

图 4-47

(5) 在"Path_10"上选择"自动配置",如图 4-48 所示;在图 4-49 中的 Path_10 上选择"同步到 RAPID";在"仿真"选项卡中进行仿真设定后,单击"播放"按钮。

笔记

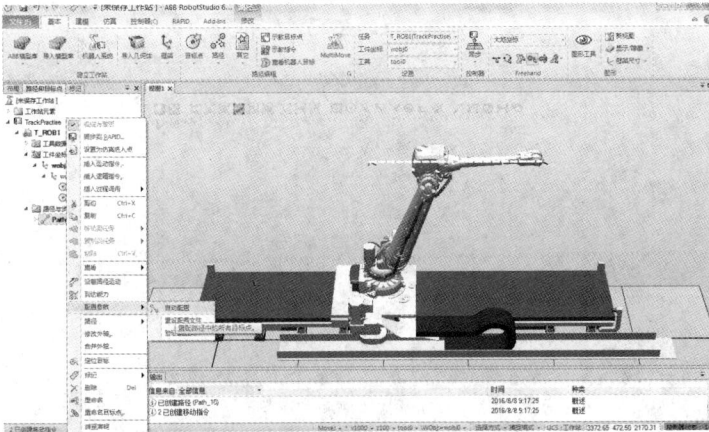

图 4-48

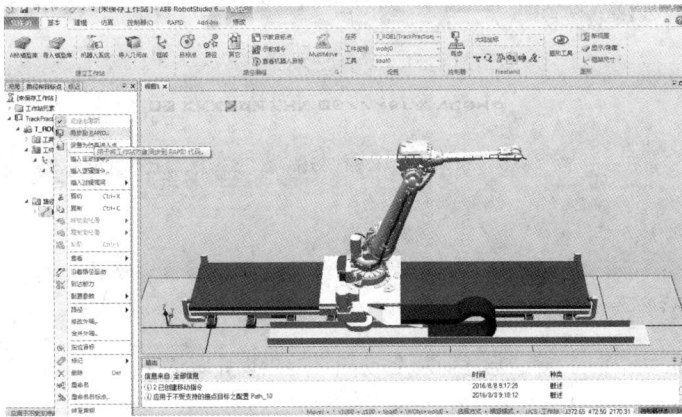

图 4-49

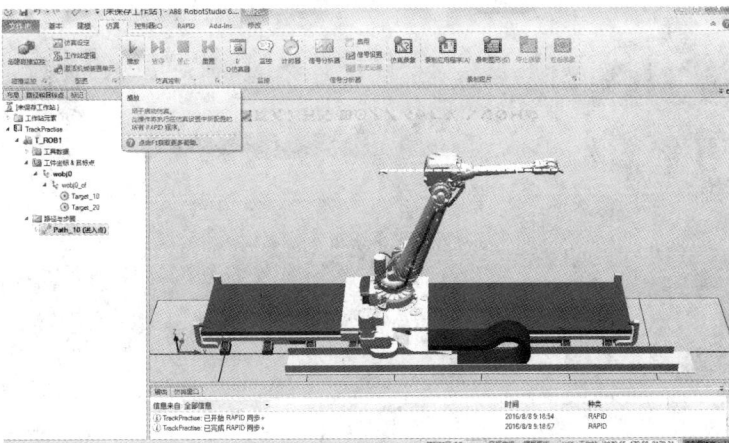

图 4-50

任务巩固

建立如图 4-51 所示的活塞搬运工作站。

图 4-51 活塞搬运工作站

任务二 焊接工业机器人工作站的构建

工作任务

如图 4-52 所示，焊接工业机器人工作站由机器人本体、控制器、示教器、焊接电源、焊枪、变位机、气瓶和清枪装置等组成，图 4-53 所示为虚拟工作站。

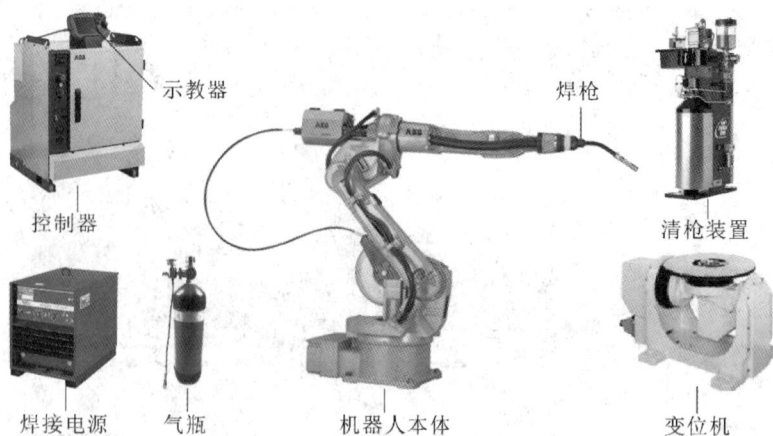

图 4-52 焊接工业机器人工作站的组成

图 4-53　虚拟工作站

▶ 任务目标

1. 掌握弧焊常用 I/O 配置；
2. 掌握弧焊常用参数配置；
3. 了解弧焊软件设定。

▶ 任务实施

根据实际情况，让学生在教师的指导下进行技能训练。

技能训练

在机器人应用中，变位机可改变加工工件的姿态，从而增大了机器人的工作范围，在焊接、切割等领域有着广泛的应用。

一、创建带变位机的机器人系统

(1) 在模型库中选择机器人"IRB2600"，再选择变位机"IRBP A"，按要求设定好参数规格，再单击"应用"，如图 4-54 所示。

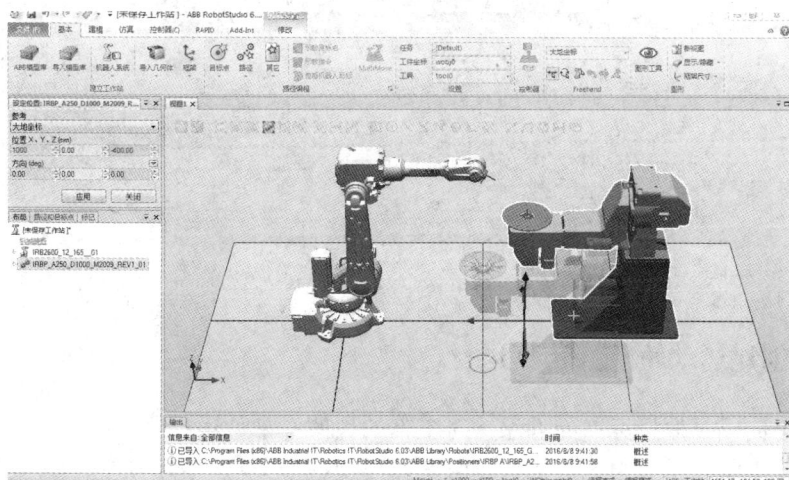

图 4-54　选择模型

(2) 在"导入模型库"中选择设备"Binzel water 22",并将其安装到机器人法兰盘上。

(3) 再在浏览库文件中选择待加工工件"Fixture_EA",并将其拖放到变位机上,如图 4-55 所示。

图 4-55　选择工件

(4) 单击"机器人系统",选择"从布局...",设定后创建系统如图 4-56 所示;单击"机器人系统",选择"从布局...",设定后创建系统。

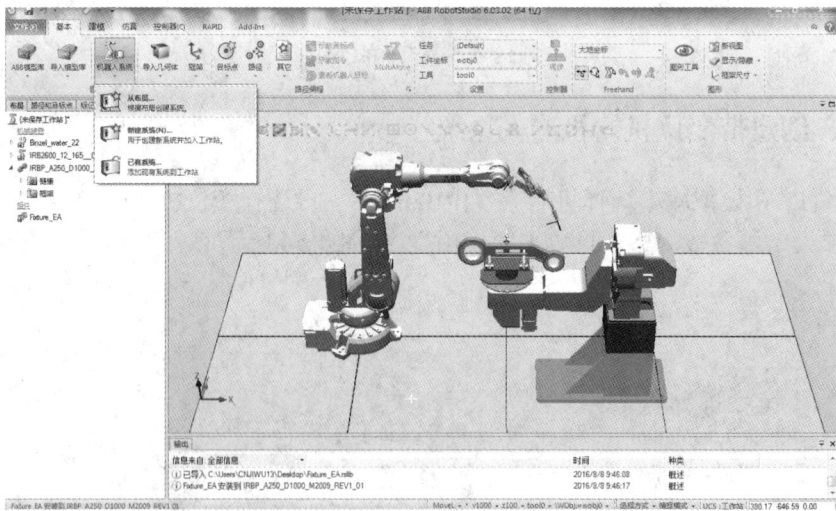

图 4-56　创建系统

二、创建运动轨迹并仿真运行

仍使用示教目标点的方法,对工件的大圆孔部位进行轨迹处理,在带变位器的机器人系统中示教目标点时,需要保证变位机时激活状态,才可同时将变位机的数据记录下来。其主要步骤如图 4-57～图 4-72 所示。

（1）首先，激活机械装置单元，勾选"STN1"，见图 4-57；设置为 ✍ 笔记
"tWeldGun"，打击示教目标点，记录该位置，如图 4-58 所示。

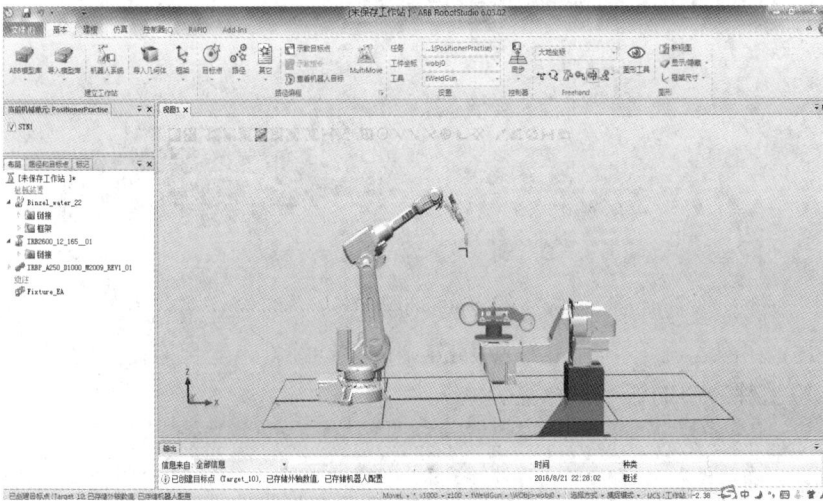

图 4-57

图 4-58

说明：利用"FreeHand"中的手动线性及手动重定位，将机器人运动到图示中的位置，避开变位机旋转工作范围以防干涉，并将工具末端调整成大体垂直于水平面的姿态。

（2）示教一个安全位置后，先将变位机姿势调整到位，需要将变位机关节 1 旋转 90 度，如图 4-59 所示。在"布局"窗口中，用鼠标右击变位机 IRBP，单击"机械装置手动关节"。

（3）单击第一个关节条，键盘输入 90.00，按下回车键，则变位机关节 1 运动至正 90°位置；单击图 4-59 中示教目标点，记录此位置。

（4）如图 4-60 所示，选取捕捉点工具，利用 FreeHand 中的手动线性移动机器人，当机器人到达目标后，单击示教目标点。

笔记

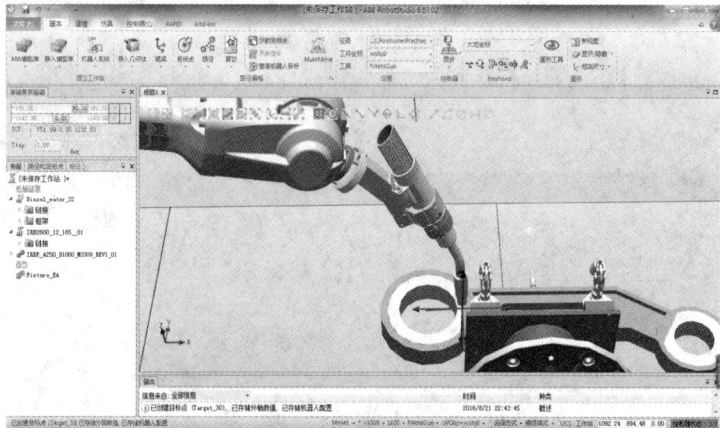

图 4-59　步骤 5～6

图 4-60　步骤 8～9

（5）在图 4-61 中，利用 FreeHand 中的手动线性，配合捕捉点的工具，依次示教工件表明的五个目标点。

图 4-61

注意：示教完成后，先将机器人跳转回目标点 Target_10，然后创建运动轨迹。

（6）在图 4-62 中，修改运动指令类型为 MoveL，速度为 V300，转弯半径为 Z5；选中所有目标点，选择"添加新路径"并相应修改运动指令。

笔记

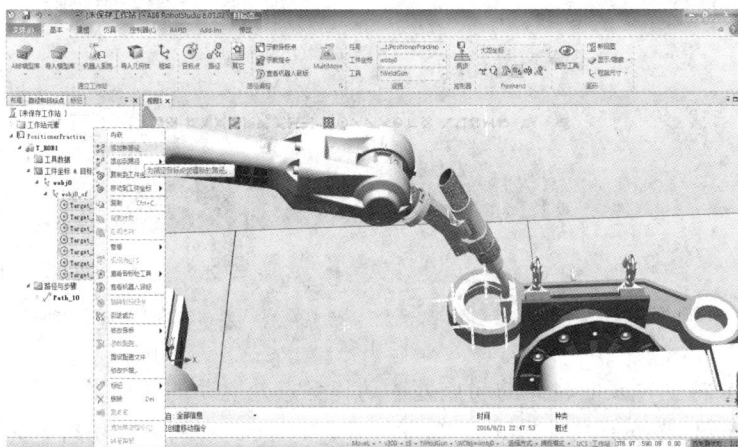

图 4-62

（7）接着完善路径，在 Target_70 后依次添加 MoveL30、MoveL20、MoveL10。

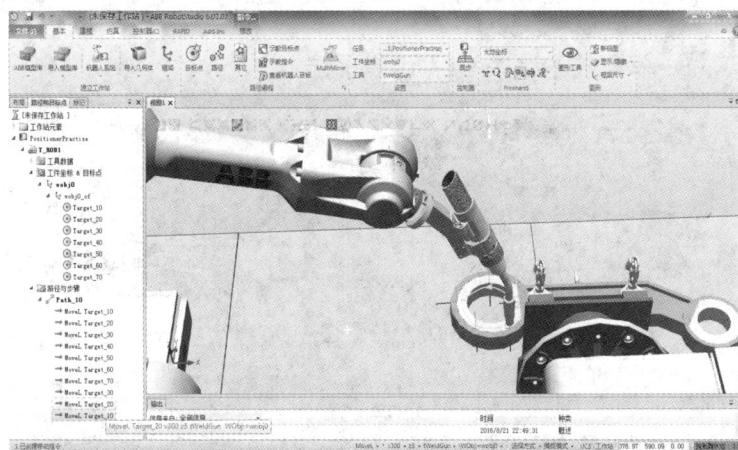

图 4-63

（8）用鼠标点住 Target_30，将其拖放到 MoveL Target_70 上并松开，则可在此条路径末端添加一条 MoveL Target_30 的指令，重复操作，将 Target_20、Target_10 依次添加至路径末端。

（9）根据实际情况转换运动类型，例如运动轨迹中图 4-64 所示的有两段圆弧。

（10）选中 MoveL Target_50、MoveL Target_60，用鼠标右击，选择转换为 MoveC。重复上述步骤，同时将后面的 MoveL Target_70、MoveL Target_30 等也转换为 MoveC。将运动轨迹前后的接近和离开运动修改为 MoveJ 运动类型。继续将第二条运动指令 MoveL Target_20、最后一条指令 MoveL Target_10 也修改为 MoveJ 运动类型。

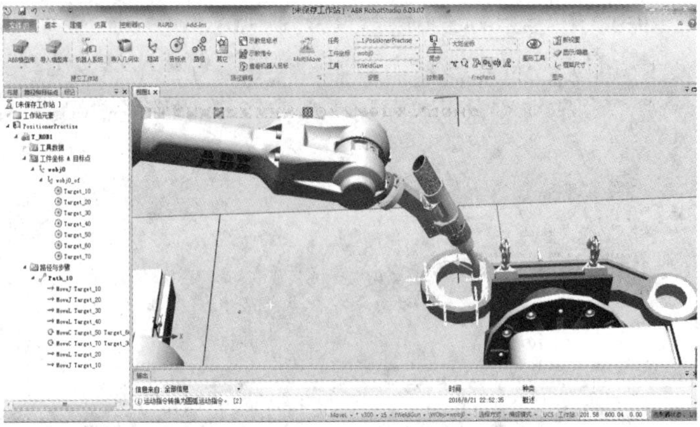

图 4-64

(11) 将工件表面轨迹的起点处运动和终点处运动的转弯半径设为 fine，将把 MoveL Target_30、MoveC Target_70、Target_30 两条运动指令的转弯半径设为 fine。

(12) 在 Path_10 上插入"逻辑指令"，见图 4-65；在图 4-66 所示的最后一行也插入"逻辑指令"，设置完成后的最终轨迹。

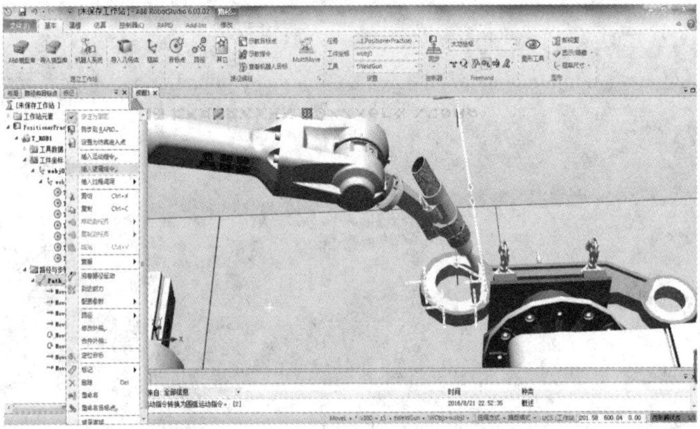

图 4-65

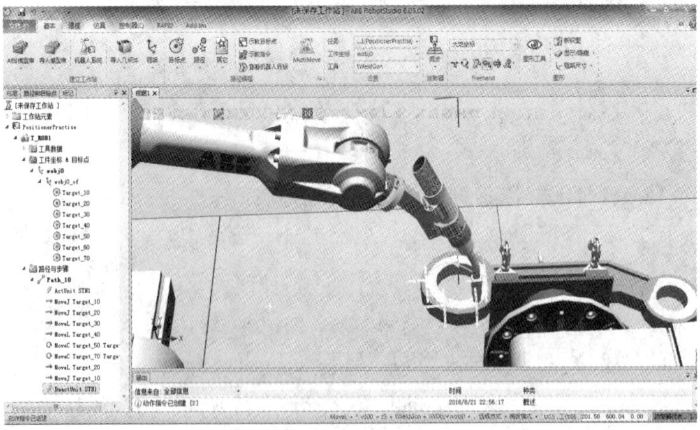

图 4-66

(13) 如图 4-67 所示，在"指令模板"中选择"ActUnit Default"项；在"指

令参数"处默认选择"STN1";在 path_10 的第一行加入了 ActUnit STN1 的控 制指令;在 path_10 的最后一行单击鼠标右键,单击"插入逻辑指令",加入 DeactUnit STN1 指令。

（14）如图4-67所示,为路径"Path_10"自动配置轴配置参数,在Path_10 上选择"同步到 RAPID"项,见图 4-68;在图 4-69 中进行"仿真设定", 之后单击"播放",观察机器人与变位机的运动。

笔记

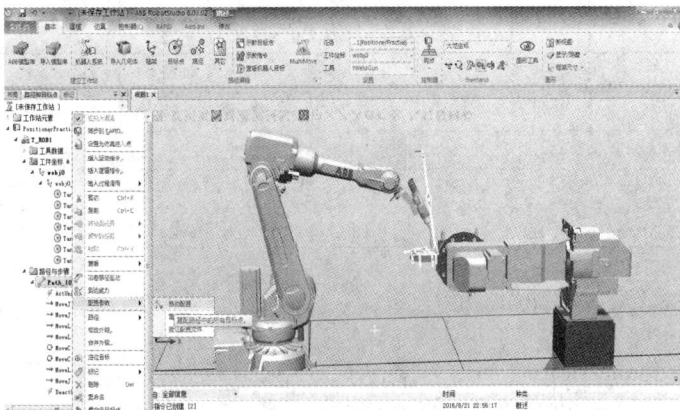

图 4-67

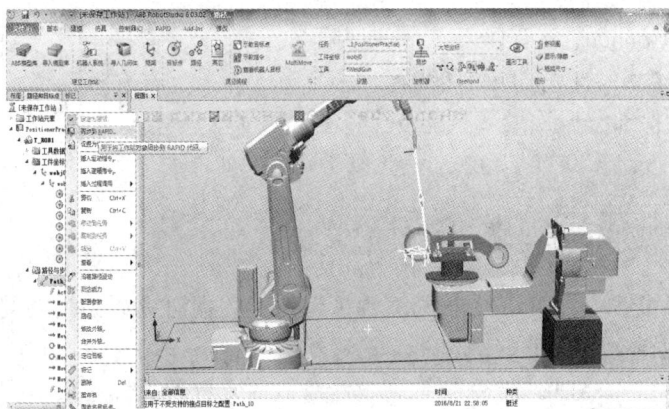

图 4-68

图 4-69

笔记

三、虚拟 I/O 板及 I/O 配置

ABB 虚拟 I/O 板下挂在虚拟总线 Virtual1 下面,每一块虚拟 I/O 板可以配置 512 个数字输入和 512 个数字输出,输入和输出分别占用地址是 0~511。虚拟 I/O 的作用就如同 PLC 的中间继电器一样,起到信号之间的关联和过渡作用。在系统中配置虚拟 I/O 板,需要设定表 4-2 所示四项参数。

表 4-2　I/O 参数

参 数 名 称	参 数 注 释
Name	I/O 单元名称
Type of Unit	I/O 单元类型
Connected to Bus	I/O 单元所在总线
DeviceNet Address	I/O 单元所占用总线地址

四、Cross Connection 配置

Corss Connection 是 ABB 机器人一项用于 I/O 信号"与、或、非"逻辑控制的功能。图 4-70 是"与"关系示例,只有当 di1、do2、do10 三个 I/O 信号都为 1 时才输出 do26。

Cross Connection 有以下三个条件限制:
(1) 一次最多只能生成 100 个;
(2) 条件部分一次最多只能 5 个;
(3) 深度最多只能 20 层。

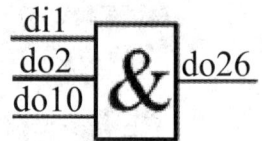

图 4-70　与关系

五、I/O 信号和 ABB 弧焊软件的关联

可以将定义好的 I/O 信号与弧焊软件的相关端口进行关联,关联后弧焊系统会自动地处理关联好的信号。在进行弧焊程序编写与调试时,就可以通过弧焊专用的 RAPID 指令简单高效地对机器人进行弧焊连续工艺的控制。一般地,需要关联的信号如表 4-3 所示。

表 4-3　I/O 信号和 ABB 弧焊软件的关联

I/O Name	Parameters Type	Parameters Name	I/O 信号注解
ao01Weld_REF	Arc Equipment Analogue Output	VoltReference	焊接电压控制模拟信号
ao02Feed_REF	Arc Equipment Analogue Output	CurrentReference	焊接电流控制模拟信号
do01WeldOn	Arc Equipment Digital Output	WeldOn	焊接启动数字信号
do02GasOn	Arc Equipment Digital Output	GasOn	打开保护气数字信号
do03FeedOn	Arc Equipment Digital Output	FeedOn	送丝信号
di01ArcEst	Arc Equipment Digital Intput	ArcEst	起弧检测信号
di02GasOK	Arc Equipment Digital Intput	WirefeedOk	保护气检测信号
di03FeedOK	Arc Equipment Digital Intput	GasOk	送丝检测信号

笔记

六、弧焊常用程序数据

1．WeldData

焊接参数(WeldData)用于控制在焊接过程中机器人的焊接速度，以及焊机输出的电压和电流的大小。需要设定的参数如表 4-4 所示。

表 4-4　焊　接　参　数

参　数　名　称	参　数　注　释
Weld_speed	焊接速度
Voltage	焊接电压
Current	焊接电流

2．SeamData

起弧收弧参数(SeamData)是控制焊接开始前和结束后的吹保护气的时间长度，以保证焊接时的稳定性和焊缝的完整性。需要设定的参数如表 4-5 所示。

表 4-5　起弧收弧参数

参　数　名　称	参　数　注　释
Purge_time	清枪吹气时间
Preflow_time	预吹气时间
Postflow_time	尾气吹气时间

3．WeaveData

摆弧参数(WeaveData)是控制机器人在焊接过程中焊枪的摆动，通常在焊缝的宽度超过焊丝直径较多的时候通过焊枪的摆动去填充焊缝。该参数属于可选项，如果焊缝宽度较小，在机器人线性焊接可以满足的情况下可不选用该参数。需要设定的参数如表 4-6 所示。

表 4-6　摆　弧　参　数

参数名称	参数注释	参数名称	参数注释
Weave_shape	摆动的形状	Weave_width	摆动的宽度
Weave_type	摆动的模式	Weave_height	摆动的高度
Weave_length	一个周期前进的距离		

七、配置 I/O 单元

在虚拟示教器中，可根据表 4-7 和表 4-8 所示的参数配置 I/O 单元。

表 4-7　配置 I/O 单元参数一

Name	Type of unit	ConnectedTo bus	DeviceNet address
Board10	D651	DeviceNet1	10
Board11	D651	DeviceNet1	11
simBoard1	Virtual	Virtual1	无

表 4-8　配置 I/O 单元参数二

Name	Type of Signal	Assigned to Unit	Unit Mapping	I/O 信号注解
ao01Weld_REF	Analog Output	Board10	0～15	焊接电压控制模拟信号
ao02Feed_REF	Analog Output	Board10	16～31	焊接电流控制模拟信号
do01WeldOn	Digital Output	Board10	32	焊接启动数字信号
do02GasOn	Digital Output	Board10	33	打开保护气数字信号
do03FeedOn	Digital Output	Board10	34	送丝信号
do04Pos1	Digital Output	Board10	35	转台转到 A 工位
do05Pos2	Digital Output	Board10	36	转台转到 B 工位
do06CycleOn	Digital Output	Board10	37	机器人处于运行状态信号
do07Error	Digital Output	Board10	38	机器人处于错误报警状态信号
do08E_Stop	Digital Output	Board10	39	机器人处于急停状态信号
do09GunWash	Digital Output	Board11	32	清枪装置清焊渣信号
do10GunSpary	Digital Output	Board11	33	清枪装置喷雾信号
do11FeedCut	Digital Output	Board11	34	剪焊丝信号
di01ArcEst	Digital Input	Board10	0	起弧检测信号
di02GasOK	Digital Input	Board10	1	保护气检测信号
di03FeedOK	Digital Input	Board10	2	送丝检测信号
di04Start	Digital Input	Board10	3	启动信号
di05Stop	Digital Input	Board10	4	停止运行信号

续表　　　　　　✎ 笔记

Name	Type of Signal	Assigned to Unit	Unit Mapping	I/O 信号注解
di06WorkStation1	Digital Input	Board10	5	转台转到工位 A 信号
di07WorkStation2	Digital Input	Board10	6	转台转到工位 B 信号
di08LoadingOK	Digital Input	Board10	7	工件装夹完成按钮信号
di09ResetError	Digital Input	Board11	0	错误报警复位信号
di10StartAt_Main	Digital Input	Board11	1	从主程序开始信号
di11MotorOn	Digital Input	Board11	2	电动机上电输入信号
soRobotInHome	Digital Output	simBoard1	0	机器人在 Home 点信号
soRotToA	Digital Output	simBoard1	1	转台旋转到 A 工位虚拟控制信号
soRotToB	Digital Output	simBoard1	2	转台旋转到 B 工位虚拟控制信号

八、配置 I/O 信号与焊接软件的关联操作

在虚拟示教器中，进行 I/O 信号与焊接软件关联的操作步骤如下：

(1) 在"控制面板"中，选择"配置"项，如图 4-71 所示。

图 4-71　选择"配置"

🐕 工匠精神

习近平总书记在 2019 年的新年贺词中回顾国家制造、创造与建造成就时，向大国工匠致敬。在中国经济转向高质发展的道路上，建设一支高水平的工人队伍是时代的要求，大国工匠们无疑是其中的一股坚强力量。他们胸怀理想、破茧成蝶，靠的就是一股精益求精的工匠精神。他们不惜花费大量时间和精力反复改进自己的工作，追求职业技能的极致化。他们在由"中国制造"迈向"中国创造"的历史进程中勇于突破、探索创新，从学徒工人成长为身怀绝技的大国工匠。

笔记

(2) 在"离线"菜单中，选择"重启"项，然后单击"I 启动"按钮，如图 4-72 所示。

图 4-72　选择"重启"

(3) 对 Arc Equipment Analogue Outputs、Arc Equipment Digital Inputs、Arc Equipment Digital Outputs 三个参数进行设定。设定完成后，重启系统使参数生效，如图 4-73 所示。

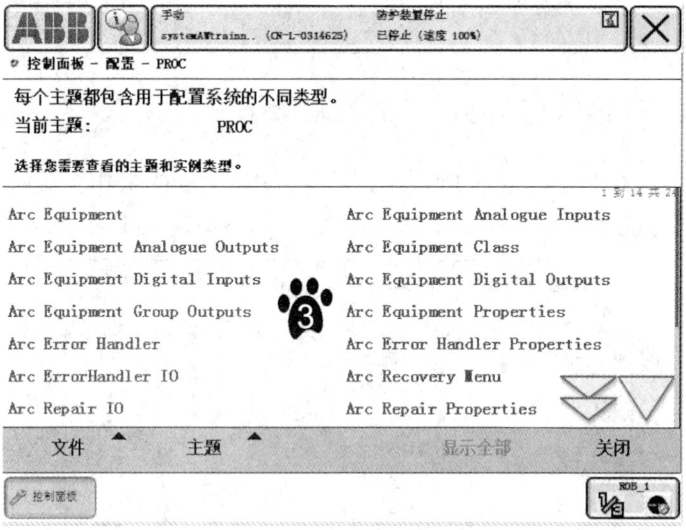

图 4-73　重启系统使参数生效

九、配置系统输入/输出

在虚拟示教器中，根据表 4-9 和表 4-10 所示的参数，配置系统输入/输出信号。

表4-9　系 统 输 入

Signal Name	Action	Argument1	系统输入/输出注解
di04Start	Start	Continuous	程序启动
di05Stop	Stop	无	程序停止
di10StartAt_Main	Start at Main	Continuous	从主程序启动
di09ResetError	Reset Execution Error	无	报警状态恢复
di11MotorOn	Motors On	无	电动机上电

表4-10　系 统 输 出

Signal Name	Status	系统输入/输出注解
do06CycleOn	CycleOn	自动循环状态输出
do07Error	Execution Error	报警状态输出
do08E_Stop	Emergency Stop	急停状态输出

任务扩展

变位器旋转参数设置

本工作站中可配置两个 CrossConnection 的信号关联，用于在手动状态下控制工作台转盘的旋转，参数设定如表 4-11 所示。具体操作步骤如下。

表4-11　两个 CrossConnection 关联信号

Type	Cross Connection1	Cross Connection2
Resultant	do04pos1	do05pos2
Actor1	soRobotInHome	soRobotInHome
Invent Actor1	NO	NO
Operator1	AND	AND
Actor2	soRotToA	soRotToB
Invent Actor2	NO	NO

(1) 单击"ABB"快捷键，打开主菜单，如图 4-74 所示。

图 4-74　打开主菜单

(2) 选择"控制面板"项，如图 4-75 所示。

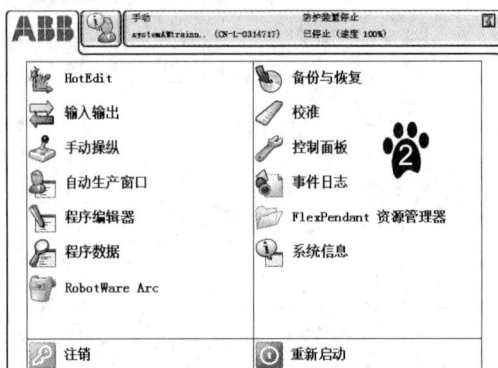

图 4-75　选择"控制面板"

(3) 选择主题"I/O"，如图 4-76 所示。

(4) 选择"Cross Connection"选项。

图 4-76　选择主题"I/O"

(5) 单击"添加"按钮，在系统中添加所需要的信号关联，如图 4-77 所示。

图 4-77　单击"添加"按钮

(6) 进入系统配置画面，如图 4-78 所示。

图 4-78　进入系统配置画面

(7) 输入参数配置，如图 4-79 所示。

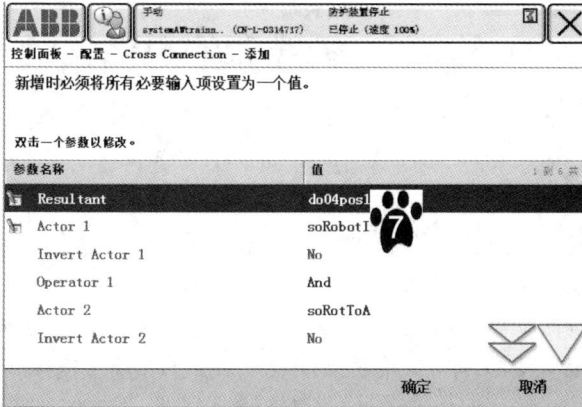

图 4-79　输入参数配置

(8) 参数配置完成后，系统提示重启，单击"是"重启系统，可以把所有需要配置的 I/O 参数都配置好以后一次性重启，避免多次反复重启系统，如图 4-80 所示。

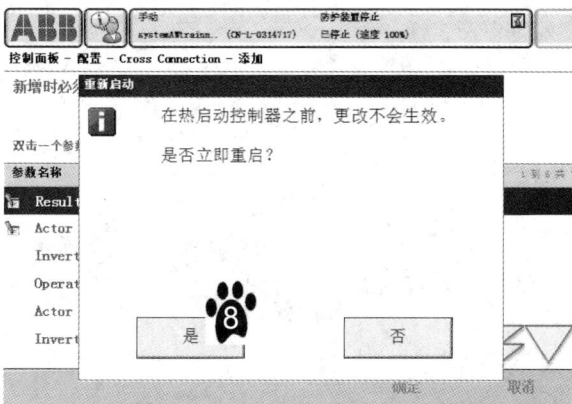

图 4-80　重启

笔记

任务巩固

创建图 4-81 所示的焊接工业机器人虚拟工作站。

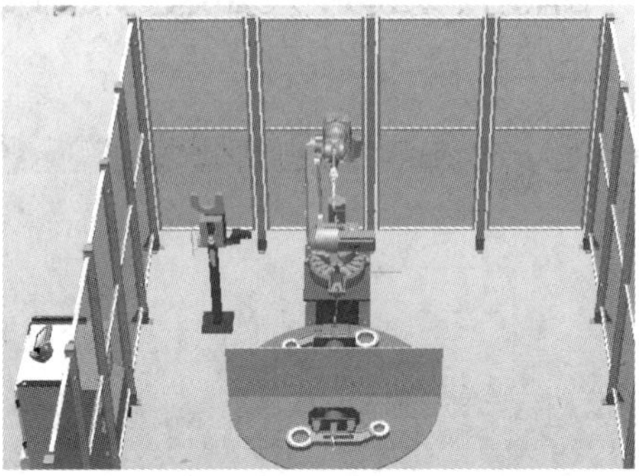

图 4-81　焊接工业机器人工作站

任务三　离线轨迹编程

工作任务

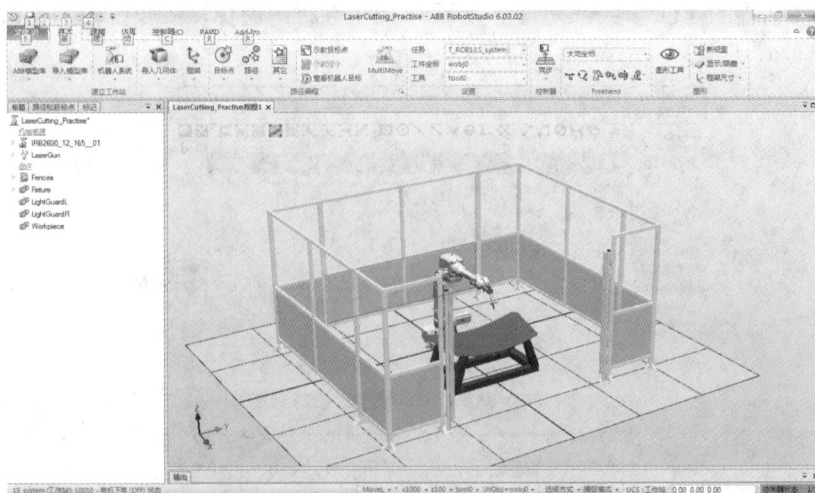

在工业机器人轨迹应用过程中，如切割、涂胶、焊接等，常会需要处理一些不规则曲线，通常的做法是采用描点法，即根据工艺精度要求去示教相应数量的目标点，从而生成机器人的轨迹。此种方法费时、费力且不容易保证轨迹精度。图形化编辑器即根据 3D 模型的曲线特征，自动转化为机器人的运行轨迹，此方法省时省力且容易保证轨迹精度。在本任务中就来介绍一下根据三维模型曲线特征，如何利用 RobotStudio 离线编程软件的自动路径功能，自动生成如图 4-82 所示的机器人激光切割的运行轨迹路径。

企业文化

企业文化的功能：
导向功能；
约束功能；
凝聚功能；
激励功能；
调适功能；
辐射功能。

图 4-82　机器人激光切割的运行轨迹路径

任务目标

1. 学会创建工件的机器人轨迹曲线；
2. 学会生成工件的机器人轨迹曲线路径；
3. 学会机器人目标点的调整；
4. 学会机器人轴配置参数调整；
5. 了解离线轨迹编程的关键点；
6. 了解机器人离线轨迹编程辅助工具的使用。

任务实施

根据实际情况，让学生在教师的指导下进行技能训练。

一、RobotStudio 离线编程软件的自动路径功能实现步骤

1. 建立机器人工作站

创建机器人激光切割曲线建立工作站，如图 4-83 所示。

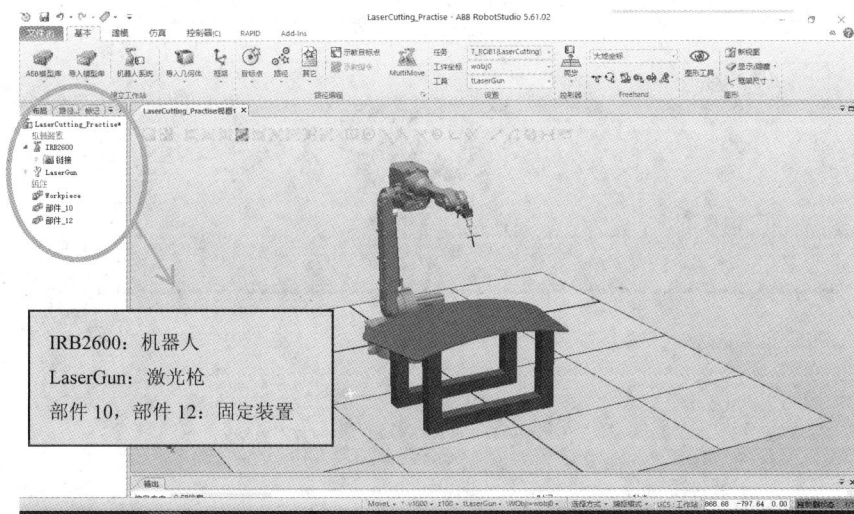

图 4-83　机器人工作站

本任务要求完成一个激光切割任务，机器人需要沿着工件的外边缘进行切割，运行轨迹为 3D 曲线，可根据现有工件的模型生成机器人的运动轨迹，进而完成整个轨迹调试并模拟仿真运行。操作过程步骤如下：

(1) 在"建模"功能选项卡中单击"表面边界"项，如图 4-84 所示。

(2) 设置"选择工具"为"表面"，选择工件上表面，单击"创建"按钮，如图 4-85 所示。

(3) 生成曲线，如图 4-86 所示。

图 4-84　选择表面边界

图 4-85　创建边界

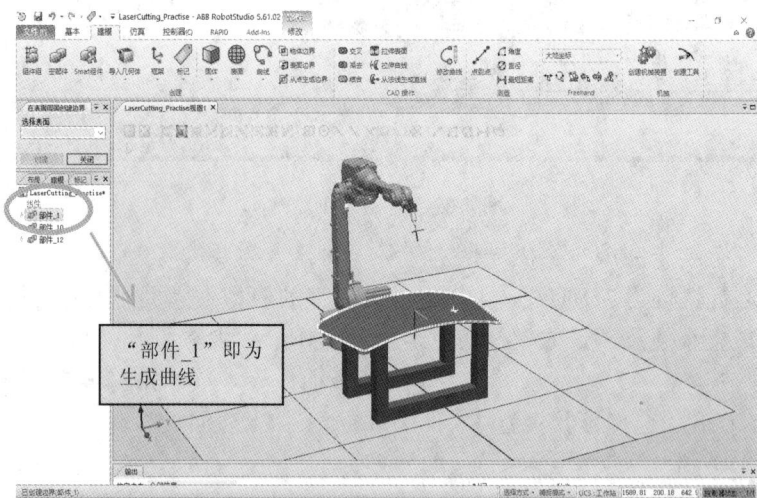

图 4-86　曲线生成

2. 生成机器人激光切割路径

下一步生成机器人的运行轨迹。首先要建立用户坐标系，才能进行编程和路径的修改。用户坐标系的创建一般以固定装置的特征点为基准。实际应用中，以固定装置上的定位销为基准，建立用户坐标系，这样可以保证定位的精度。

(1) 切割路径的生成。机器人激光切割路径的生成步骤如图 4-87～图 4-89 所示。

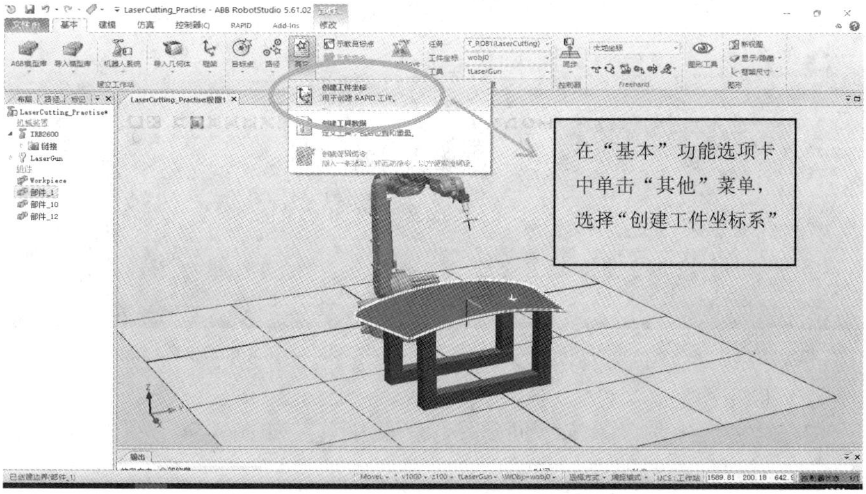

图 4-87　创建工件坐标系

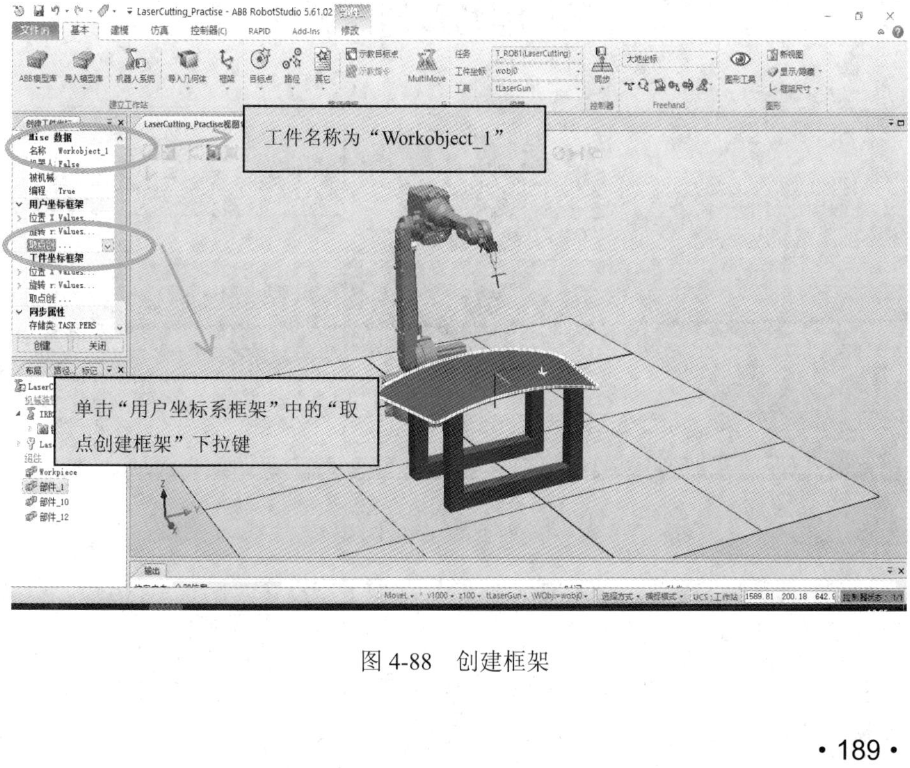

图 4-88　创建框架

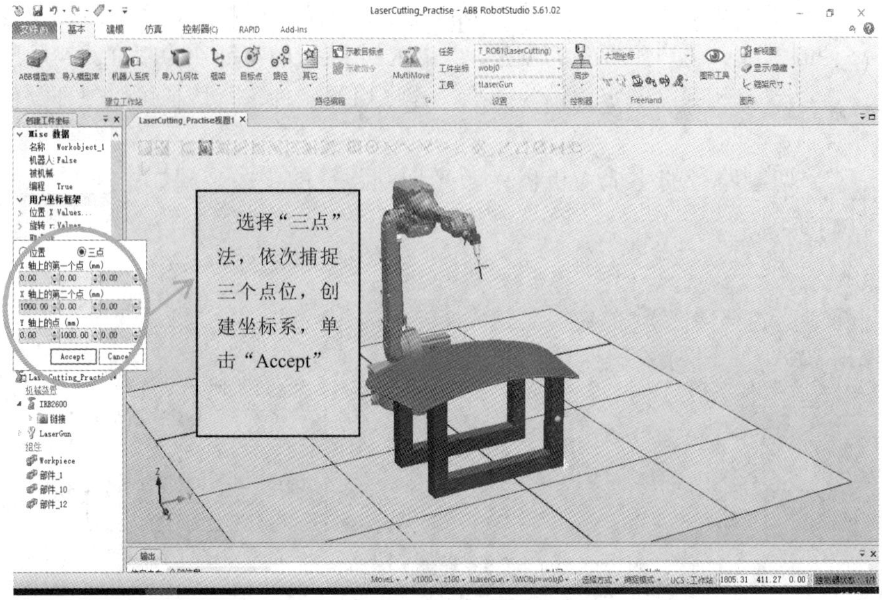

图 4-89　捕捉三点创建坐标系

(2) 确定坐标系。单击"创建"项，就能建立如图 4-90 所示的坐标系。

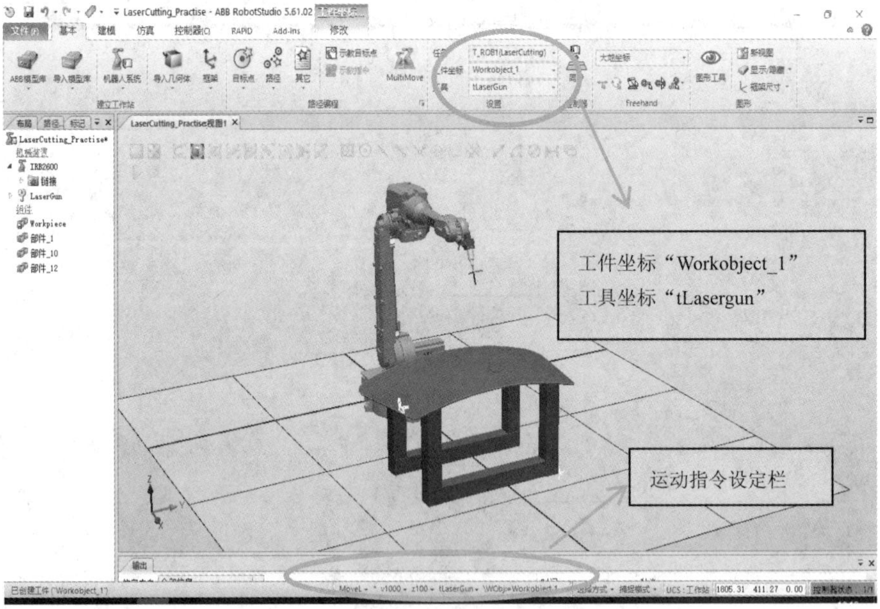

图 4-90　坐标系的建立

(3) 选择自动路径。在"基本路径"选项卡中单击"路径"，选择"自动路径"项，如图 4-91 所示。

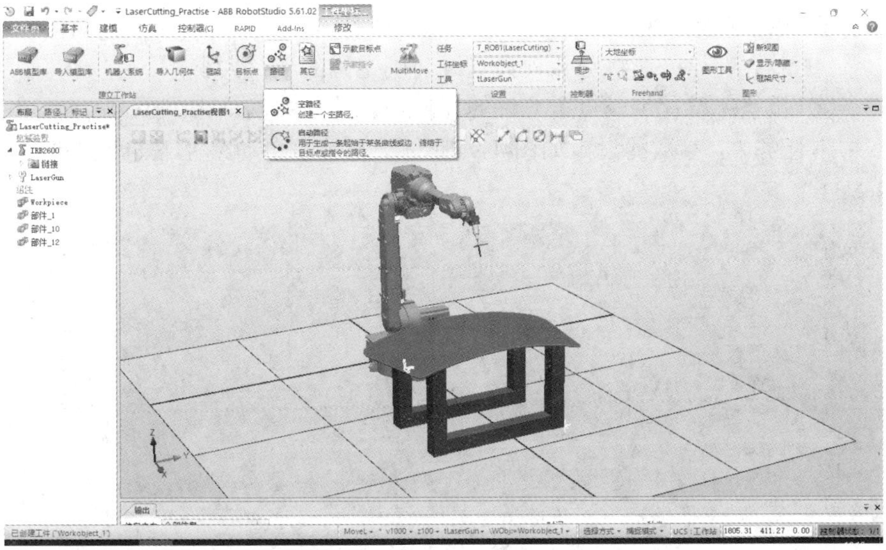

图 4-91　自动路径选择

(4) 捕捉"曲线"。选择捕捉工具中的"曲线"，捕捉之前所创建的曲线，如图 4-92 所示。

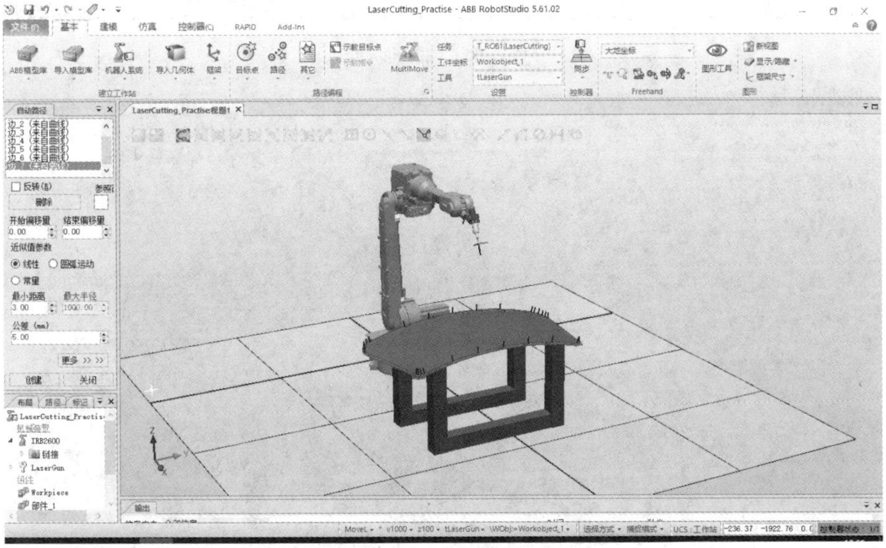

图 4-92　捕捉曲线

(5) 捕捉"表面"。选择捕捉工具"表面"，捕捉工件上表面，然后在参照面中单击表面，如图 4-93 所示。

(6) "自动路径"选项卡。"自动路径"选项卡具有如下功能：

① 反转：轨迹运动方向置反，默认为顺时针运行，反转后为逆时针运行。

② 参照面：生成目标点的 Z 轴方向与选定表面处于垂直状态。

③ 线性：为每个目标点生成线性指令，圆弧作为分段线性处理。

④ 圆弧运动：在圆弧特征处生成圆弧指令，在线性特征处生成线性指令。

⑤ 常量：生成具有恒定间距的点。

笔记

⑥ 最小距离：设置生成点之间的最小距离。

⑦ 最大半径：在将圆弧视为直线前确定圆的半径大小。

⑧ 弧差：设置生成点所允许的几何描述的最大偏差。

本任务中，参数的设定如图 4-94 所示，再单击自动路径下的“创建”项。

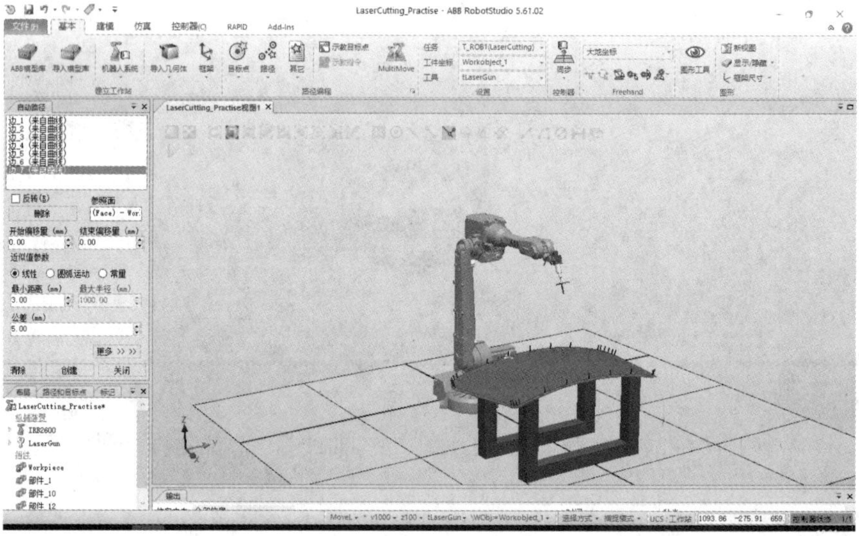

图 4-93　捕捉曲面

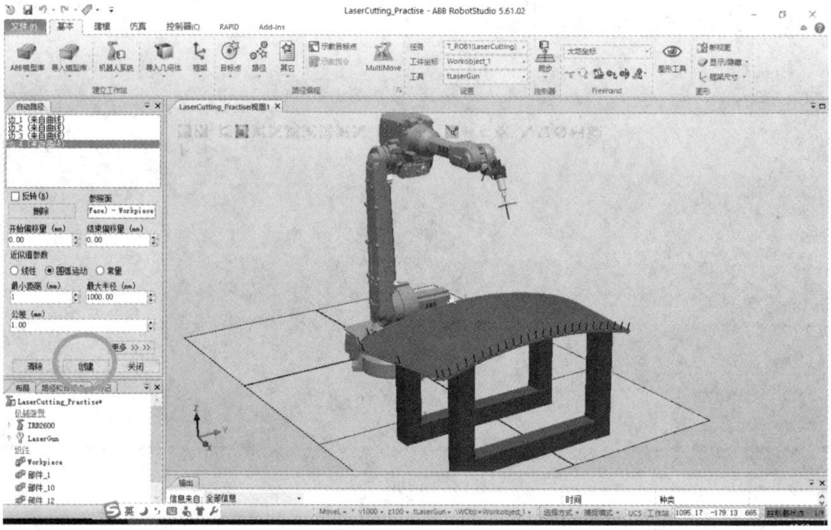

图 4-94　参数的设置

课程思政

注重方面

注重实际效果，解决实际问题。

在实际任务中，需要根据具体情况，选择合适的近似值参数，一般选择“圆弧运动”，这样无论圆弧、直线，还是不规则曲线，都可以执行自己相应的运动；而“线性运动”和“常量”都是固定模式，使用不当会使路径精度不满足工艺要求。

设定完成后，自动生成了机器人路径 Path_10，如图 4-95 所示。

图 4-95　机器人路径 Path_10

二、机器人目标点调整及轴配置参数

前面的任务给机器人设定了路径，但是由于部分目标点机器人还难以到达，机器人还不能按此轨迹运行。下面来介绍一下如何修改目标点的姿态，进一步完善程序。

1. 机器人目标点的调整

调整机器人目标点的步骤如下：

(1) 查看任务中自动生成的目标点，单击"路径和目标点"选项卡，依次单击 T_ROB1、工件坐标&目标点、Workobject_1、Workobject_1_of，即可看到自动生成的个目标点，如图 4-96 所示。

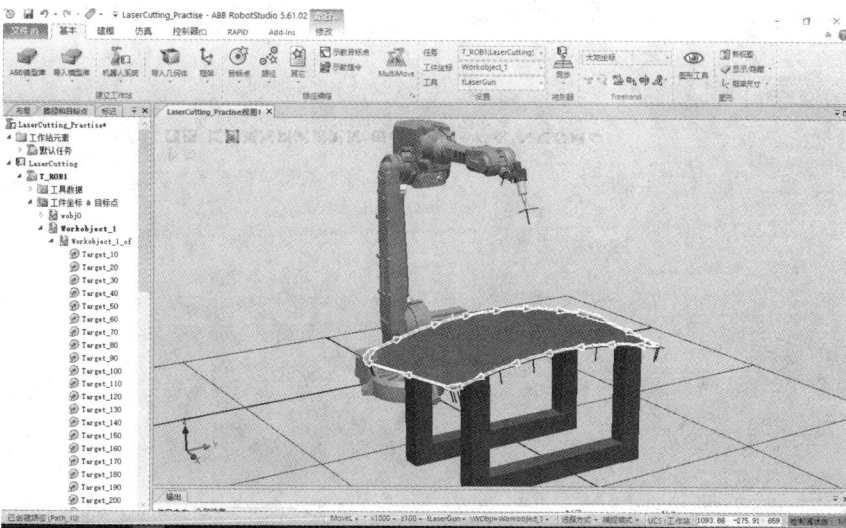

图 4-96　查看任务目标点

（2）在目标点位置处显示工具，右键单击目标点"Target_100"，选择"查看目标处工具"，勾选本工作站中的工具名称"LaserGun"，如图 4-97 所示。

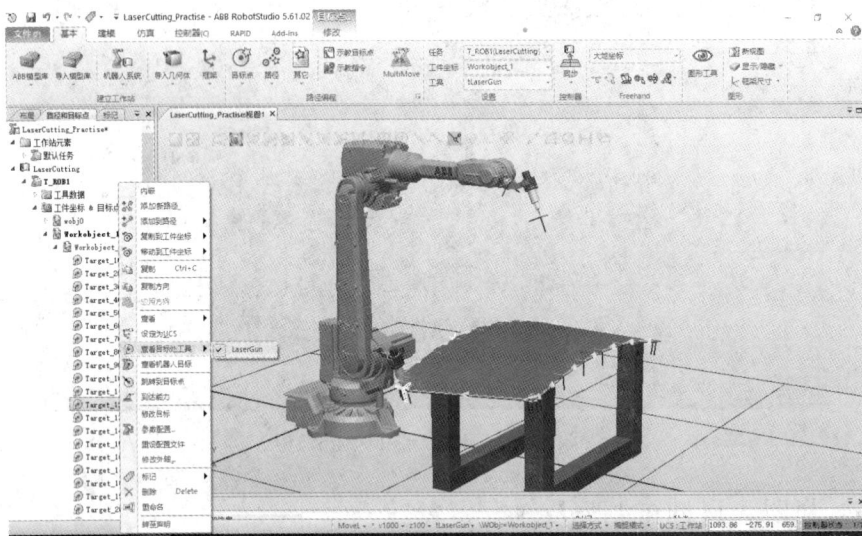

图 4-97　显示目标点工具

（3）改变目标点的工具姿态。Target_100 处工具姿态，机器人难以到达，需要改变目标点工具姿态。右键单击目标点"Target_100"，选择"修改目标"，选择"旋转"，如图 4-98 所示。

只需要使该目标点绕着本身的 Z 轴旋转−90°即可。"参考"选择"本地"，勾选"Z"，输入−90，单击"应用"，如图 4-99 所示。设置完成后，如图 4-100 所示。

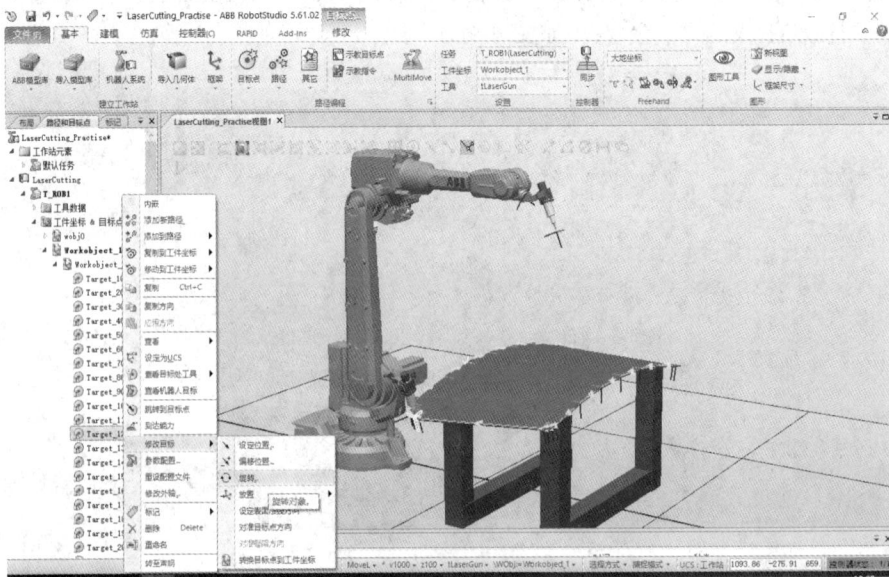

图 4-98　改变目标点的工具姿态 1

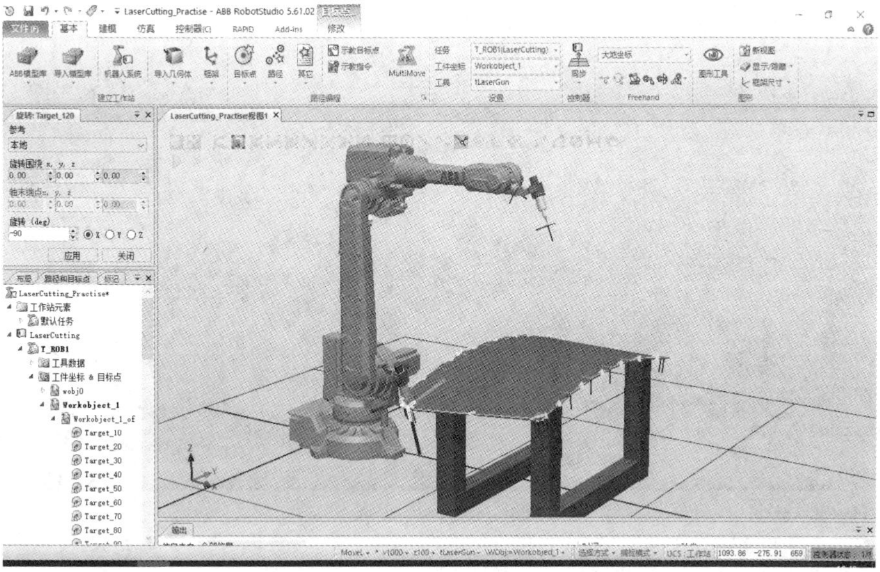

图 4-99　改变目标点的工具姿态 2

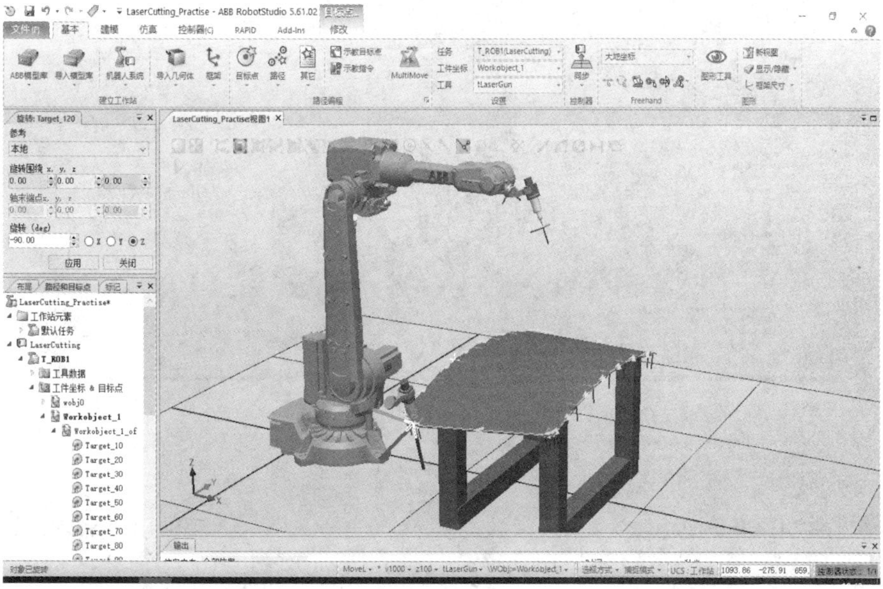

图 4-100　改变目标点的工具姿态 3

（4）接着修改其他目标点，对于大量的目标点，可以批量处理。利用 Shift+鼠标左键，选中剩余的所有目标，然后进行统一调整，右键单击选中的目标点，单击"修改目标"中的"对准目标方向"，如图 4-101 所示。

单击"参考"，单击目标点"Target_100"，"对准轴"设定为"X"，"锁定轴"设定为"Z"，单击"应用"，如图 4-102 所示。完成后，选中所有目标点即可查看工具姿态，如图 4-103 所示。

图 4-101　所有目标点的调整 1

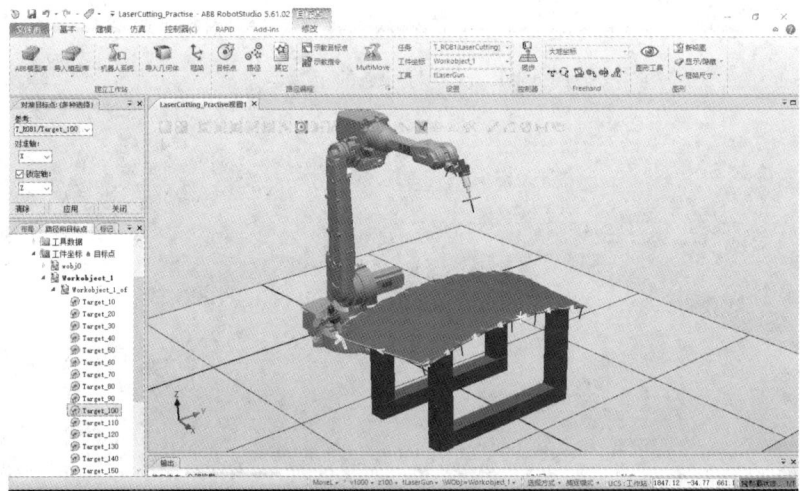

图 4-102　所有目标点的调整 2

图 4-103　所有目标点的调整 3

2. 轴配套参数的调整

笔记

机器人到达目标点，可能存在多种关节组合情况，需要为自动生成的目标点调整轴配套参数，如图 4-104 所示。

右键单击"Target_100"，单击"参数配置"。

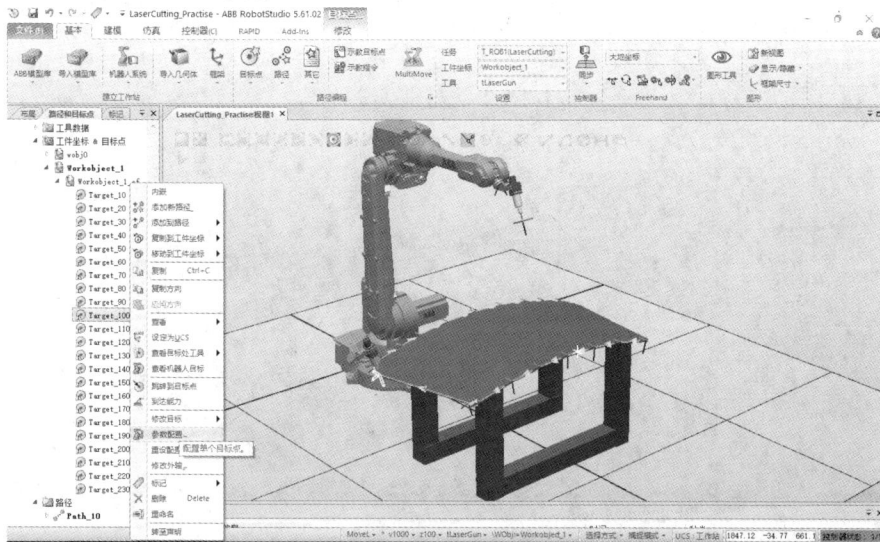

图 4-104　参数配置

如果机器人能够到达目标点，在轴配套列表中可以看到该目标点的轴配套参数，如图 4-105 所示。

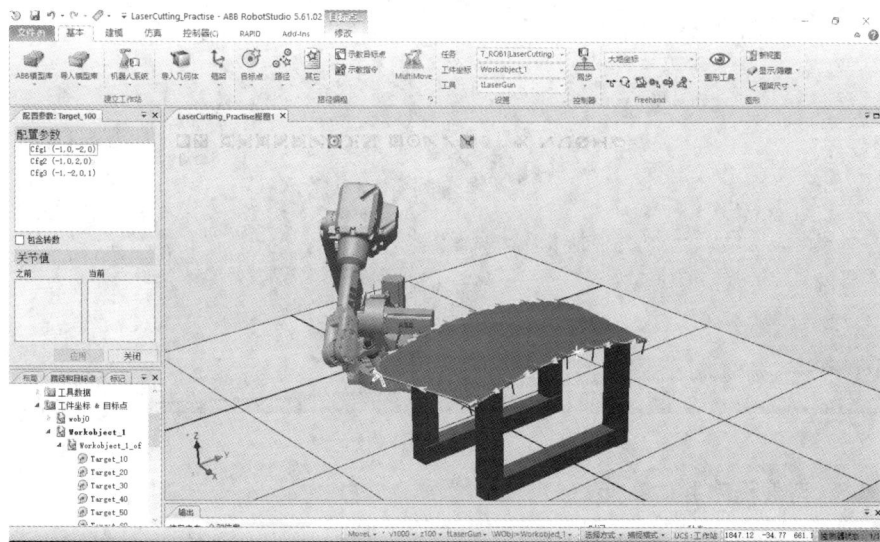

图 4-105　轴配套参数

选择轴配套参数时，可以查看该属性框中"关节值"中的数值。

(1) 之前：目标点原先配置对应的各关节轴度数。

(2) 当前：当前勾选轴配套所对应的各关节轴度数。

✍ 笔记

　　本任务中，暂时使用默认的第一种轴配套参数，单击应用。单击"路径"，右键单击"Path_10"，选择"配置参数"中的"自动配置"，如图 4-106 和图 4-107 所示。

图 4-106　自动配置参数

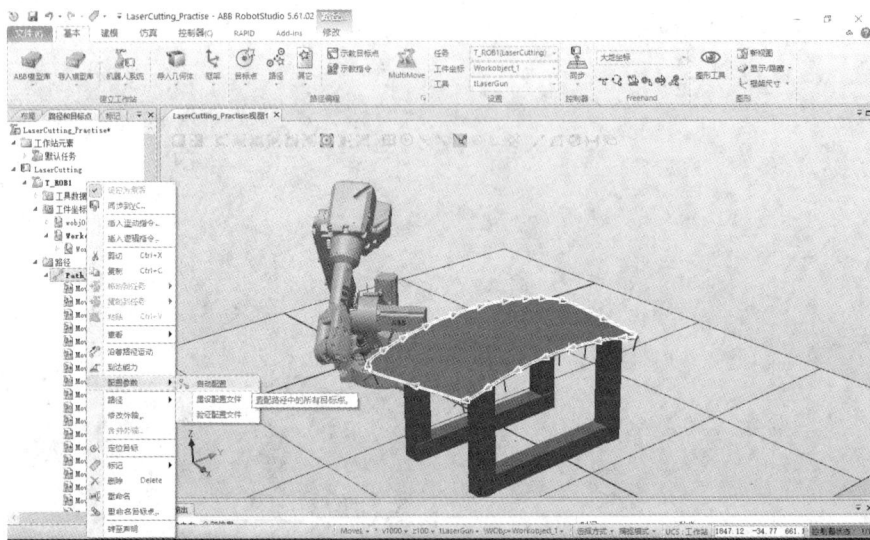

图 4-107　机器人沿路径运动

3. 完善程序并仿真运行

　　完善程序需要加入轨迹起始接近点、轨迹结束离开点、安全位置 HOME 点。

　　(1) 新设置目标点为起始接近点，右键单击"Target_10"，选择复制，如图 4-108 所示。右键单击"Workobject_1"，选择"粘贴"项，如图 4-109 所示。将复制目标点改名为"Start"，右键单击"Start"选择修改目标中的"偏移位置"项，如图 4-110 所示。

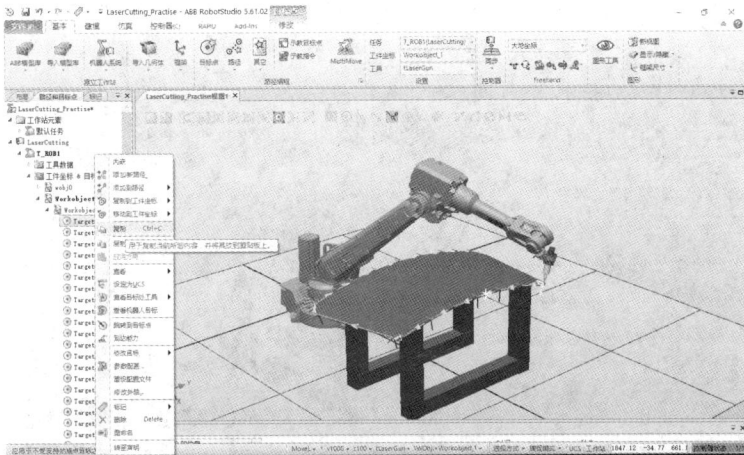

图 4-108　复制目标点

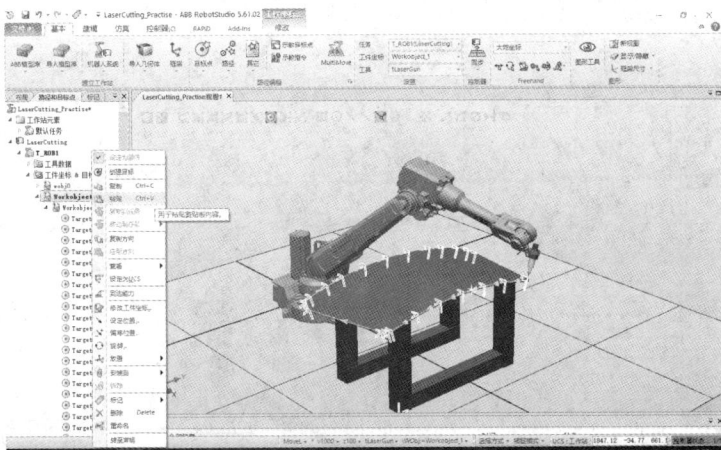

图 4-109　粘贴目标点

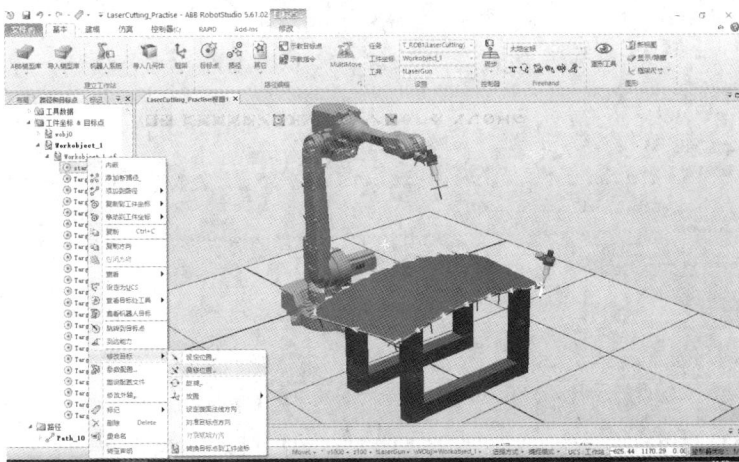

图 4-110　修改目标点偏移位置

工匠精神

2016 年 3 月 5 日的"两会"上，国务院总理李克强在政府工作报告中提到，"鼓励企业开展个性化定制、柔性化生产，培育精益求精的工匠精神，增品种、提品质、创品牌"。

(2) 修改偏移位置，如图 4-111 所示，将 Z 轴输入 −100，单击应用。将该目标点添加到路径 Path_10 的第一行，如图 4-112 所示。

笔记

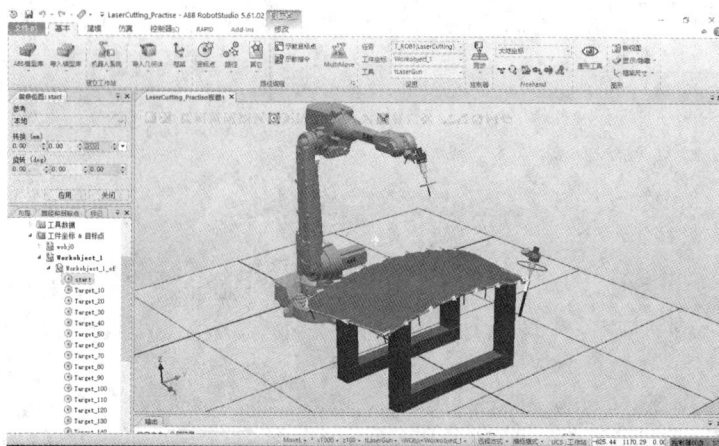

图 4-111　修改偏移位置参数

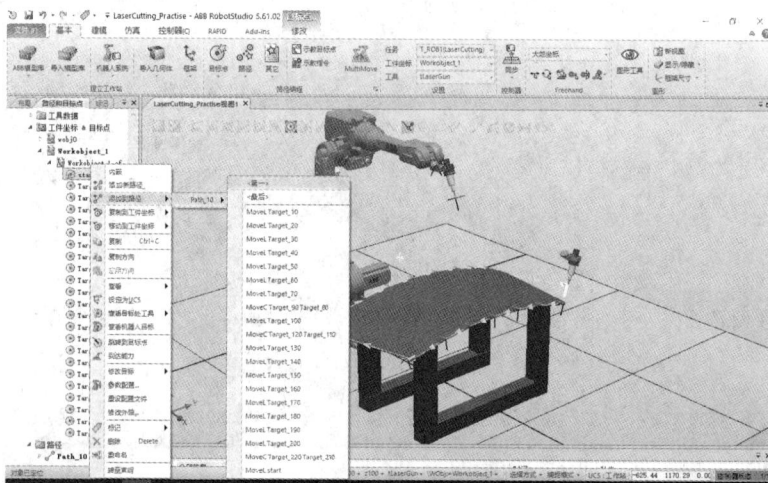

图 4-112　添加路径第一

(3) 添加轨迹离开点 Leave，可参考上述步骤，最后添加至最后一行即可，如图 4-113 所示。

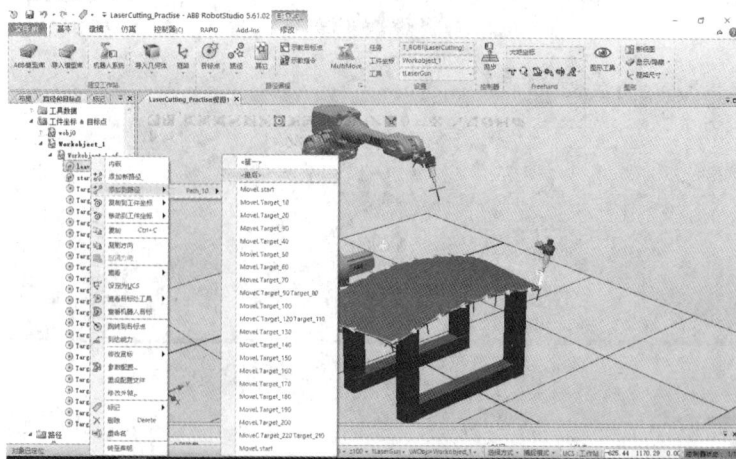

图 4-113　添加轨迹离开点 Leave

（4）添加安全位置点 Shome，为了方便，直接将机器人默认位置点设置 为 Shome 点。首先右键单击机器人，单击回到机械原点，如图 4-114 所示。

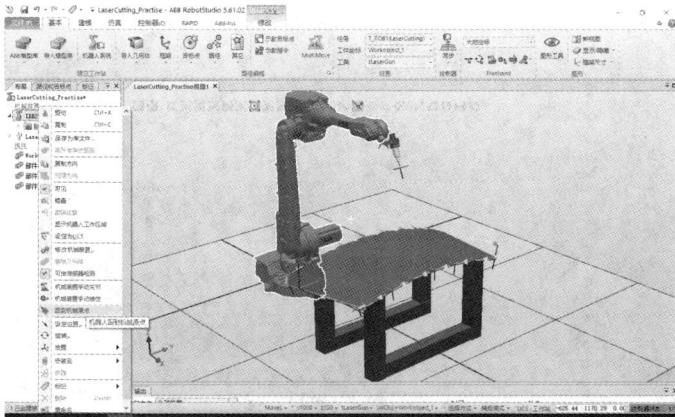

✎ 笔记

图 4-114　机器人回到机械原点

① 选中工件坐标"Wjob0"，单击示教"目标点"，单击"添加"、"创建"，如图 4-115 和图 4-116 所示，可将点重命名为"Shome"。

图 4-115　创建安全位置点 1

图 4-116　创建安全位置点 2

② 将生成的目标点添加到路径第一行、最后一行，如图 4-117 所示。

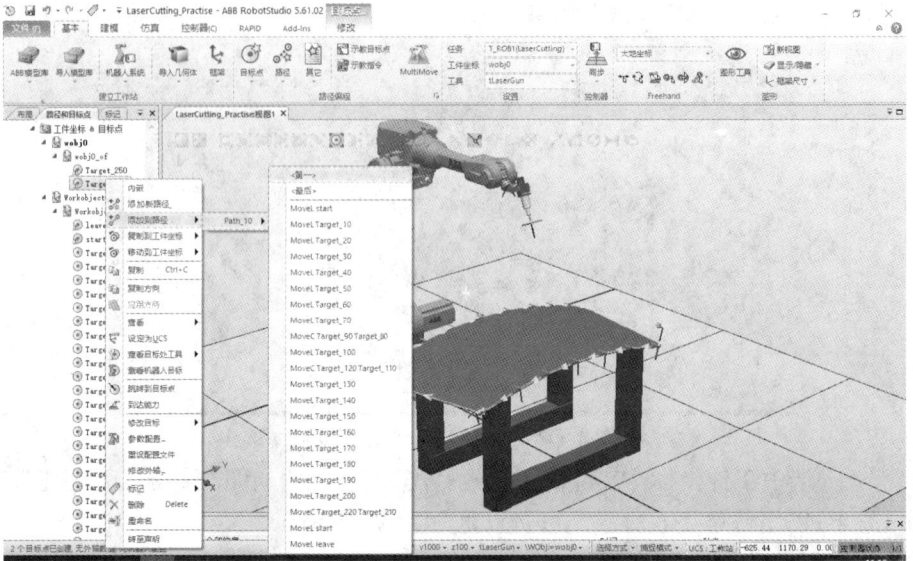

图 4-117　创建安全位置点 3

(5) 修改安全位置点、起始点、结束点的运动类型、速度、转弯半径等参数。如图 4-118 所示。

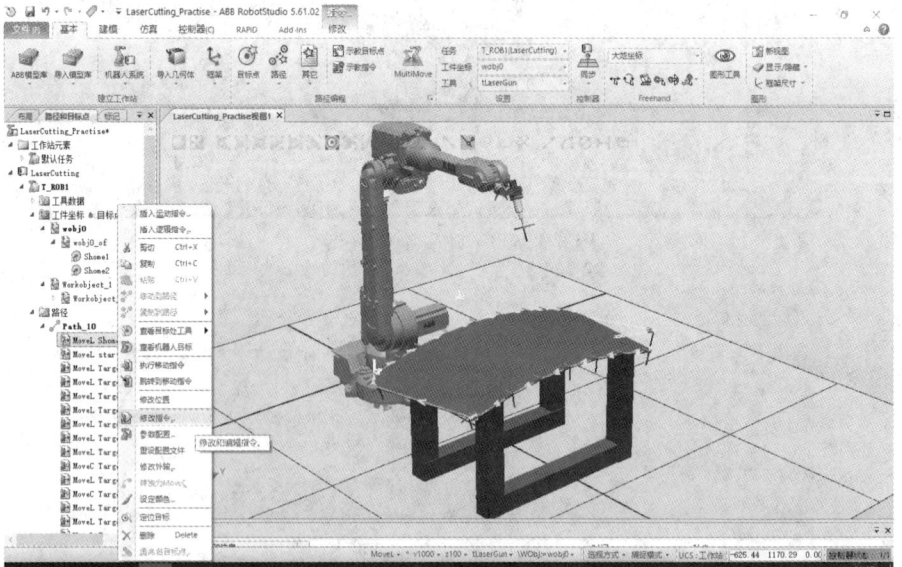

图 4-118　修改指令

① 参数修改如图 4-119 所示，完成后单击"应用"。

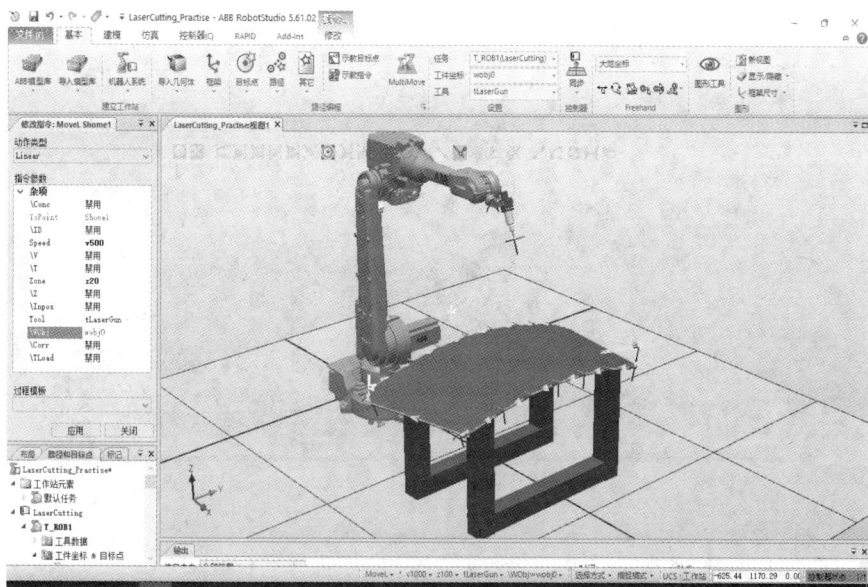

图 4-119　修改指令参数

② 修改完成后，再次为 Path_10 进行一次轴配套自动调整，如图 4-120 所示。

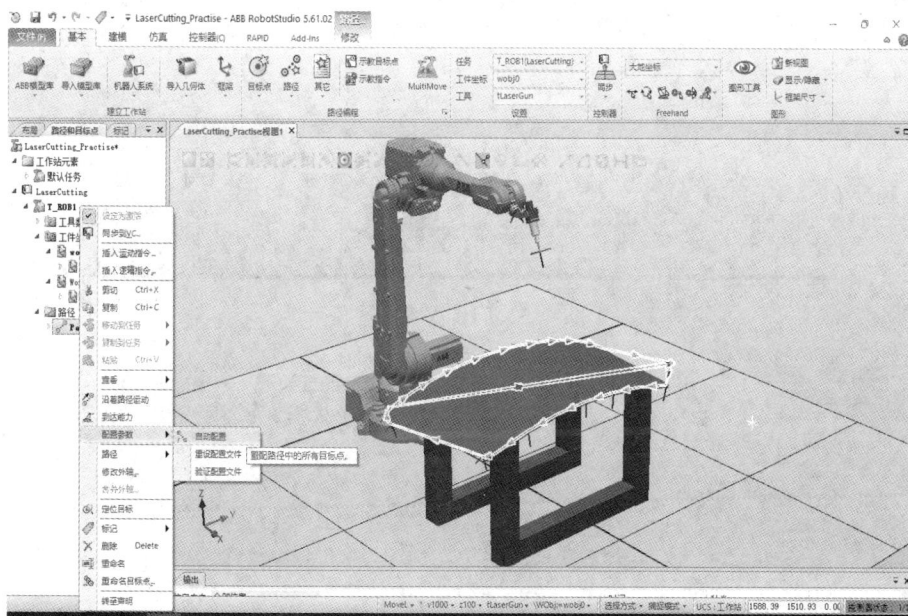

图 4-120　轴配套自动调整

(6) 将 Path_10 同步到 VC，转换成 RAPID 代码，并仿真运行，如图 4-121 所示。

① 勾选所有同步内容，单击"确定"按钮，如图 4-122 所示。

② 单击仿真选项卡中的"仿真设定"项，如图 4-123 所示。

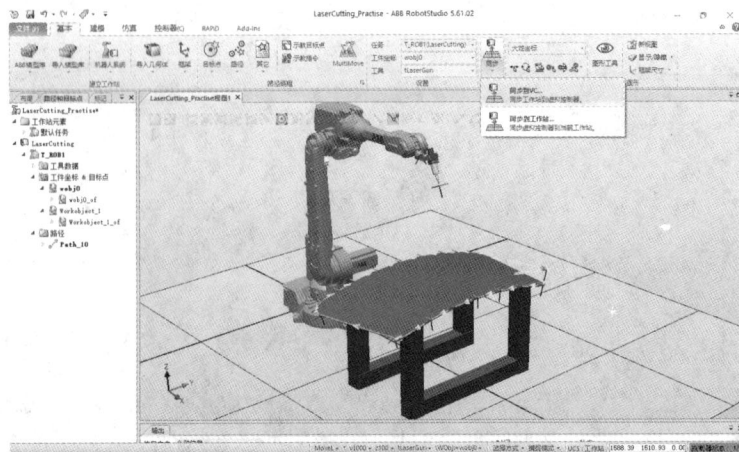

图 4-121　同步到 VC

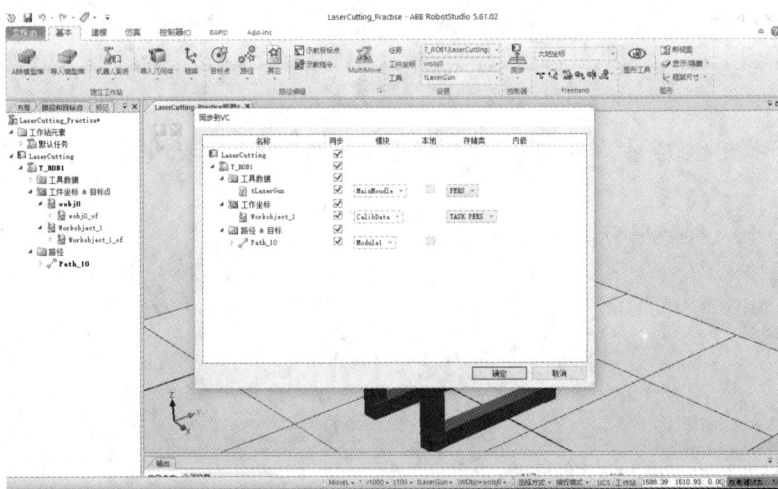

图 4-122　同步内容的选择

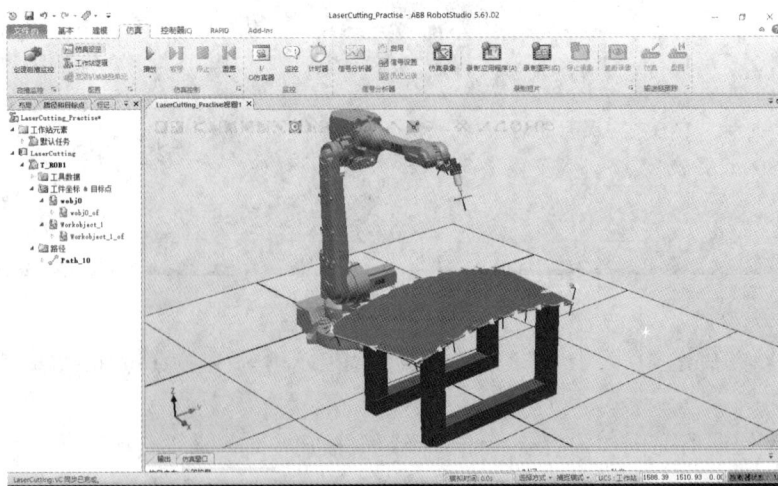

图 4-123　仿真设定

③ 将 Path_10 导入到主队列中，如图 4-124 所示。

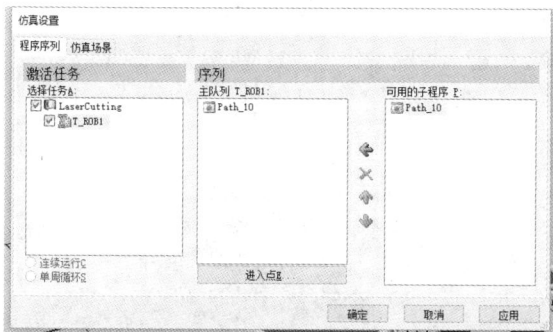

图 4-124　导入路径

④ 执行仿真，查看机器人路径，单击"仿真"功能选项卡中的"仿真"，如图 4-125 所示。

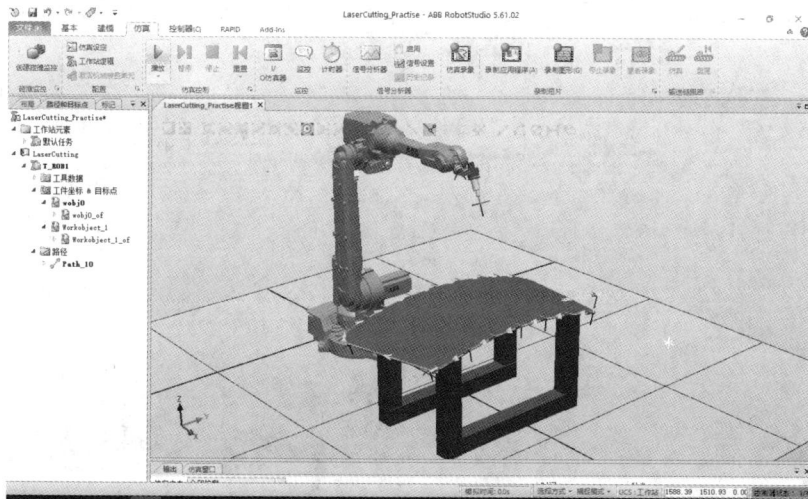

图 4-125　播放仿真视频

任务扩展

机器人离线轨迹编程辅助工具

1. 机器人碰撞监控功能的使用

仿真运行的一个重要目的就是验证轨迹的可行性，即验证机器人在运行过程中是否会与周围设备发生碰撞。在 RobotStudio 软件的仿真功能选项卡中有专门用于检测碰撞的功能，即碰撞监控。下面我们来介绍这个功能。

(1) 在布局窗口生成"碰撞检测设定_1"，如图 4-126 和图 4-127 所示。

(2) 将检测对象放入两组碰撞集对象中，从而检测两组对象之间的碰撞。若两组对象发生碰撞，就是显示并记录在输出窗口里。可在工作站内设立多个碰撞集，每个碰撞集仅包含两组对象。

笔记   在布局窗口中，可用鼠标左键拖动检测对象到相应的组别中，如图 4-128 所示。

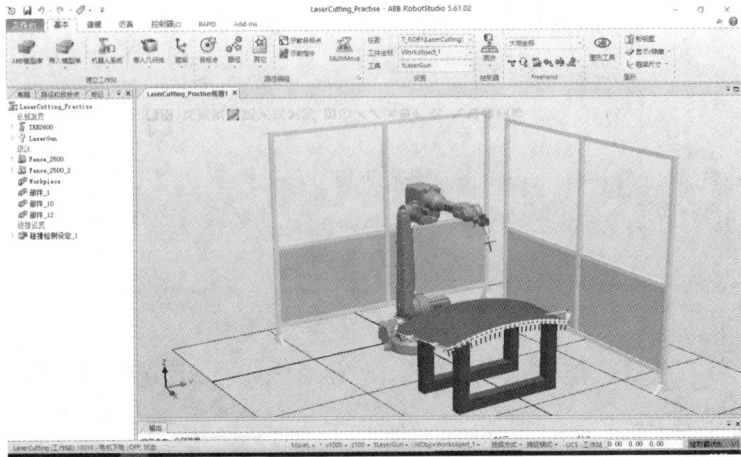

图 4-126　碰撞检测设定

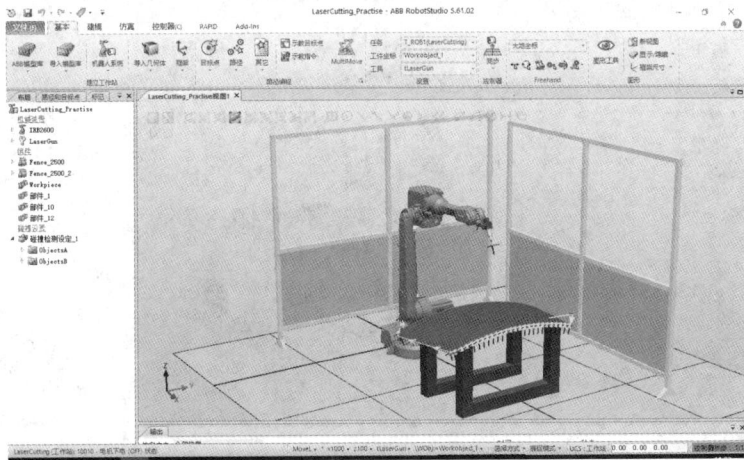

图 4-127　展开碰撞集

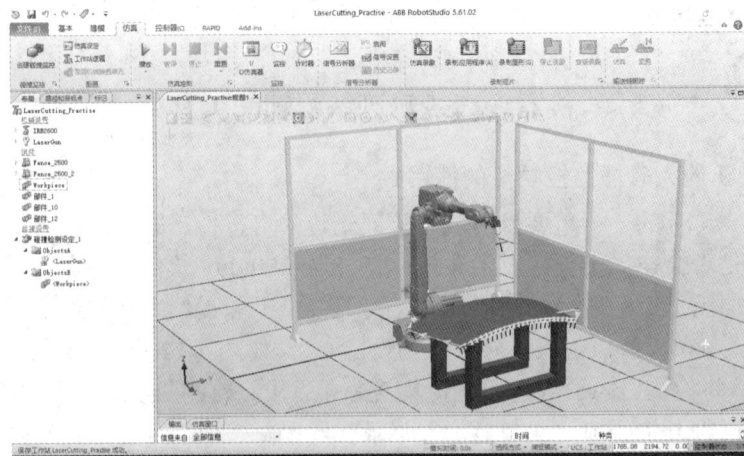

图 4-128　检测对象放入碰撞集中

(3) 设定碰撞监控属性，如图 4-129 和图 4-130 所示。

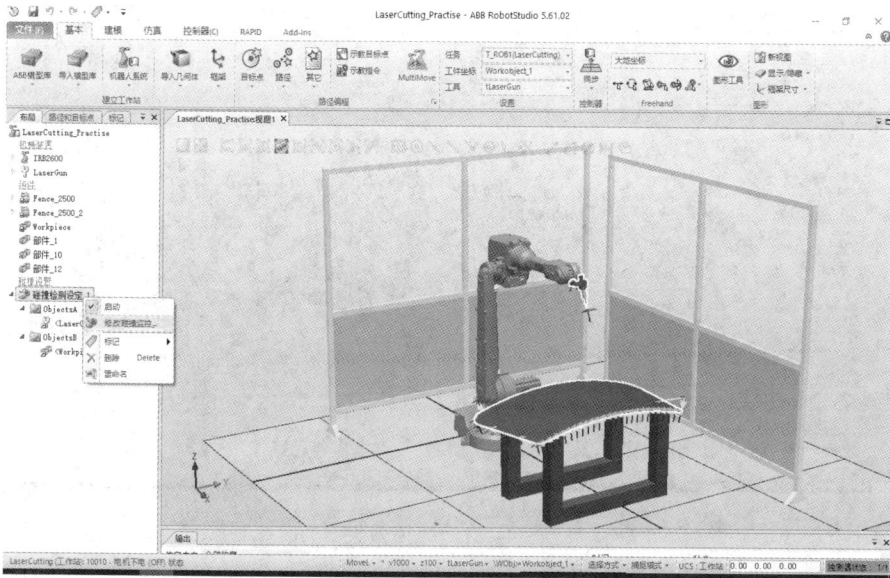

图 4-129　碰撞监控属性设定

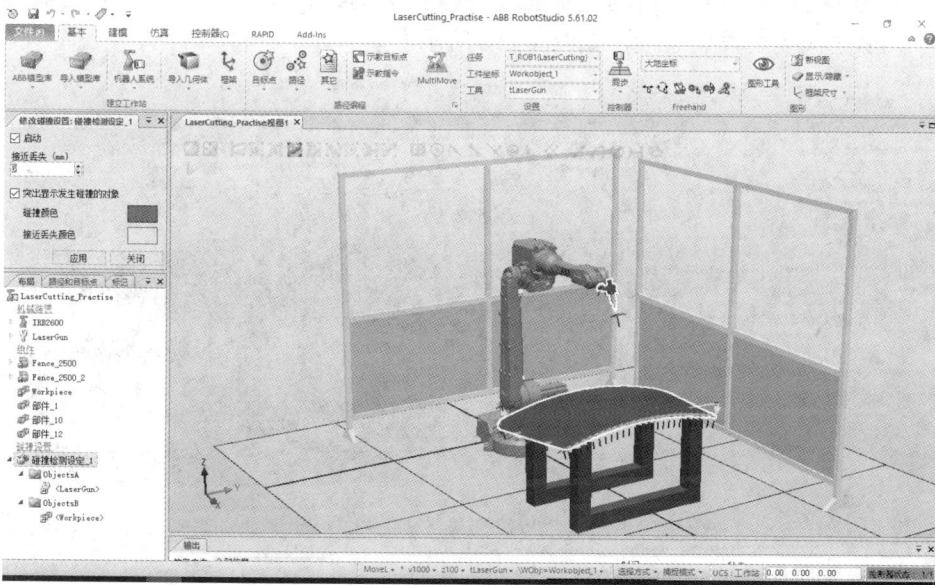

图 4-130　修改碰撞设置

① 接近丢失：当选择的两组对象之间的距离小于该数值时，则出现颜色提示。

② 碰撞：当选择的两组对象之间发生碰撞时，则会显示"改颜色"。

两种监控均有对应的颜色设置。为了实现碰撞效果，可以手动拖动实现，查看效果，如图 4-131 所示。右键选择 FreeHand 中的"手动线性"，单击工具末端，可线性拖动。拖动工具与工件发生碰撞，则出现颜色显示，并在输出框中显示。

图 4-131　碰撞效果

下面设定接近丢失项。将接近丢失值设定为 5 mm，则可监控机器人工具与工件的距离是否过远。若过远，则不显示接近丢失颜色，同时也可监控两者之间是否发生碰撞，如图 4-132 所示。

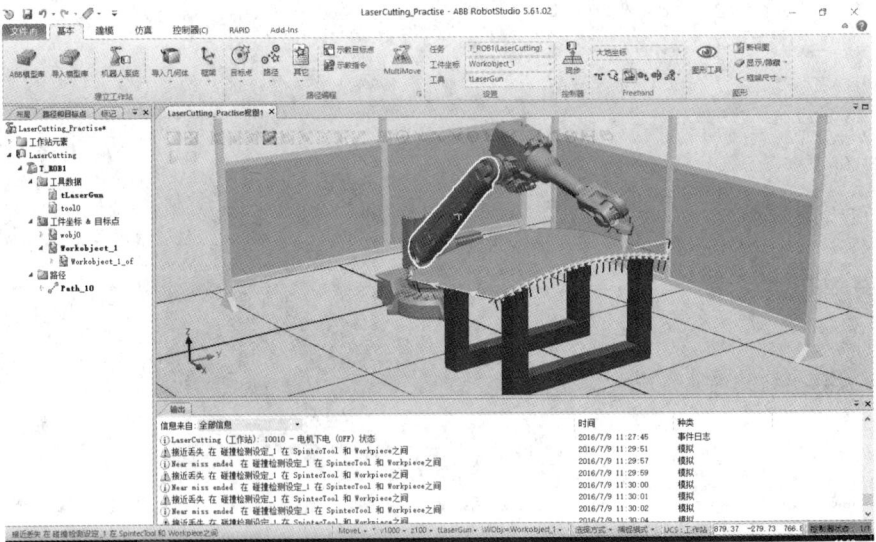

图 4-132　接近丢失效果

开始没有颜色显示，之后显示此颜色，说明工具与工件之间离得不远。

2. 机器人 TCP 跟踪功能

(1) 关闭碰撞监控，如图 4-133 所示。

(2) 单击"仿真"功能选项卡中的"监控"，勾选"使用 TCP 跟踪"项，如图 4-134 所示。

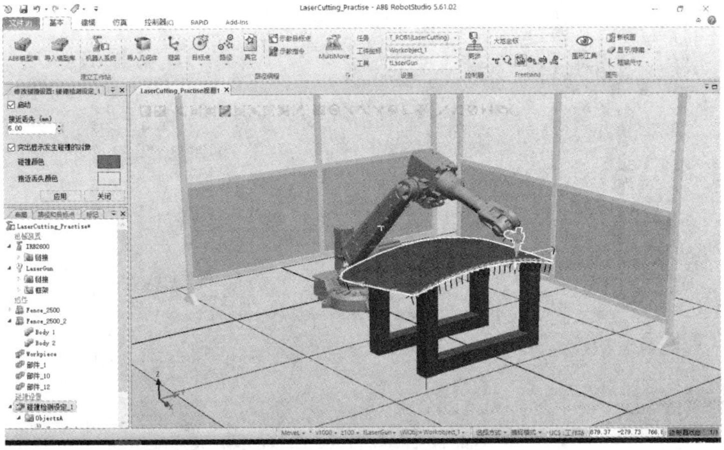

图 4-133 关闭碰撞监控

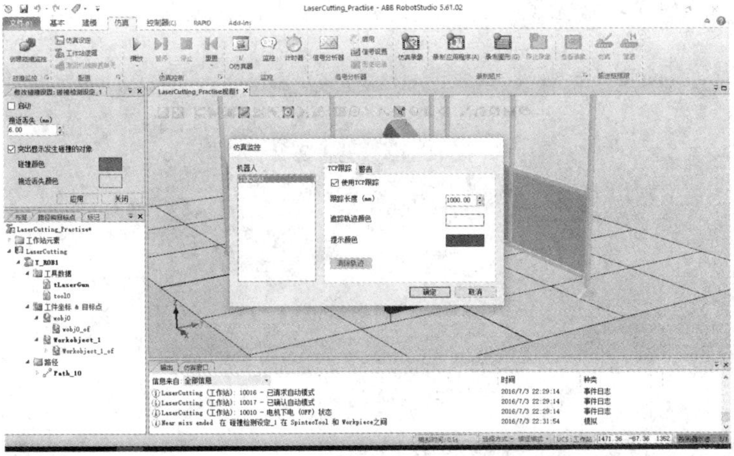

图 4-134 仿真监控中的 TCP 跟踪

① 跟踪长度：指定最大轨迹长度。

② 追踪轨迹颜色：当未启用任何警告时显示跟踪的颜色。

③ 提示颜色：当"警告"选项卡上所定义的任何警告超过临界值时，显示跟踪的颜色。

④ 清楚轨迹：单击此按钮可从图形窗口中删除当前的跟踪，如图 4-135 所示。

在输出窗口显示提示信息：选中此复选框可在超过临界值时查看警告消息。

① TCP 速度：指定 TCP 速度报警的临界值。

② TCP 加速度：指定 TCP 加速度报警的临界值。

③ 手腕奇异点：指定在发出报警之前关节与零点旋转的接近度。

④ 关节限值：指定在发出报警之前每个关节与其限值的接近度。

(3) 隐藏工作站中的路径和目标点。如图 4-136 所示，去掉"全部目标点/框架"和"全部路径"的勾选。

图 4-135　警告选项卡

图 4-136　隐藏工作站中的路径和目标点

(4) 设定任务监控具体参数，如图 4-137 所示。跟踪长度设定为
100000.00，追踪轨迹颜色设定为黄色，提示颜色为红色，TCP 速度设定为
350.00，单击"确定"按钮。

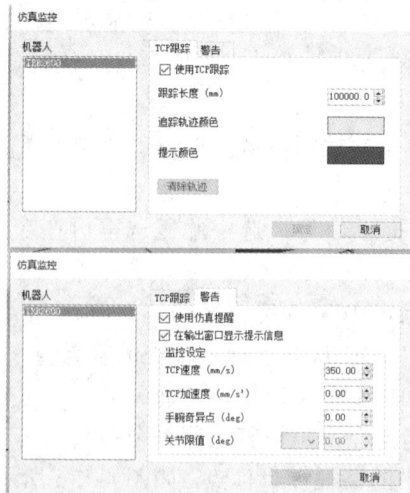

图 4-137　TCP 跟踪参数设定

(5) 单击"仿真"选项卡的"播放",开始记录机器人的运行轨迹进行分
析,如图 4-138 所示。

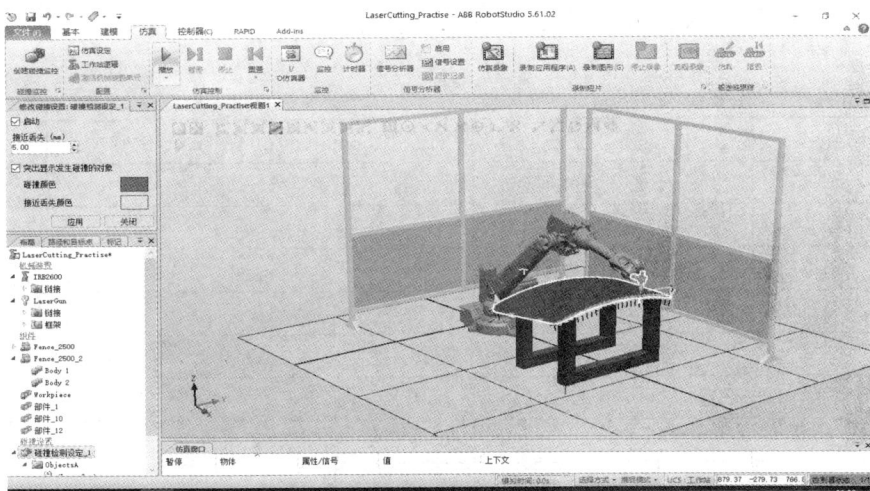

图 4-138 TCP 跟踪记录

若要清除记录可在仿真监控对话框中清除,如图 4-139 所示。

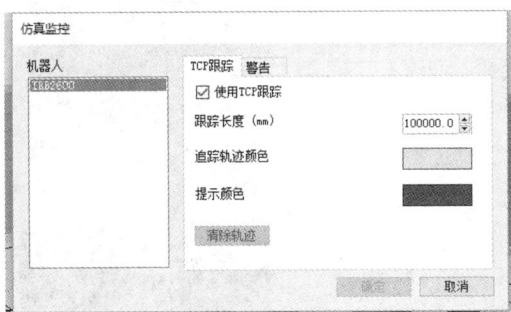

图 4-139 清除轨迹

📹**任务巩固**

如图 4-140 所示,利用 IRB1410 机器人将胶体均匀地涂抹在玻璃轮廓周
围,对其进行离线轨迹编程。

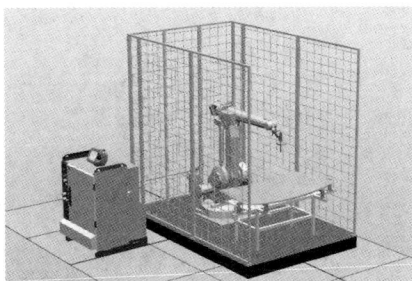

图 4-140 涂胶离线轨迹编程

笔记

操作与应用

工 作 单

姓名		工作名称	应用RobotStudio仿真软件建立典型工作站
班级		小组成员	
指导教师		分工内容	
计划用时		实施地点	
完成日期		备注	

工 作 准 备		
资 料	工 具	设 备

工作内容与实施	
工作内容	实 施
1. 建立左图所示搬运工作站	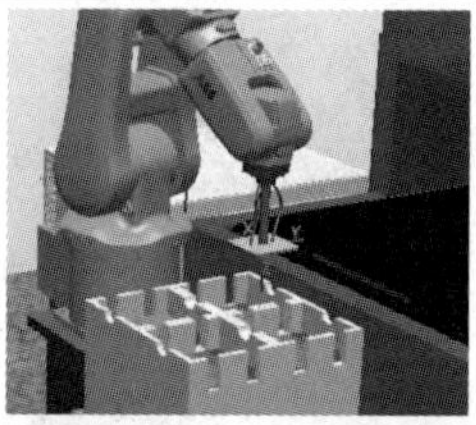
2. 建立左图所示涂胶工作站	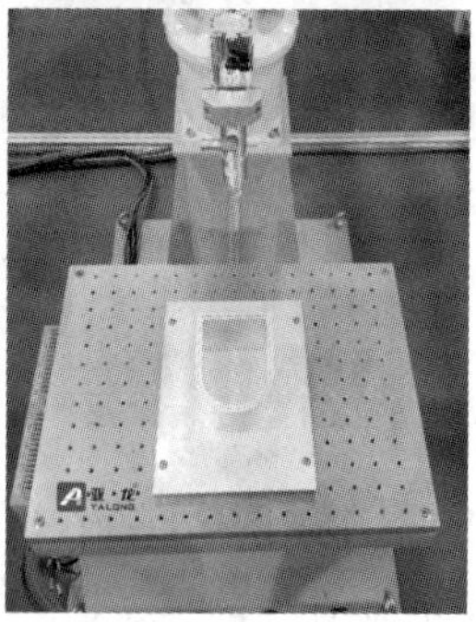
3. 建立左图所示焊接工作站	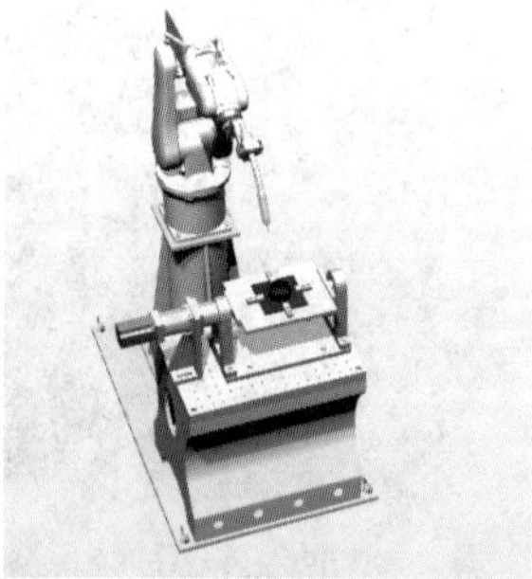

工 作 评 价

	评 价 内 容				
	完成的质量 （60分）	技能提升能 力（20分）	知识掌握能 力（10分）	团队合作 （10分）	备注
自我评价					
小组评价					
教师评价					

1. 自我评价

班级：＿＿＿＿＿＿＿　　姓名：＿＿＿＿＿＿

工作名称：认识工业机器人的编程

序号	评 价 项 目	是	否
1	是否明确人员的职责		
2	能否按时完成工作任务的准备部分		
3	工作着装是否规范		
4	是否主动参与工作现场的清洁和整理工作		
5	是否主动帮助同学		
6	是否建立搬运工作站		
7	是否建立涂胶工作站		
8	是否建立焊接工作站		
9	是否完成了清洁工具和维护工具的摆放		
10	是否执行6S规定		
评价人		分数		时间	年　　月　　日

2. 小组评价

序号	评 价 项 目	评 价 情 况
1	与其他同学的沟通是否顺畅	
2	是否尊重他人	
3	工作态度是否积极主动	
4	是否服从教师的安排	
5	着装是否符合标准	
6	能否正确地理解他人提出的问题	
7	能否按照安全和规范的规程操作	
8	能否保持工作环境的干净整洁	
9	是否遵守工作场所的规章制度	

✎ 笔记

续表

序号	评 价 项 目	评 价 情 况
10	是否有工作岗位的责任心	
11	是否全勤	
12	是否能正确对待肯定和否定的意见	
13	团队工作中的表现如何	
14	是否达到任务目标	
15	存在的问题和建议	

3. 教师评价

课程	工业机器人离线编程与仿真	工作名称	应用RobotStudio仿真软件建立典型工作站	完成地点	
姓名		小组成员			
序号	项 目		分 值		得 分
1	建立搬运工作站		10		
2	建立涂胶工作站		30		
3	建立焊接工作站		30		
4	参数设置		10		
5	程序编制		20		

自 学 报 告

自学任务	应用Robot Master离线编程软件建立典型工作站
自学内容	
收获	
存在问题	
改进措施	
总结	

模块五

RobotArt 离线编程软件的
基本操作与工作站系统的构建

任务一　认识离线编程软件 RobotArt

📷 工作任务

进入 RobotArt 软件后，看到的软件界面全景如图 5-1 所示，其作用如表 5-1 所示。

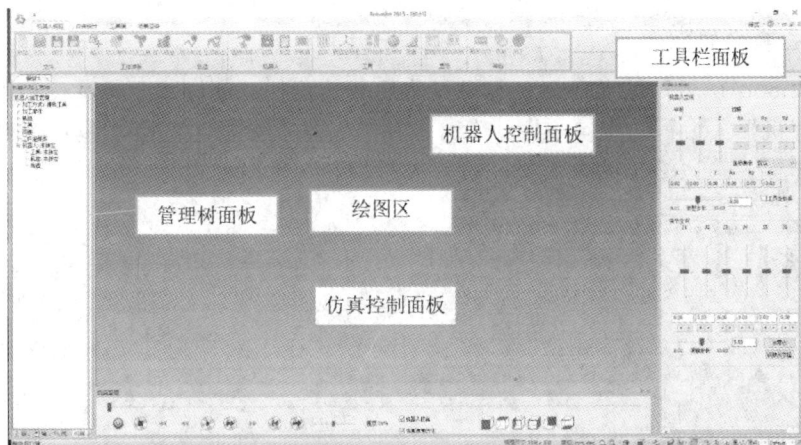

图 5-1　RobotArt 软件界面

表 5-1　RobotArt 离线编程软件界面的构成

序号	名　称	说　　明
1	工具栏	该面板位于主界面上侧，菜单栏中的菜单项对应不同的工具栏内容，该区域是进行机器人编程操作的主要功能区
2	管理树面板	该面板位于主界面左侧，在该面板中可以找到与不同设计相关的各种属性值，该面板共有四个选项卡，分别为"设计环境"、"属性"、"搜索"、"机机器人加工管理"

课程思政

两个课题

将"不忘初心、牢记使命"作为加强党的建设的永恒课题，作为全体党员、干部的终身课题。

✎ 笔记

序号	名 称	说 明
3	仿真控制面板	该面板位于主界面底侧，是对机器人编程仿真的相关控制操作
4	机器人控制面板	该面板位于主界面右侧，该区域是对机器人及工具的相关控制操作
5	绘图区	该面板是软件操作及编辑的主界面，软件的所有操作均反映在绘图区内

任务目标

1. 掌握 RobotArt 软件的基本操作；
2. 掌握三维球的基本操作。

任务实施

一体化教学

带领学生到机房里面，边操作边介绍。

一、RobotArt 软件界面各部分详细介绍

1. 命令界面

RobotArt 软件的命令界面包括菜单栏和工具栏。如图 5-2 所示，菜单栏包括"机器人编程"、"自由设计"、"工具箱"及"场景渲染"，根据所针对对象的不同，可以分为两个大类：机器人编程和三维模型设计。

图 5-2　RobotArt 软件的【机器人编程】命令界面

1) 【机器人编程】菜单选项卡

该选项功能模块是 RobotArt 软件中用户使用最频繁的菜单，单击该菜单即可出现对应的工具栏。

【机器人编程】菜单选项卡，包含文件、工作准备、轨迹、机器人、工具、现实和帮助类别选项。

(1) "文件"选项，包含新建、打开、保存和另存为。

(2) "工作准备"选项，包含输入、导入零件、导入工具和导入底座。

(3) "轨迹"选项，包含导入轨迹、生成轨迹。

(4) "机器人"选项，包含选择机器人、仿真、后置和示教器选项。

(5) "工具"选项，包含选项、新建坐标系、工件校准、三维球和测量。

(6) "显示"选项，包含管理树、控制面板。

【机器人编程】中功能按钮的详细功能如表 5-2 所示。

表 5-2　【机器人编程】功能按钮说明

项目名称及标识	说　　明
新建	新建一个空白的工程文件
打开	打开一个已建立好的工程文件
保存	将做好的工程文件进行保存
另存为	可以将做好的工程文件进行另存为
输入	该功能主要是为了解决从外部导入多种文件后的格式转换。目前软件不仅支持从 Catia、Solidworks、UG、Pro/E、CAXA 等三维建模软件导出的三维文件格式，还支持从电子图版、ACAD 等二维绘图软件导出的二维文件格式
新建	新建一个空白的工程文件
打开	打开一个已建立好的工程文件
保存	将做好的工程文件进行保存
另存为	可以将做好的工程文件进行另存为
输入	该功能主要是为了解决从外部导入多种文件后的格式转换。目前软件不仅支持从 Catia、Solidworks、UG、Pro/E、CAXA 等三维建模软件导出的三维文件格式，还支持从电子图版、ACAD 等二维绘图软件导出的二维文件格式
导入零件	在空白的工程文件中导入想要进行加工的零件
导入工具	在空白的工程文件中导入需要进行作业的工具
导入底座	在空白的工程文件中导入机器人需要的底座

项目名称及标识	说　明
导入轨迹	从外部导入一条轨迹。这条外部导入的轨迹可能是自己之前生成的，也能是别人软件生成
生成轨迹	在导入的零件上生成我们需要的轨迹
选择机器人	在空白的工程文件中导入需要工作的机器人
仿真	模拟真实机器人的工作路径和姿态
后置	RobotArt 通过后置处理生成的运行文件有两种格式，分别是以 .src 和 .dat 为后缀的程序文件。机器人可以直接读取这些程序文件，并进行轨迹加工处理
示教器	根据所选择的机器人品牌加载相应的模拟示教器，通过示教器功能，离线模拟机器人的示教过程
选项	通过选项可以对生成的轨迹以及相应的轨迹点进行操作
新建坐标系	可以重新建立一个工件坐标系
工件校准	使虚拟环境中工件的位置和现实环境中工件的位置保持一致
三维球	在虚拟环境中对工件进行平移及旋转
测量	测量工件的长度
管理树	可以对导入的零件、工具、机器人以及生成的轨迹进行操作
控制面板	显示机器人各轴的角度及机器人的坐标
新手向导	介绍一些快捷键和常用功能
帮助	软件的各个功能的详述
关于	产品的说明，版本号和切换账号

2) 【自由设计】菜单选项

该选项面板的功能模块用于绘制三维模型使用，如图 5-3 所示。

图 5-3　RobotArt 软件的【自由设计】命令界面

3) 【工具箱】菜单选项

【工具箱】菜单中功能选项用于对机器人的零件等进行定位、检查和基本操作，如图 5-4 所示。

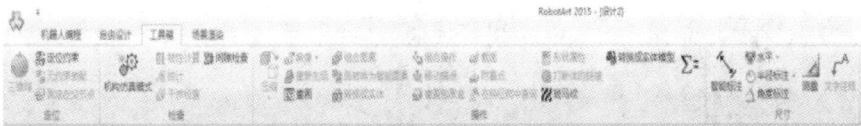

图 5-4　RobotArt 软件的【工具箱】命令界面

4) 【场景渲染】菜单选项

【场景渲染】提供了丰富的功能，可用于渲染零件、工作台、机器人等场景中的可见物体，利用场景渲染菜单可以把绘图区里的对象进行不同的场景设置，以满足个人的不同喜好，同时还提供了针对整个场景的环境渲染工具，方便制作出漂亮的宣传图与动画，如图 5-5 所示。

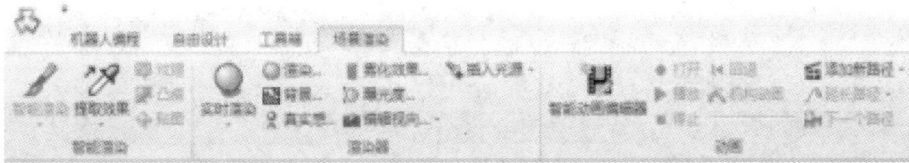

图 5-5　RobotArt 软件的【工具箱】命令界面

2. 模型树界面

RobotArt 软件界面的左侧面板又称模型树界面，面板是以树形结构来显示的，如图 5-6 所示。

1) 【设计环境】面板

【设计环境】面板如图 5-7 所示，如果该结构树的某个项目左边出现"+"或"-"号，单击该符号可显示出设计环境中更多/更少的内容。例如，单击某个零件左边的"+"号可显示该零件的图素配置和历史信息。

在"设计树"中单击一个对象的名称或图标，被选择的对象的名称会加亮显示，如 全局坐标系 图标。单击鼠标左键再按 Shift 可以选择设计树中多个连续对象，单击鼠标左键按 Ctrl 可以选择设计树中多个不连续对象。

笔记

✍ 笔记

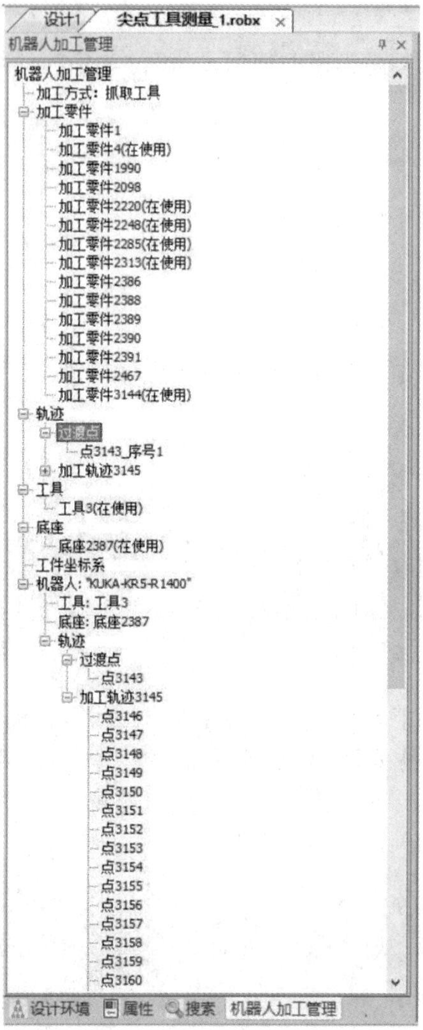

图 5-6　模型树界面

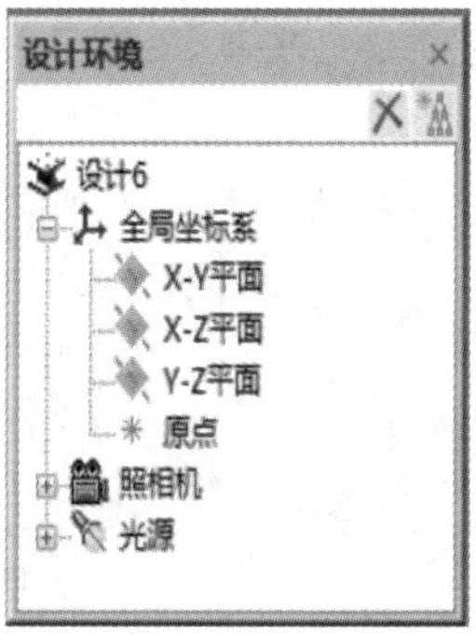

图 5-7　"设计环境"面板

2)【属性】面板

【属性】面板如图 5-8 所示，属性面板分为消息、动作、显示设置、渲染设置、选项设置等几项。【属性】面板各功能说明如表 5-3 所示。

表 5-3　【属性】面板各功能说明

序号	名称	说明
1	【消息】	显示当前操作等的相关操作提示
2	【动作】	可以对绘图区的实体进行选项、拉伸、旋转、扫面、放样等操作
3	【显示设置】	显示零件/隐藏/轮廓/光滑边，显示光源/相机/坐标系统/包围盒尺寸/位置尺寸。该显示设置项是多选项，可同时选择多个选项
4	【渲染设置】	设置场景的渲染，进行场景设置
5	【选项设置】	可设置 Acis 或者 Parasolid 两种类型

3) 【搜索】面板

【搜索】面板如图 5-9 所示，在搜索面板中可以快速地完成各种类型的搜索。

图 5-8 【属性】面板

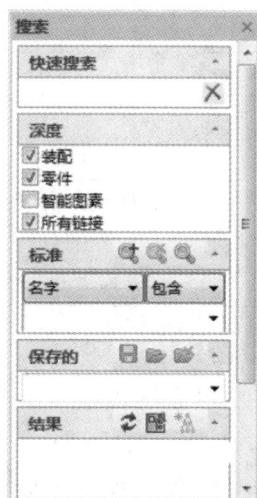

图 5-9 【搜索】面板

4) 【机器人加工】管理面板

【机器人加工】管理面板如图 5-10 所示，管理项包括：加工方式、加工零件、轨迹、工具、底座、工件坐标系及与机器人有关的机器人、工具、底座、轨迹等几项，其作用如表 5-4 所示。

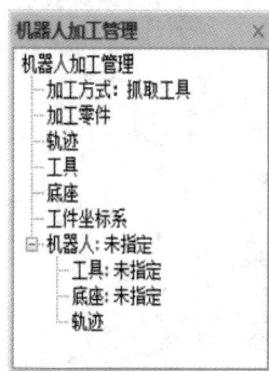

图 5-10 【机器人加工】管理面板

表 5-4 　【机器人加工】管理面板

序号	名称	说　　明
1	加工方式	生产加工过程一般具有两种方式,分别为抓取工具和抓取零件(即为抓取工件)。默认情况为抓取工具
2	加工零件	显示绘图区中已导入的零件或工件,可同时导入多个零件或工件
3	轨迹	使用【生成轨迹】功能可生成一条轨迹,轨迹以轨迹组形式管理,该轨迹组中包含了该轨迹中所有的轨迹点,右击轨迹组可以对轨迹组及轨迹点进行各种操作
4	工具	显示绘图区中已导入的工具,同一个设计文件中只允许导入一个工具
5	底座	显示绘图区中已导入的底座
6	工件坐标系	工件坐标系是配合"机器人编程"菜单以及【新建坐标系】使用的,用户可自行建立自定义的工件坐标系
7	机器人	显示当前使用的机器人的名称及型号,机器人也是唯一的,单击机器人前面的"+"号展开显示当前导入的工具名称、底座名称、轨迹等相关信息

3. 【绘图】界面

【绘图】界面是 RobotArt 软件的显示区域,用户导入的所用模型,包括机器人、工具、工件、零件等都会显示在这里,对零件等实体进行的相应操作也是在绘图区进行的。总而言之,在这个区域可以直观直接地对实体进行操作,类似于 Word 中的页面视图,所见即所得。绘图界面如图 5-11 所示的蓝色背景区域。

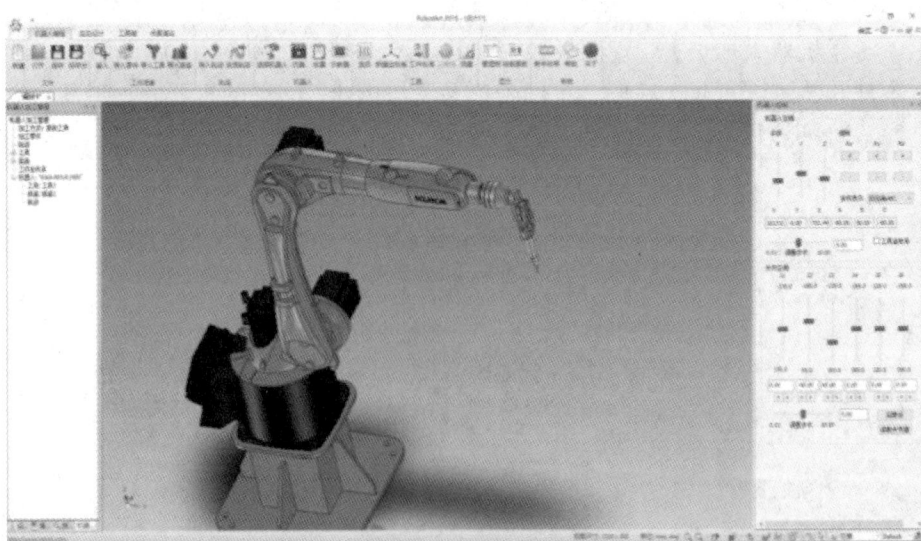

图 5-11 　【绘图】界面

4.【控制】界面

【控制】界面即机器人控制面板，该面板内容分为两类：机器人空间控制面板，关节空间控制面板。机器人控制面板如图 5-12 所示。

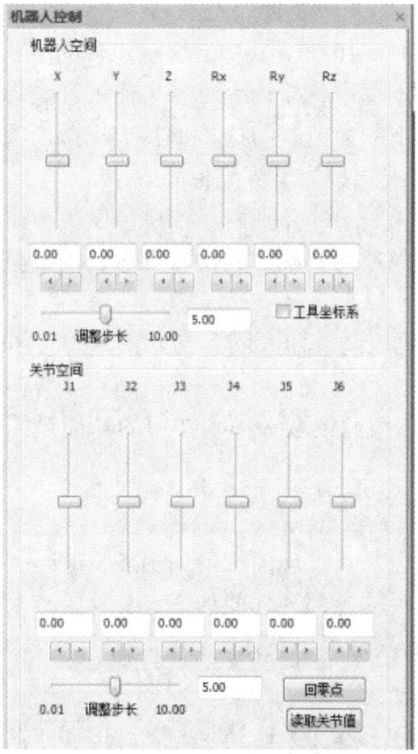

图 5-12　【机器人控制】面板

5.【机器人空间项】面板

【机器人空间项】面板中有 X、Y、Z、Rx、Ry、Rz 六个控制参数，即为笛卡尔坐标系参数，其中 X、Y、Z 三个参数代表机器人 TCP 点在坐标系中的当前位置，Rx、Ry、Rz 三个参数代表机器人在坐标系中 X、Y、Z 的旋转值，其原理如图 5-13 所示。

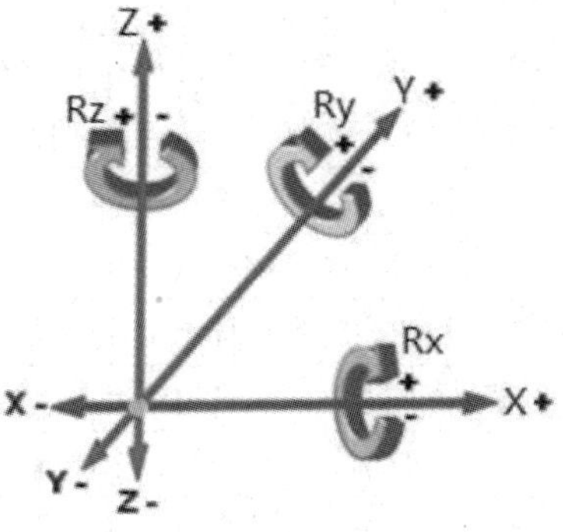

图 5-13　机器人空间项参数控制示意图

笔记

(1)【机器人空间项】参数控制条下文本框实时显示表示机器人当前姿态的准确数值，空间项参数的调整具有两种方法：

① 直接拖动滑块进行调整；

② 点击正负按钮来进行微调。

步长的范围为 0.01~10.00。其中，调整步长的方式有两种：直接拖动滑块来进行调整；在文本框中直接输入"步长值工具坐标系"选项，则参数数值表示在世界坐标系下的数值；勾选"工具坐标系选项"，则为工具坐标系。RobotArt 软件默认情况选项为世界坐标系。

(2) 关节空间项。J1~J6 分别表示六自由度关节机器人从底部往上的六个活动关节，关节空间项的调整方式，以及步长的调整方式同机器人空间项参数控制方式一致。

(3) 回零。当需要控制机器人回到初始位置时，点击"回零点"按钮即可回到初始位置。

(4) 读取关节值按钮。读取关节值按钮的功能是用于加载软件外部的关节数值。

6.【仿真】界面

【仿真】界面即为仿真管理面板，如图 5-14 所示。与图 5-14 中的序号相对应，仿真管理面板的各部分功能如表 5-5 所示。

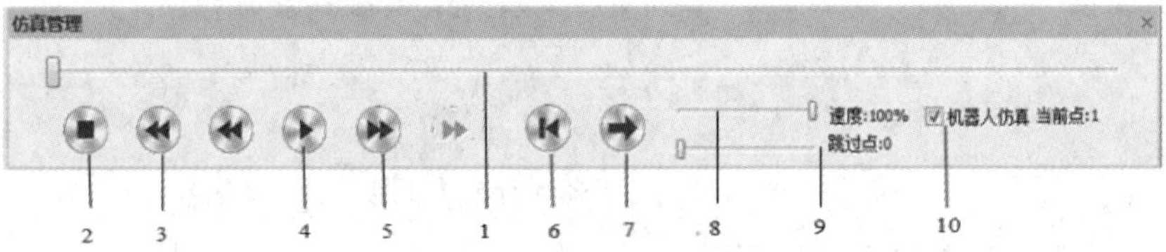

图 5-14　仿真管理面板

表 5-5　仿真管理面板各部分功能

序号	名　称	说　明
1	进度条	显示加工仿真进度，可任意拖拽
2	重置开始	点击按钮，仿真过程重新运行
3	上一点	点击按钮，仿真过程运行到上一个点
4	播放和暂停	点击播放，仿真运行。点击暂停，仿真暂停运行
5	下一点	点击按钮，仿真过程运行到下一个点
6	重置	点击按钮，仿真过程从头开始
7	循环	点击按钮，仿真过程结束后自动从头开始运行
8	速度	显示仿真速度，可拖拽调节
9	跳过点	跳过点的个数，可拖拽调节(模糊仿真，加快仿真速度)
10	机器人仿真	不勾选，是工具仿真。勾选，是机器人仿真(如果没有添加工具，则只能勾选机器人仿真)

根据实际情况，让学生在教师的指导下进行技能训练。

二、三维球仿真软件基本操作

1. 三维球的基本操作

绘图区的三维球是一个非常杰出和直观的三维图素操作工具。作为强大而灵活的三维空间定位工具，它可以通过平移、旋转和其他复杂的三维空间变换精确定位任何一个三维物体；同时三维球还可以完成对智能图素、零件或组合件生成拷贝、直线阵列、矩形阵列和圆形阵列的操作功能。

三维球可以附着在多种三维物体之上。在选中零件、智能图素、锚点、表面、视向、光源、动画路径关键帧等三维元素后，可通过单击快速启动栏上的三维球工具按钮打开三维球，使三维球附着在这些三维物体之上，从而方便地对它们进行移动、相对定位和距离测量。

2. 三维球的结构

默认状态下，三维球的形状如图 5-15 所示。

三维球在空间中有三个轴、一个中心点、内外分别有三个控制柄。图 5-15 中序号所对应的功能如表 5-6 所示。

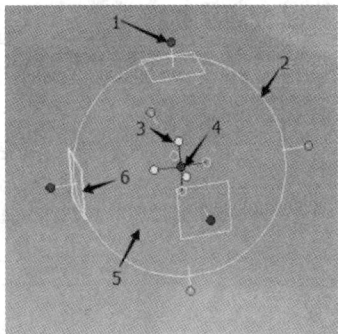

图 5-15　三维球的形状

表 5-6　三维球各部分功能

序号	名称	说　明
1	外控制柄(约束控制柄)	单击它可用来对轴线进行暂时的约束，使三维物体只能进行沿此轴线上的线性平移，或绕此轴线进行旋转
2	圆周	拖动这里，可以围绕三维球的中心对物体进行旋转
3	定向控制柄(短控制柄)	用来将三维球中心作为一个固定的支点，进行对象的定向。主要有两种使用方法： (1) 拖动控制柄，使轴线对准另一个位置； (2) 右击鼠标，然后从弹出的菜单中选择一个项目进行定向
4	中心控制柄	主要用来进行点到点的移动。使用的方法是将它直接拖至另一个目标位置，或右击鼠标，然后从弹出的菜单中挑选一个选项。它还可以与约束的轴线配合使用
5	内侧	在这个空白区域内侧拖动进行旋转。也可以右击鼠标这里，出现各种选项，对三维球进行设置
6	二维平面	拖动这里，可以在选定的虚拟平面中移动

三维球拥有三个外部约束控制手柄(长轴)、三个定向控制手柄(短轴)、一

个中心点。在软件的应用中，它主要的功能是解决软件的应用中元素、零件，以及装配体的空间点定位，空间角度定位的问题。其中长轴是解决空间约束定位；短轴是解决实体的方向；中心点解决定位。

一般的条件下，三维球的移动、旋转等操作中，鼠标的左键不能实现复制的功能；鼠标的右键可以实现元素、零件、装配体的复制功能和平移功能。在软件的初始化状态下，三维球最初是附着在元素、零件、装配体的定位锚上的。尤其对于智能图素，三维球与智能图素是完全相符的，三维球的轴向与图素的边、轴向完全是平行或重合的。三维球的中心点是与智能图素的中心点是完全重合的。三维球与附着图素的脱离通过单击空格键来实现。当三维球脱离后，再移动到规定的位置，一定要再点击一次空格键，附着三维球。

以上所述是默认状态下三维球的设置。当三维球附在指定对象上时的状态如图 5-16 所示。

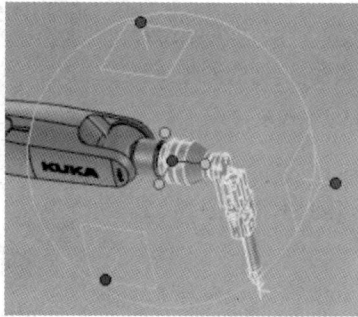

图 5-16　三维球附在机器人末端工具

在绘图区任意位置单击鼠标右键，在弹出的快捷菜单选项可对三维球进行其他设置，如图 5-17 所示。选择"显示所有操作柄"后，三维球外形如图 5-18 所示。

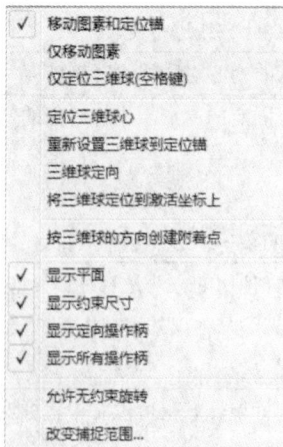

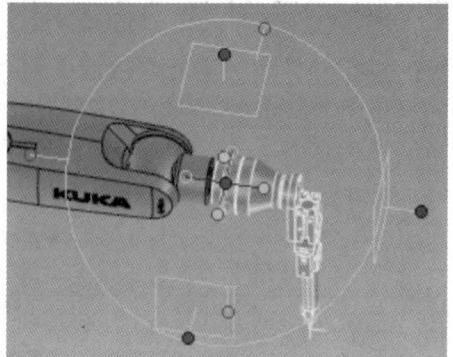

图 5-17　三维球参数设置选项窗口　　图 5-18　显示所有操作柄后三维球的外形图

选择"允许无约束旋转"后，再将鼠标放到三维球内部时，鼠标变成如图 5-18 所示的形状，此时三维球附着的三维物体可以围绕三维球中心更自由地旋转，而不必局限于围绕从视点延伸到三维球中心的虚拟轴线旋转。

为三维球的位置和方向发生变化后，当前的位置和方向默认被记住。

3. 三维球的重新定位

激活三维球时，可以看到三维球附着在半圆柱体上。这时移动圆柱体图素时，移动的距离都是以三维球中心点为基准进行的。但是有时需要改变基准点的位置，例如：希望图中的圆柱体图素绕着空间某一个轴旋转。那么这种情况该如何处理呢？这就涉及三维球的重新定位功能。

具体操作如下：点取零件，单击三维球工具打开三维球，按空格键，三维球将变成白色，如图 5-19 所示。这时移动三维球的位置，改变三维球与物体的相对位置，如图 5-20 所示。此时移动三维球，实体将不随之运动，当将三维球调整到所需的位置时，再次按空格键，三维球变回原来的颜色，此时即可以对相应的实体继续进行操作。

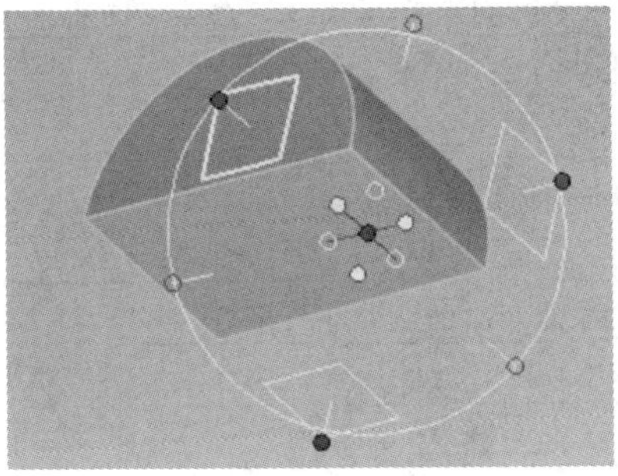

图 5-19　三维球与物体的初始位置 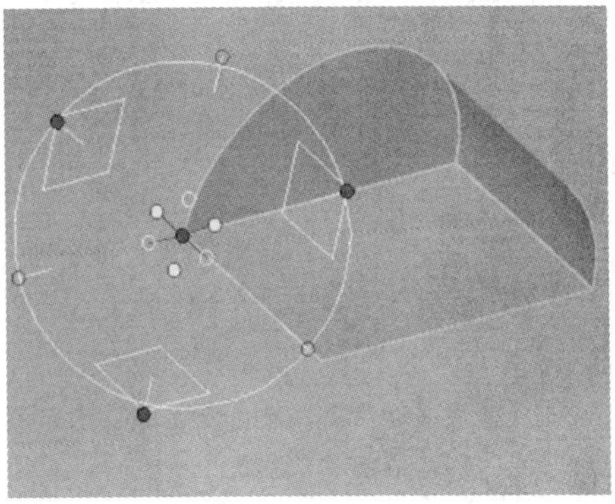　图 5-20　变白后改变三维球与物体的相对位置

4. 三维球中心点的定位方法

三维球的中心点，可进行点定位。图 5-21 所示为三维球中心点的右键菜单，其功能见表 5-7。

表 5-7　三维球中心点的右键菜单功能

序号	名称	说　明
1	编辑位置	选择此选项，可弹出位置输入框输入相对父节点锚点的 X、Y、Z 三个方向的坐标值
2	按三维球的方向创建附着点	按照三维球的位置与方向创建附着点。附着点可用于实体的快速定位、快速装配
3	创建多份	此项有两个子选项："拷贝"与"链接"，含义与前述相同；选择此选项后，按 P 然后回车则创建一个实体的拷贝或链接，然后拖动三维球将拷贝或链接定位
4	到点	选择此选项，可使三维球附着的元素移动到第二个操作对象上的选定点
5	到中心点	选择此选项，可使三维球附着的元素移动到回转体的中心位置
6	到中点	选择此选项，可使三维球附着的元素移动到第二个操作对象上的中点，这个元素可以是边、两点或两个面

✍ 笔记

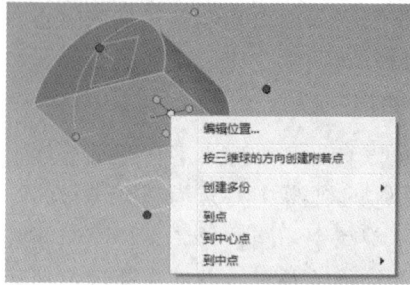

图 5-21　右击三维球中心点出现的命令

5. 三维球定向控制手柄

选择三维球的定向控制手柄,右击鼠标,定向控制手柄右键菜单如图 5-22 所示,其功能见表 5-8。

表 5-8　定向控制手柄右键菜单功能

序号	名称	说　明
1	编辑方向	指当前轴向(黄色轴)在空间内的角度,用三维空间数值表示
2	到点	指鼠标捕捉的定向控制手柄(短轴)指向到规定点
3	到中心点	指鼠标捕捉的定向控制手柄指向到规定圆心点
4	到中点	指鼠标捕捉的定向控制手柄指向到规定中点,可以是边的中点、两点间的中点、两面之间的中点
5	点到点	指鼠标捕捉的定向控制手柄与两个点的连线平行
6	与边平行	指鼠标捕捉的定向控制手柄与选取的边平行
7	与面垂直	指鼠标捕捉的定向控制手柄与选取的面垂直
8	与轴平行	指鼠标捕捉的定向控制手柄与柱面轴线平行
9	反转	指三维球带动元素在选中的定向控制手柄方向上转动180°
10	镜向	指用三维球将实体以选取的短手柄方向上、未选取的两个轴所形成的面做面镜向(包括移动、拷贝、链接)

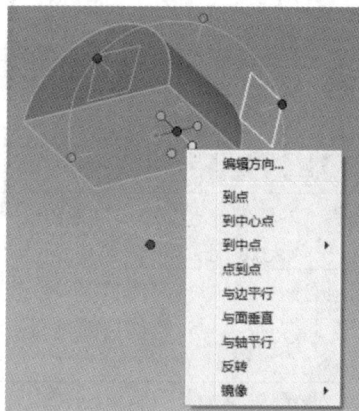

图 5-22　右击短控制柄出现的命令

6. 修改三维球配置选项

由于三维球功能繁多,因此它的全部选项和相关的反馈功能在同一时间是不可能都需要的。因而，软件中允许按需要禁止或激活某些选项。

　　如果要在三维球显示在某个操作对象上时修改三维球的配置选项，可在设计环境中的任意位置右击鼠标，如图 5-23 所示，弹出菜单中有几个选项是缺省的。在选定某个选项时，该选项在弹出菜单上的位置旁将出现一个复选标记，三维球上可用的配置选项见表 5-9。

表 5-9 三维球上可用的配置选项功能

序号	名称	说　　明
1	移动图素和定位锚	如果选择了此选项，三维球的动作将会影响选定操作对象及其定位锚。此选项为缺省选项
2	仅移动图素	如果选择了此选项，三维球的动作将仅影响选定操作对象；而定位锚的位置不会受到影响
3	仅定位三维球(空格键)	选择此选项可使三维球本身重定位，而不移动操作对象。此选项可使用空格键快捷激活
4	定位三维球心	选择此选项可把三维球的中心重定位到指定点
5	重新设置三维球到定位锚	选择此选项可使三维球恢复到缺省位置，即操作对象的定位锚上
6	三维球定向	选择此选项可使三维球的方向轴与绝对坐标轴(X、Y、Z)对齐
7	显示平面	选择此选项可在三维球上显示二维平面
8	显示约束尺寸	选定此选项时，软件将显示实体件移动的角度和距离
9	显示定向操作柄	此选项为缺省选项。选择此选项，将显示三维球的定向控制柄
10	显示所有操作柄	选择此选项，三维球轴的两端都将显示出定向控制手柄和外控制柄
11	允许无约束旋转	欲利用三维球自由旋转操作对象，则可选择此选项
12	改变捕捉范围	利用此选项，可设置操作对象重定位操作中需要的距离和角度变化增量。增量设定后，可在移动三维球时按住 Ctrl 键激活此功能选项

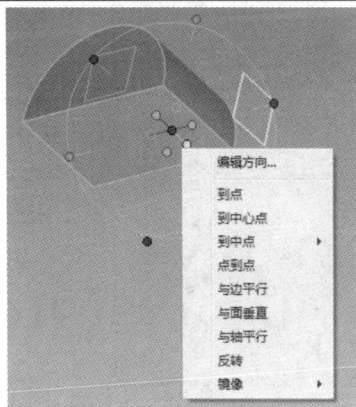

图 5-23 三维球配置选项

7. 三维球工具定位操作实例

图 5-24 是两个半圆柱体，通过三维球的操作将两个半圆柱体组成为一个完整的圆柱体，操作前如图 5-24 所示，操作后达到如图 5-25 所示的效果，其操作步骤见表 5-10。

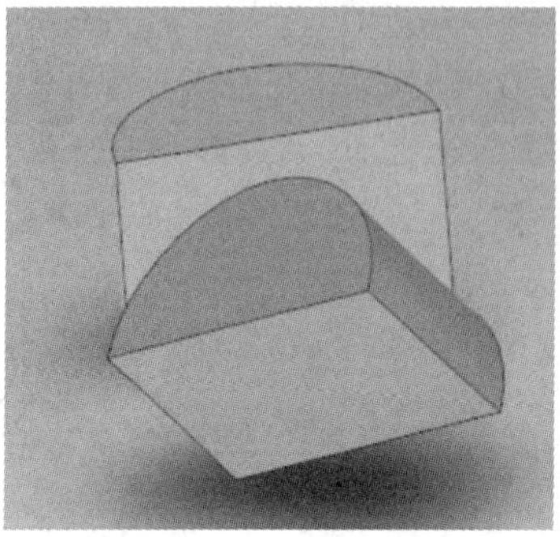

图 5-24　未贴合前的两个半圆柱

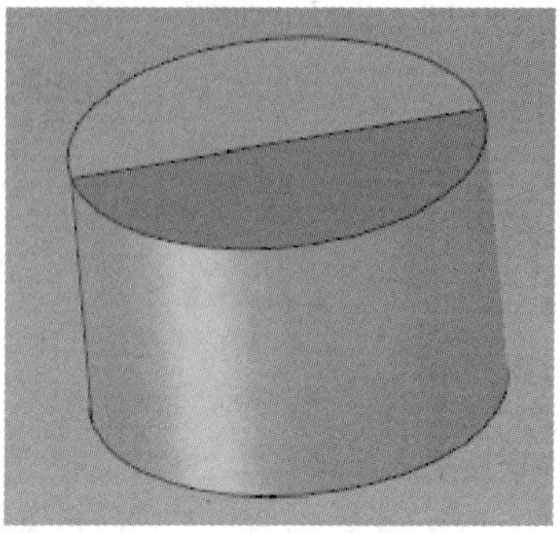

图 5-25　贴合后的完整的圆柱体

表 5-10　圆柱贴合操作步骤

操作 步骤	顺序	图　示	说　明	
1	1		单击黄色半圆柱，会呈现高亮状态	将黄色的半圆柱与平面垂直。注意：按下空格键改变三维球的状态
	2	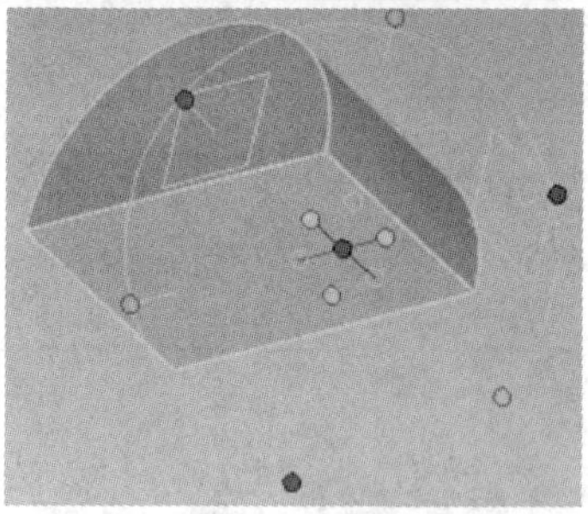	点击机器人编程控制面板中的三维按钮，三维球附着在黄色的半圆柱上	
	3	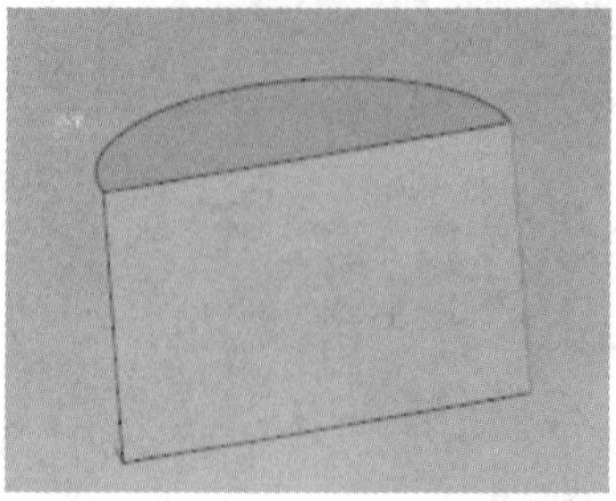	右击三维球内部蓝色的短柄，选择与边平行的命令，选择灰色半圆柱的一条边	

操作步骤	顺序	图 示	说 明	
1	4	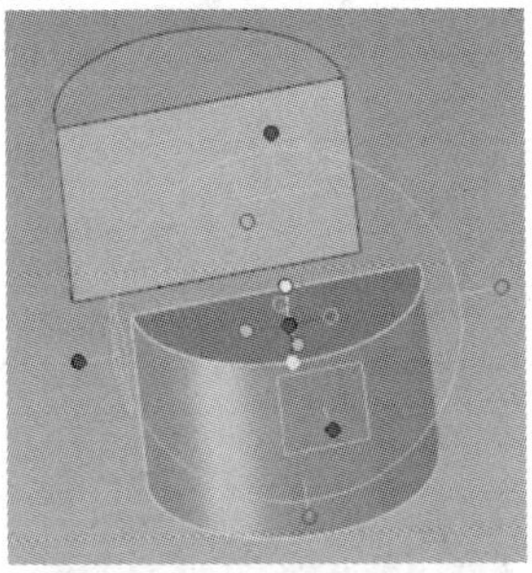	操作完顺序 3 后黄色的半圆柱就竖直立起，如图所示黄色半圆柱的位置	
2	5	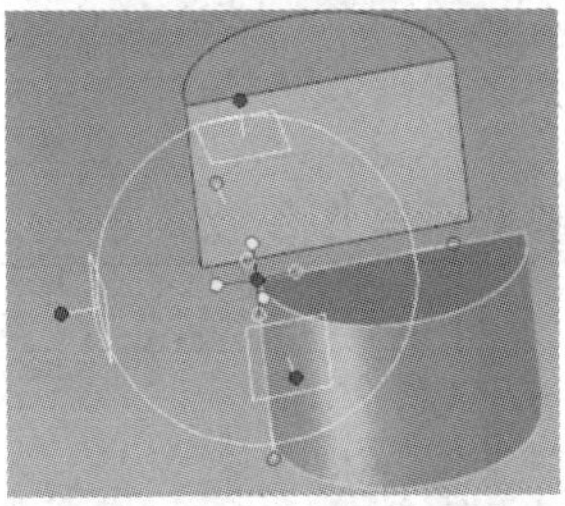	改变三维球的状态，按空格键三维球变白，右击三维球的中心点，选择运动到点，运动到如图所示的位置	将黄色的半圆柱体与灰色的半圆柱体合并为一个完整的圆柱体。注意：① 顺序 5 图中三维球变白是改变三维球与附着物体的相对位置，即物体不改变位置，三维球进行移动；② 顺序 6 图中三维球变蓝，即是改变三维球所附着的物体的位置，物体随着三维的移动而移动
	6	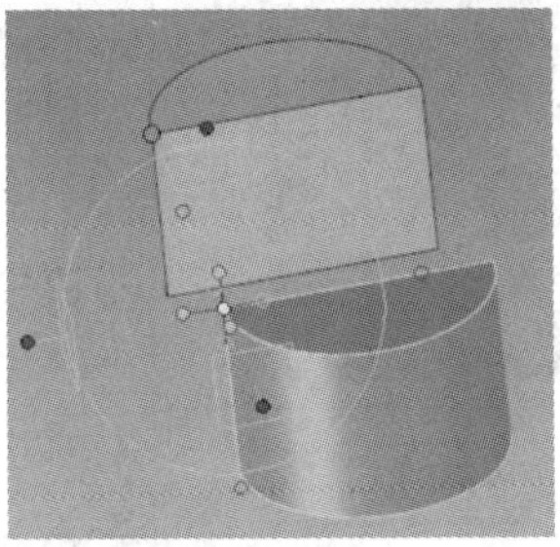	按下空格键三维球变蓝，单击三维球的中心点选择运动到点，选择如图所示的灰色半圆柱绿色点	
	7	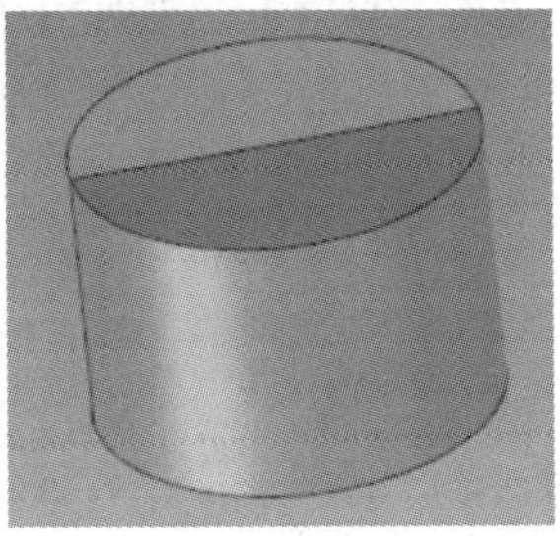	完成上面顺序后两个半圆柱体就合并为一个圆柱体了	

📹 **任务扩展**

Staubli 机器人 TCP 较准方式

1. 工具示教

通过 LasMAN-PC 程序发送指令，LasMAN-CS8C 进入各个模块的操作。

✎ 笔记　按"F1～F8"功能键进入相应的界面，工具示教界面如图5-26所示。

```
1 Info            100%
─LasMAN->工具示教───

F1 参考工具
F2 示教工具第一点
F3 示教工具第二点
F4 示教工具第三点
F5 示教工具第四点
F6 示教工具第五点
F7 计算
F8 退出
```

图5-26　工具示教界面该界面为工具示教界

2. 示教参考点

示教参考点操作步骤见表5-11。

表5-11　示教参考点操作步骤

示教点	步骤	图　示	说　明
示教第一点	1		首先安装参考工具到第六轴法兰上，然后按"参数"(F7)键输入参考工具的参数。使用"对齐"(F5)可使参考工具的Z轴与机器人的World坐标系(世界坐标系)的Z轴方向重合。移动机器人使工具中心点TCP)对准参考尖点，尽量保证轴线一致。点击"记录"F6，记录工具参考点，确认无误后，点击"首页"(F8)返回示教工具
	2. 示教参考点主界面	```1 Info S 100%\n─LasMAN->示教工具-第一点─\n改变工具姿态，移动TCP到参考点！\nF6-->记录工具\nx: 0 rx: -0\ny: 0 ry: -0\nz: 100 rz: 0\n 记录 首页```	
示教第二点	1		改变机器人姿态，点击F6，记录工具第二点，确认无误后，点击F8返回示教工具页面，选择其他示教点步骤2所示

示教点	步骤	图　　示	说　明
示教第二点	2	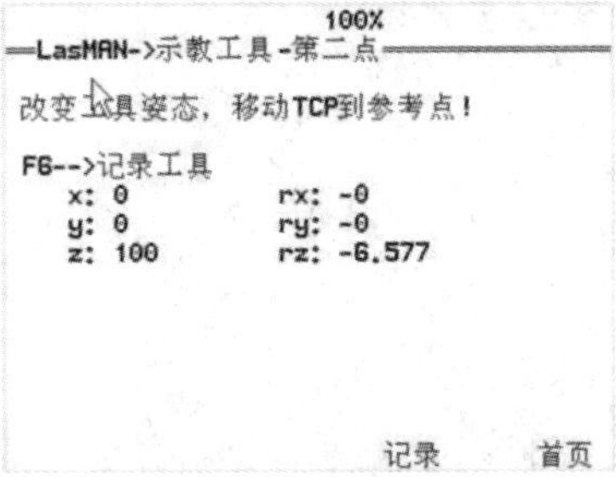	
示教第三点	1		改变机器人姿态，点击 F6，记录工具第三点，确认无误后，点击 F8 返回示教工具页面，选择其他示教点。如步骤 2 所示
	2	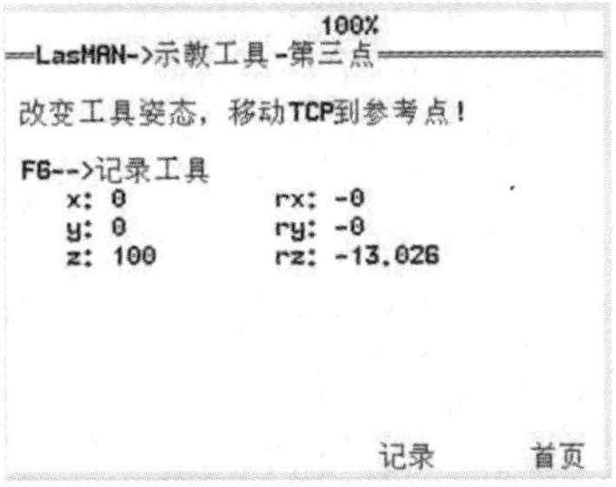	
示教第四点	1	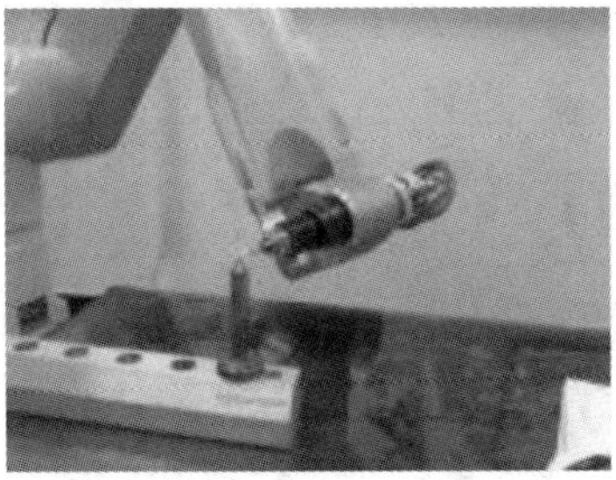	改变机器人姿态，点击 F6，记录工具第四点，确认无误后，点击 F8 返回示教工具页面，选择其他示教点，步骤 2 所示
	2	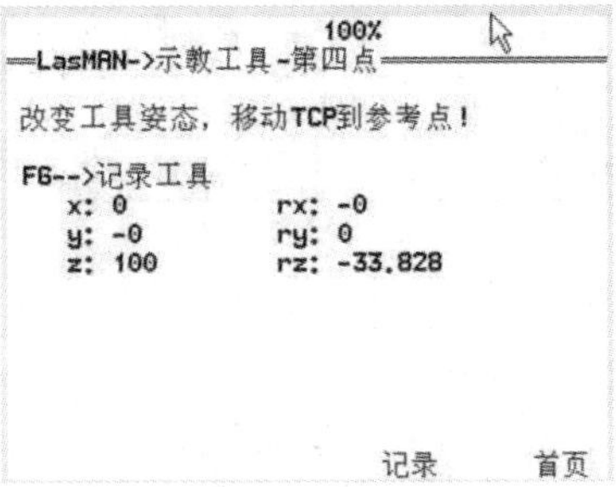	

📝 笔记

示教点	步骤	图　示	说　明
示教第五点	1		改变机器人姿态，点击F6，记录工具第五点，确认无误后，点击F8返回示教工具页面，选择其他示教点。如步骤2所示
	2	═LasMAN->示教工具-第五点═ S　100% 改变工具姿态，移动TCP到参考点！ F6--›记录工具 x: 0　　rx: 1.085 y: -0　　ry: 1.14 z: 100　　rz: -30.873 记录　首页	
计算工具		═LasMAN->示教工具-计算工具平均值═ 100% 工具平均值已经计算完成！ x: 0　　rx: -0 y: -0　　ry: 0 z: 100　　rz: -0 结束　首页	在工具示教主页面上选择"计算"(F7)，我们得到工具的平均值。按"首页"(F8)返回主页面
保存工具		═LasMAN->示教工具-计算工具平均值═ 100% 工具平均值已经计算完成！ x: 0　　rx: -0 y: -0　　ry: 0 z: 100　　rz: -0 结束　首页	在计算工具平均值页面按"结束"(F7)保存工具值。若上位机保存超时，那么工具值将会保存在"ToolWrite"文件中

🎥 任务巩固

对该软件进行练习。

任务二　工业机器人工作站系统构建

📷 工作任务

如图 5-27 所示，选择 KUKA 工业机器人建立工作站。

(a) KUKA 工业机器人

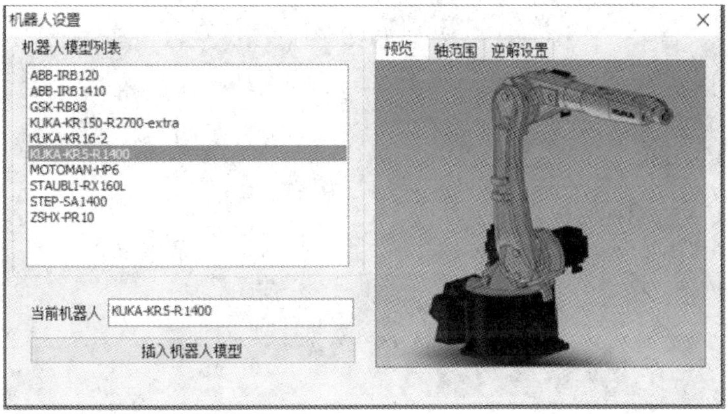

(b) 机器人界面

图 5-27　选择工业机器人

课程思政

必备精神
　自我革命精神。

📷 任务目标

1. 掌握导入机器人的方法；
2. 能对工业机器人进行设置；
3. 掌握准备工具的方法；
4. 掌握准备工件的方法。

笔记

技能训练

任务实施

根据实际情况，让学生在教师的指导下进行技能训练。

一、准备机器人

1. 导入机器人

以导入 KUKA 机器人为例，机器人本体选用 KUKA 公司的 KR5-R1400 机器人本体。

运行 RobotArt 软件，单击"机器人编程"菜单中的【选择机器人】按钮，弹出如图 5-27(b) 所示窗口，选择机器人模型列表中的"KUKA-KR5-R1400"型号，窗口右侧可预览显示该型号机器人外形图、轴范围、逆解参数设置栏。

单击【插入机器人模型】按钮，导入 KUKA 的 KR5-R1400 机器人，如图 5-28 所示。

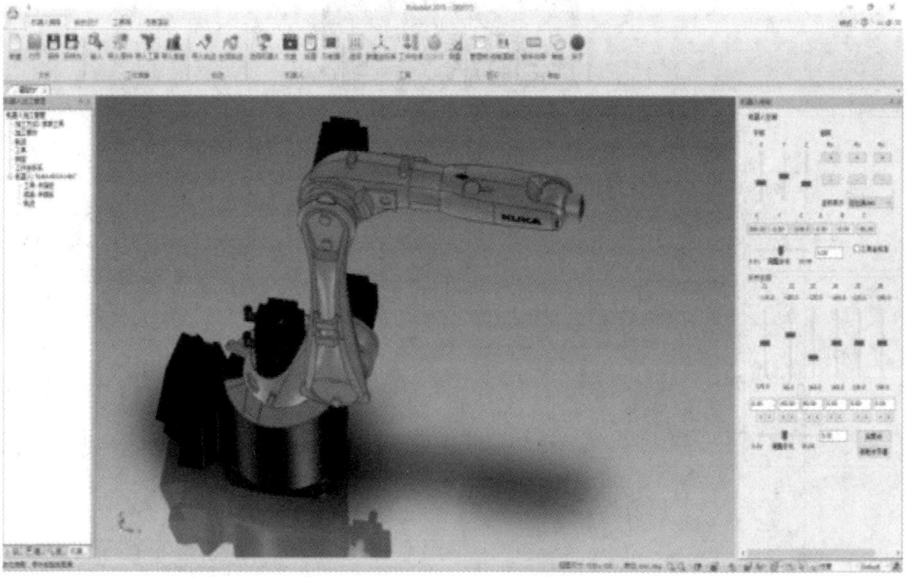

图 5-28　KUKA 的 KR5-R1400 机器人

2. 机器人设置

以 KUKA-KR5-R1400 机器人为例，机器人有 6 个关节，如图 5-29 所示，最大值与最小值分别表示机器人关节可旋转最大范围，例如 JT1 轴范围从 −170° 至 170°，同理我们可知其他关节轴的运动范围，关节空间面板窗口与机器人参数配置保持一致，如图 5-30 所示。

机器人设置窗口中的逆解设置选项主要用于配置新机器人操作，含有的功能包括对机器人进行向前、向后、向上、向下、不旋转、翻转操作，如图

5-31 所示。操作步骤见表 5-12 所示。

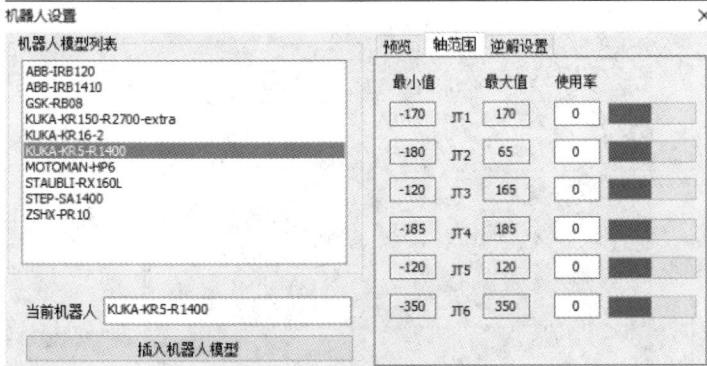

图 5-29 机器人轴范围设置

图 5-30 关节控制面板

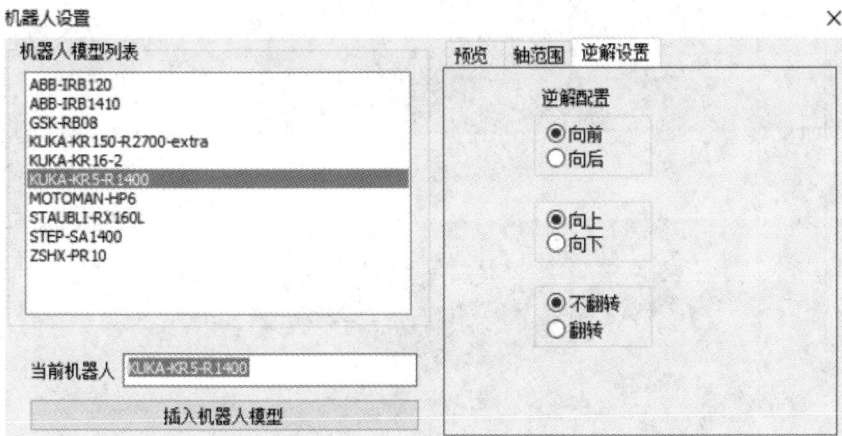

图 5-31 机器人逆解设置

笔记

表 5-12 操 作 步 骤

序号	操作	图　　示	说　　明
1	向前,向后	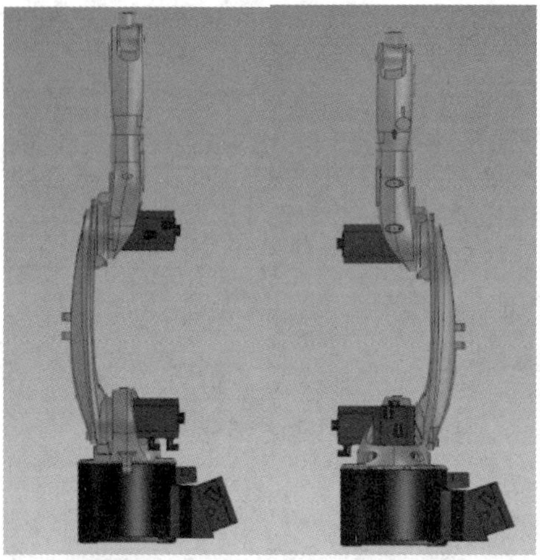	表示机器人 BASE 轴不动,顶端位置固定,它可以通过前后运动其他轴到达此点
2	向上,向下	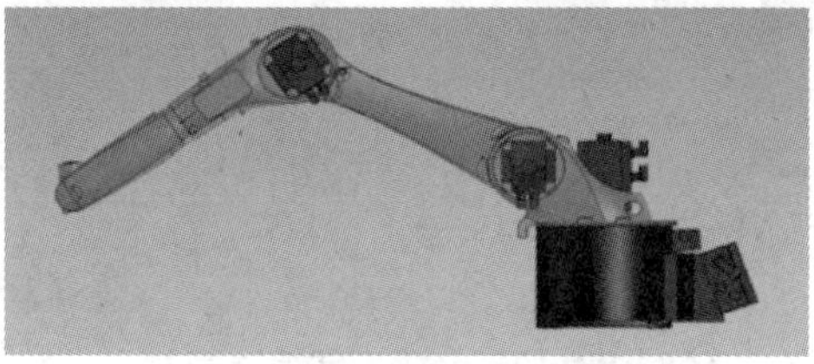 	表示机器人 BASE 轴不动,顶端位置固定,它可以通过上下运动其他轴到达此点
3	不翻转,翻转	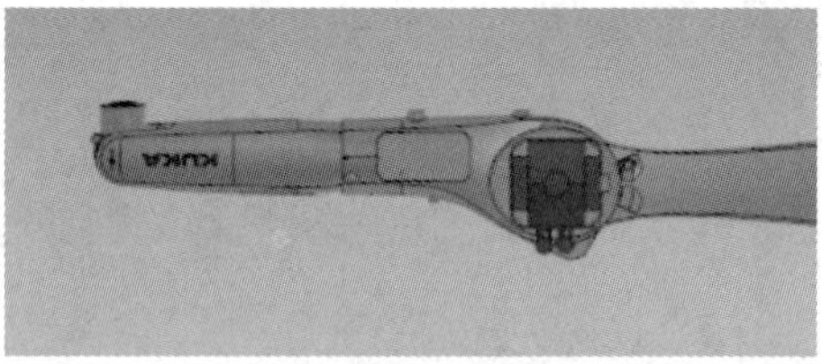 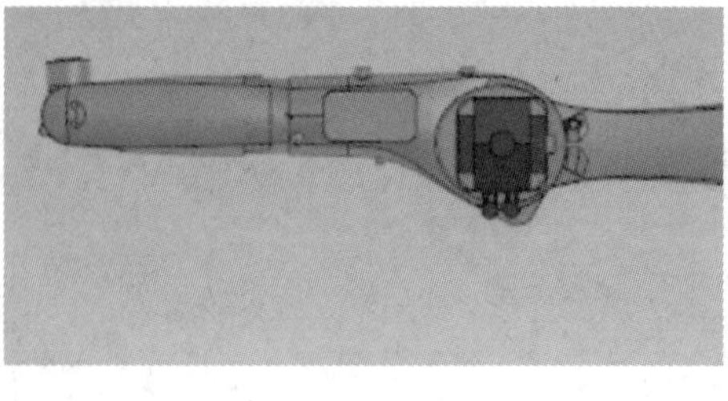	表示机器人 BASE 轴不动,顶端位置固定,它可以通过翻转与不翻转运动其他轴到达此点

二、准备工具

1. 导入工具

单击"机器人编程"菜单中的【导入工具】按钮,弹出如图 5-32 所示窗口,选中需要导入工具,然后单击打开。

图 5-32　机器人工具导入

在弹出的导入工具的对话框中,选择工具 "ATI 径向向浮动打磨头.ics" 文件,如图 5-33 所示。

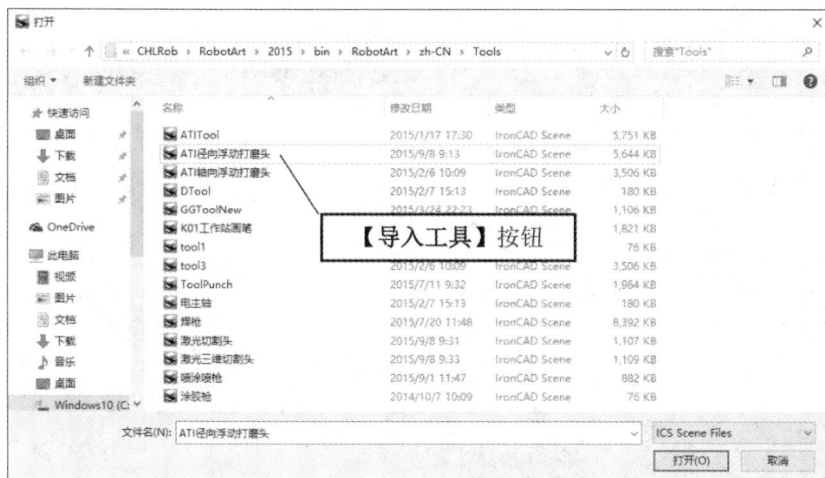

图 5-33　选择导入工具界面

由于"ATI 径向浮动打磨头"是已经配置好的工具,因此,RobotArt 软件导入工具文件后,绘图区显示该工具直接装配在机器人末端位置,如图 5-34 所示。注:如果该工具没有配置过,则需要经过设置安装点和 TCP 点,将工具安装到机器人末端。

图 5-34 工具装配到机器人末端

2. 自定义工具

1) 工具模型的外部导入

RobotArt 软件中能导入的数据文件格式有：IGES、STEP 等常用 CAD 软件的数据文件。在"机器人编程"菜单选项中，单击【输入】按钮，即可在空白工程文件中导入需要进行加工的零件，并对其进行选择，如图 5-35 所示。

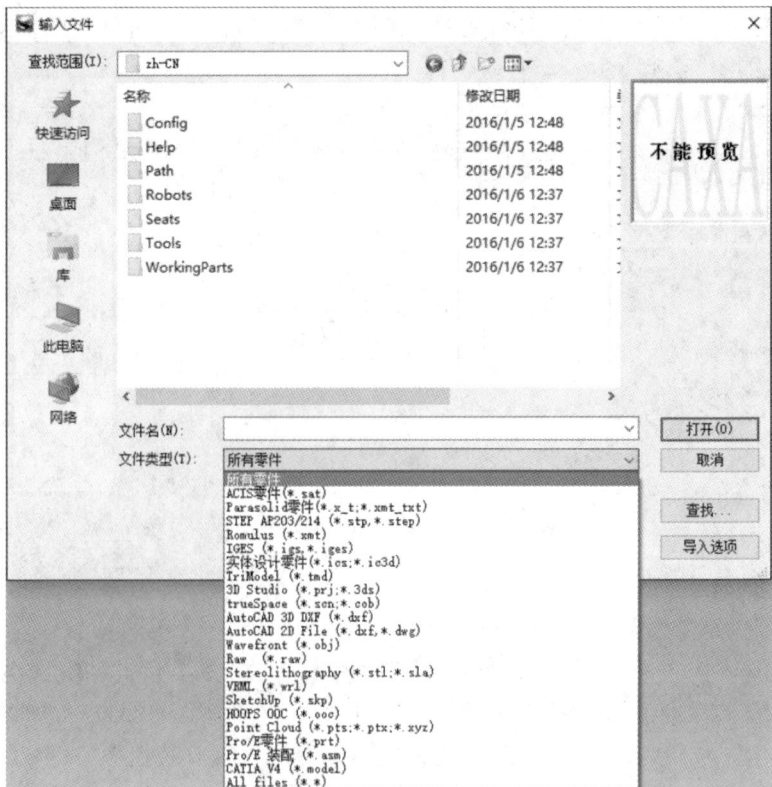

图 5-35 新工具模型的导入

如图 5-36 所示，新导入工具的模型文件选择"ATI 径向浮动打磨头"工
具文件。

图 5-36 新工具模型的导入

在空白工程文件中导入"ATI 径向浮动打磨头"工具后，如图 5-37 所
示，将工具放在合适位置并单击鼠标左键确认。

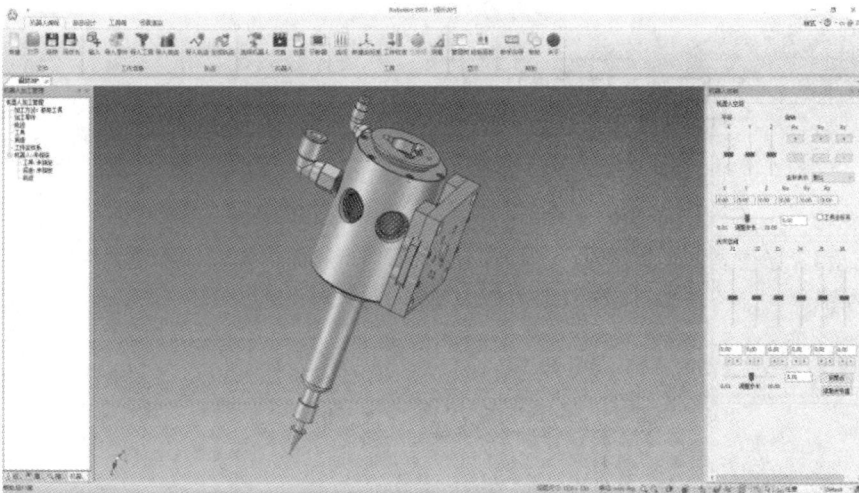

图 5-37 导入工具模型

2) 设置工具的安装点和 TCP 点

在 RobotArt 软件中，工具的安装点和 TCP 点是通过在零件上设置"附
着点"来配置工具在机器人法兰上位置和姿态参数的。工具箱中的"附着点"
按钮如图 5-38 所示(注：当没有选中工具时，按钮标识为灰色状)，新工具"附
着点"的设置及操作步骤如下：

图 5-38　设置附着点界面

(1) 首先，在"设计环境"中的设计文件的特征树上，用鼠标单击"ATI 径向浮动打磨头"工具，如图 5-39 所示，绘图区中工具整体颜色显示为被选中状态。

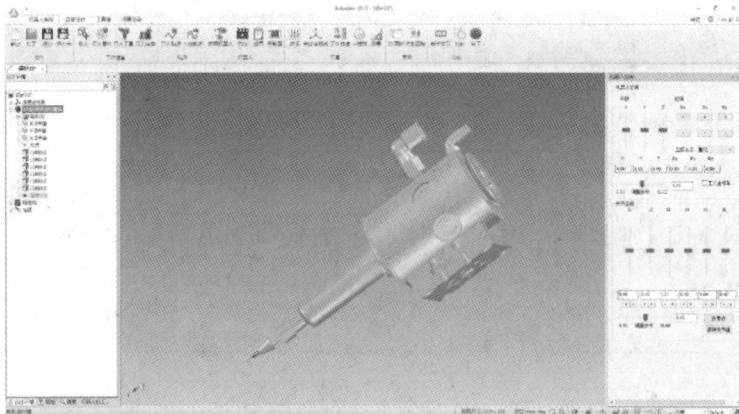

图 5-39　设置附着点

(2) 如图 5-40 所示，"工具箱"中【附着点】按钮属于激活状态，单击【附着点】按钮。

图 5-40　设置附着点控制面板

(3) 在模型的相应位置放置"附着点"，如图 5-41 所示，并设置"附着点"的名称。注意：安装位置的附着点名称应设置为"FL"。

图 5-41　在模型上设置安装附着点并命名

(4) 设置工具的 TCP 点使用与图 5-41 同样的方法，将"附着点"设置在工具末端点，如图 5-42 所示，将附着点名称命名为"TCP"。注意：工具的 TCP 点的附着点名称应设置为"TCP"。

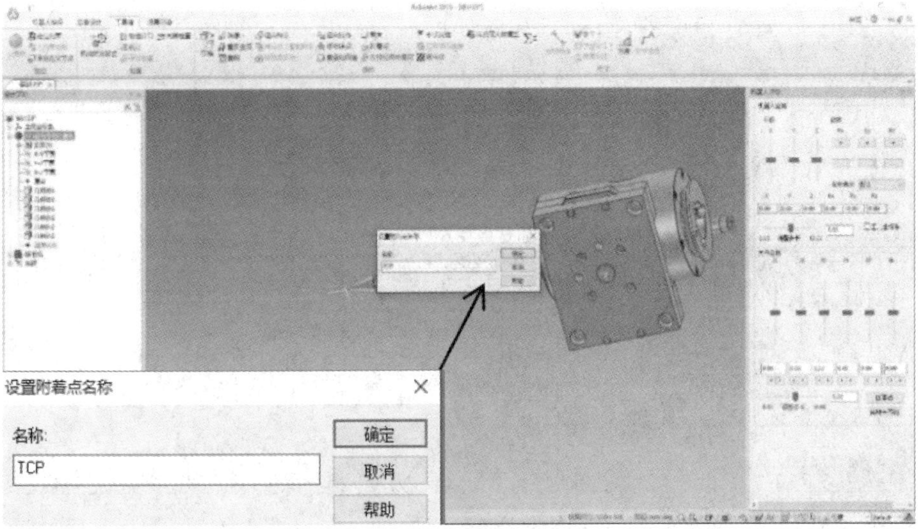

图 5-42　设置 TCP 附着点

(5) 将已设置好安装位置点和 TCP 点的工具文件，另存为工具定义文件，如图 5-43 所示，另存为"ATITool.ics"工具文件。

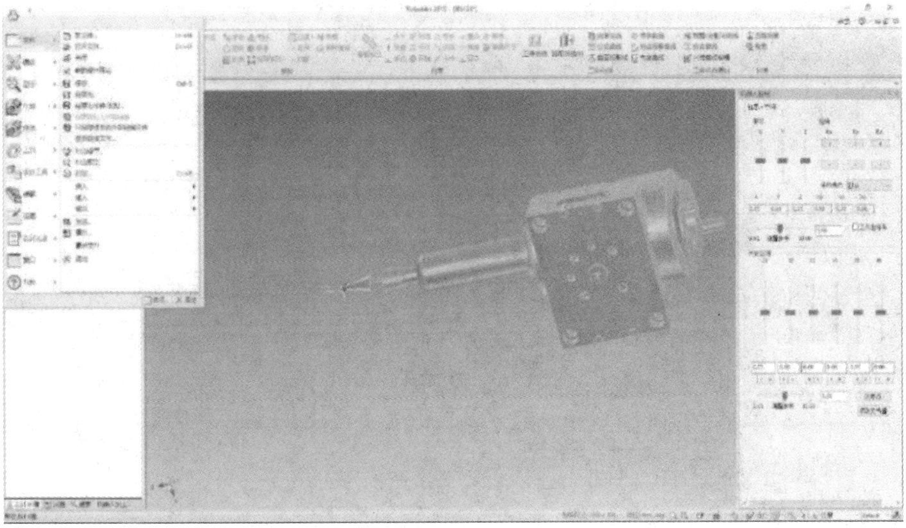

图 5-43　保存工具文件

工匠精神

工 匠 精 神是 2016 年 政府 工 作 报 告新词。促进消费品工业增品种、提品质、创品牌，更好满足群众消费升级需求。

3. 工具设置

工具定义时附着点位置和姿态的修改。

1) 工具附着点的显示

(1) 在 RobotArt 软件中，机器人工具附着点的状态默认显示是关闭的，

✍ 笔记　如图 5-44 所示，因此当需要修改附着点时，首先需要显示并找到需要修改的附着点及其位置。

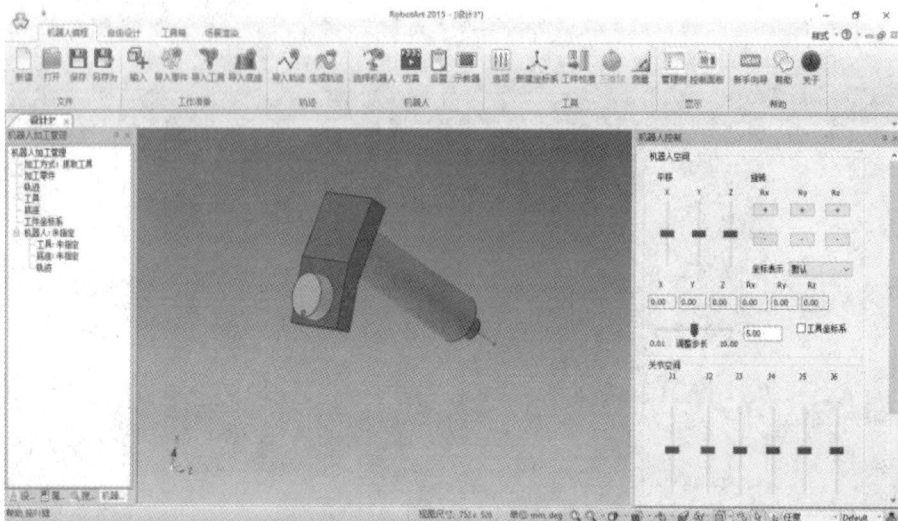

图 5-44　默认设置

(2) 如图 5-45 所示，在绘图区空白区域单击鼠标右键，弹出功能选项，然后单击【显示所有】。

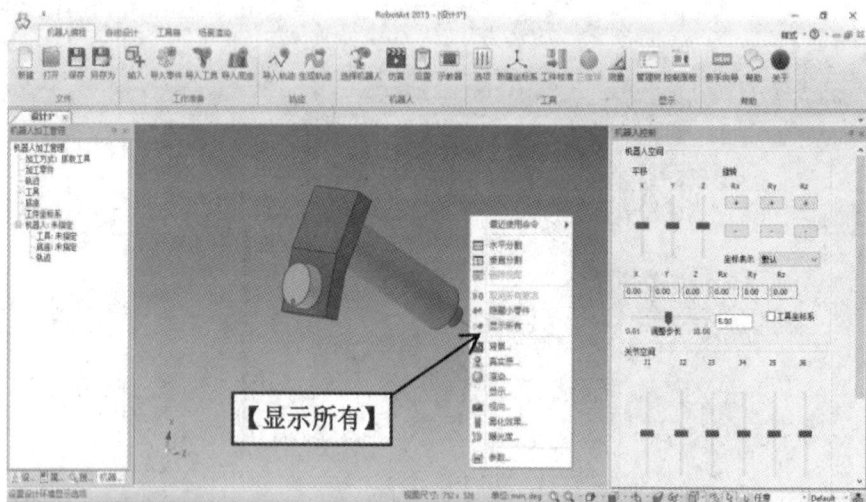

【显示所有】

图 5-45　显示附着点控制界面

(3) 图 5-46 所示为单击【显示所有】后弹出的设计环境属性窗口，窗口默认将"显示"功能区显示出来，"附着点"选项处于未勾选状态。

(4) "附着点"选项勾选后，工具安装位置和 TCP 点的附着点位置显示出来，如图 5-47 所示。

图 5-46　设计属性窗口界面

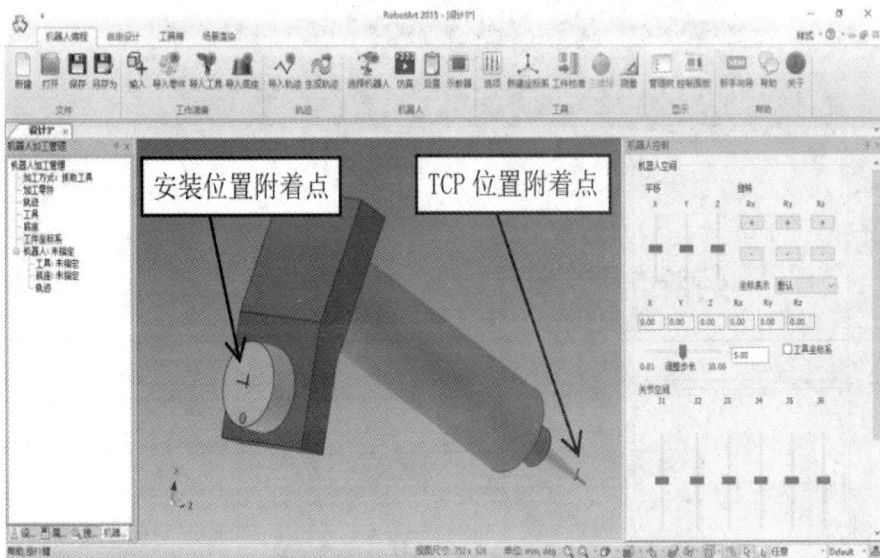

图 5-47　显示附着点界面

2) 工具附着点的选择

(1) 在"设计环境"中的设计文件的特征树上,用鼠标单击所要选择工具名称,图 5-48 所示工具上的附着点为蓝色。

✎ 笔记

图 5-48　选择附着点控制界面

(2) 当鼠标移动到附着点附近时，工具附着点附近会出现手形标识表示已经选择到附着点，如图 5-49 所示。

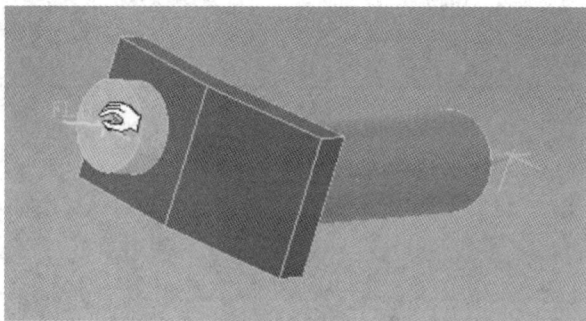

图 5-49　附着点已选择

3) 修改附着点

修改附着点的操作如表 5-13 所示。

表 5-13　修改附着点位置操作

操作	步骤	图　　示	说　　明
修改附着点位置	1		选中工具附着点后，单击鼠标右键，弹出如图所示的选项菜单，选项中包含删除附着点、设置附着点的名称、锁定附着点、自动打开三维球四个选项，然后单击选择【自动打开三维球】

✍ 笔记

操作	步骤	图 示	说 明
修改附着点位置	2	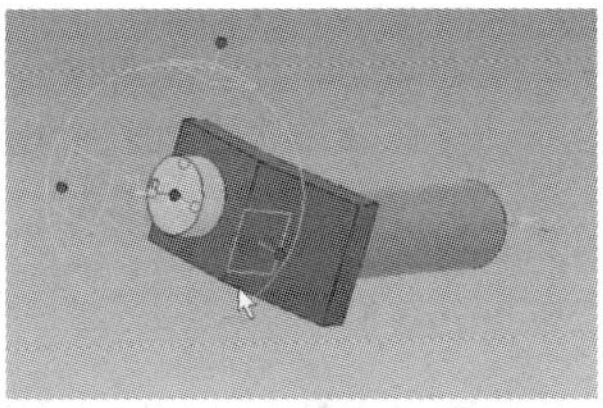	如图所示，三维球的中心点与工具附着点重合成为一体
	3	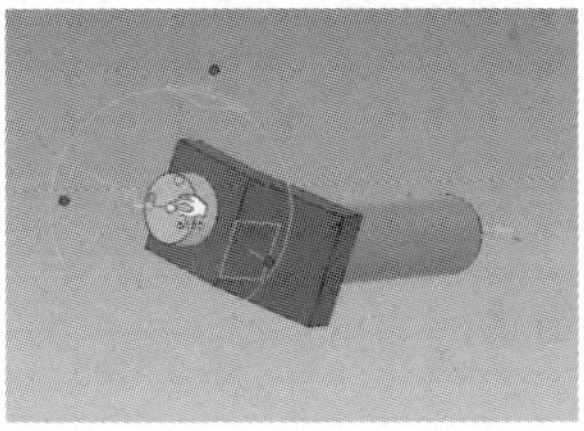	如图所示，鼠标成手状外形，按住鼠标左键拖动三维球位置，则工具附着点位置随之移动
	4	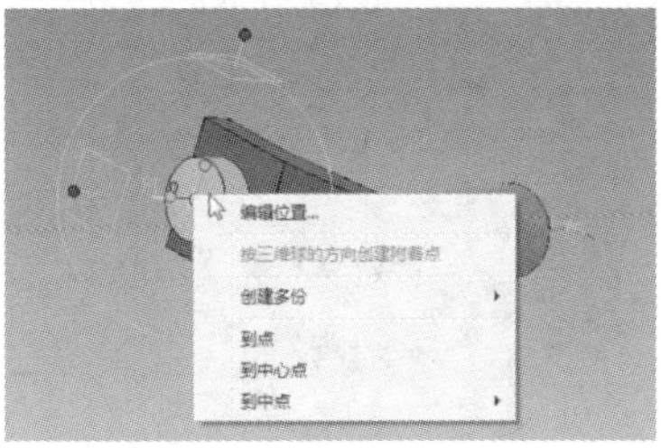	如图所示，在工具附着点附近单击鼠标右键，则弹出编辑附着点的菜单选项，包括手动输入编辑点位置、创建多份、到点、到中心点、到中点等，然后选择相应的功能选项即可实现工具附着点位置的修改
修改附着点的姿态	1	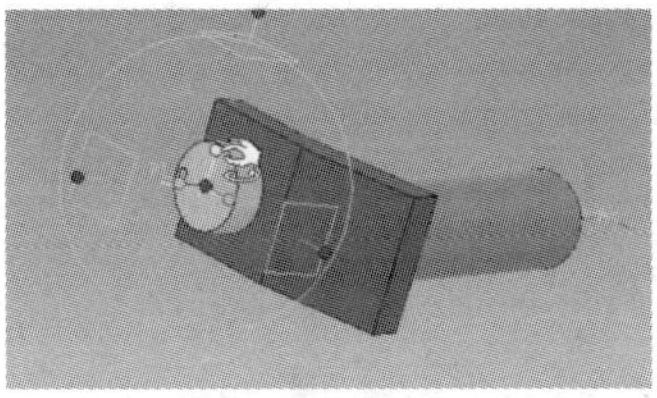	如图所示，当鼠标移动到某一个轴时，手状外形的鼠标附近出现旋转示意箭头
	2	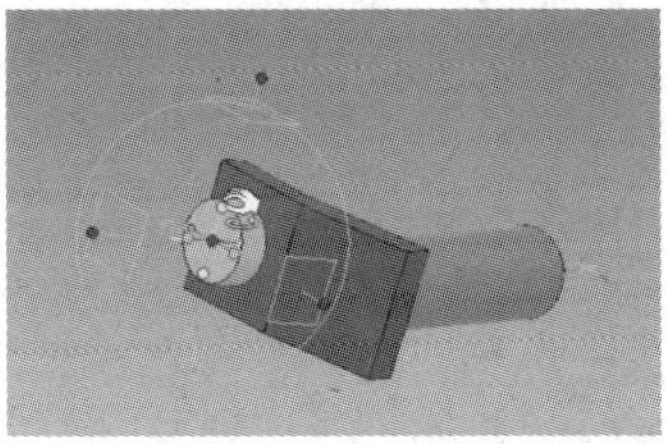	单击鼠标左键，三维球则会出现黄色轴线凸显状态，如图所示此时工具附着点可绕选中轴旋转
	3	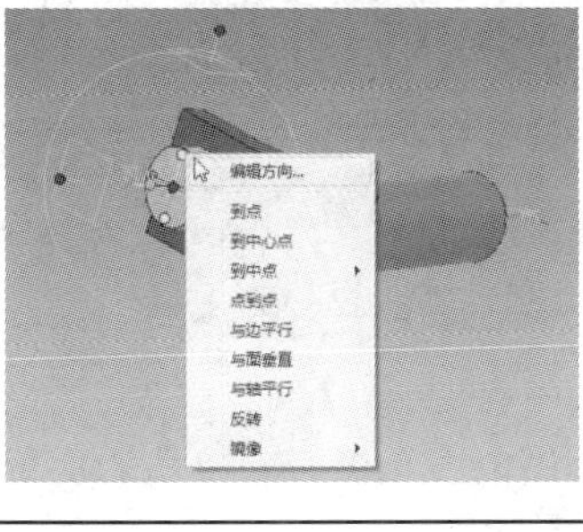	单击鼠标右键，弹出修改附着点菜单选项，如图所示，选择相应选项即可实现对工具附着点姿态的修改

三、准备工件

1. 导入工件

工业机器人离线编程目的是对工件(即零件)进行加工编程仿真，因此，需要将所要加工的工件导入到离线编程软件的绘图区内，如图 5-50 所示，单击"机器人编程"选项的【导入零件】按钮。

图 5-50　工件导入功能选择

(1) 导入零件对话窗口，如图 5-51 所示。

图 5-51　零件导入选择工件窗口

(2) 如图 5-52 所示，将工件"油盆"导入到绘图区内。

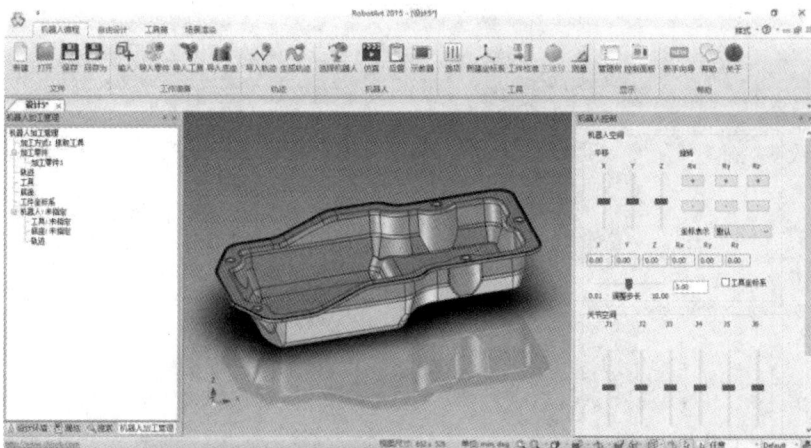

图 5-52　工件"油盆"在绘图区

2. 自定义工件

如图 5-53 所示，点击 按钮，弹出一系列功能选项，由此可以对导入工件进行设置和修改。

笔记

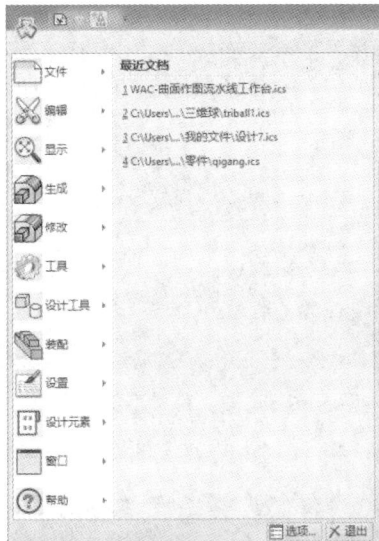

图 5-53　工件设置及修改界面

3. 工件校准

由于软件中工件与机器人、工具的相互位置与实际中有差异，因此需要对仿真工件进行实际校准。

(1) 如图 5-54 所示，单击"机器人编程"选项的【工件校准】按钮。

图 5-54　工件校准按钮

指定模型上三个点(注意：不要在一条直线上，选择比较有特征、现实中好测量容易辨识的点)。

(2) 以激光切割对象"汽车保险杠"工件为例，如图 5-55 所示，点击"工件校准"窗口中设计环境第一个点的【指定】按钮，然后在工件模型上选择一个点。

图 5-55　选取工件模型第一个点

(3) 如图 5-56 所示，指定工件模型上的第二个点。

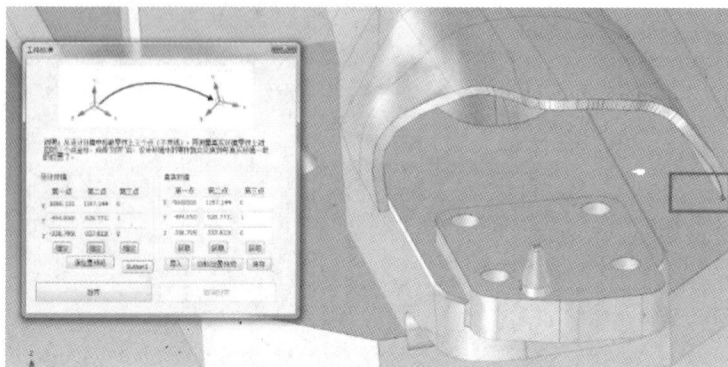

图 5-56　选取工件模型第二个点

(4) 如图 5-57 所示，指定工件模型上的第三个点。

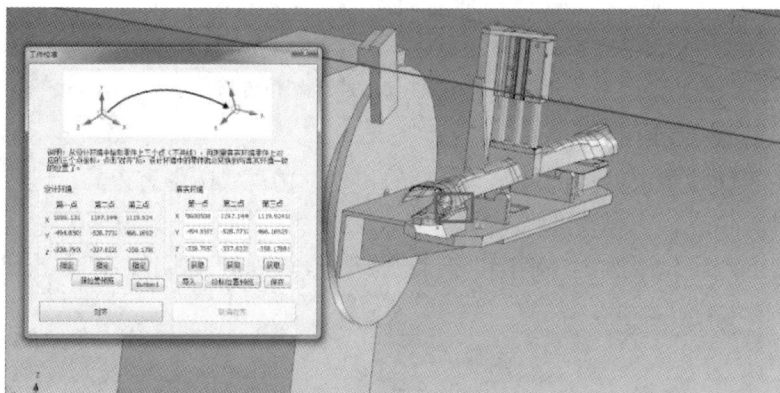

图 5-57　选取工件模型第三个点

(5) 如图 5-58 所示，将真实环境中与工件模型点相重合的三个点的实际测量数值填入对应输入框内，这样经工件校准后，软件环境与现实环境就设置成一致状态了。

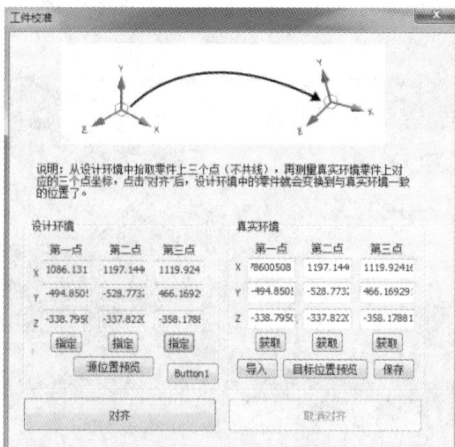

图 5-58　设计环境与真实环境中的三点值

📽 **任务扩展**

外 围 模 型

以导入工作台为例，如图 5-59 所示，点击输入按钮，导入结果如图 5-60 所示。

图 5-59　点击输入按钮

图 5-60　外围模型导入

📽 **任务巩固**

利用 RobotArt 离线编程软件，建立如图 4-51 所示的搬运工作站。

任务三　工业机器人系统工作轨迹生成

📽 **工作任务**

工业机器人具有一定的运动轨迹，其运动轨迹是由其应用要求所决定的。因此在工业机器人离线编程的过程中，生成运动轨迹是非常重要的。

笔记

任务目标

1. 掌握导入轨迹的方法；
2. 掌握生成轨迹的方法；
3. 能应用轨迹选项、轨迹操作命令、轨迹调整方法等。

任务实施

技能训练

根据实际情况，让学生在教师的指导下进行技能训练。

一、导入轨迹

单击导入轨迹 ，弹出如图 5-61 所示的对话框，根据需要选择相应的轨迹。

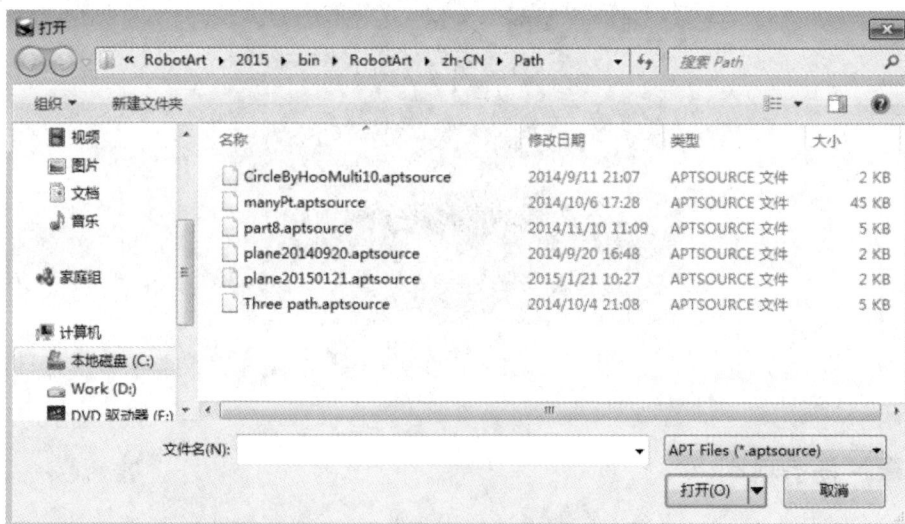

图 5-61 导入轨迹

二、生成轨迹

1. 沿着一个面的一条边

该类型是通过将三维模型的某个面的边的轨迹路径选择面作为轨迹的法向。该类型通过指定的一条边和其轨迹方向，加上提供轨迹法向的平面来确定轨迹，其操作步骤如表 5-14 所示。

表 5-14　沿着一个面的一条边操作步骤

步骤	图　　示	说　　明
1	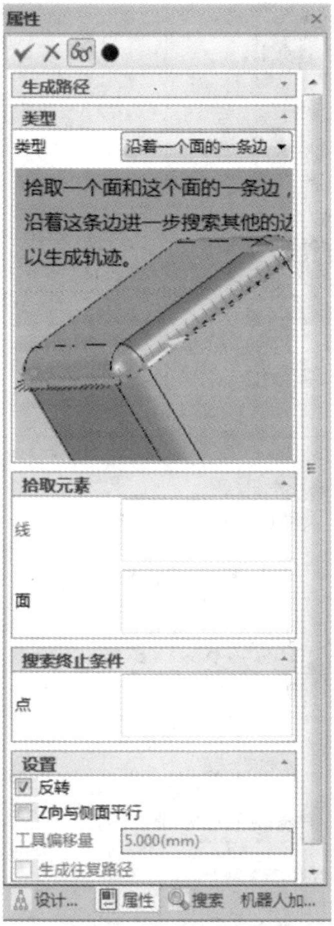	单击生成轨迹，左侧会出现如图所示的属性面板。 在属性面板的类型栏中选择【沿着一个面的一条边】，拾取元素栏中有线、面和点，红色代表当前工作状态
	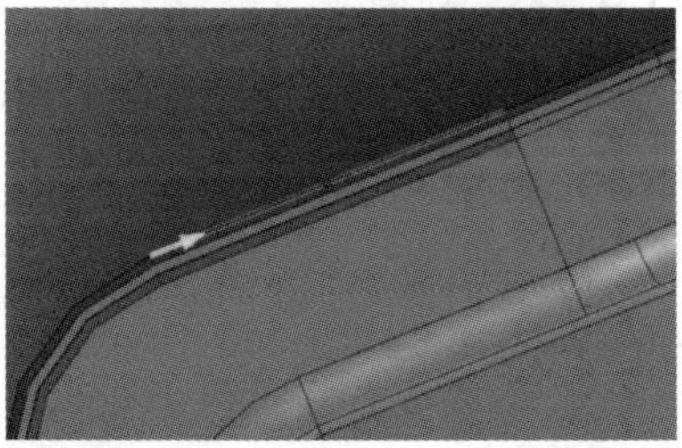	选择完类型后，用鼠标先选择所需要生成的轨迹中的一段平面的边(如图中成高亮状态的一条边)，并选择轨迹方向(点击小箭头可以更换方向)
2	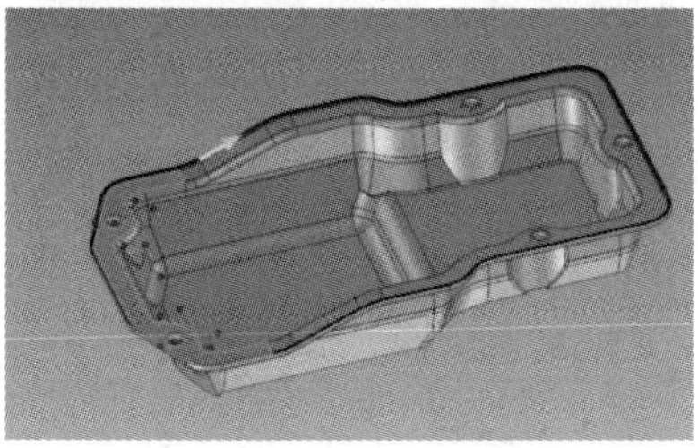	选择如图所示的一个提供轨迹法向的平面

步骤	图　　示	说　　明
3	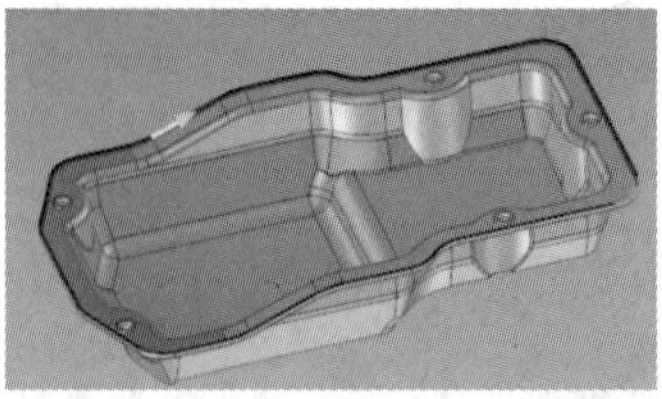	选择如图所示的终止点
4	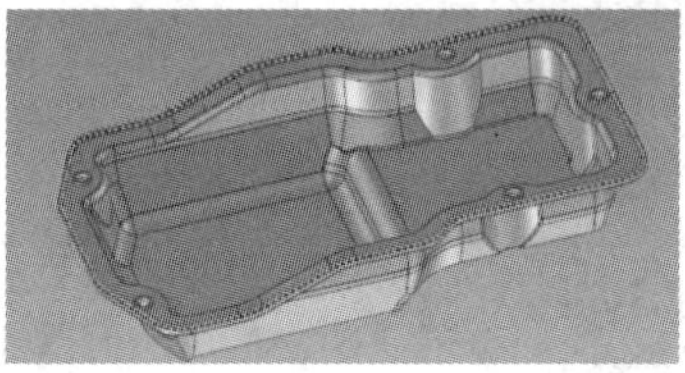	完成上述三步后点击确定，会自动生成如图所示的轨迹

2. 一个面的外环

该类型是通过将三维模型的某个面的边的轨迹路径，选择面作为轨迹的法向。当所需要生成的轨迹为简单单个平面的外环边时，可以通过这种类型来确定轨迹，其操作步骤如表 5-15 所示。

表 5-15　一个面的外环操作步骤

步骤		操　　作
1	说明	单击生成轨迹，在左侧弹出的属性面板中的类型栏中选择【一个面的外环】，之后可将鼠标放进操作页面。当鼠标停留在零件的某个面上时，会将面预选中，并将颜色转为绿色
	图示	
2	说明	点击鼠标左键，选中该面，并点击确定，轨迹路径将会被自动生成出来
	图示	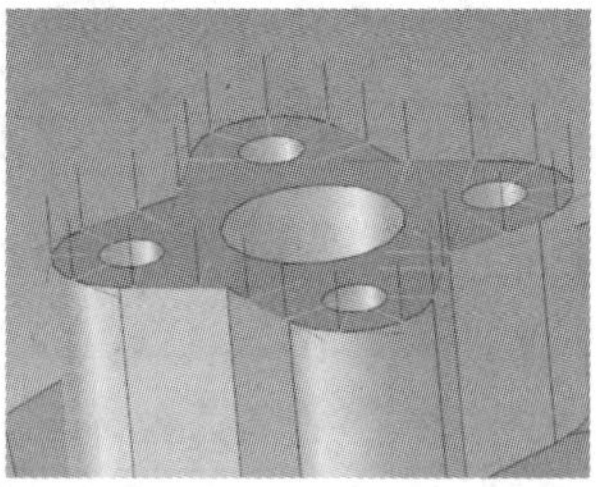

3. 一个面的一个环

这个类型与一个面的外环类型相似,但是比一个面的外环类型多个功能,主要是可以选择简单平面的内环,其操作步骤如表 5-16 所示。

表 5-16　一个面的一个环操作步骤

步骤	操　作	
1	单击生成轨迹,在左侧弹出的属性面板的类型中选择【一个面的一个环】,拾取零件的线和面	
2	说明	先选择如图所示的所要生成的轨迹的环
	图示	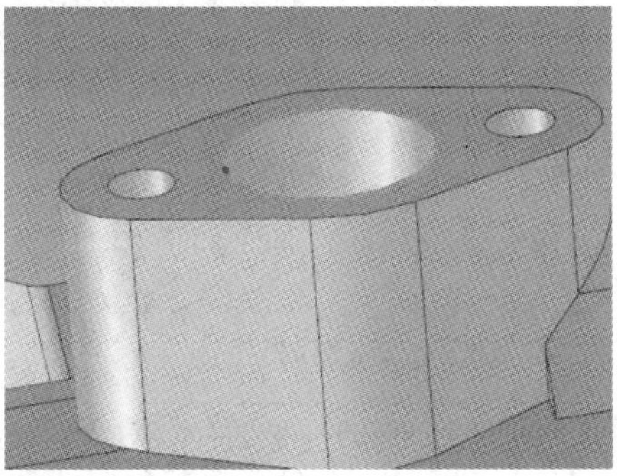
3	说明	接着再选择这个环所在的面
	图示	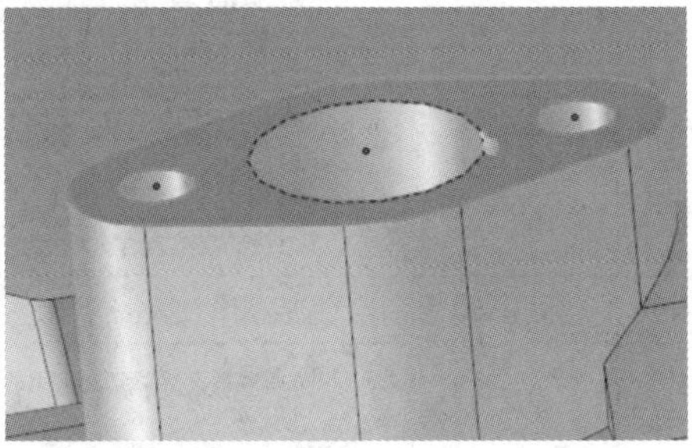
3	说明	点击确定,会生成如图所示的轨迹
	图示	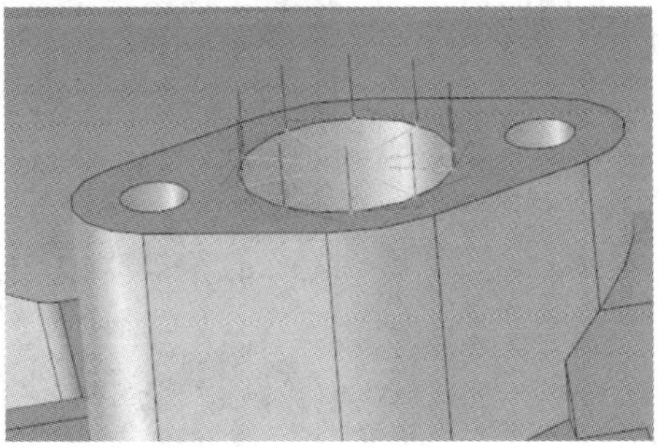

4. 曲线特征

由曲线加面生成轨迹,可以实现设计自己的空间曲线作为轨迹路径,选择面或独立方向作为轨迹法向,其操作步骤如表 5-17 所示。

表 5-17　曲线特征操作步骤

步骤	操作	
1	单击生成轨迹，在左侧弹出的属性面板的类型中选择【曲线特征】，拾取零件的线和面	
2	说明	选择所要生成轨迹的边
	图示	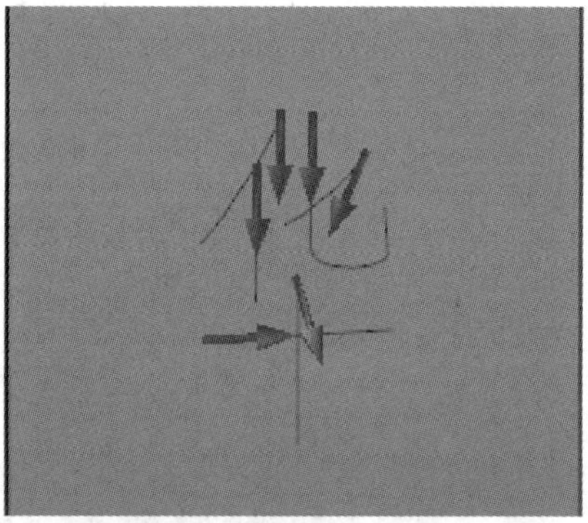
3	说明	再选择作为轨迹法向的一个平面
	图示	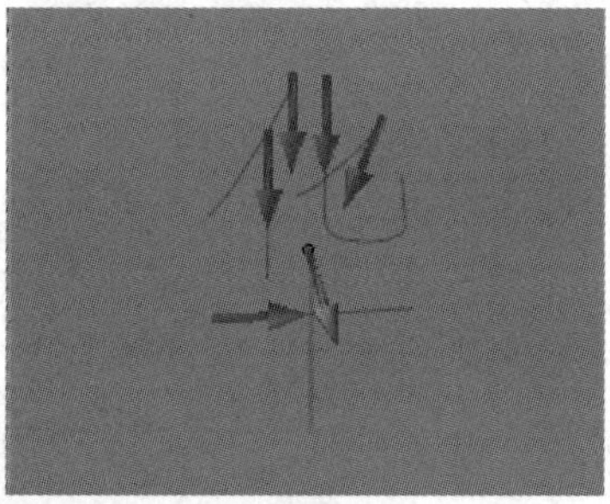
4	说明	点击确定，会生成如图所示的轨迹
	图示	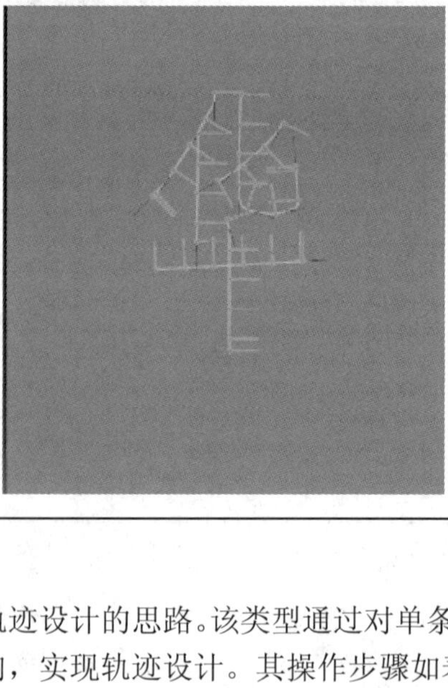

5. 单条边

这个类型可以满足多种轨迹设计的思路。该类型通过对单条线段的选择，加上选择一个面作为轨迹法向，实现轨迹设计。其操作步骤如表 5-18 所示。

表 5-18 单条边操作步骤

✎ 笔记

步骤	操 作		
1	单击生成轨迹，在左侧弹出的属性面板的类型中选择【单条边】，拾取零件的线和面		
2	说明	首先选择如图所示的零件的一条边	
	图示		
3	说明	选择如图所示的面作为轨迹的法向量	
	图示		
	说明	点击确定，生成如图所示的轨迹	
	图示		

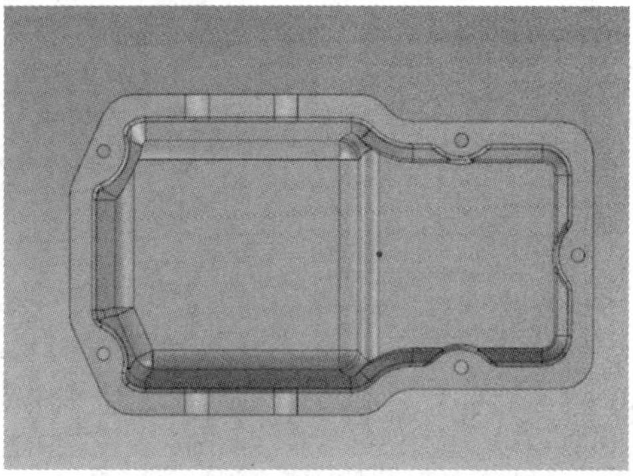

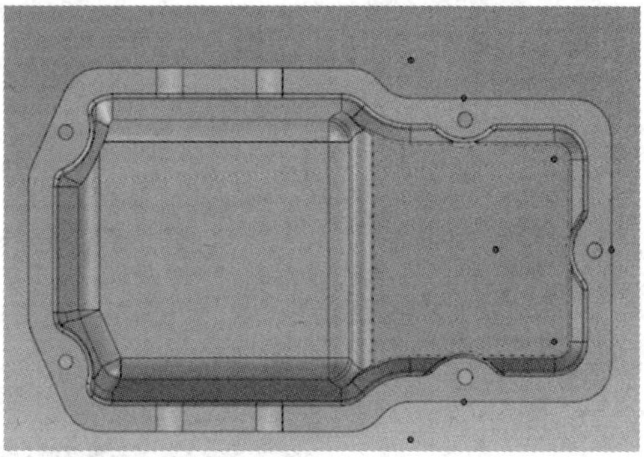

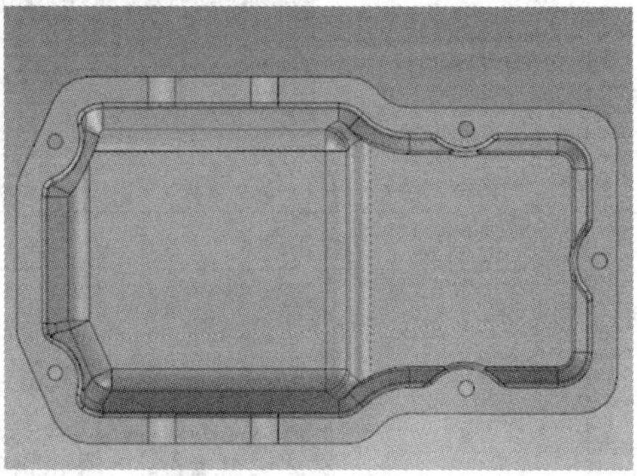

课程思政

两个关键

正视问题的自觉和刀刃向内的勇气。

6. 点云打孔

点云打孔的操作步骤如表 5-19 所示。

笔记

表 5-19　点云打孔操作步骤

步骤		操　作
1	说明	单击生成轨迹，在左侧弹出的属性面板的类型中选择【点云打孔】，左侧会出现如图所示的属性面板
	图示	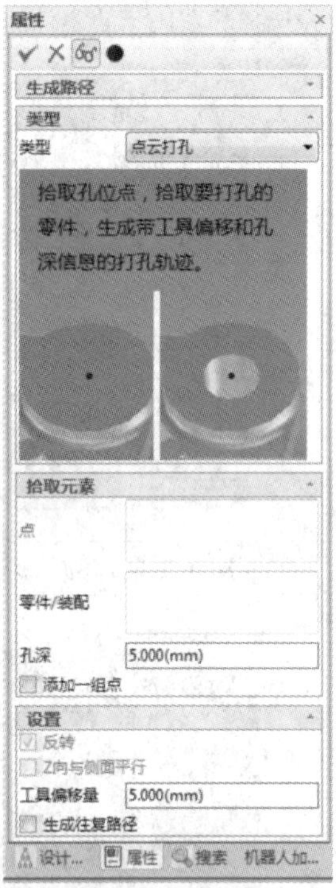
2	说明	选择如图所示的点和图中的零件
	图示	
3	说明	在孔深一栏中填写想要的深度，勾选生成往复路径
4	说明	点击确定，生成如图所示的轨迹
	图示	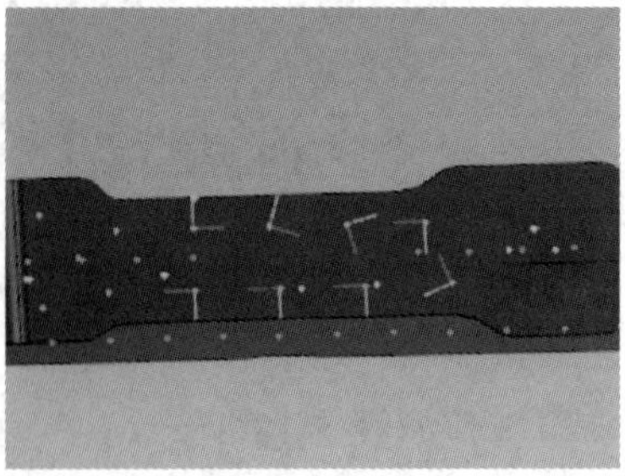

7. 打孔

打孔的操作步骤如表 5-20 所示。

表 5-20　打孔操作步骤

步骤		操　作
1	说明	单击生成轨迹，在左侧弹出的属性面板的类型中选择【打孔】，左侧会出现如图所示的属性面板
	图示	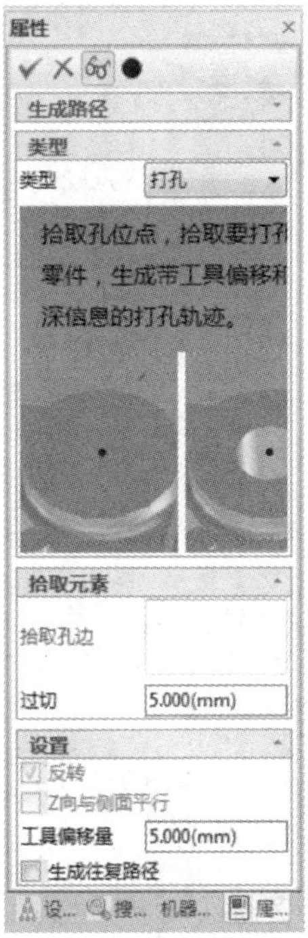
2	说明	拾取孔位点，拾取要打孔的零件，勾选往复路径和填写相应的孔深
	图示	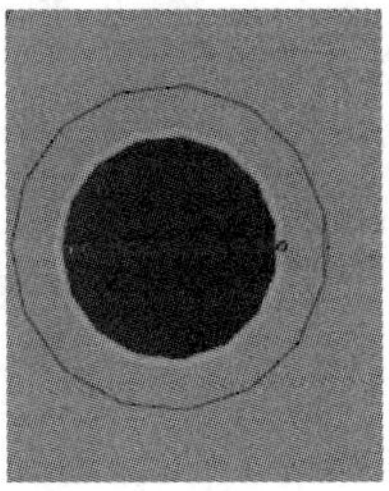
3	说明	点击确定，生成如图所示的轨迹
	图示	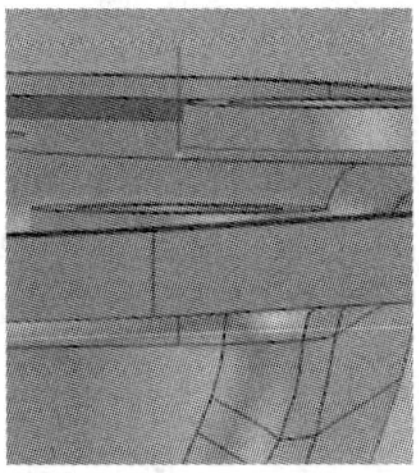

笔记

三、轨迹选项

1. 轨迹点选项

生成轨迹后左侧会出现机器人加工管理面板(如图 5-62 所示)。

右击加工轨迹 6，在弹出的列表中选择选项，在弹出的选项对话框中选择如图 5-63 所示的【轨迹生成】。

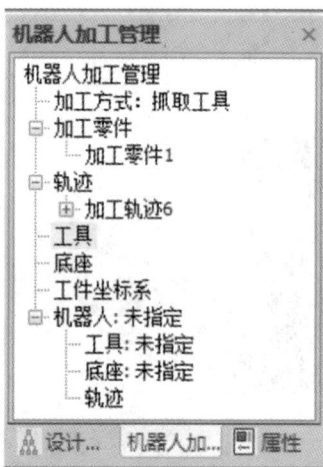

图 5-62　机器人加工管理面板　　　　图 5-63　轨迹生成选项卡

在轨迹选项卡中可以更改轨迹点的步长、点的方向以及偏移量。

2. 显示选项

在上述操作弹出的选项对话框中选择【轨迹显示】，如图 5-64 所示。在轨迹显示选项卡中可以对轨迹点和轨迹线作相应的操作，如表 5-21 所示。

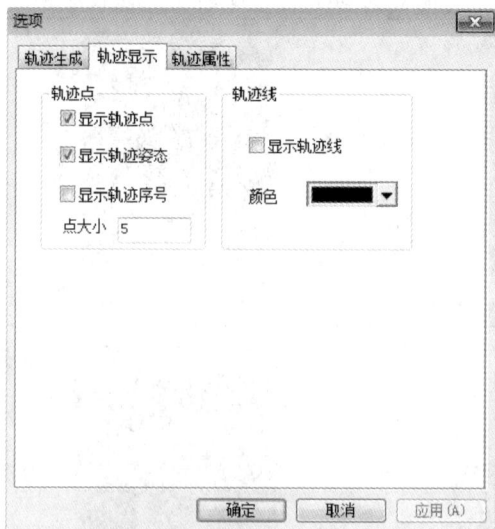

图 5-64　显示选项

表 5-21　显示选项的操作

序号	操作	说　　明
1	显示轨迹点	显示出轨迹点的位置点
2	显示轨迹姿态	是否显示出轨迹点的 XYZ 轴，其中红色为 X 轴，绿色为 Y 轴，蓝色为 Z 轴
3	显示轨迹序号	是否标识出轨迹点的序号
4	显示轨迹线	是否用多段线将轨迹点连接起来
5	点大小	如果显示轨迹点的话，显示效果的大小，单位为像素值

四、轨迹操作命令

轨迹操作命令的操作步骤如表 5-22 所示。

表 5-22　轨迹操作命令的操作步骤

操作	步骤		操 作 描 述
删除轨迹	1	说明	如果当前生成的轨迹不是我们最终想要的，我们可以将当前生成的轨迹进行删除，重新生成正确的轨迹； 在机器人加工管理树中的轨迹上右击会弹出轨迹列表
		图示	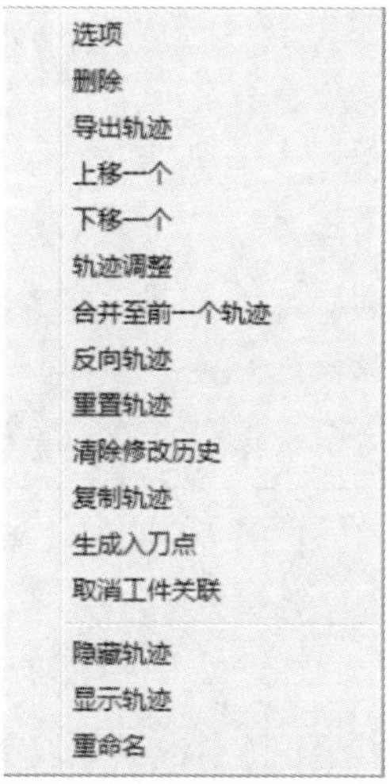 选项 删除 导出轨迹 上移一个 下移一个 轨迹调整 合并至前一个轨迹 反向轨迹 重置轨迹 清除修改历史 复制轨迹 生成入刀点 取消工件关联 隐藏轨迹 显示轨迹 重命名
	2	说明	选择【删除】，则删除了当前的轨迹
		删除轨迹前图示	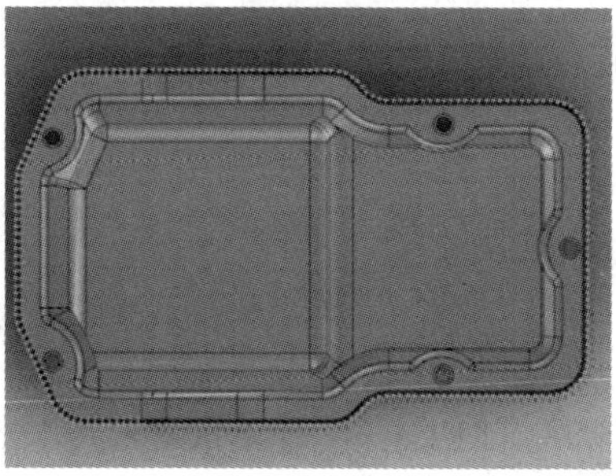

✎ 笔记

操作	步骤	操 作 描 述
删除轨迹	2	删除轨迹后图示 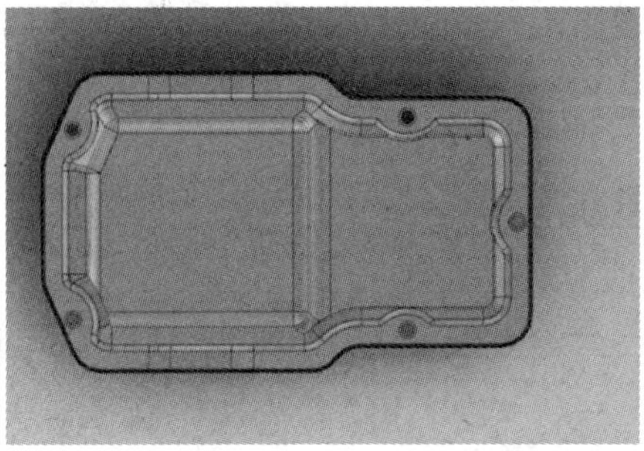
上移一个	说明	有时候生成轨迹的顺序并不是实际中所需要的,这时候就需要对轨迹的顺序进行调整; 在轨迹列表中选择【上移一个】,所选的轨迹会上移一个位置
上移一个	轨迹477上移前图示	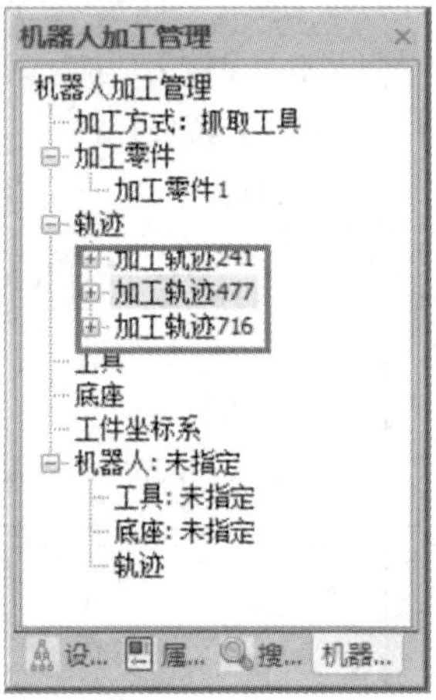
上移一个	轨迹477上移后图示	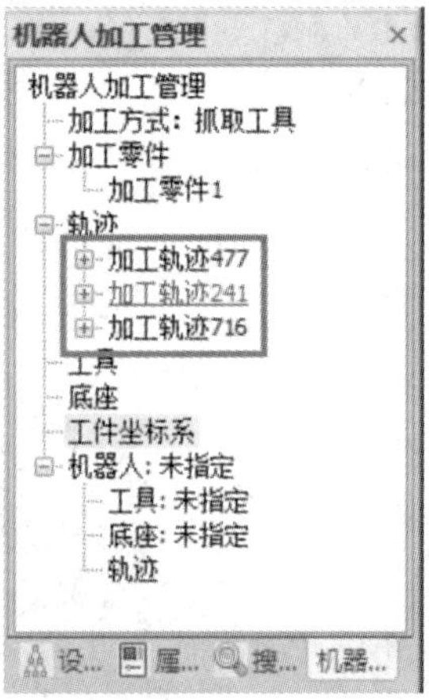
下移一个	说明	同【上移一个】操作类似,当前的轨迹会下移一个位置

五、轨迹调整

轨迹调整功能采用可视化的方式，方便快捷地调整轨迹点的姿态，避开机器人的奇异位置、轴超限、干涉等。轨迹调整是利用一条曲线调整工具方向的旋转角度，实现对轨迹点的姿态调整，曲线的横坐标为点的编号(从 1 开始编号)，纵坐标为工具方向的旋转角度(范围为−180°到 180°)。图 5-65 为轨迹调整前的图样。

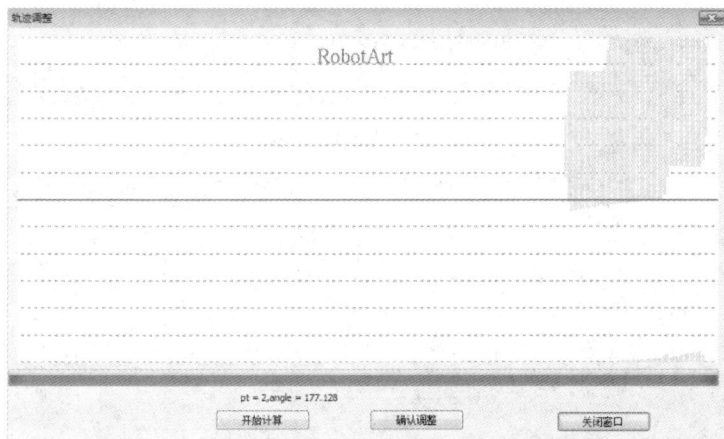

图 5-65　轨迹调整前

中间的水平线为工具方向旋转角度为 0 度的位置和姿态，点击该水平线出现曲线的两个端点和控制曲线在端点处切向，如图 5-66 所示。

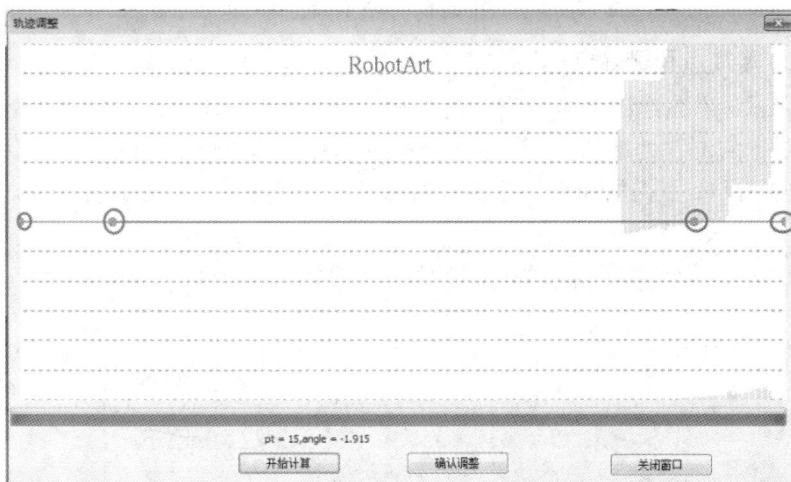

图 5-66　轨迹调整控制点

1. 修改点和修改曲线的形状

可以选择端点或者曲线切向的控制点，修改曲线的端点或切向如图 5-67 和图 5-68 所示。

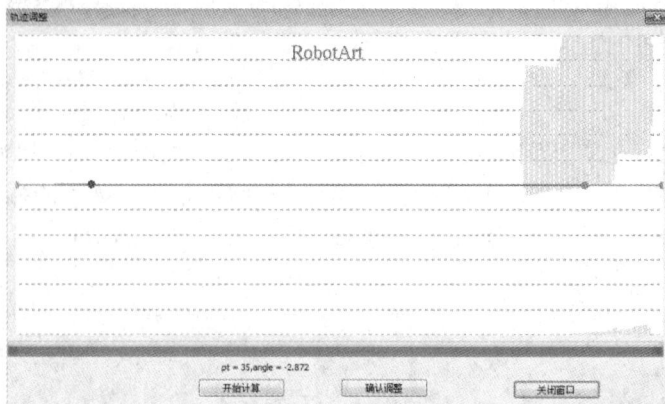

图 5-67　修改轨迹端点

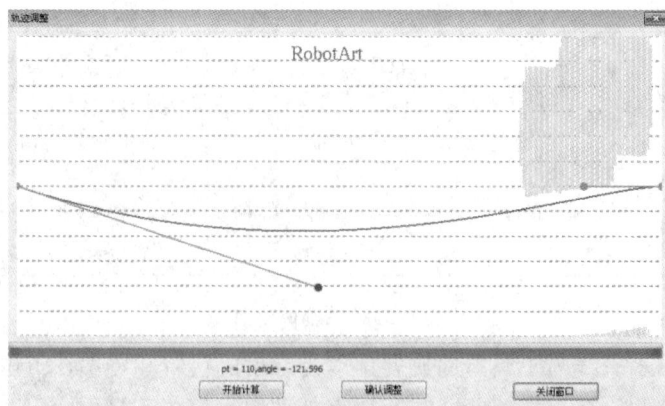

图 5-68　修改结果

2. 增加点和删除点

用鼠标右击绘图区域的空白处，则出现增加点和删除点的功能。增加点是在鼠标的位置处增加一个控制曲线位置的点，删除点是删除选择的点，如图 5-69 所示。点击增加点后曲线上增加了一个点和在该点处的切向点，如图 5-70 所示。

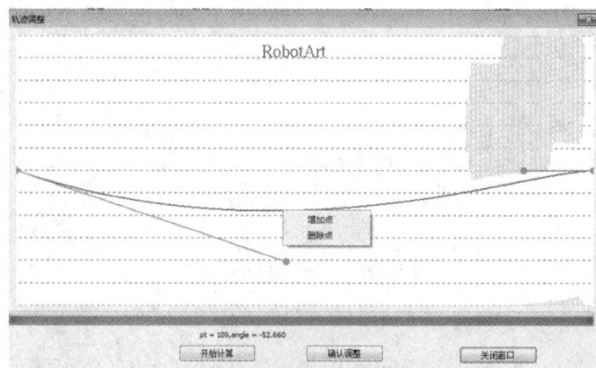

图 5-69　增加点和删除点

图 5-70　增加的点

3. 轨迹调整的步骤

首先选择计算密度，数字越小，计算越快。然后选择开始计算，计算越快。然后选择开始计算，计算完成后，根据需要调整曲线的形状，调整完毕后，选择确认调整。如果出现不想用的调整结果，就不需选择确认调整，此时选择关闭窗口，退出轨迹调整。

六、合并前一个轨迹

点击此项，可以将该条轨迹与前一条轨迹合并成一条轨迹(见图 5-71 和图 5-72)。

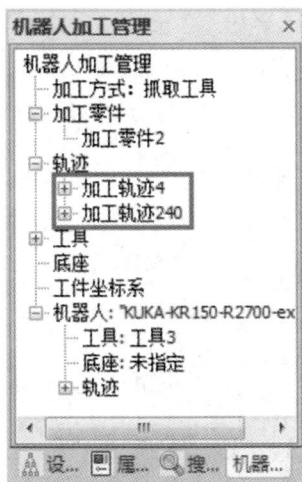

图 5-71　合并轨迹前

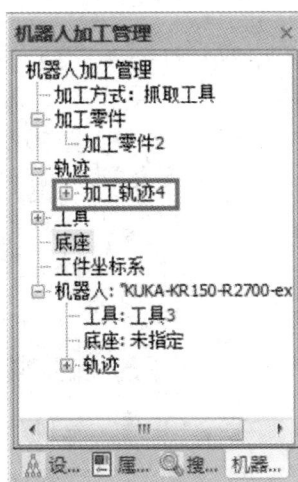

图 5-72　合并轨迹后

1. 反向轨迹

有时候我们生成的轨迹和所要运行时的轨迹相反，这时我们就可以选择【反向轨迹】，选择后轨迹运动的方向和生成轨迹时的方向相反，如图 5-73 和图 5-74 所示。

笔记

图 5-73　反向轨迹前

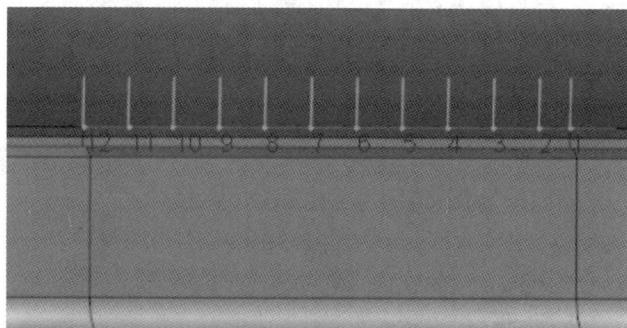

图 5-74　反向轨迹后

2. 生成入刀出刀点

在对零件进行加工的过程中需要生成入刀点和出刀点，右击轨迹列表中的【生成入刀点】，会自动在第一个轨迹点和最后一个轨迹点生成入刀点和出刀点，如图 5-75 所示。

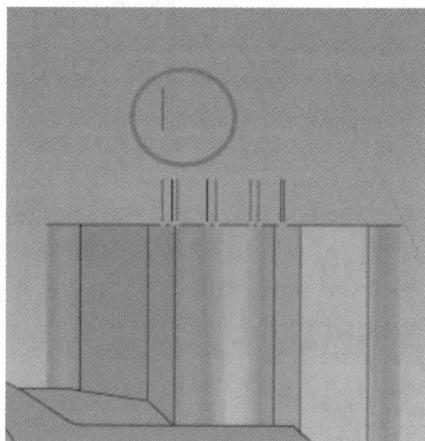

图 5-75　生成入刀点

3. 取消工件关联

默认轨迹与零件关联，移动零件轨迹跟随零件移动，点击此项之后，移动零件，该轨迹不随着零件移动(如图 5-76 所示)。

图 5-76　取消工件关联后移动零件轨迹不移动

4. 隐藏轨迹

当生成轨迹较多而不方便观察轨迹点的变化时，可以对轨迹进行隐藏。右击左侧机器人管理树中的轨迹，在弹出的轨迹列表中选择隐藏轨迹，可对选择的轨迹进行隐藏(如图 5-77 和图 5-78 所示)。

图 5-77　隐藏轨迹前

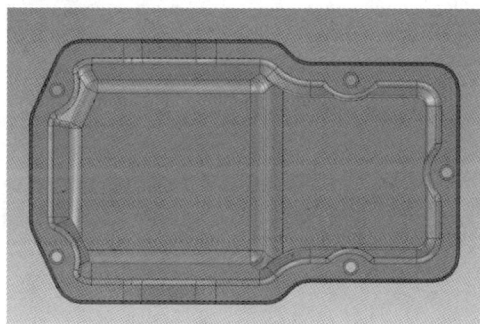

图 5-78　隐藏轨迹后

5. 显示轨迹

显示轨迹与隐藏轨迹的作用是相反的，可参考隐藏轨迹。

6. 重命名

点击轨迹列表中的【重命名】,可对轨迹名称进行修改(如图 5-79 和图 5-80 所示)。

✍ 笔记

图 5-79　轨迹重命名前　　　　　图 5-80　轨迹重命名后

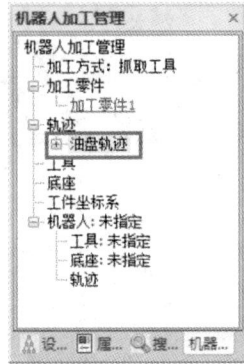

任务扩展

轨迹点操作命令

轨迹点操作命令如表 5-23 所示。

表 5-23　轨迹点操作命令

操作	步骤	操作描述	
运动到点	1	说明	此功能需要在设计环境中导入机器人和工具。选中一个点，右键选择【运动到点】
		图示	

✍ 笔记

操作	步骤		操 作 描 述
运动到点	2	说明	在轨迹点 10 上右击运动到点工具，会运动到第 10 个点
		图示	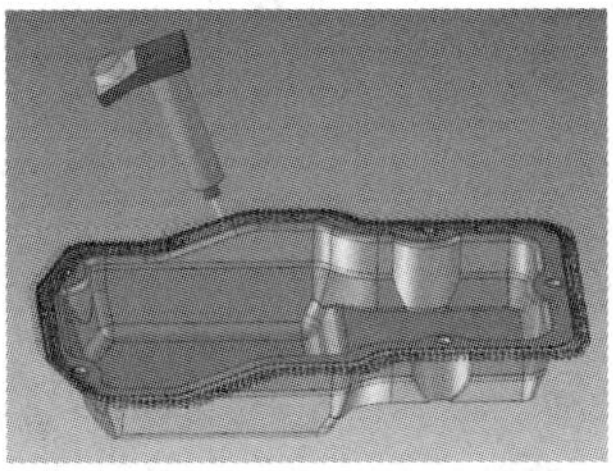
设置为起始点		说明	此功能可以改变起始点的位置。如在轨迹点 5 上右击【设置为起始点】，机器人会将第 5 个点作为起始点开始进行工作
		设置起始点图示	
		设置起始点前	
		设置起始点后	

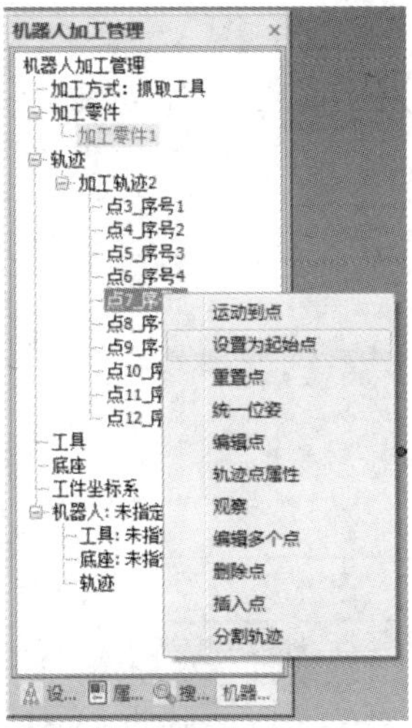

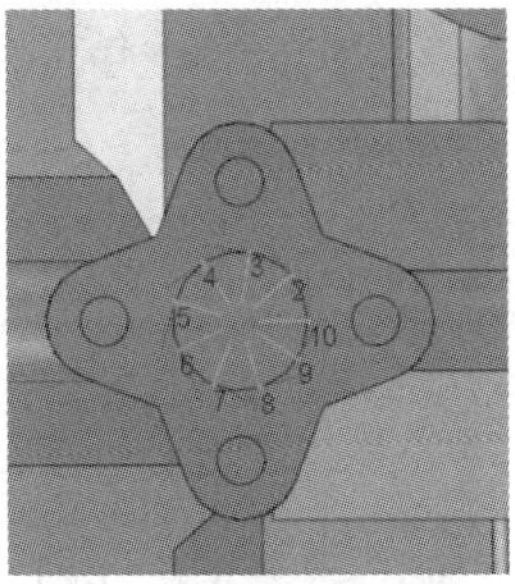

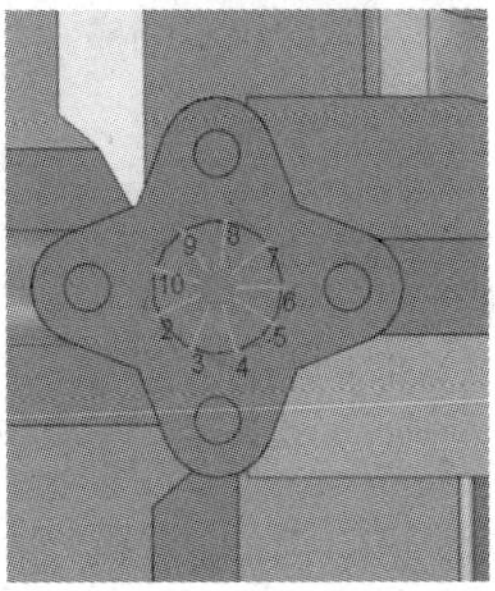

🐝 企业文化

履行社会责任，承担央企使命，努力以实际行动回报社会。

269

操作	步骤	操 作 描 述	
统一位姿	说明		
编辑点	说明	选择需要编辑的点，右键选择【编辑点】，弹出三维球，可对点进行平移、旋转等操作	
	图示		
轨迹点属性	说明	点击该选项后可显示点的位姿	
	图示		
观察	说明	点击该选项，以点的 Z 轴方向观察点	
编辑多个点	1	说明	该功能可以同时编辑多个点，编辑过的点平滑地过渡到未编辑的点，从而提高了轨迹的连续性。点击该选项后，弹出对话框
		图示	
	2	说明	输入要被影响到的点，点数越多，过渡的越平滑，视需要而定，向前表示被影响到的点位于该点的前方，向后表示被影响到的点位于该点的后方
		图示	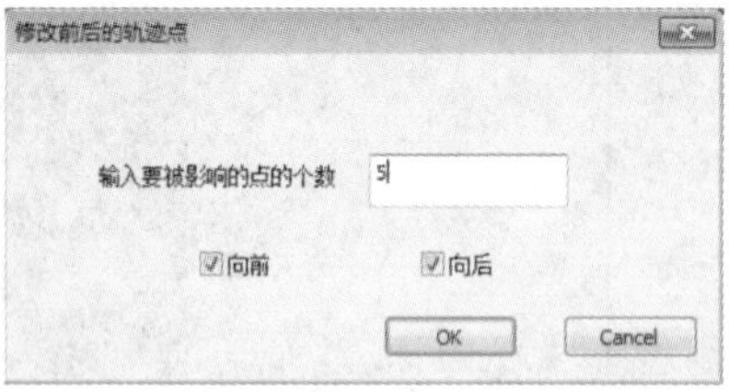

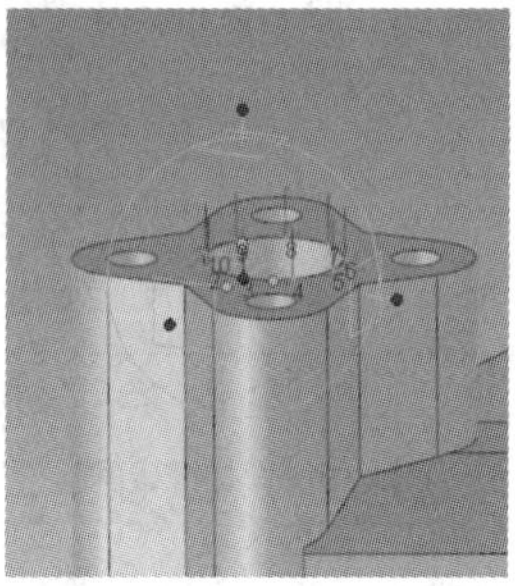

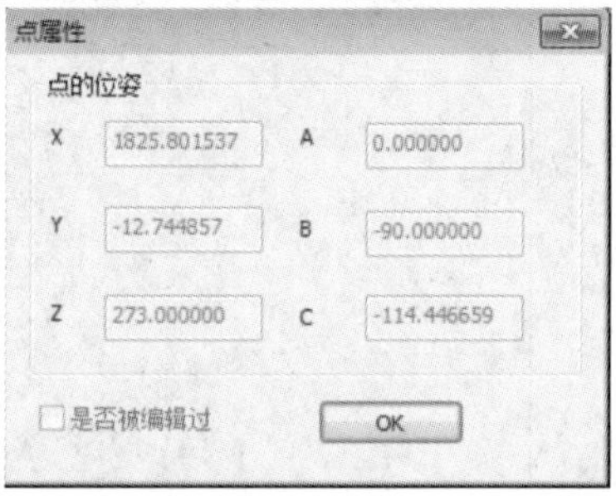

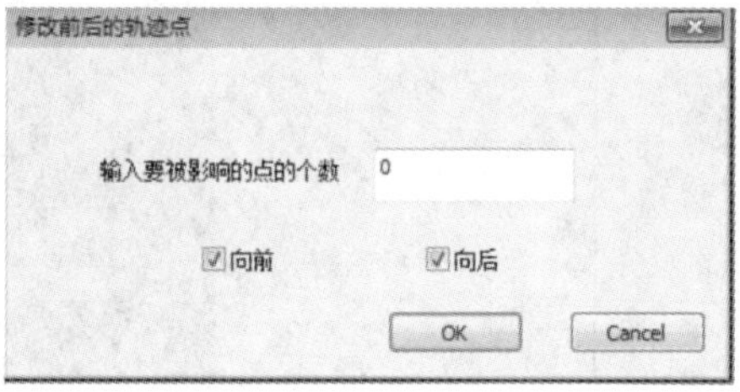

续表三

笔记

<table>
<tr><th>操作</th><th>步骤</th><th colspan="2">操 作 描 述</th></tr>
<tr><td rowspan="2">编辑多个点</td><td rowspan="2">3</td><td>说明</td><td>点击“确定”按钮后，在该点上弹出三维球，对其可进行编辑</td></tr>
<tr><td>图示</td><td>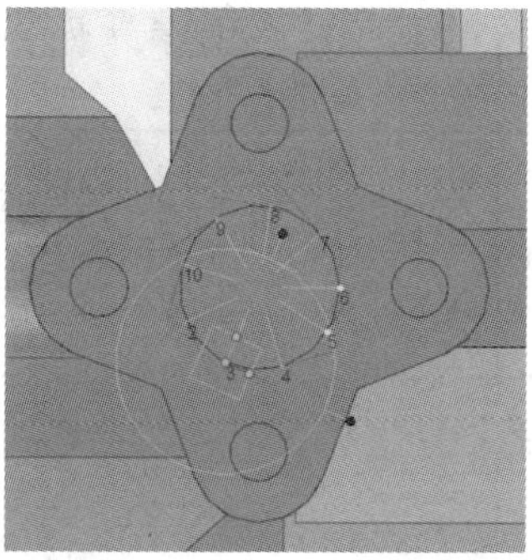</td></tr>
<tr><td rowspan="3">删除点</td><td colspan="2">说明</td><td>选择该选项删除当前点</td></tr>
<tr><td colspan="2">删除点前图示</td><td>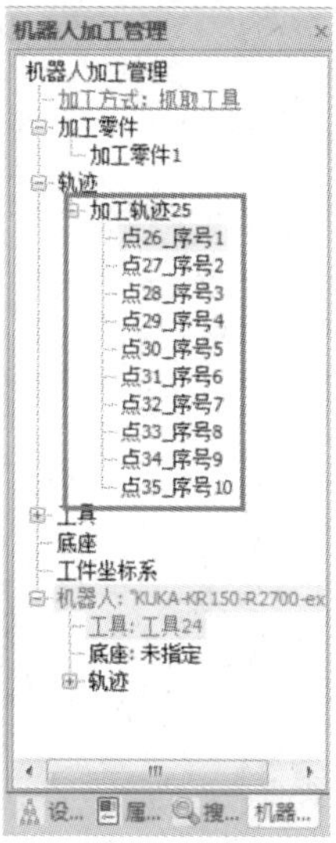
</td></tr>
<tr><td colspan="2">删除点后图示</td><td>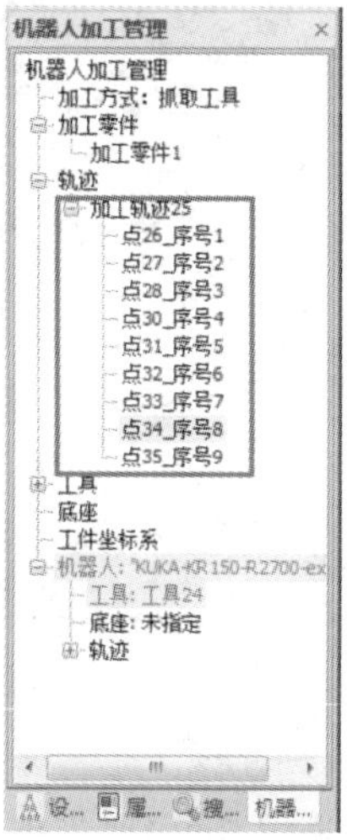
</td></tr>
</table>

笔记

操作	步骤	操 作 描 述
插入点	说明	插入点与删除点的作用相反
分割轨迹	说明	点击该选项后，一条轨迹被分割成两条，前一条的末点和后一条的首点是同一个点
	分割轨迹前图示	
	分割轨迹后图示	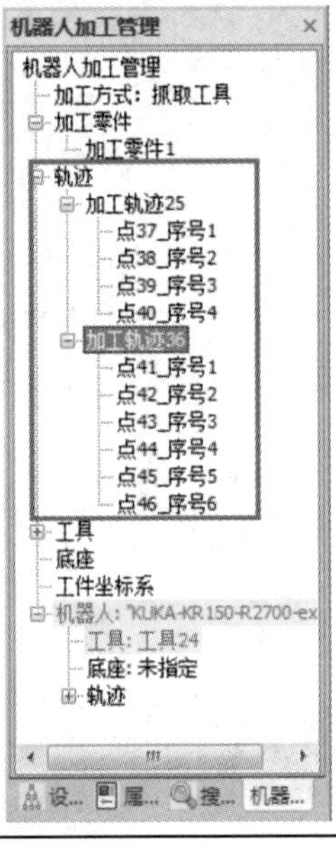

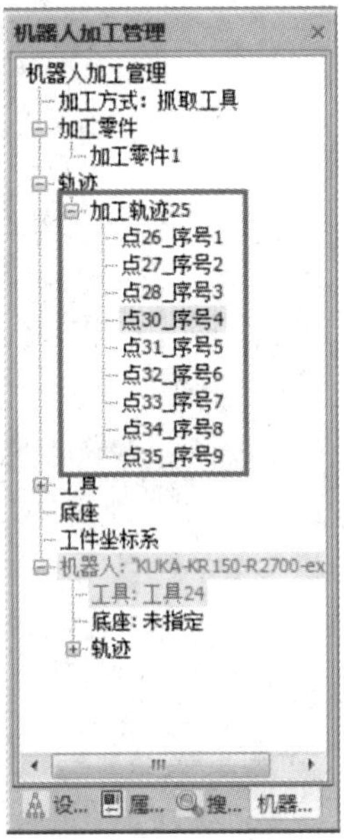

任务巩固

利用离线编程软件 RobotArt 生成图 5-81 所示的轨迹。

图 5-81　零件图

材料：45钢

操作与应用

工　作　单

姓名		工作名称	应用RobotArt离线编程软件构建基本工作站	
班级		小组成员		
指导教师		分工内容		
计划用时		实施地点		
完成日期		备注		
工作准备				
资　料		工　具	设　备	
工作内容与实施				
工作内容	实　　施			
1. 构建左图所示的工作站				

模块五资源

273

工作内容	实　　施
2. 利用离线编程软件 RobotArt 生成左图所示的轨迹。 其中　P400-P490 为轨迹点	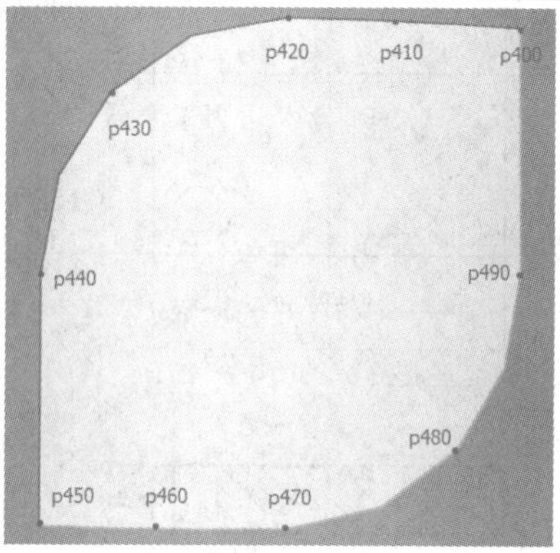

工 作 评 价

	评 价 内 容				
	完成的质量 （60 分）	技能提升 能力(20 分)	知识掌握 能力(10 分)	团队合作 （10 分）	备注
自我评价					
小组评价					
教师评价					

1. 自我评价

班级：＿＿＿＿＿＿＿　姓名：＿＿＿＿＿＿＿

工作名称：认识工业机器人的编程

序号	评 价 项 目	是	否
1	是否明确人员的职责		
2	能否按时完成工作任务的准备部分		
3	工作着装是否规范		
4	是否主动参与工作现场的清洁和整理工作		
5	是否主动帮助同学		
6	是否构建工作站		
7	是否生成轨迹		
8	能否正确操作软件		
9	是否完成了清洁工具和维护工具的摆放		
10	是否执行6S规定		

评价人		分数		时间	年　　月　　日

2．小组评价

序号	评 价 项 目	评 价 情 况
1	与其他同学的沟通是否顺畅	
2	是否尊重他人	
3	工作态度是否积极主动	
4	是否服从教师的安排	
5	着装是否符合标准	
6	能否正确地理解他人提出的问题	
7	能否按照安全和规范的规程操作	
8	能否保持工作环境的干净整洁	
9	是否遵守工作场所的规章制度	
10	是否有工作岗位的责任心	
11	是否全勤	
12	是否能正确对待肯定和否定的意见	
13	团队工作中的表现如何	
14	是否达到任务目标	
15	存在的问题和建议	

3．教师评价

课程	工业机器人离线编程与仿真	工作名称	应用 RobotArt 离线编程软件构建基本工作站	完成地点	
姓名		小组成员			
序号	项　目		分　值	得　分	
1	构建工作站		40		
2	生成轨迹		40		
3	正确操作软件		20		

自 学 报 告

自学任务	应用EASY-ROB离线编程软件构建基本工作站
自学内容	
收获	
存在问题	
改进措施	
总结	

✎ 笔记

模块六

RobotArt 离线编程的应用实例

任务一　激光切割

📹 工作任务

如图 6-1 所示，激光切割是利用经聚焦的高功率密度激光束照射工件，使被照射的材料迅速熔化、汽化、烧蚀或达到燃点，同时借助与光束同轴的高速气流吹除熔融物质，从而实现将工件割开的操作。激光切割属于热切割方法之一。

图 6-1　光纤激光机器人切割

📹 任务目标

1. 能进行激光切割环境搭建；
2. 掌握激光切割轨迹设计的方法。

🔧 课程思政

四个统一

坚持加强党的集中统一领导和解决党内问题相统一，坚持守正和创新相统一，坚持严管和厚爱相统一，坚持组织推动和个人主动相统一。

任务实施

根据实际情况，让学生在教师的指导下进行技能训练。

一、环境搭建

环境搭建如表 6-1 所示。

表 6-1　环　境　搭　建

操作	步骤		操　作　描　述
选择机器人	说明		首先选择现实中需要设计的轨迹的机器人。本次我们选择 STAUBLI-RX160L
	1	点击	 点击选择机器人按钮
	2	选择机器人	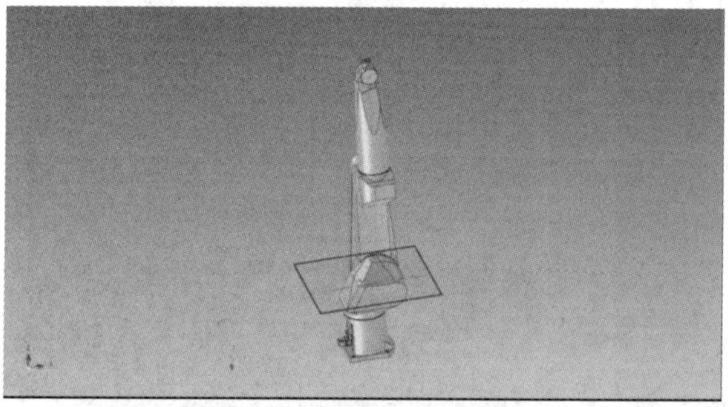
选择工具	说明		选择现实中需要进行作业的工具，选择后机器人与零件会自动装配。本次我们选择激光三维切割头.ics
	1	点击	 点击导入工具按钮
	2	选择工具	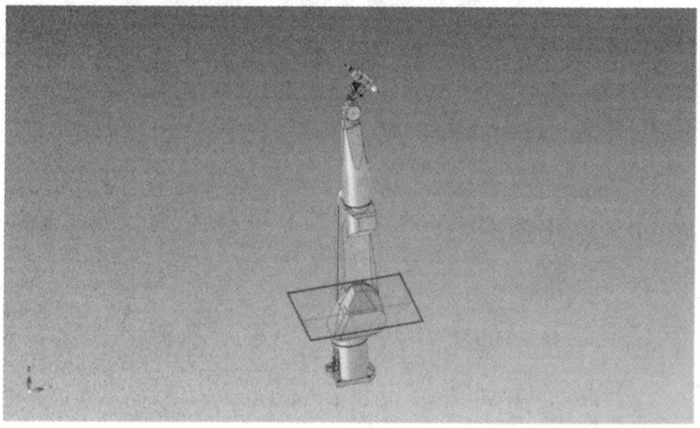

续表一

操作	步骤		操 作 描 述
	说明		选择现实中我们需要加工处理的零件。本次我们选择直管.ics
选择加工零件	1	点击	 点击导入零件按钮
	2	选择加工零件	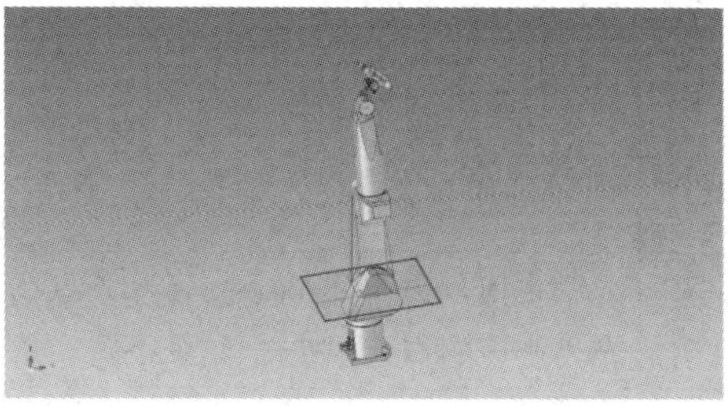
校准TCP	说明		完成上述三步，全部的器材已经准备好。真实的工作环境中，我们需要校准工具 TCP，校准零件的位置。下面介绍一下校准的方法，实际测量就不在过多叙述了。工作的第一步首先是校准 TCP，不同机器人的校准方法不完全一样，具体可参考机器人配套的使用手册，左侧的工具右单击选择 TCP 设置，填写测量后的 TCP 注意：设置完后，会发现工具与机器人分离，在真实环境中是接触的，由于误差出现这种情况，但再设计环境中不会有影响
	1	选择TCP设置	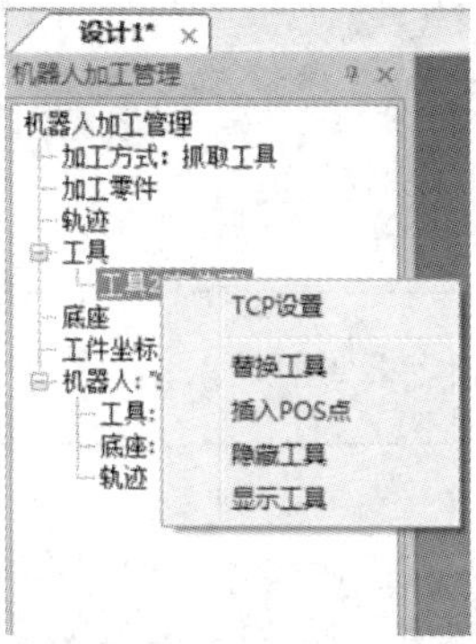
	2	TCP设置	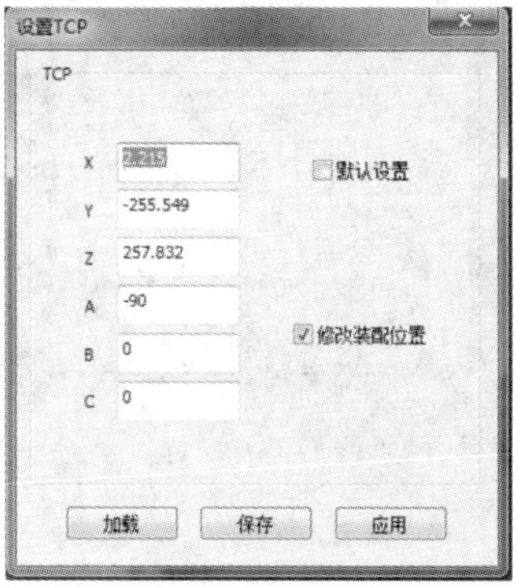

📝 笔记

操作	步骤	操作描述		
校准零件		说明		现实中零件和机器人是有一个相对位置的。我们要保证软件中的位置与现实中的为位置一致。这样设计的轨迹才有意义。才能确保设计的正确性。如果现实中机器人与零件的摆放位置已经固定
	1	说明		选择图标工件校准
		图示		
	2	说明		制定模型上三个点(不要在一条直线上,比较有特征,现实中好测量容易辨识的点)。先指定第一个点
		图示		
	3	说明		指定第 2 个点
		图示		

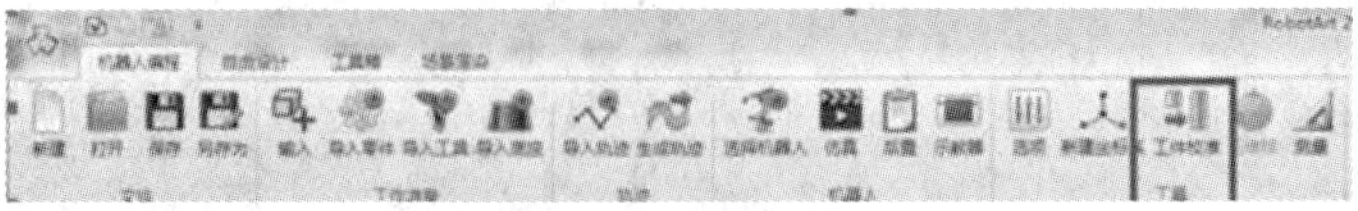

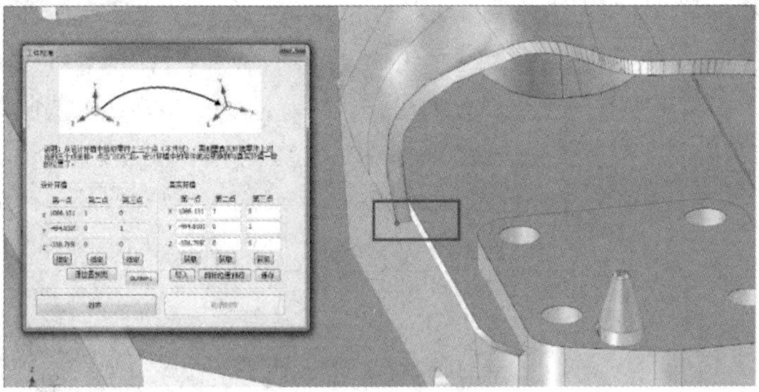

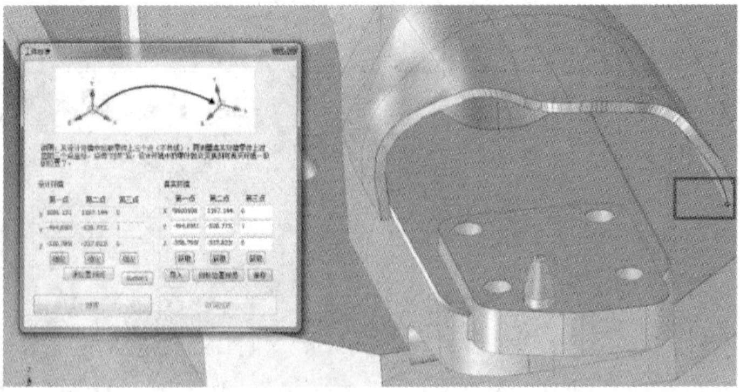

✍ 笔记

操作	步骤		操 作 描 述
校准零件	4	说明	指定第 3 个点
		图示	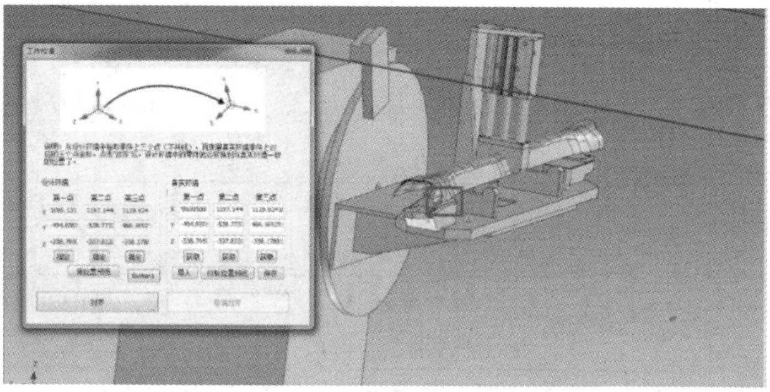
	5	说明	现实中测量上面指定的这三个点。然后输入单击对齐。这样现实环境与软件环境就一致了
		图示	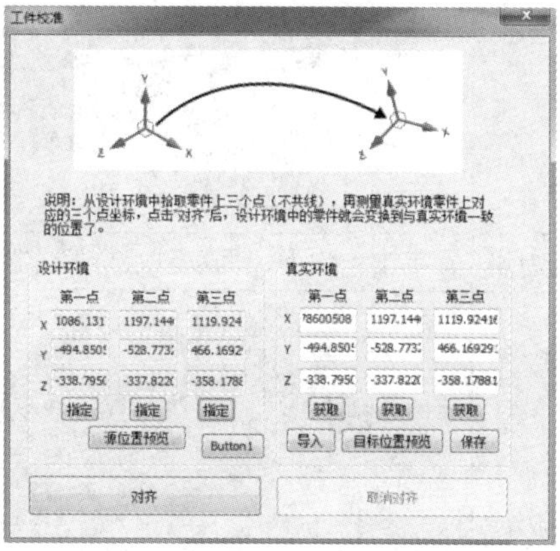
	6	说明	这样环境就准备好了。然后就可以进行轨迹设计了
保存工程		说明	输入名字就可以了，保存为(激光切割.robx)就可以了。这样后续修改直接打开就可以了
		图示	

二、轨迹设计

若要设计一条完美的轨迹，则需要时间最优(没用的路径越少越好，提高效率)、空间最优(没有干扰，没有碰撞)，而复杂的路径更需要多次生成。如果符合 3D 模型的话，是可以一次生成的，如表 6-2 所示。

表 6-2　轨 迹 设 计

操作	步骤		操 作 描 述
轨迹生成	1	说明	单击图标轨迹生成
		图示	
	2	说明	选择生成方式，本次选择沿着一个面的一条边。然后在零件上选择一条边。有时生成的方向不是我们想要的方向，在点击一次，自动调转 180°
	3	说明	左边会出现三个框，分别是线、面、点。红色代表当前是工作状态
分别选择线、面、点	1	说明	先单击左边的线，线变红后选择要切割面的一条线(箭头方向不正确的话再单击一次)
		图示	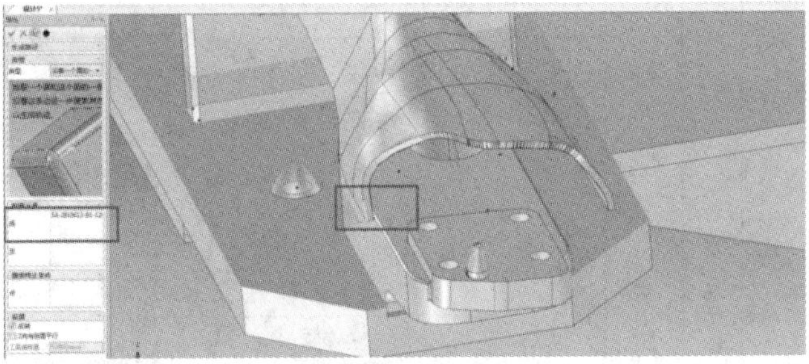
	2	说明	单击一次面，面变红后选择零件的一个面
		图示	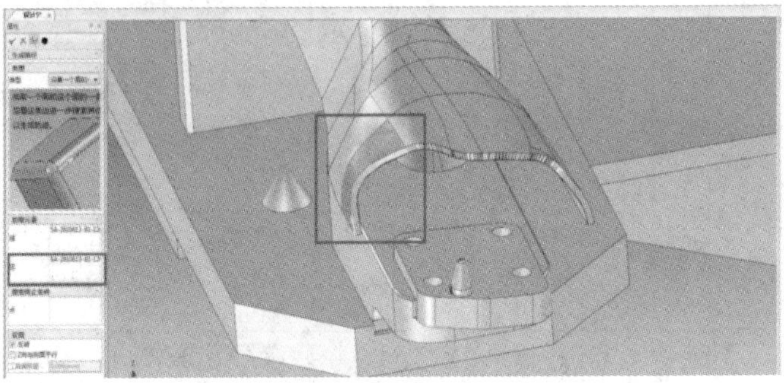
	3	说明	单击一次点，选择切割的终点
		图示	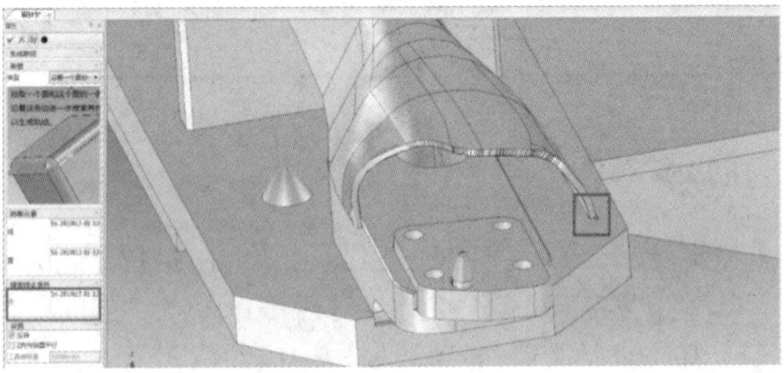

操作	步骤		操 作 描 述
分别选择线、面、点	4	说明	单击对号，轨迹就会生成
		图示	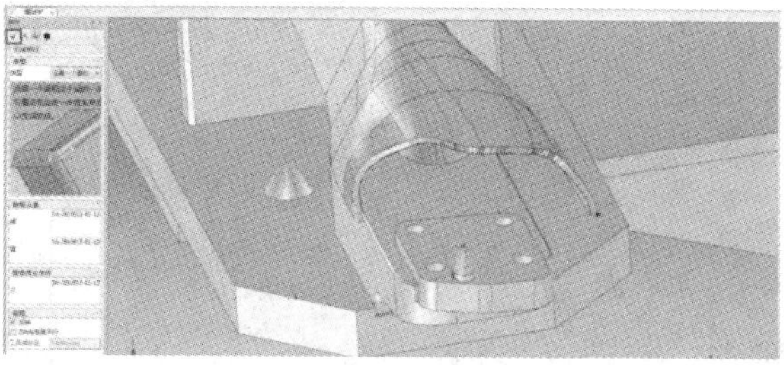
	5	说明	生成轨迹
		图示	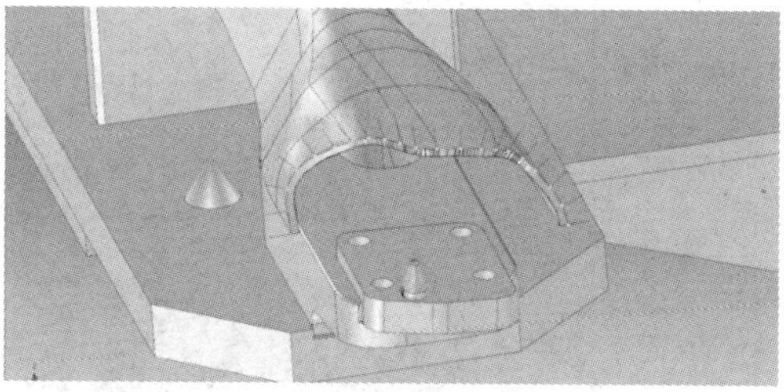
	6	说明	按照 1～5 方式生成第 2 条轨迹
		图示	
轨迹偏移		说明	激光切割工具的切割头不能与零件接触，接触后会撞坏切割头，所以我们将轨迹沿 Z 轴移动 5 mm Z 轴固定是让 X，Y 指向一个方向，这个根据实际情况是否勾选
	1	说明	选中轨迹单击右键选择选项
		图示	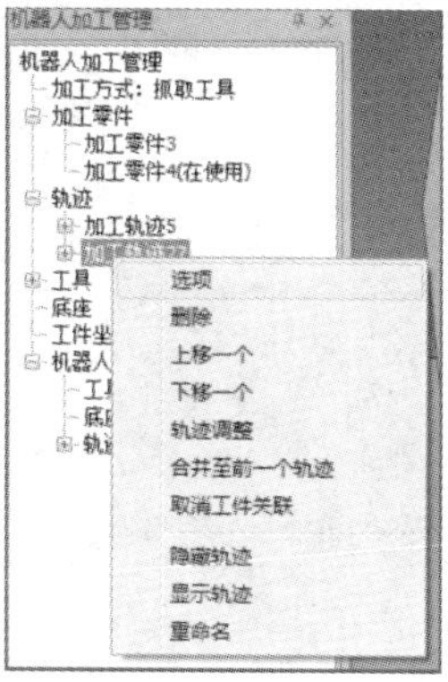

✐ 笔记

操作	步骤	操作描述
轨迹偏移	2	**说明** 沿 Z 轴移动 5 mm
		轨迹偏移设置图示
		移动后如图示
轨迹点姿态调整	1	**说明** 轨迹生成后会发现有一些绿点、黄点或者红点。绿点代表正常的点，黄点代表机器人的关节限位，红点代表不可到达。本次我们的轨迹有一些黄色点
		说明 轨迹单击右键，选择轨迹调整
		图示

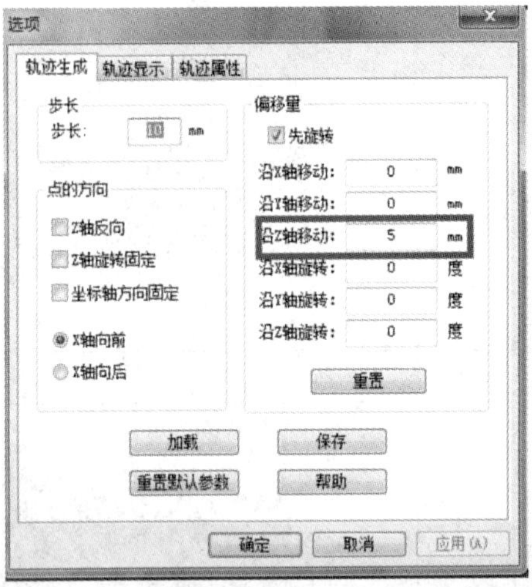

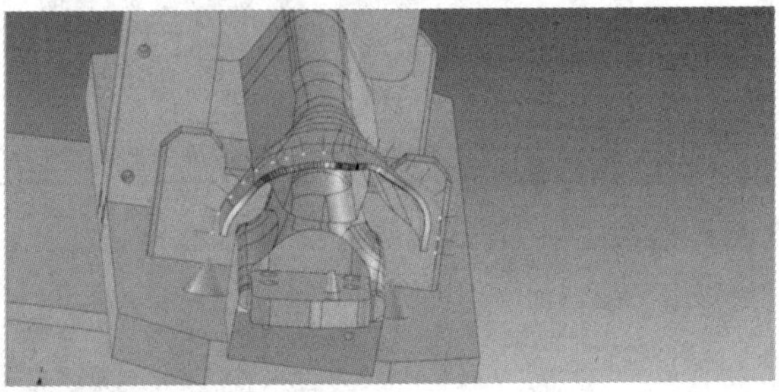

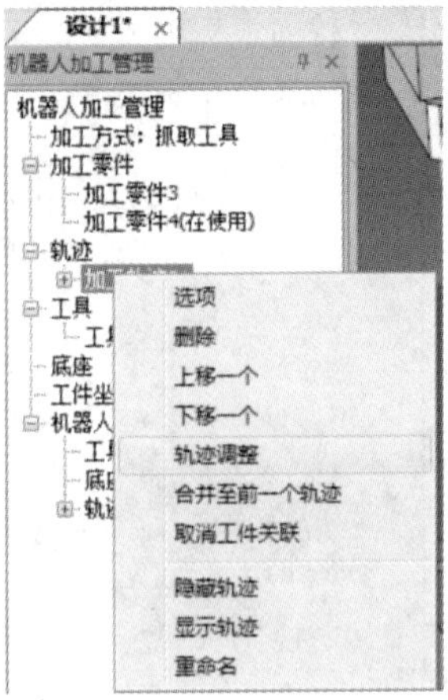

续表三　　　　✍ 笔记

操作	步骤		操 作 描 述
轨迹点姿态调整	2	说明	然后点击开始计算，生成下图。图中，紫色的线与黄色的线重合，代表着该处轨迹限位，移动鼠标可以获得如下信息，Pt 代表轨迹点序号，angle 代表角度。也可以在紫色线上单击右键，选择增加点，以方便调整轨迹。此时，我们只要将右侧的轨迹点向上拖动就可以了
		调整前轨迹图示	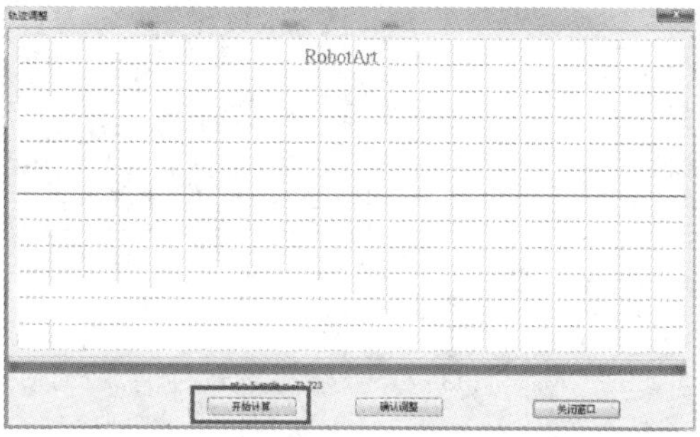
	3	说明	拖动绿色点，如下图，请单击确认调整
		图示	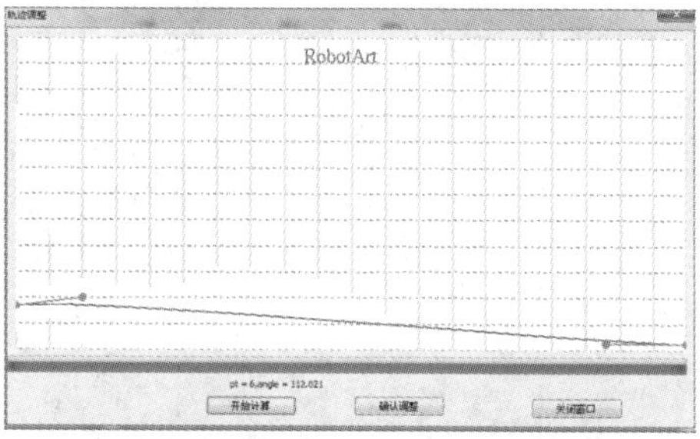
	4	说明	调整后会发现所有的点都变成了绿色
		图示	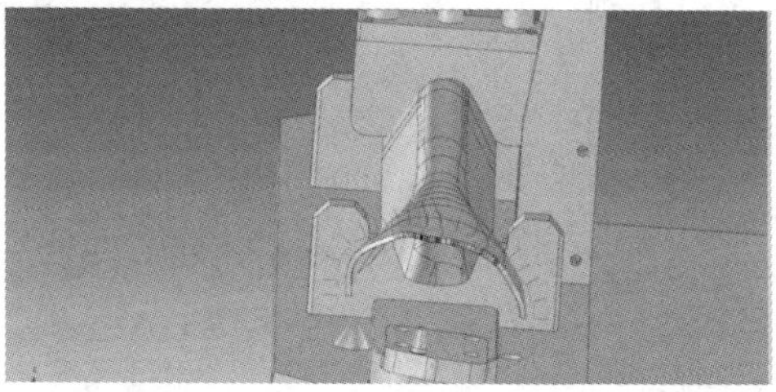
	5	说明	调整第 2 条轨迹
		图示	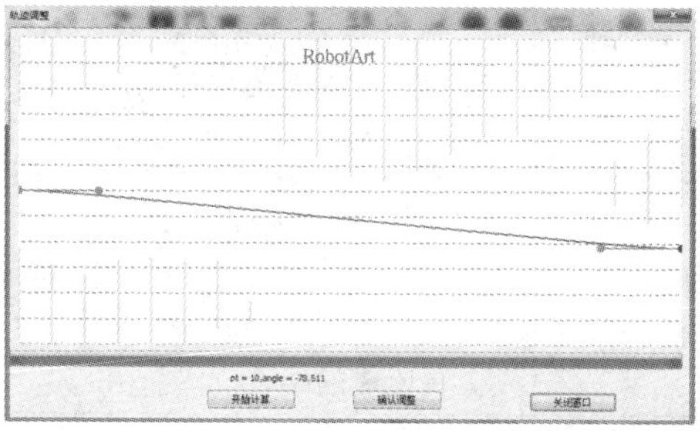

工匠精神

　　百年来，工匠精神如同一台不知休止的发动机，引领着美国成为"创新者的国度"。它塑造着这个国度，成为其生生不息的重要源泉。
　　——亚力克·福奇

续表四

操作	步骤	操作描述	
轨迹点姿态调整	6	说明	第二条轨迹调整后所有的点都变成了绿色
		图示	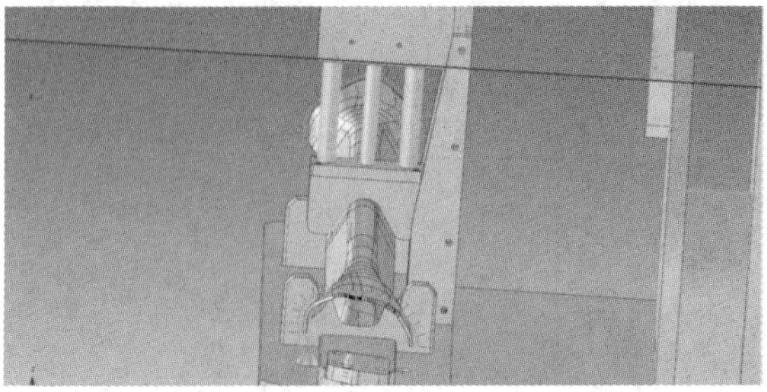
插入过渡点		说明	生成两条轨迹后，会发现这两条轨迹没有联系。每一条轨迹都是单独的工作路径。这就需要我们加入一些过渡点。 POS 点一般距离轨迹端点不远，我们可以先让机器人运动到端点，再进行调节。 方法：右侧轨迹树右单击，然后选择运动到点。 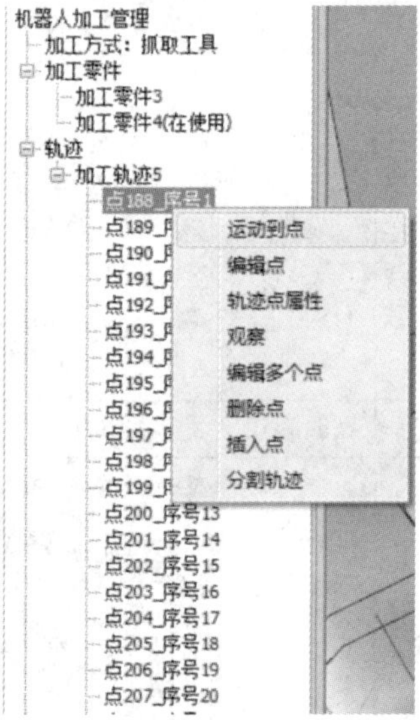 插入过渡点图示。这样工具就在端点的位置了，如下图所示。 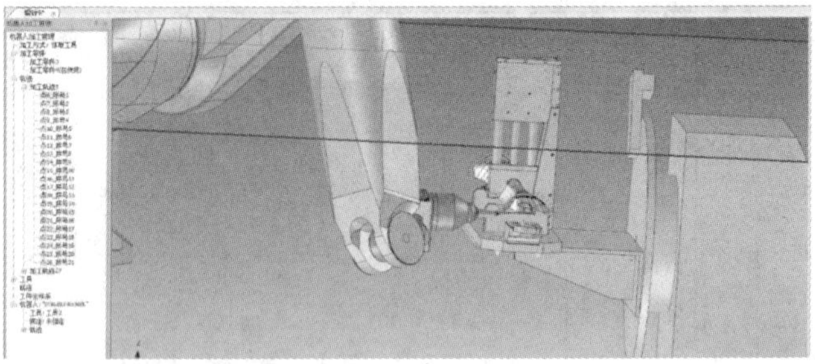 工具所在的端点位置图示。

续表五

笔记

操作	步骤		操作描述
插入过渡点	1	说明	单击工具，按 F10 键，出现三维球
		图示	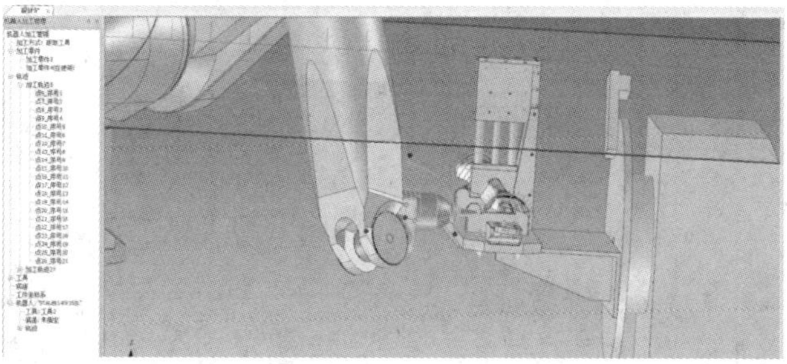
	2	说明	拖动三维球，将 TCP 移动到要加入 POS 点的位置
		图示	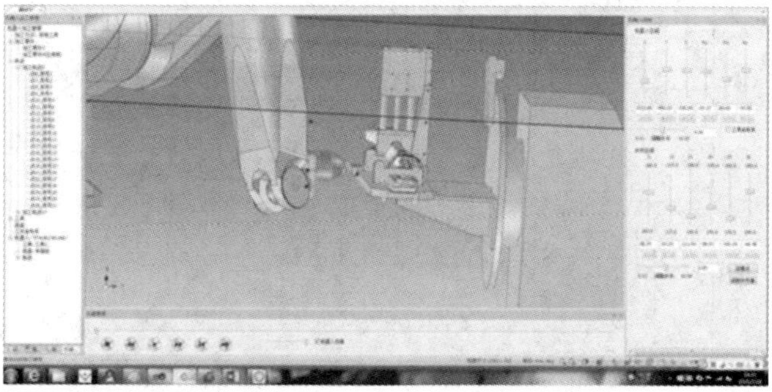
	3	说明	右键单击工具，插入 POS 点。同样的方法就可以擦入多个 POS 点了
		图示	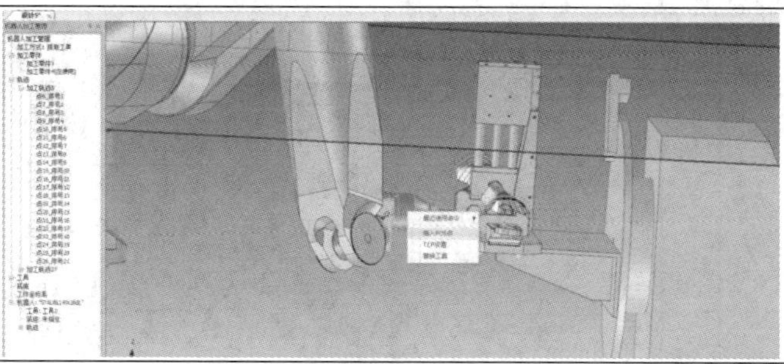
		提示	插入 POS 点后会发现多了一条轨迹 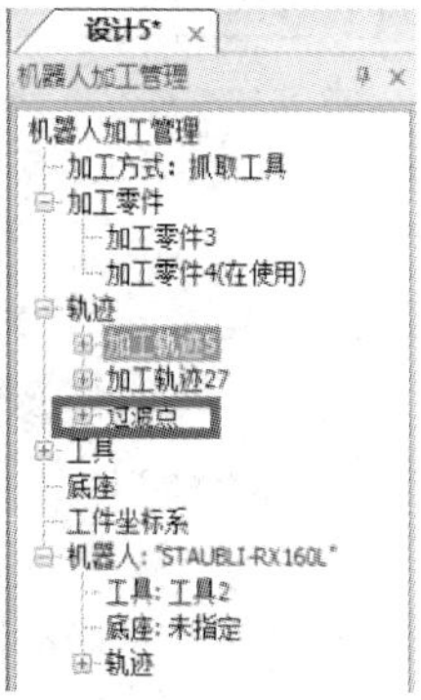

笔记

续表六

操作	步骤		操 作 描 述
插入过渡点		说明	为了方便管理，我们将它重新命名为：趋近点 1
		图示	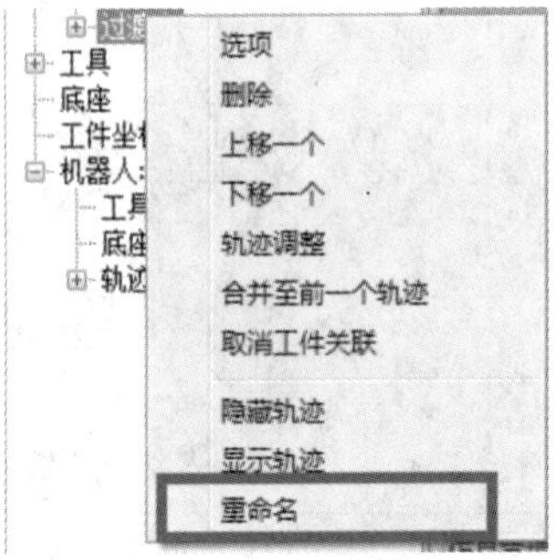
		说明	命名为趋近点 1
		图示	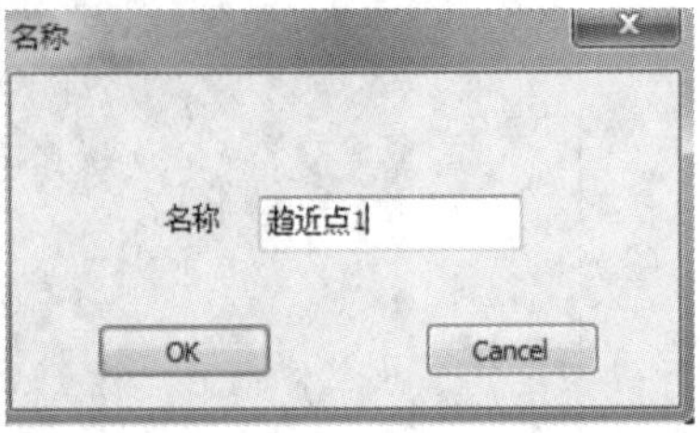
		说明	按照如上方法添加多个 POS 点
	4	说明	生成过渡点 1
		图示	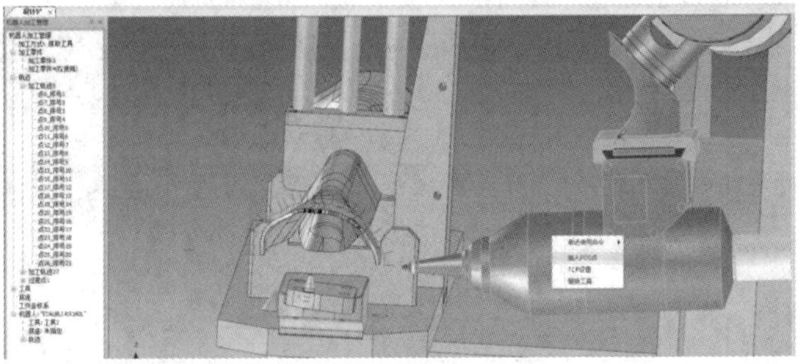
	5	说明	插入趋近点 2
		图示	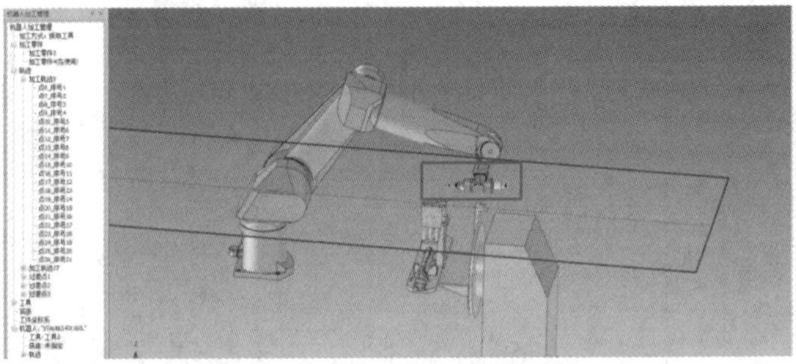

续表七

操作	步骤		操 作 描 述
插入过渡点	6	说明	插入离开点 2
		图示	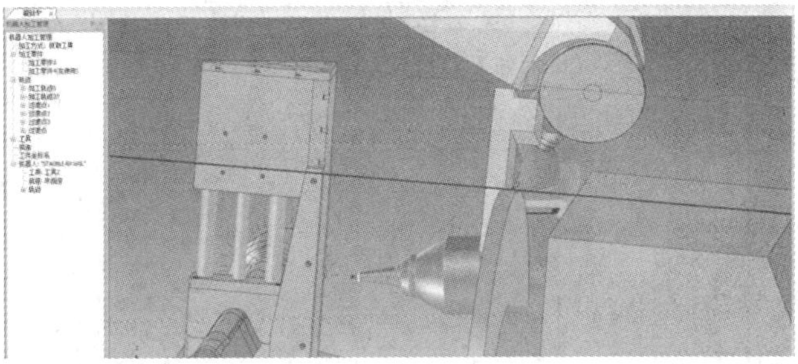
	7	说明	插入 Home 点，Home 点是机器人工作前和工作结束后停留的位置，POS 点的命名自己确定
		图示	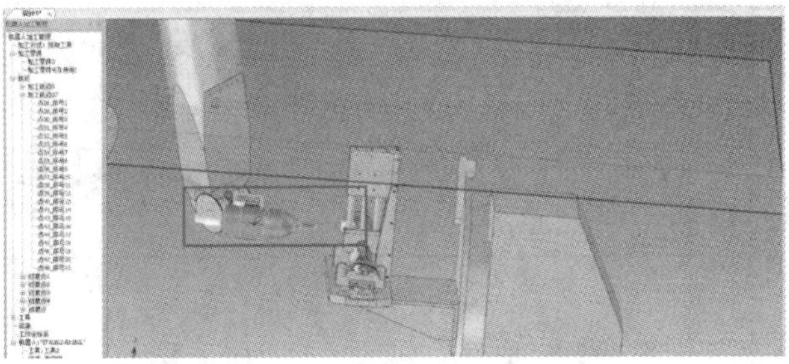
	8	说明	插入所有点
		图示	
	1	说明	机器人在工作时，两点之间走直线，插入 POS 点可以预防机器人及工具碰到零件，对工具有损害
	2	说明	激光切割的工作原理为先在切割工件上穿孔，孔打穿之后再进行正常轨迹的切割，如果穿孔位置直接在切割轨迹上的话，会影响切割断面的质量
		图示	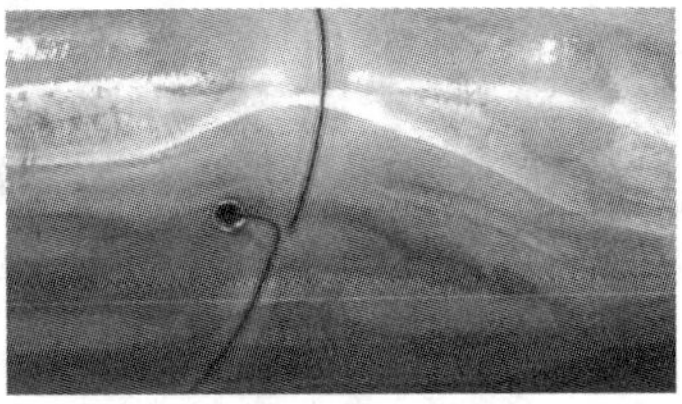 穿孔与切割轨迹

续表八

操作	步骤		说　明
	3	说明	POS 点插入后，会在最后面生成一条轨迹。注意机器人运动的顺序是从第一条轨迹开始最后一条轨迹结束。即按照加工轨迹 5→加工轨迹 27→趋近点 1→离开点 1→渡过点 1→趋近点 2→离开点 2→Home 的顺序进行的
		图示	
插入过渡点	4	说明	轨迹右单击后有一个上下移动的命令，可以进行自行设计。轨迹运行顺序如下图所示
		图示	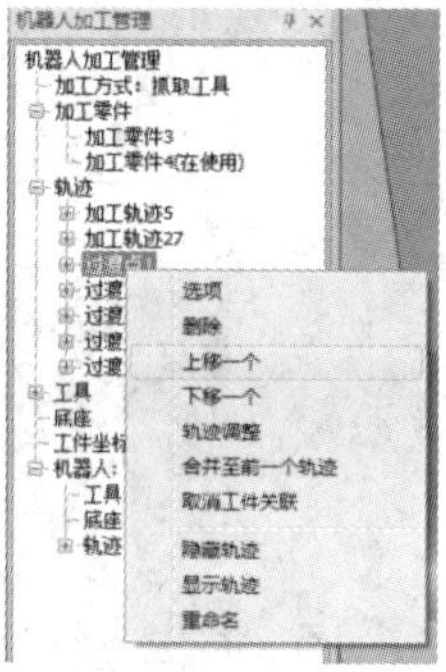 上下移动命令
	5	说明	调整顺序如下图所示。这样，完整的轨迹就都生成了
		图示	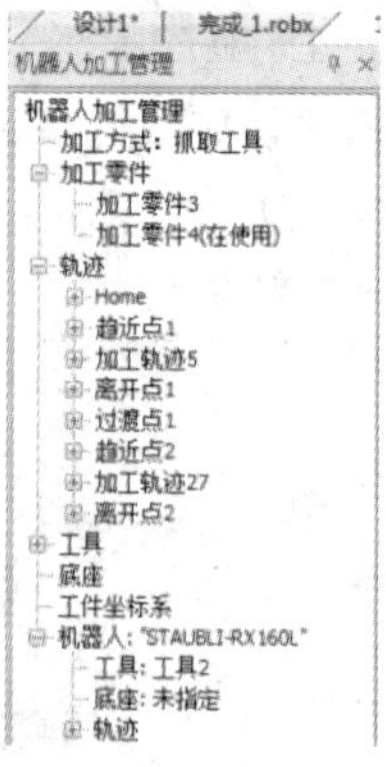 轨迹顺序

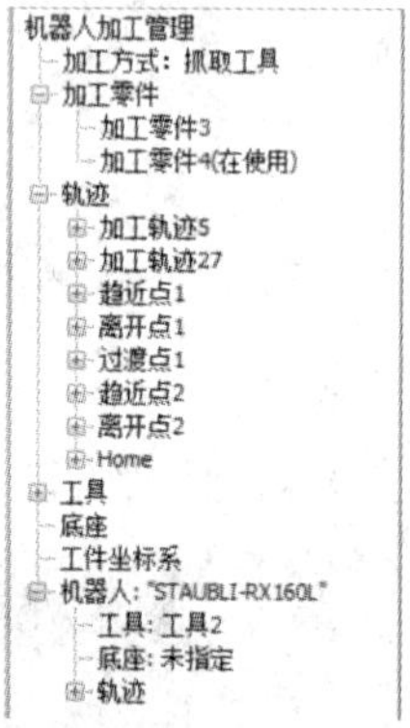

📹 任务扩展

仿真与后置处理

1. 仿真

通过图 6-2 的按钮进行仿真观察机器人运动状况。如果运动异常，则继续进行轨迹调整。

图 6-2　仿真操作条

2. 后置处理

确认仿真没有问题的话，就要生成机器人代码了，如图 6-3 所示。后置处理的时候需要指定路径信息，如图 6-4 所示。在每一行轨迹处，右键单击选择轨迹类型，如图 6-5 所示。点击机器人文件，其余默认就可以了。点击生成文件后选择目录就可以了，如图 6-6 所示。

图 6-3　后置处理

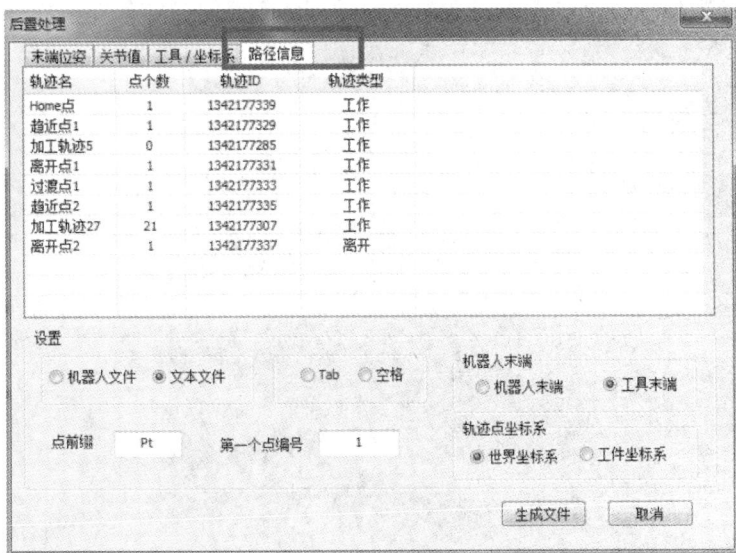

图 6-4　指定路径信息

图 6-5　轨迹类型的选择

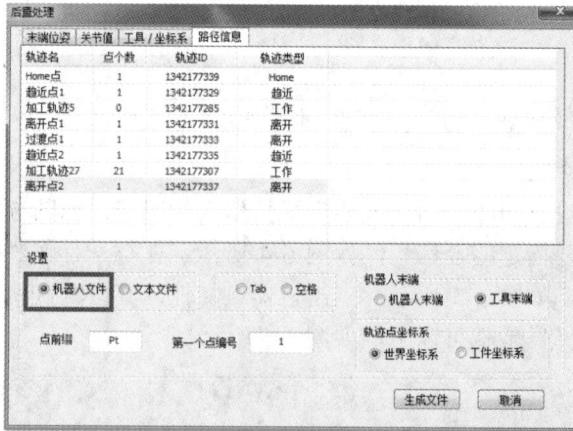

图 6-6　生成机器人可执行文件

用后置代码让机器人进行实际作业。后置完成时记住保存工程文件。有时因为现实误差，轨迹有问题还需要微调。

任务巩固

完成图 6-7 所示零件的激光切割，其材料为 20Cr。

图 6-7　零件图

任务二　去　毛　刺

🎥 工作任务

随着经济的发展和各行各业对自动化程度要求的提高，自动去毛刺机技术也得到了迅速发展，出现了各种各样去毛刺机产品，去毛刺机器人就是其中之一，具体外形如图 6-8 所示。自动去毛刺机产品的实用化既解决了许多单靠人力难以解决的实际问题，又促进了工业自动化的进程。

图 6-8　去毛刺机器人工作站

🎥 任务目标

1. 能进行去毛刺环境搭建；
2. 掌握去毛刺轨迹设计的方法。

🎥 任务实施

根据实际情况，让学生在教师的指导下进行技能训练。

一、环境搭建

环境搭建如表 6-3 所示。

表 6-3　去毛刺环境的搭建

操作	步骤		操 作 描 述
选择机器人	1	说明	按"选择机器人"按钮，首先选择现实中需要设计的轨迹的机器人。本次选择"ABB-IRB1410"
		图示	
	2	说明	选择完成
		图示	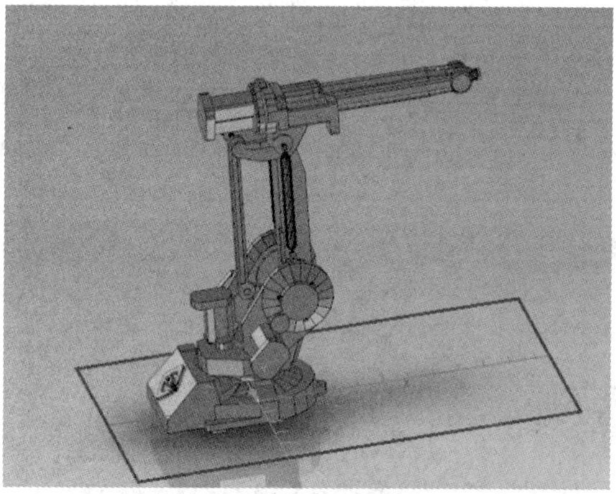
选择工具	1	说明	选择现实中需要进行作业的工具，选择后机器人与零件会自动装配。去毛刺使用工具为"ATI 径向浮动打磨头.ics"
		图示	
	2	说明	选择完成
		图示	

　　　✍ 笔记

操作	步骤		操 作 描 述
选择工具	1	说明	选择现实中所需要加工处理的零件。本次我们选择"汽缸.ics"
		图示	
	2	说明	选择完成
		图示	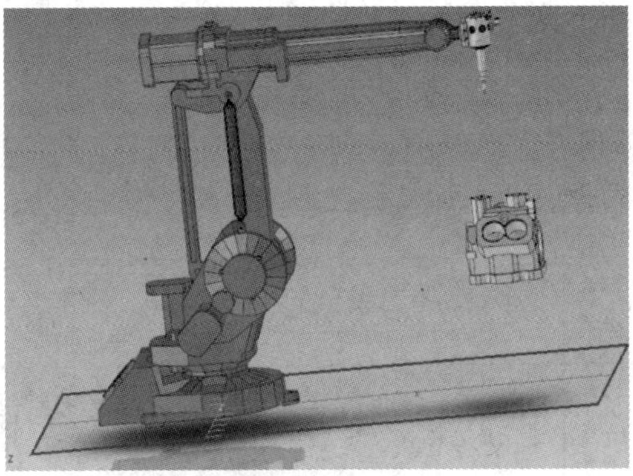
校准 TCP	1	说明	工作的第一步首先是校准 TCP，不同机器人的校准方法不完全一样，具体可参考机器人配套的使用手册。选择左侧的工具，右击选择 TCP 设置，填写测量后的 TCP
		图示	
	2	说明	修正
		图示	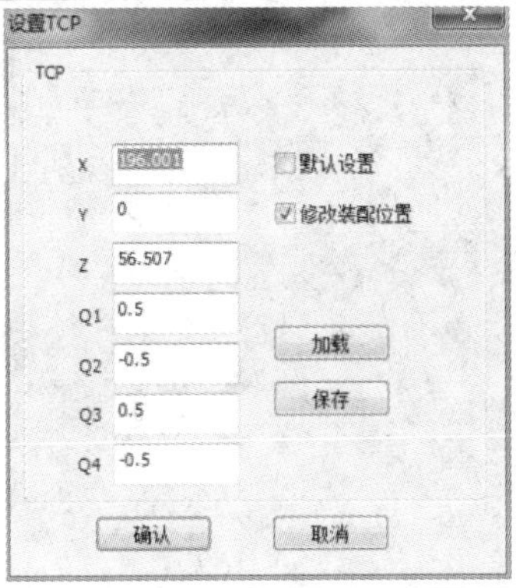

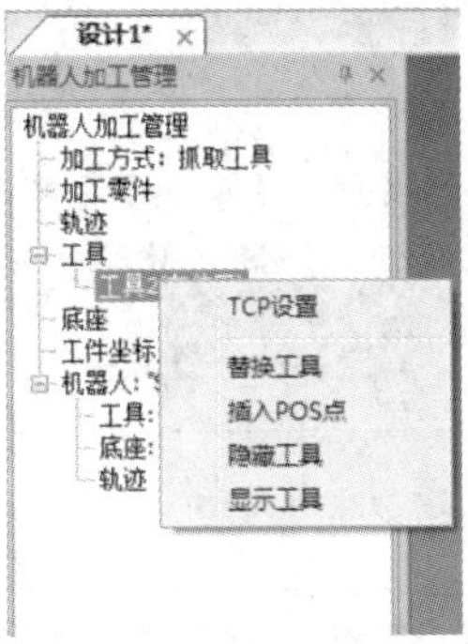

✍ 笔记

操作	步骤		操 作 描 述
校准零件	说明		现实中零件和机器人是有一个相对位置的。我们要保证软件中的位置与现实中的位置一致，这样设计的轨迹才有意义，才能确保设计的正确性。如果现实中机器人与零件的摆放位置已经固定。需要进行零件校准 本次工件与机器人位置已经是现实中的相对位置，所以本步骤可以忽略
	1 选择	说明	选择图标工件校准
		图示	
	2 制定模型上三个点	(1) 说明	先指定第一个点
		(1) 图示	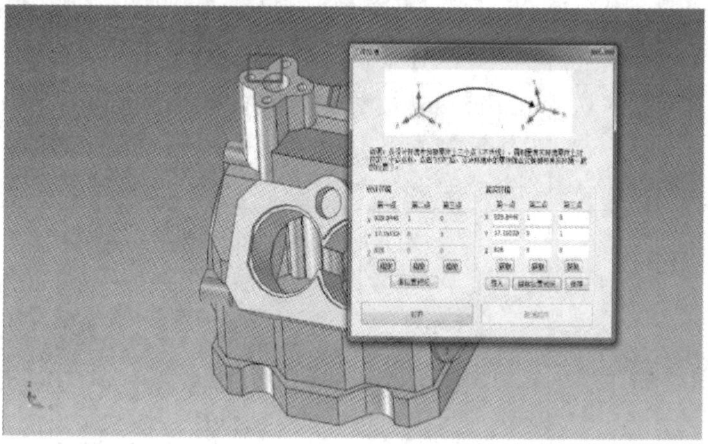
		(2) 说明	然后指定第 2 个点
		(2) 图示	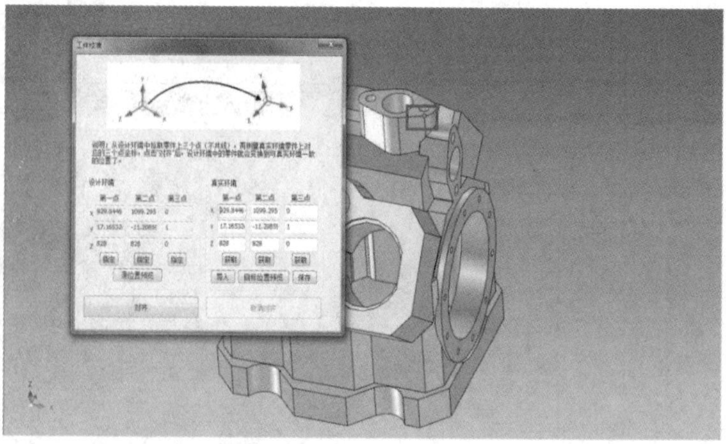

续表三 📝 笔记

操作	步骤	操作描述
	(3) 说明	然后指定第 3 个点
	(3) 图示	
	(4) 说明	现实中，测量上面指定的这三个点。输入完毕后，依次点击"源位置预览"、"目标位置预览"、"对齐"。这样现实环境与软件环境就一致了
	(4) 图示	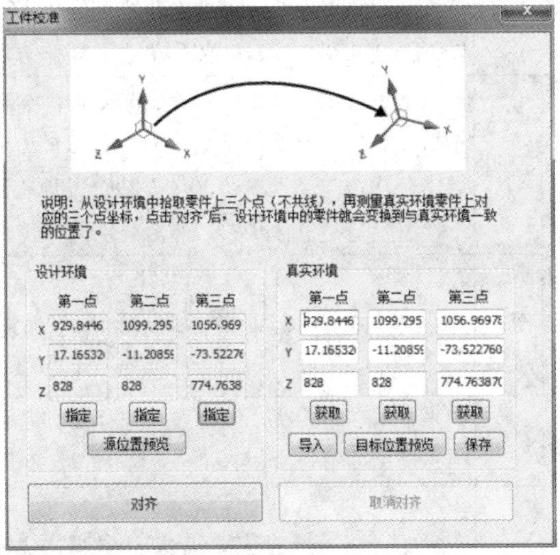
保存工程	说明	输入名字就可以了。保存为(去毛刺.robx)即可。这样后续修改直接打开就可以了
	图示	

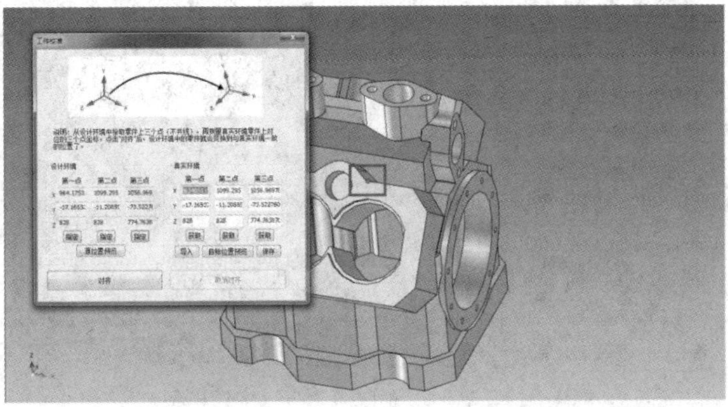

二、轨迹设计

汽缸零件模型如图 6-9 所示，分为上、左、右、下、前、后共六个面。我们需要将其分成两部分进行加工，并且生成两个 robx 文件。第一部分包

✎ 笔记 括上、左、右、前、后五个面，第二部分包括下这一面。具体轨迹设计如表 6-4 所示。

图 6-9 汽缸零件模型

表 6-4 汽缸零件轨迹设计

操作	步骤			操作描述
轨迹生成	内环轨迹	说明		汽缸的轨迹主要分为：内环轨迹、外环轨迹、单边轨迹、打孔轨迹。以下详细介绍内环、外环、单边、打孔的轨迹生成步骤
		1	说明	点击生成轨迹按钮，选择生成方式，本次选择"一个面的一个环"。然后在零件上选择一条边。有时生成的方向不是我们想要的方向，再点击一次，自动调转 180° 左边会发现有两个框，分别是线、面。红色代表当前是工作状态。然后分别选择线、面
			图示	
		2	说明	先单击左边的线，线变红后选择要去毛刺面的一条线(箭头方向不正确的话再单击一次)
			图示	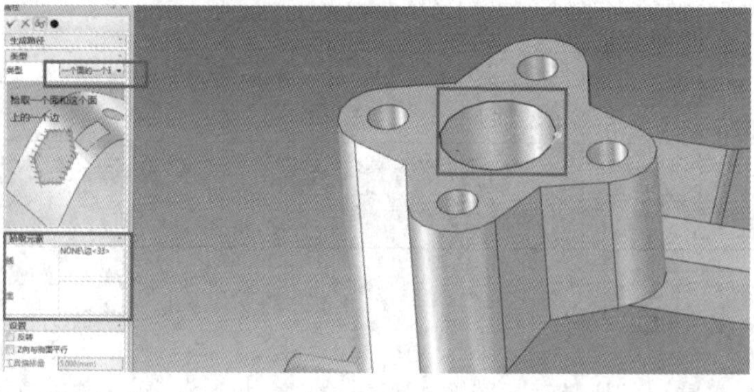

续表一

笔记

<table>
<tr><th>操作</th><th colspan="3">步骤</th><th>操 作 描 述</th></tr>
<tr><td rowspan="4">轨迹生成</td><td rowspan="4"></td><td rowspan="2">3</td><td>说明</td><td>单击一次面。面变红后选择零件的一个面</td></tr>
<tr><td>图示</td><td>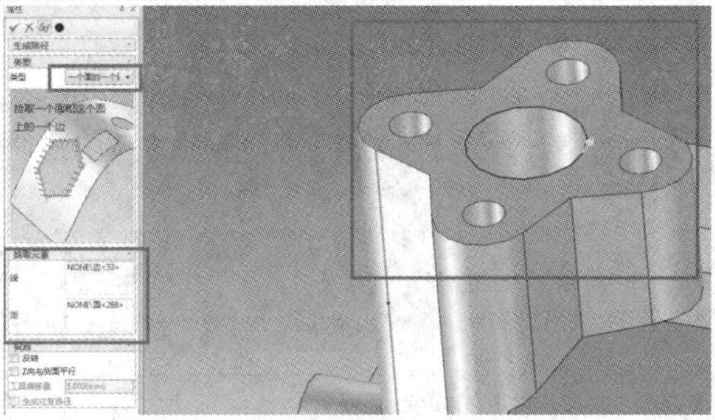</td></tr>
<tr><td rowspan="2">4</td><td>说明</td><td>单击对号。轨迹就会生成，重新命名为：上面_四星内环(命名规则：方向_样子+内环/外环)</td></tr>
<tr><td>图示</td><td>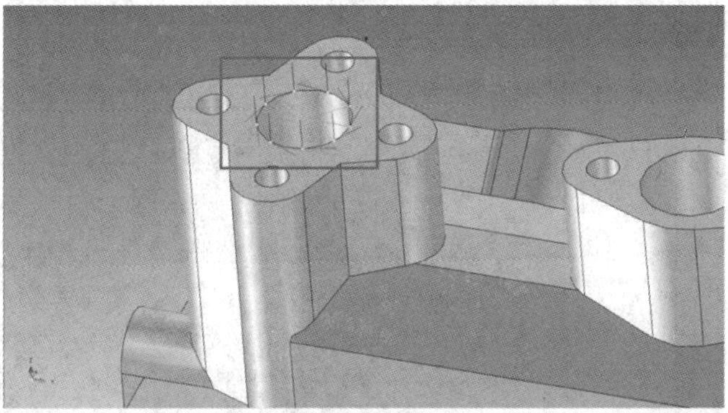</td></tr>
<tr><td rowspan="4"></td><td rowspan="4">外环轨迹</td><td rowspan="2">1</td><td>说明</td><td>点击生成轨迹按钮，选择生成方式，本次选择“一个面的外环”</td></tr>
<tr><td>图示</td><td>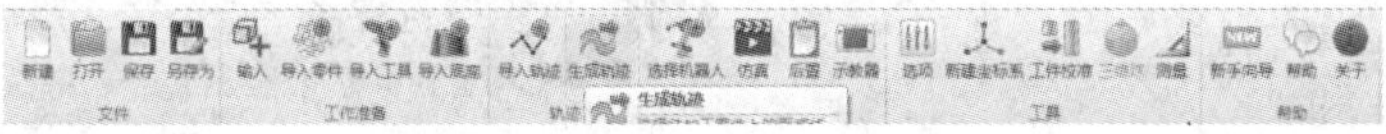</td></tr>
<tr><td rowspan="2">2</td><td>说明</td><td>会发现只有一个框，面元素。红色代表当前是工作状态。然后要生成外环轨迹的面</td></tr>
<tr><td>图示</td><td>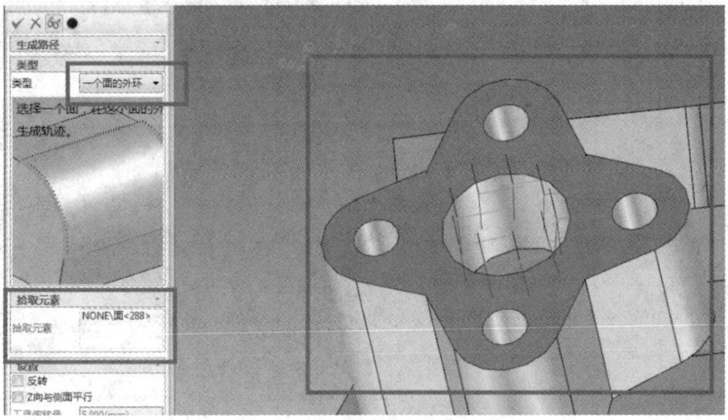</td></tr>
</table>

笔记

课程思政

四个到位

思想认识到位，检视问题到位，整改落实到位，组织领导到位。

续表二

操作	步骤			操作描述
轨迹生成	外环轨迹	3	说明	单击对号。轨迹就会生成
			图示	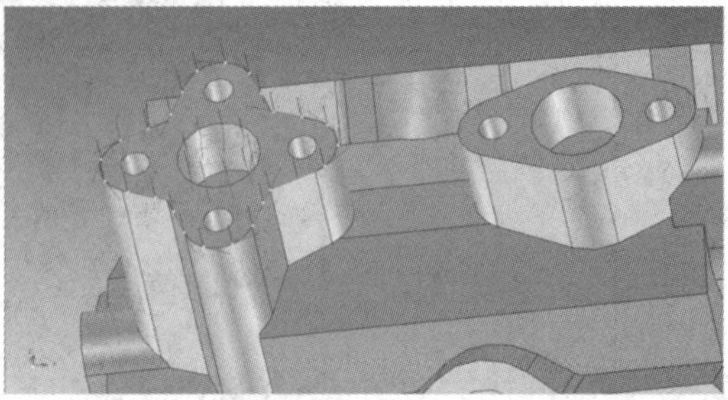
单条边	说明			点击生成轨迹按钮，选择生成方式，本次选择“单条边”。然后在零件上选择一条边。左边会发现有两个框，分别是线、面。红色代表当前是工作状态。然后分别选择线、面
	1		说明	点击左边的线，线变红后选择要去毛刺的一条线
			图示	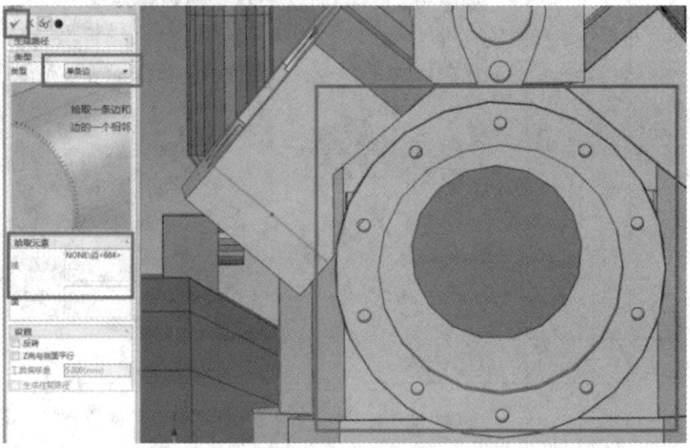
	2		说明	选择一个法向面
			图示	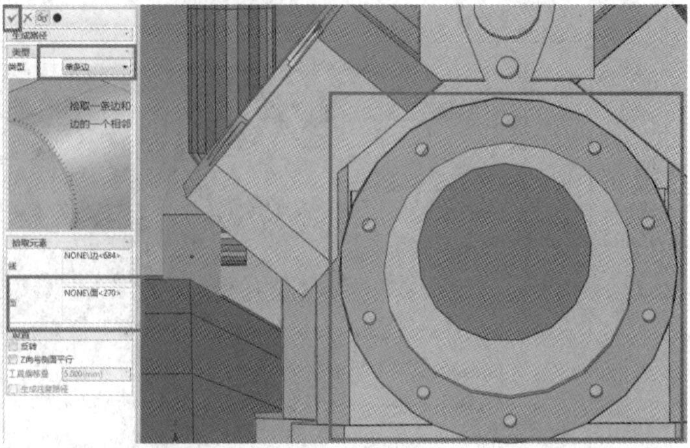

续表三

笔记

<table>
<tr><th>操作</th><th colspan="2">步骤</th><th>操作描述</th></tr>
<tr><td rowspan="2">单条边</td><td rowspan="2">3</td><td>说明</td><td>单击对号。轨迹就会生成</td></tr>
<tr><td>图示</td><td>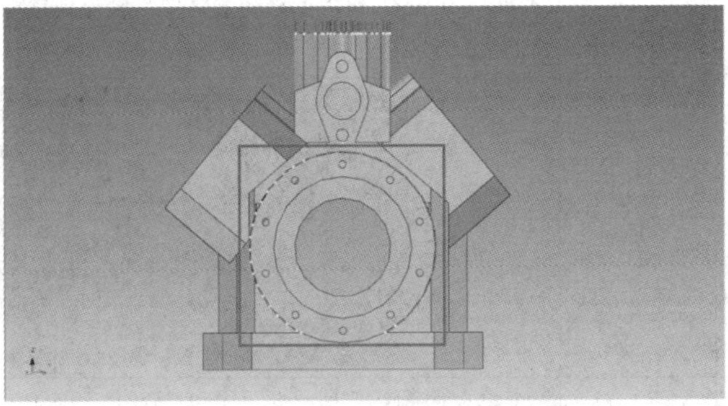</td></tr>
<tr><td rowspan="6">打孔</td><td rowspan="2">1</td><td>说明</td><td>点击生成轨迹按钮，选择生成方式，本次选择“打孔”</td></tr>
<tr><td>图示</td><td>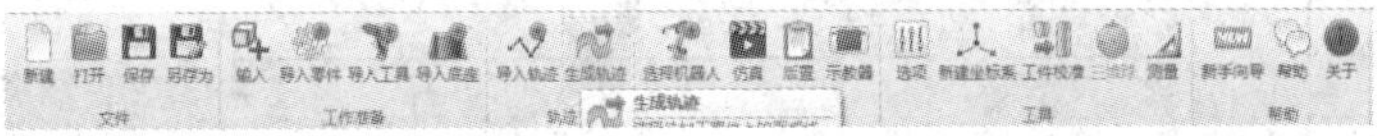</td></tr>
<tr><td rowspan="2">2</td><td>说明</td><td>会发现有一个框，孔边选择框。红色代表当前是工作状态。选择要打的孔</td></tr>
<tr><td>图示</td><td>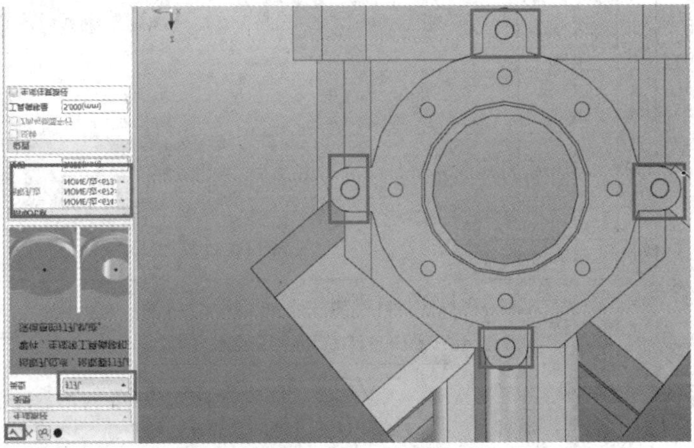</td></tr>
<tr><td rowspan="2">3</td><td>说明</td><td>单击对号。轨迹就会生成</td></tr>
<tr><td>图示</td><td>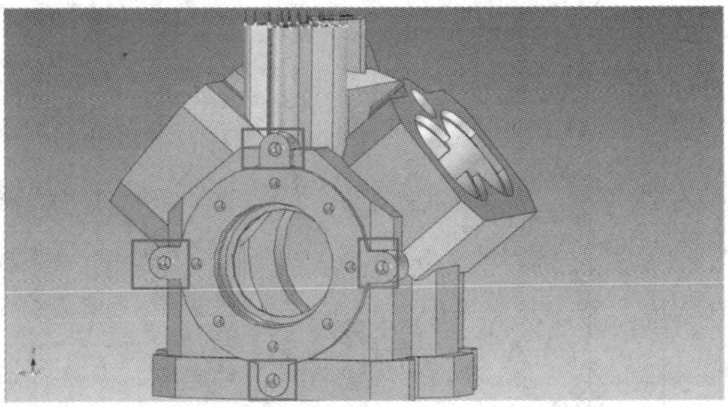</td></tr>
</table>

✍ 笔记

操作	步骤			操 作 描 述
轨迹调整		说明		汽缸模型生成的轨迹主要分为：内圈类型、外圈类型。轨迹统一向下移动 10 mm，对内圈，我们需要将轨迹向里缩 3 mm，对外圈我们需要向外扩 3 mm
		图示		
	内圈轨迹调整	说明		工具在内圈运作时，为防止工具头碰到实体，将轨迹向内缩一圈，保证工具的锉边与内圈接触，达到去毛刺的功能
		1	说明	右击轨迹，选择选项
			图示	
		2	说明	要让加工轨迹更像一个圆，可以修改步长为 3 mm。沿着 Y 轴移动 3 mm，沿着 Z 轴移动 −10 mm
			图示	

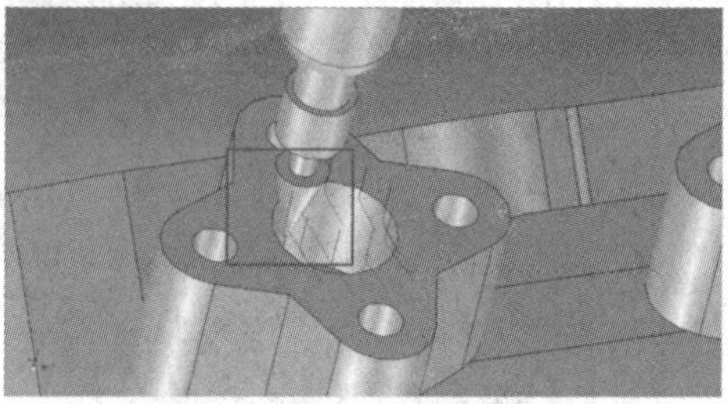

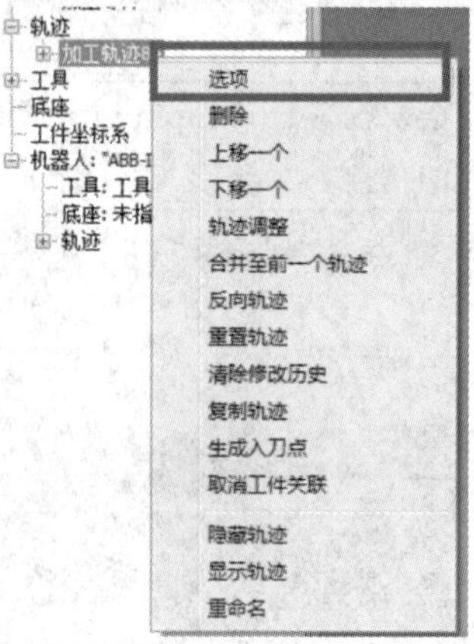

✎ 笔记

操作	步骤		操 作 描 述
轨迹调整	内圈轨迹调整	说明	修改后的效果
		3 图示	
	外圈轨迹偏移	说明	工具在外圈运作时，为防止工具头碰到实体，将轨迹向外扩一圈，保证工具的锉边与外圈接触，达到去毛刺的功能
		1	说明：右击轨迹，选择选项
			图示：
		2	说明：要让加工轨迹更像一个圆，可以修改步长为 3 mm。沿着 Y 轴移动 −3 mm，沿着 Z 轴移动 −10 mm
			图示：

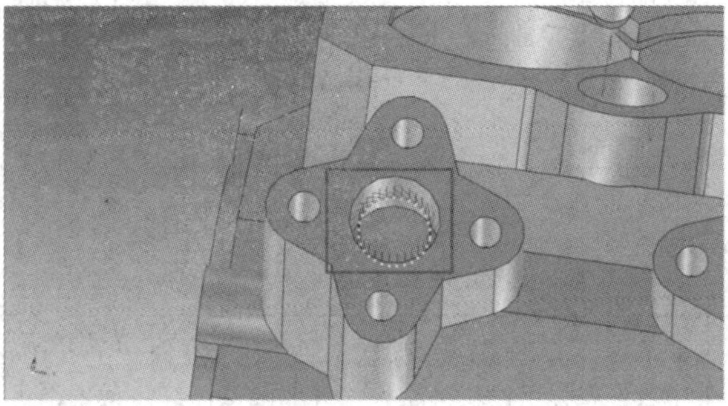

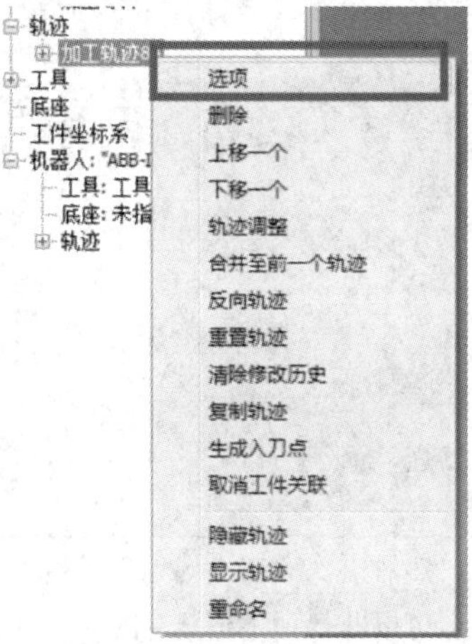

操作	步骤		操 作 描 述
外圈轨迹偏移	3	说明	修改后的效果
		图示	
轨迹调整	轨迹点姿态调整	说明	轨迹生成后会发现有一些绿点、黄点或者红点。绿点代表正常的点，黄点代表机器人的关节限位，红点代表不可到达。本次我们的轨迹有一些黄点
		1 说明	轨迹单击右键，选择清除修改历史。会把上面在"选项"对话框中修改的值清除了，保持当前轨迹点的姿态不动
		图示	
		2 说明	然后再次右击"选项"，进入选择对话框选择轨迹调整；接着移动鼠标可以获得如下信息，Pt 代表轨迹点序号，angle 代表角度。也可以在紫色线上单击右键，选择增加点，方便调整轨迹。 　对于汽缸去毛刺来说，最好保证轨迹的坐标指向都一样，这样生成的结果，机器人位姿最流畅
		图示	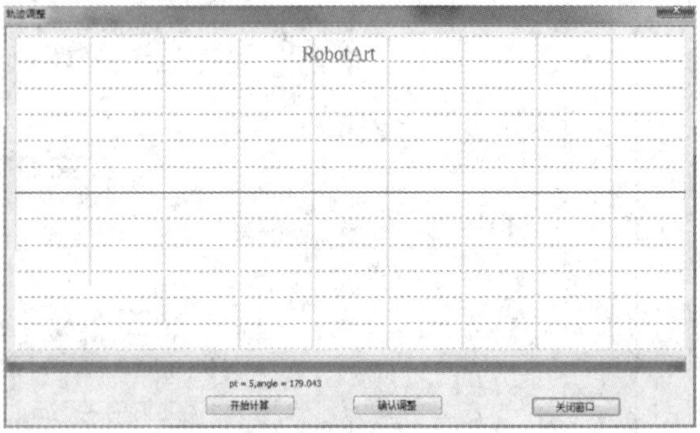

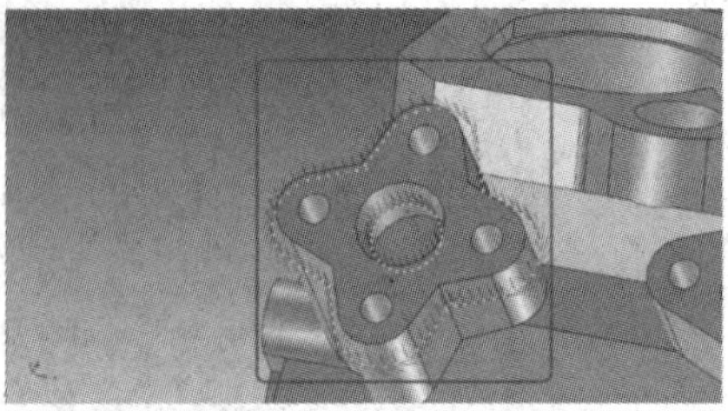

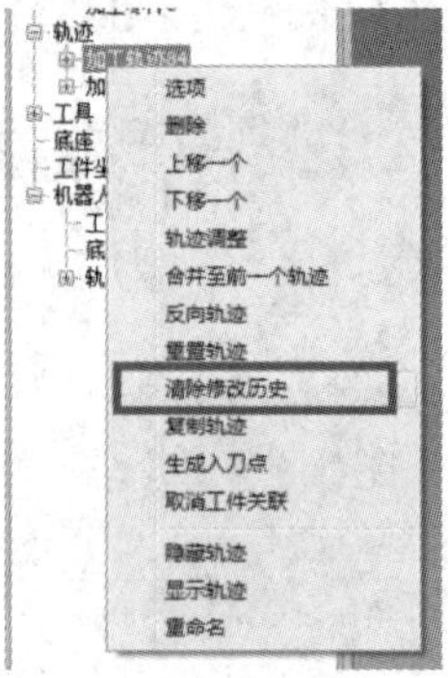

✍ 笔记

操作	步骤		操 作 描 述
轨迹调整	轨迹点姿态调整	3	说明：正圆形的轨迹：拖动两侧绿色圆点，再单击确认调整，直到紫色线与黄色区域没有交点
			图示：
			说明：正圆形的轨迹调整后会发现所有的点都变成了绿色
			图示：
		4	说明：不规则的轨迹：依次选择具体轨迹序号，右击选择编辑点
			图示：

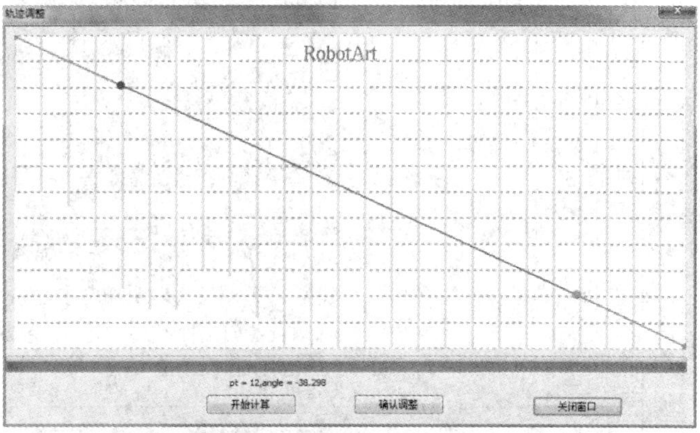

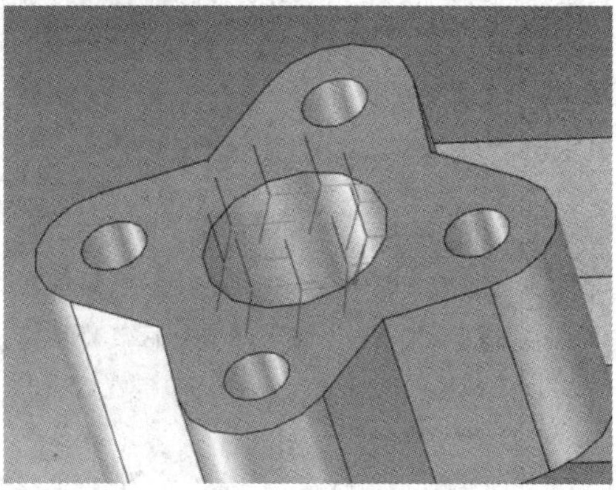

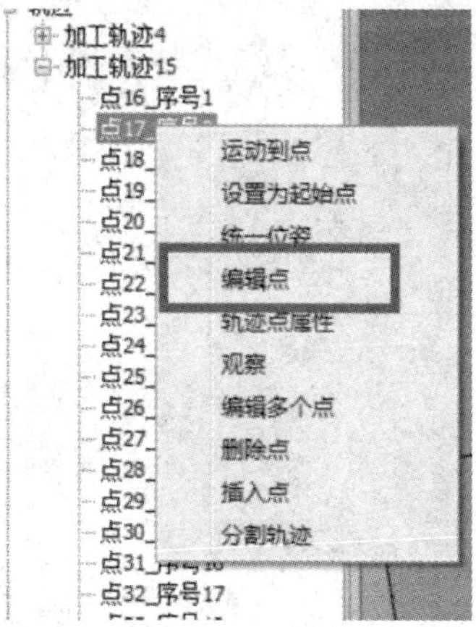

✎ 笔记

操作		步骤	操 作 描 述		
轨迹调整	轨迹点姿态调整	5	说明	使用三维球旋转轨迹点，将轨迹点坐标系 X 轴与工具的 X 轴同向	
			图示		
			说明	使用三维球旋转进行轨迹点调整后所有的点都变成了绿色	
			图示		
	插入过渡点	1	说明	生成多组轨迹后，会发现这两条轨迹没有联系。每一条轨迹都是单独的工作路径。这就需要我们加入一些过渡点。 技巧：POS 点一般距离轨迹端点不远，我们可以先让机器人运动到端点，再调节会轻松很多。 方法：右侧轨迹树右单击，然后选择运动到点	
			图示		

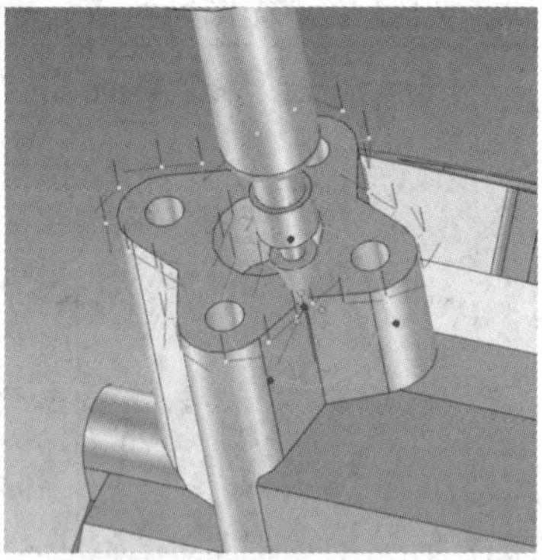

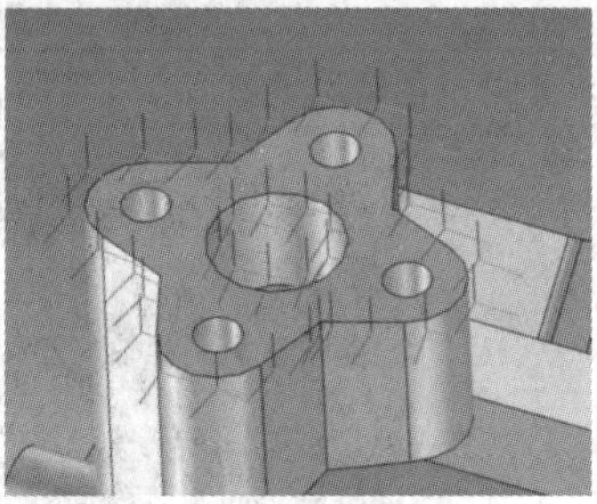

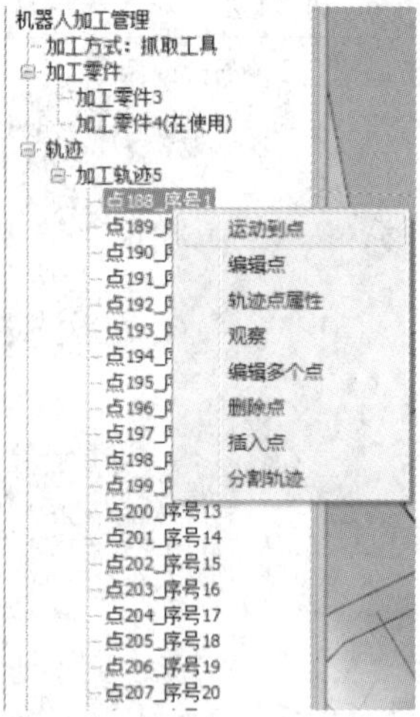

✍ 笔记

操作	步骤		操 作 描 述
轨迹调整	插入过渡点	1 说明	工具就在端点的位置了
		1 图示	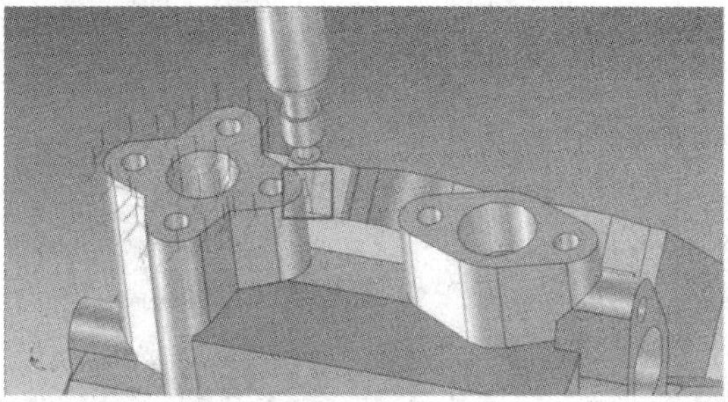
		2 说明	单击工具，按 F10 键
		2 图示	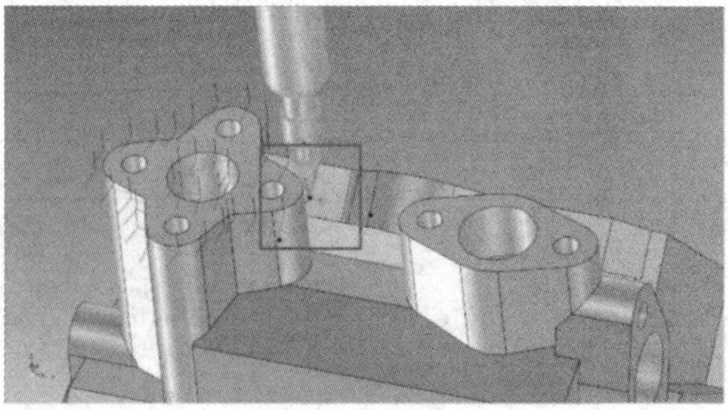
		3 说明	拖动三维球，将 TCP 移动到要插入 POS 点的位置
		3 图示	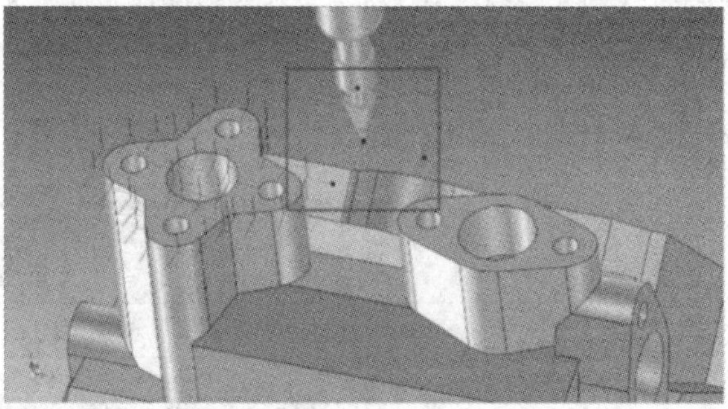
		4 说明	右键单击工具，插入 POS 点。同样的方法就可以擦入多个 POS 点了
		4 图示	

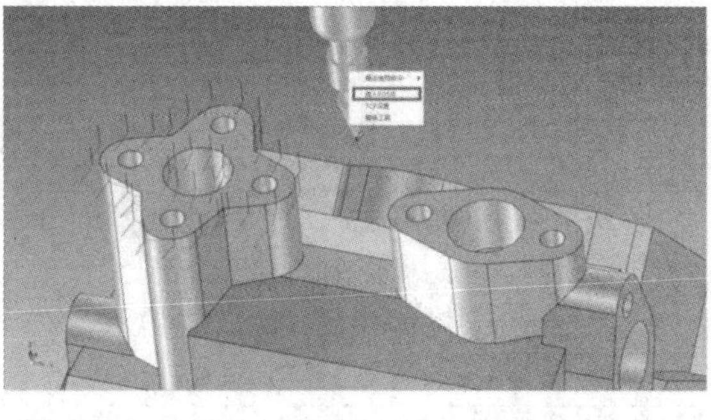

✍ 笔记

操作	步骤		操 作 描 述
轨迹调整	插入过渡点		
	5	说明	插入 POS 点后会发现多了一条轨迹
		图示	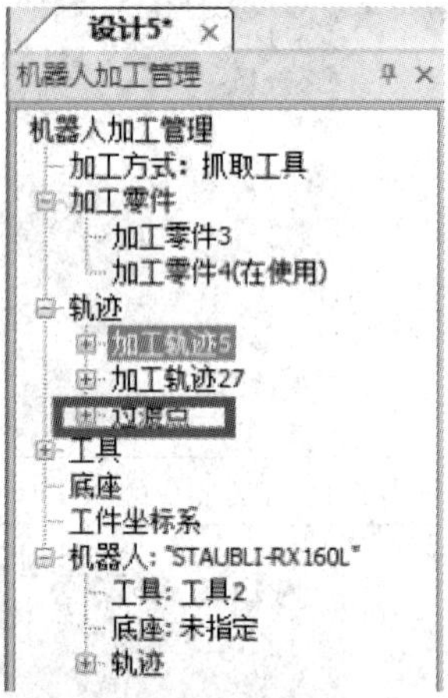
	6	说明	为了方便管理，我们将它重新命名为：方向+转+方向_过渡点
		图示	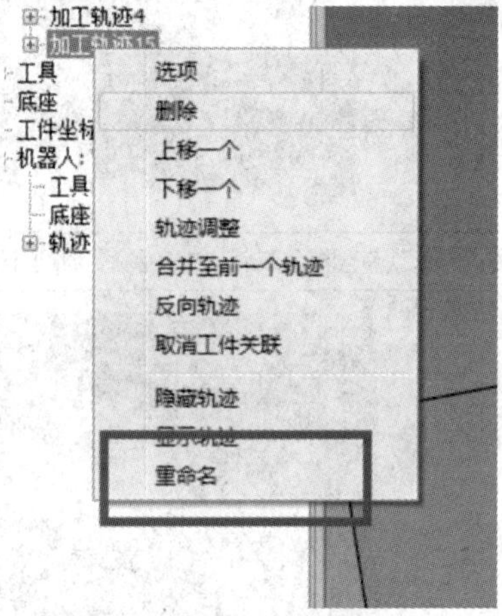
		说明	比如命名为：上四星转上两星_过渡点
		图示	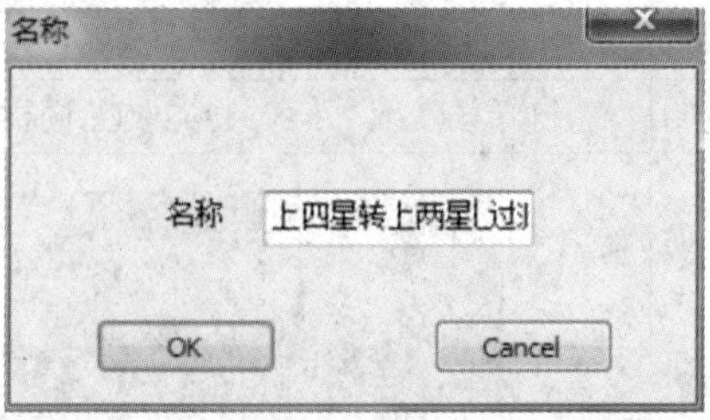
	7	说明	如上方法添加多个 POS 点。每次插入 POS 点，默认都是在轨迹组最后一组，这样仿真时，最后运行这里，与插入过渡点的初衷不符，修改过渡点在轨迹中的位置，通过右击轨迹，选择"上移一个"或者"下移一个"

续表十一

操作	步骤		操 作 描 述
轨迹调整	插入过渡点	第一部分结果图	
	7		
		第二部分结果图	

任务扩展

工匠精神

知者创物,
巧者述之守
之,世谓之工。
百工之事,皆
圣人之作也。
——《考工记》

仿真与后置处理

1. 仿真

通过图 6-10 所示的按钮进行仿真观察机器人运动状况。如果运动异常继续进行轨迹调整。

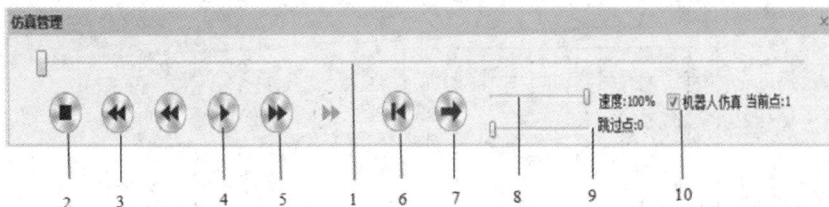

图 6-10　仿真操作按钮

2. 后置

仿真确认没有问题的话就要生成机器人代码,如图 6-11 所示。

图 6-11　后置代码

点击机器人文件，其余默认就可以了。点击生成文件后选择目录就可以了，如图 6-12 所示。

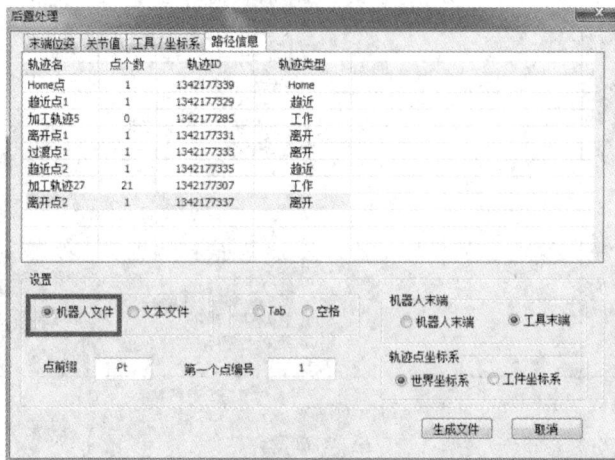

图 6-12　生成文件

用后置代码让机器人进行实际作业。后置完成时记着保存工程文件。有时因为现实误差，轨迹有问题还需要微调。

📹 任务巩固

完成图 6-13 所示零件的去毛刺，其材料为 Q235。

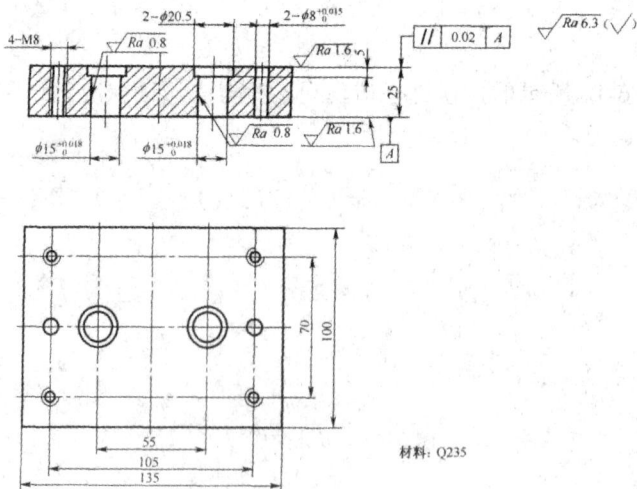

图 6-13　去毛刺零件

任务三　轻　型　加　工

📹 工作任务

　　这类机器人具有加工能力，本身具有加工工具，比如刀具等，刀具的运动是由工业机器人的控制系统控制的，如图 6-14 所示。这样的加工比较复杂，一般采用离线编程来完成。这类工业机器人有的已经具有了加工中心的某些特性，如刀库等。图 6-15 所示的雕刻工业机器人的刀库如图 6-16 所示。这类工业机器人的机械加工能力是远远低于数控机床的，因为刚度、强度等都没有数控机床好，但其优越性也是数控机床不能比的。

图 6-14　轻型加工机器人

图 6-15　雕刻工业机器人

图 6-16　雕刻工业机器人的刀库

📹 任务目标

　　1. 能进行轻型加工环境搭建；
　　2. 掌握轻型加工轨迹设计的方法。

任务实施

根据实际情况，让学生在教师的指导下进行技能训练。

技能训练

一、环境搭建

孔加工环境搭建步骤如表 6-5 所示。

表 6-5　孔加工环境搭建步骤

操作	步骤	操作描述	
选择机器人	1	说明	首先选择现实中需要设计的轨迹的机器人。本次我们选择 KUKA-KR150-R2700-extra
		图示	
	2	说明	选择完毕
		图示	
选择工具	1	说明	选择现实中需要进行作业的工具，选择后，机器人与零件会自动装配。本次我们选择的是 ToolPunch.ics。 注意：如果用户机器上没有的话，把与此文档同位置放着的 ToolPunch.ics 放于 RobotArt 的工具存目录，选择完毕工具自动装配到机器人上
		图示	
	2	说明	选择完毕
		图示	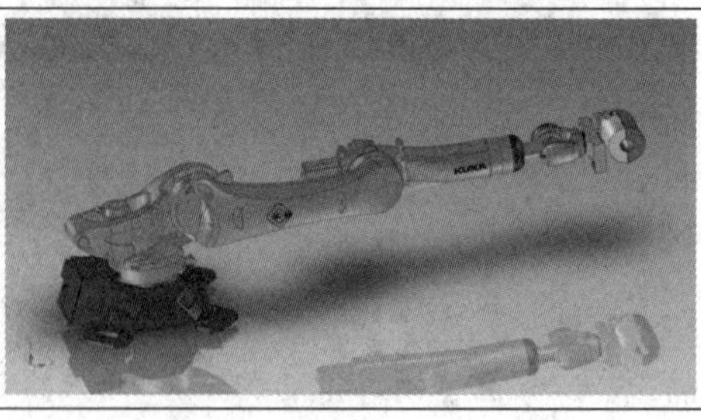

✍ 笔记

操作	步骤		操 作 描 述
选择加工零件	说明		选择现实中我们需要加工处理的零件。本次我们选择 part_punch.ics 注意：如果用户机器上没有的话，把与此文档同位置放着的 ToolPunch.ics 放于 RobotArt 的工具存放目录中
	1	说明	选择完毕
		图示	
	2	说明	选好后，发现零件和机器人距离过近，移动一下零件，先选中，按 F10 键
		图示	
	3	说明	鼠标移动到如图所示三维球的某一个端点的位置
		图示	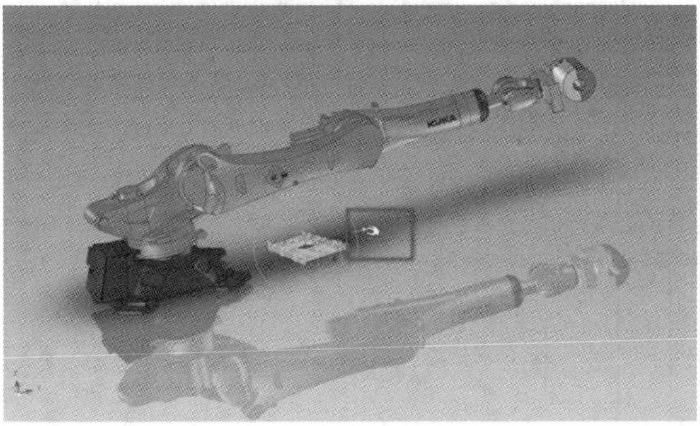

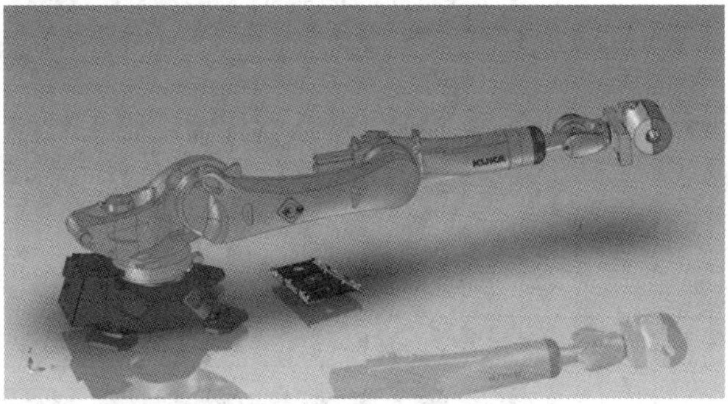

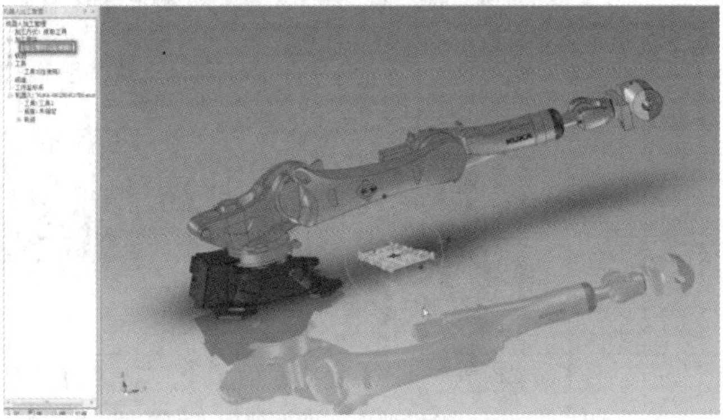

续表二

操作	步骤		操作描述
选择加工零件	4	说明	向远处拉一定距离
		图示	
	5	说明	放开鼠标，按 Esc 键，零件即移动到新位置，并且三维球消失
		图示	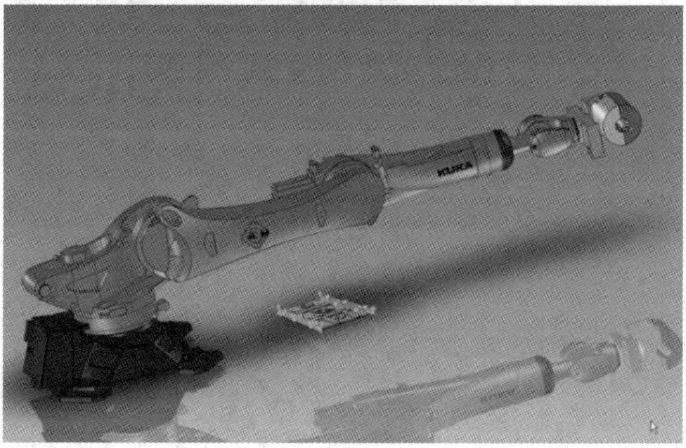
校准 TCP	1	说明	工作的第一步首先是校准 TCP，不同机器人的校准方法不完全一样，具体可参考机器人配套的使用手册。左侧的工具右单击选择 TCP 设置，填写测量后的 TCP
		图示	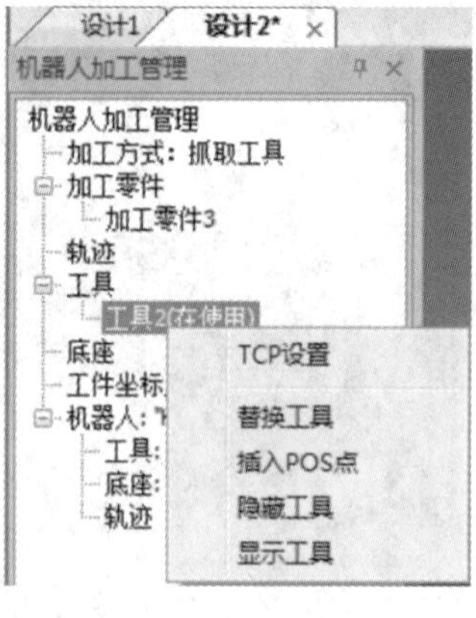

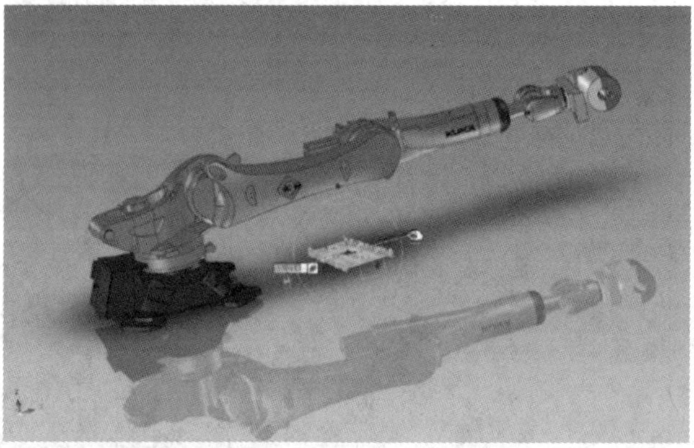

笔记

操作	步骤		操 作 描 述
校准 TCP	2	说明	填入测量后的值以修正
		图示	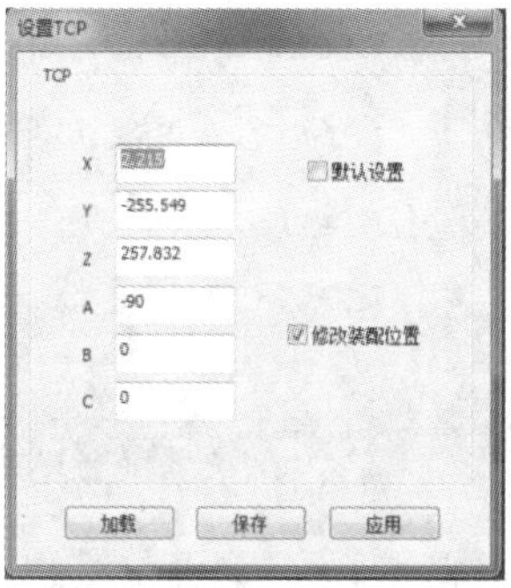
校准零件	1	说明	如果现实中机器人与零件的摆放位置已经固定。我们需要进行零件校准。选择图标工件校准
		图示	
	2	说明	制定模型上三个点(不要在一条直线上，比较有特征，现实中好测量容易辨识的点)，先指定第一个点
		图示	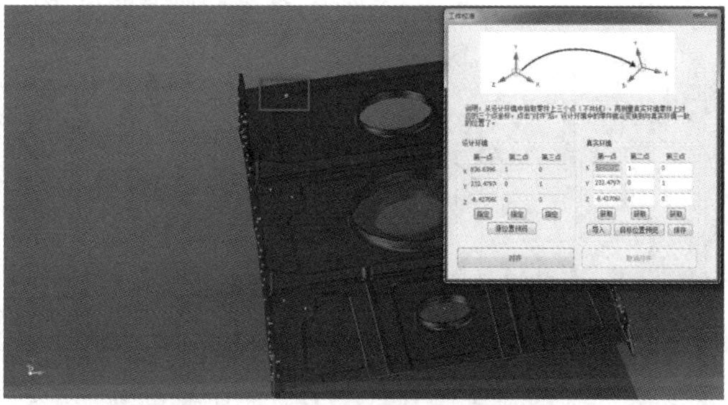
	3	说明	然后指定第 2 个点
		图示	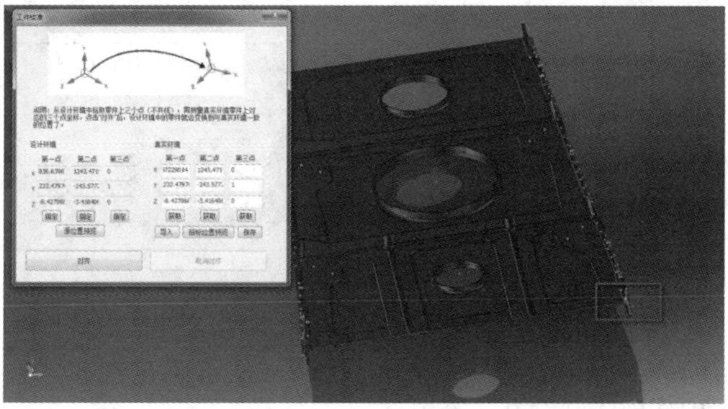

✍ 笔记

操作	步骤		操 作 描 述
校准零件	4	说明	然后指定第 3 个点
		图示	
	5	说明	现实中测量上面指定的这三个点。然后输入单击对齐。这样现实环境与软件环境就一致了
		图示	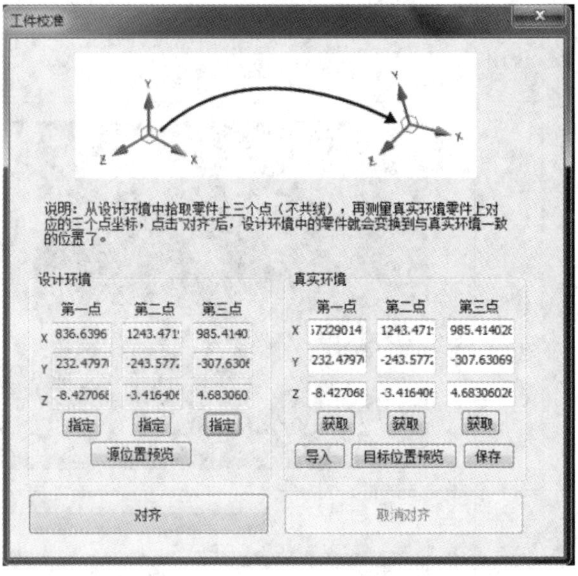
保存工程		说明	输入名字就可以了。保存为(打孔.robx)就可以了。这样后续修改直接打开就可以了
		图示	

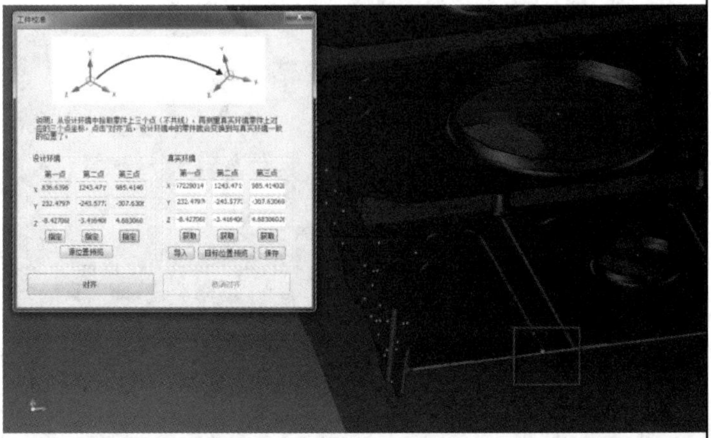

二、轨迹设计

轨迹设计如表 6-6 所示。

笔记

表 6-6　孔加工轨迹设计

操作	步骤		操 作 描 述
轨迹生成	1	说明	单击图标轨迹生成
		图示	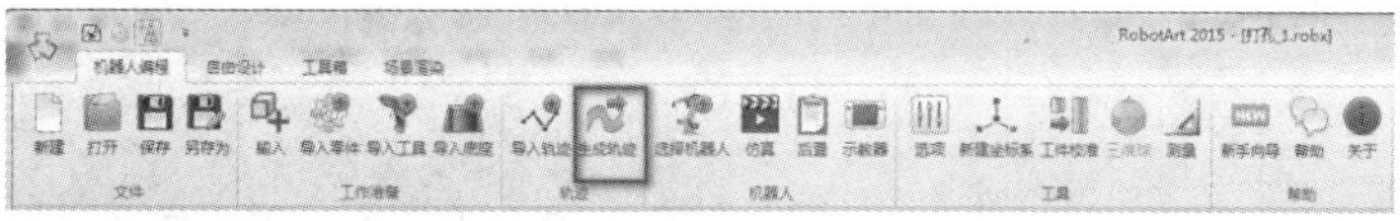
	2	说明	选择生成方式，本次选择点云打孔。左边会发现有三个框，分别是点、零件/装配、孔深，红色代表当前是工作状态。分别选择点、零件/装配及填写孔深。选取方式如下：先单击左侧的“点”，再单击右侧零件上一个侧面的某一侧角上的一个点
		图示	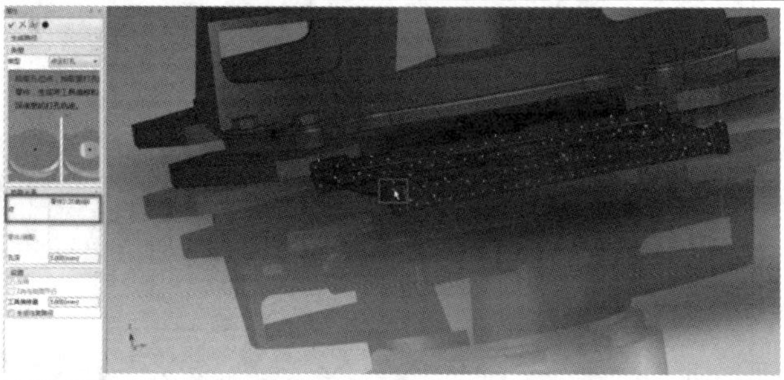
	3	说明	然后单击一下零件/装配。零件/装配变红后选择零件，也就是在零件上单击一下，然后单击一下孔深，填入具体数值：然后可以修改偏移量，即 TCP 离打孔点的距离
		图示	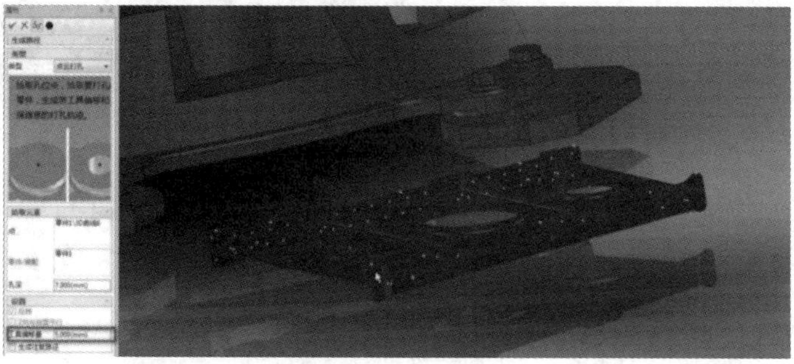
	4	说明	然后单击对号，轨迹就会生成
		图示	

企业文化

携手客户，通过提供优质产品与服务，不断超越客户期望，持续创造客户价值。

续表一

操作	步骤		操 作 描 述
轨迹生成	5	说明	生成轨迹
		图示	
	6	说明	按照前面方式生成第 2 条轨迹
		图示	
	7	说明	按照前面方式生成第 3 条轨迹
		图示	
轨迹点姿态调整		说明	轨迹生成后会发现有一些绿点、黄点或者红点。绿点代表正常的点、黄点代表机器人的关节限位，红点代表不可到达。本次我们的轨迹有一些黄点(注意，在这个案例中有好多其他的点并不是轨迹点，注意区分)。需要进行调整
	1	说明	显示出轨迹点的序号以方便我们操作
		图示	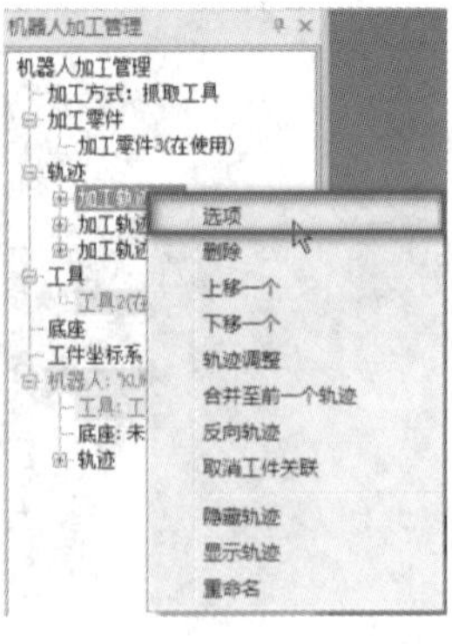

续表二

笔记

操作	步骤		操 作 描 述
轨迹点姿态调整	2	说明	选择轨迹显示栏，勾上显示轨迹序号
		图示	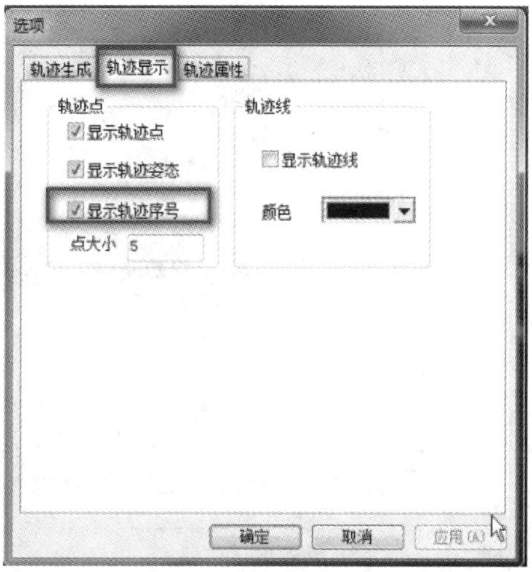
	3	说明	显示出序号
		图示	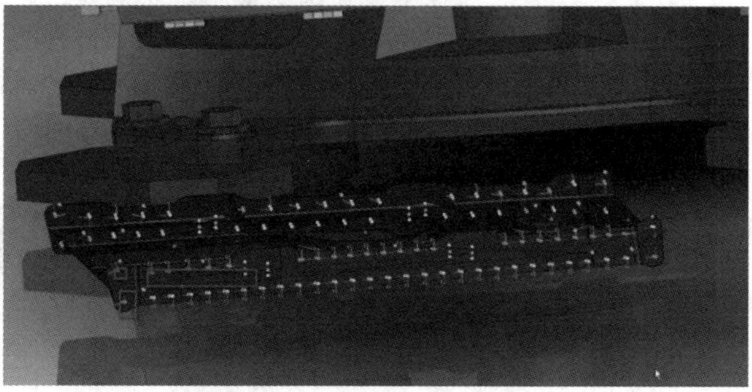
	4	说明	由于零件颜色太深，和序号颜色有些冲突，为了使序号显示得更清楚，我们渲染一下零件颜色，在零件上右击
		图示	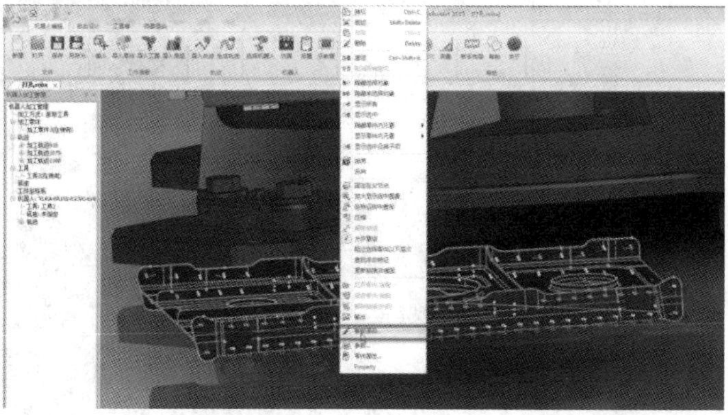

✎ 笔记

操作	步骤		操 作 描 述
轨迹点姿态调整	5	说明	选择智能渲染，选择一种比较浅的颜色
		图示	
	6	说明	序号比较容易看清楚多了
		图示	
	7	说明	调试第一个点的姿态，在轨迹上双击展开轨迹，出现其轨迹点，在第一个轨迹点上右击，选择编辑轨迹点
		图示	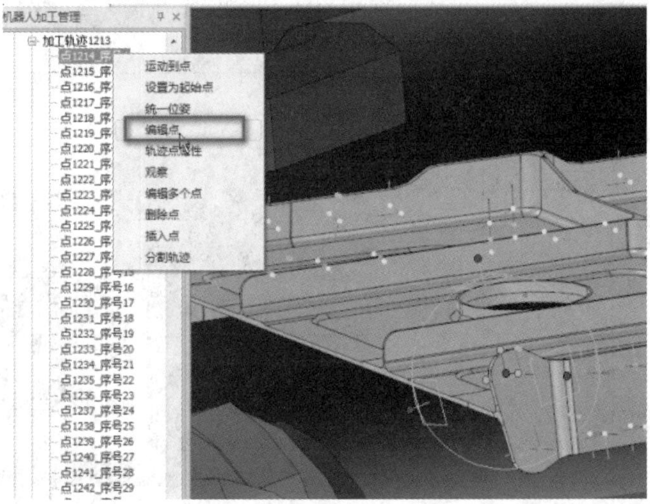

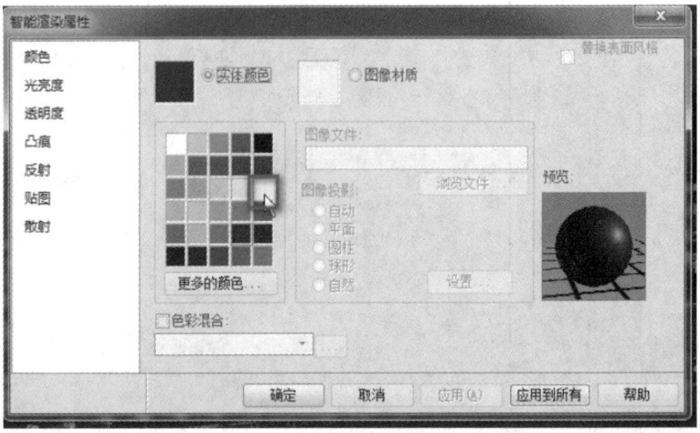

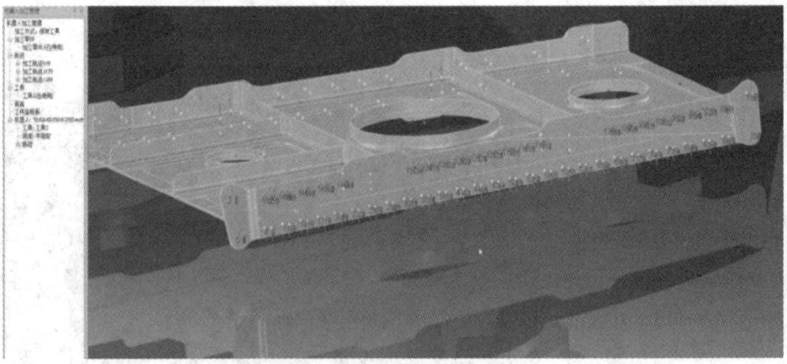

续表四

笔记

<table>
<tr><th>操作</th><th colspan="2">步骤</th><th>操 作 描 述</th></tr>
<tr><td rowspan="8">轨迹点姿态调整</td><td rowspan="2">8</td><td>说明</td><td>出现三维球，点击垂直于平面的轴上的红点，该轴变黄，表示已成为修改对象</td></tr>
<tr><td>图示</td><td>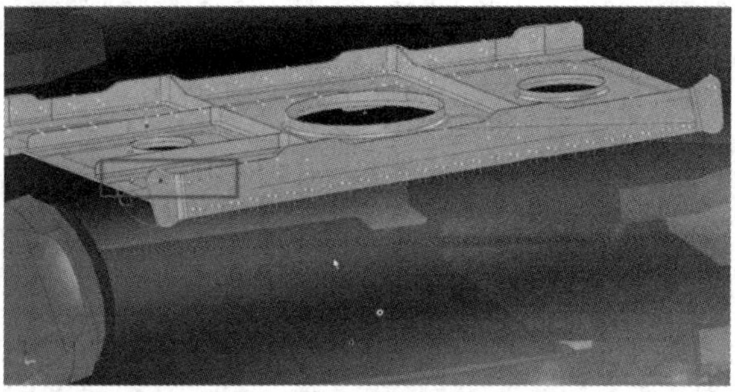</td></tr>
<tr><td rowspan="2">9</td><td>说明</td><td>由于有工具和机器人遮挡视线，我们可以先隐藏它们，操作方法如下，在工具上右击，选择隐藏</td></tr>
<tr><td>图示</td><td>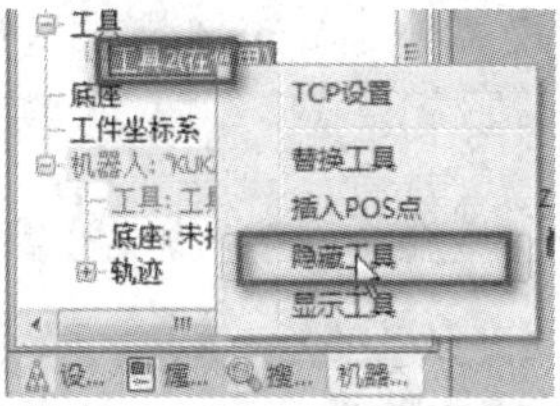</td></tr>
<tr><td rowspan="2">10</td><td>说明</td><td>机器人隐藏操作</td></tr>
<tr><td>图示</td><td>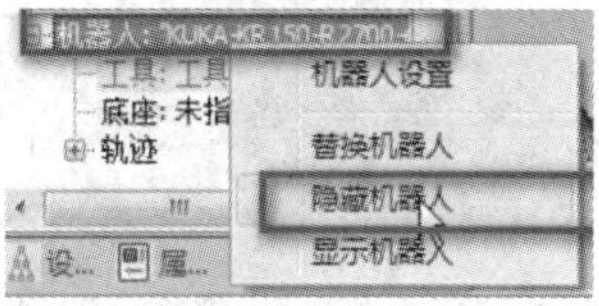</td></tr>
<tr><td rowspan="2">11</td><td>说明</td><td>此时，视野很清晰，方便调整轨迹点姿态，我们在需要调整的轨迹上，右击选择选项</td></tr>
<tr><td>图示</td><td>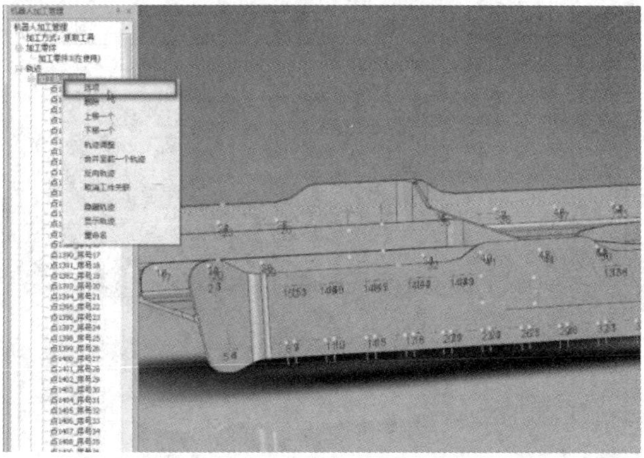</td></tr>
</table>

笔记

操作	步骤		操 作 描 述
轨迹点姿态调整	12	说明	勾选 Z 轴旋转固定
		图示	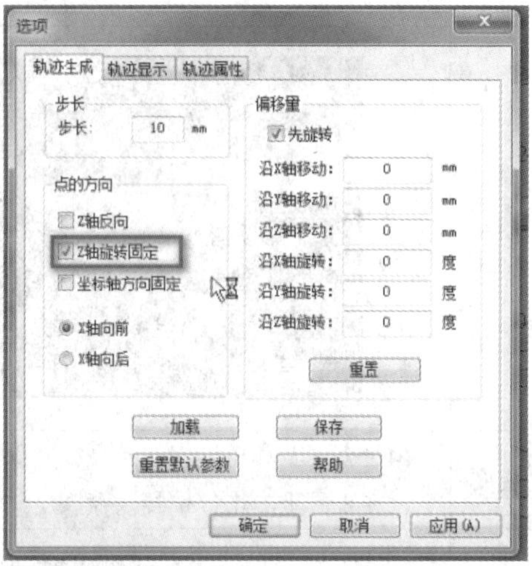
轨迹内轨迹点顺序调整	1	说明	轨迹内轨迹点的顺序，现在只能通过轨迹分割、子轨迹段重排序、子轨迹段合并来实现，仔细观察轨迹
		图示	
	2	说明	我们发现最右侧的 2×3 个点的轨迹顺序却在最后，我们需要调整一下，使其形成如下顺序
		图示	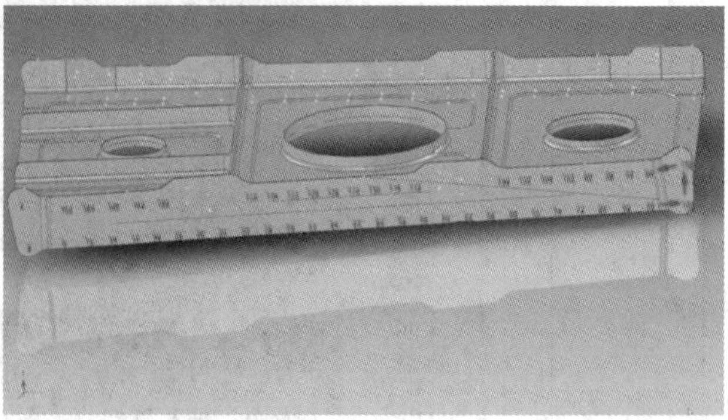

续表六

操作	步骤		操 作 描 述
轨迹内轨迹点顺序调整	3	说明	这样更利于机器人的运动，轨迹更合理。于是我们需要拆分原轨迹，在原轨迹 156、153、87 之后，分别点击分割轨迹，156 如图示，其他类似
		图示	
	4	说明	分割出三段新轨迹，把这三段新轨迹的第一个点删除
		图示	
	5	说明	把这四段轨迹重新组合，组合成如下顺序
		图示	
	6	说明	轨迹移动方式为见图示，右击菜单选上移一个，多次移动
		图示	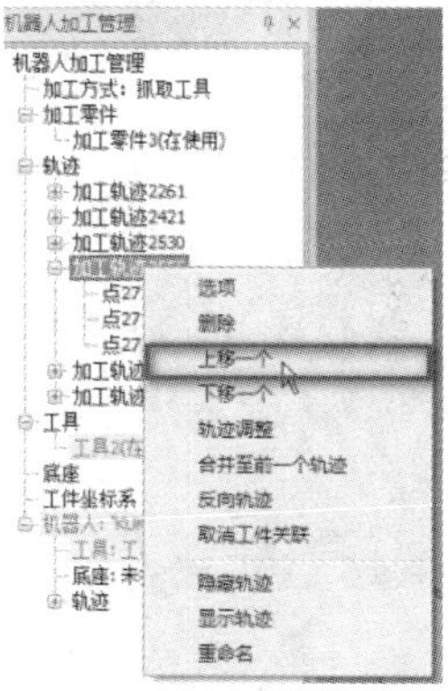

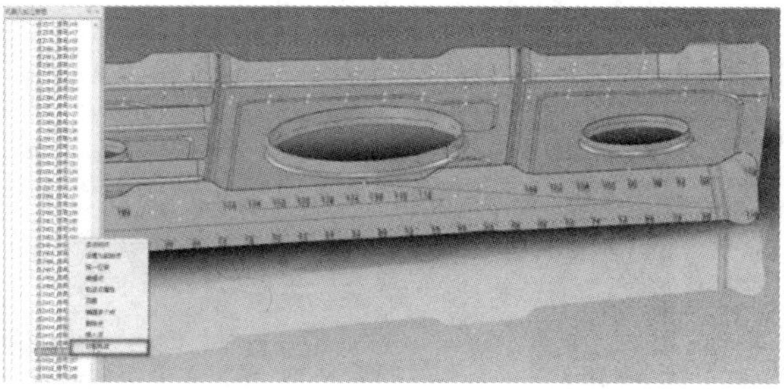

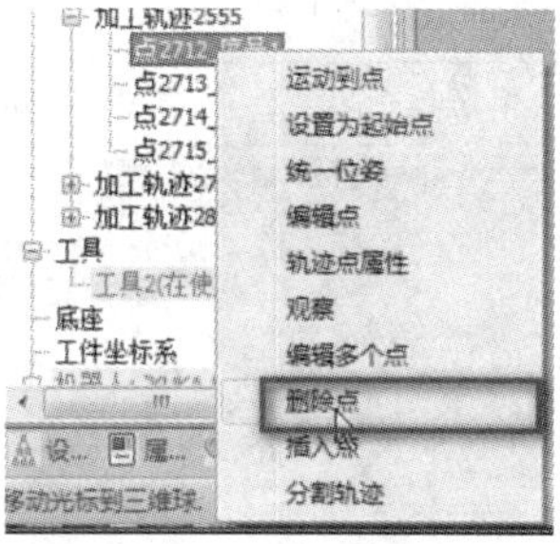

✎ 笔记

操作	步骤		操 作 描 述
轨迹内轨迹点顺序调整	7	说明	顺序移好后，需要把这 4 部分轨迹合并，因顺序已对，所以，只需要合并即可，合并方法为，在非第一个轨迹上分别右击，菜单选择合并至前一个轨迹
		图示	
	8	说明	得到这个面上的顺序和指向均比较合理的轨迹
		图示	
	9	说明	另外两个面上的两条轨迹的调试方式和这面上的类似
插入过渡点		说明	生成三条轨迹后，会发现这三条轨迹没有联系。每一条轨迹都是单独的工作路径。这就需要我们加入一些过渡点。 技巧：POS 点一般距离轨迹端点不远，我们可以先让机器人运动到端点，再调节会轻松很多。 方法：右侧轨迹树右单击，然后选择运动到点
		图示	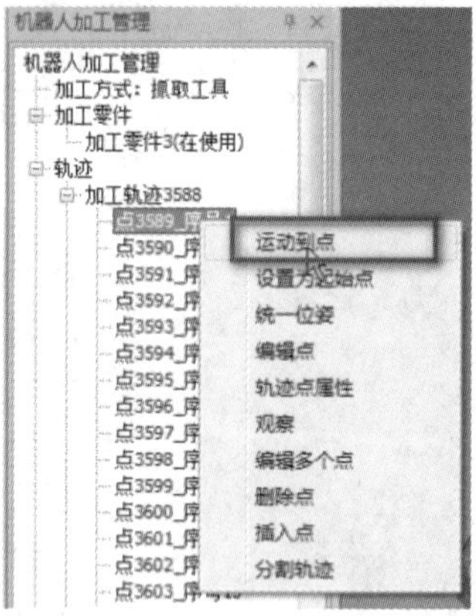

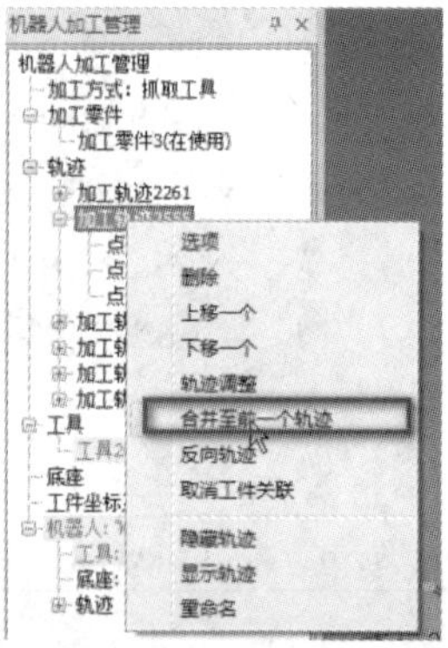

续表八 ✍ 笔记

操作	步骤		操 作 描 述
插入过渡点		说明	工具在端点位置
		图示	
	1	说明	单击工具，右击会弹出菜单
		图示	
	2	说明	单击插入 POS 点，之后发现轨迹树上多了一个过渡点
		图示	
	3	说明	选中这个点，右击弹出菜单
		图示	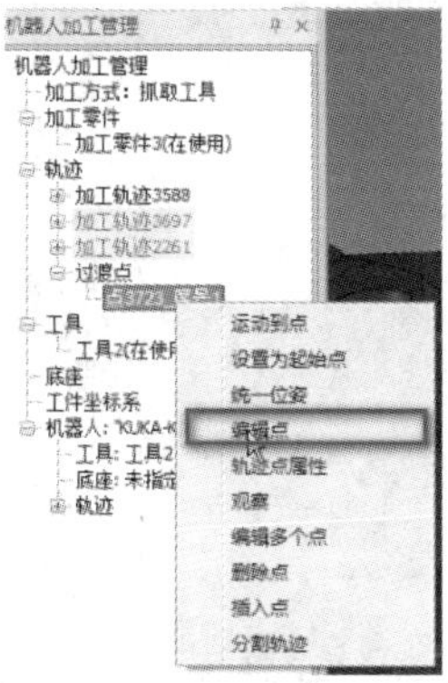

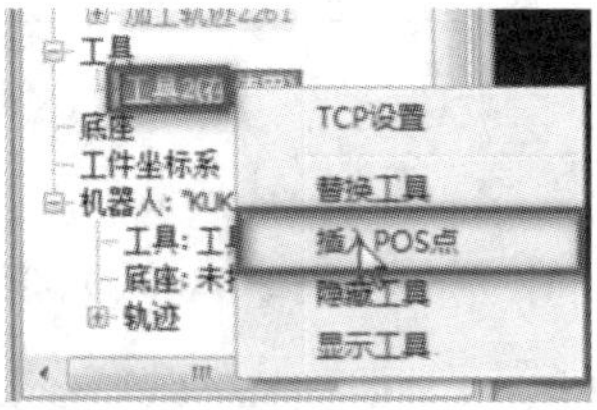

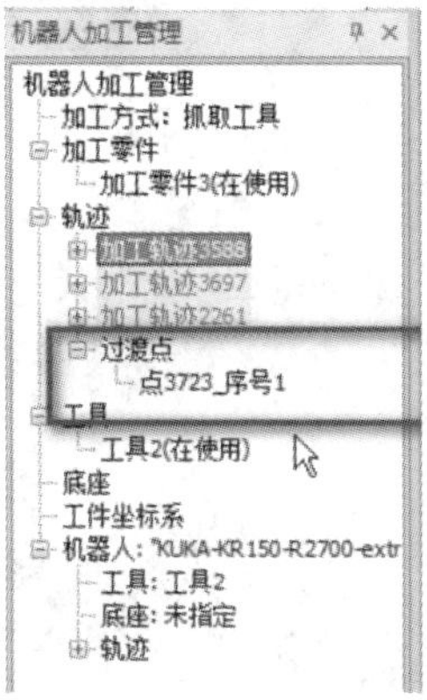

✎ 笔记

操作	步骤		操 作 描 述	
插入过渡点	4	说明	应用三维球	
		图示		
	5	说明	将三维球拖到右上一点的位置	
		图示		
	6	说明	微调这个点的姿势	
		图示		
	7	说明	过渡点重命名为"起始点"	
		图示1		

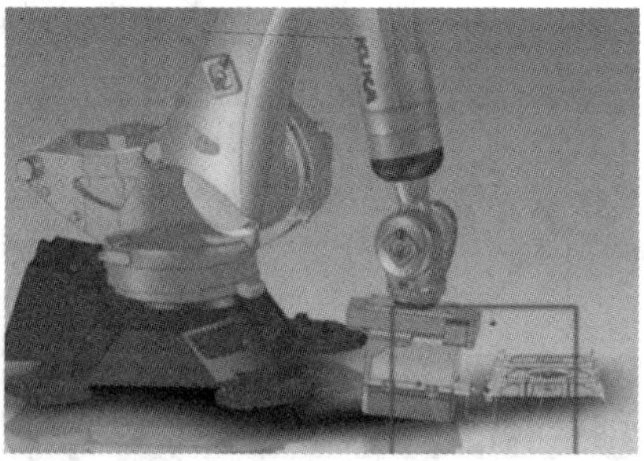

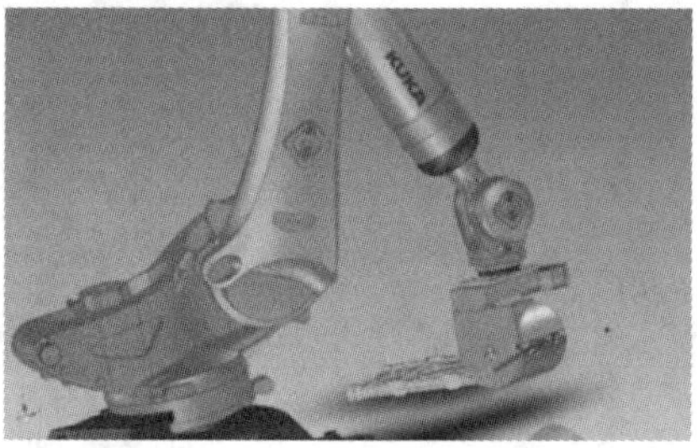

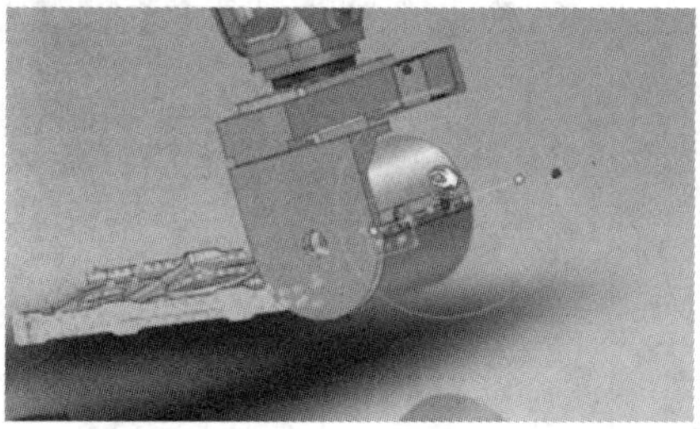

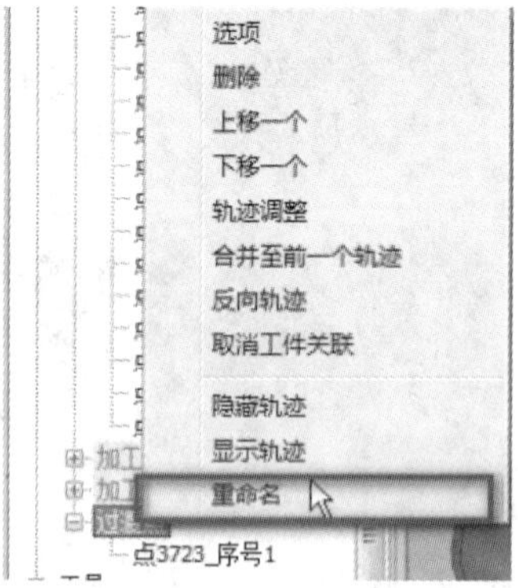

课程思政

两个要

既要体现高度的理性认同、情感认同,又要有坚决的维护定力和能力。

续表十

✍ 笔记

操作	步骤	操 作 描 述
插入过渡点	图示2	
	8	说明：把起始点移到轨迹最上面
		图示
	9	说明：同样，再加入几个轨迹间过渡点和终点，并且把它们移到合适位置，终点最好和起点设在同一位置或邻近位置、同一姿态或相似姿态，方便工业机器人的下一次的做工
		图示

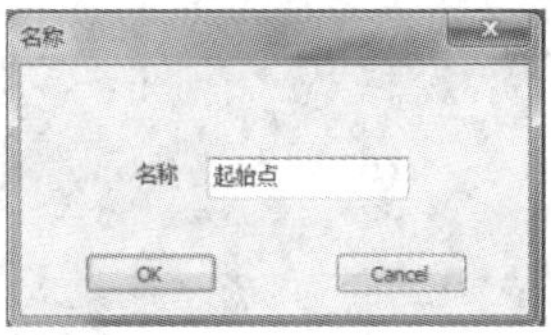

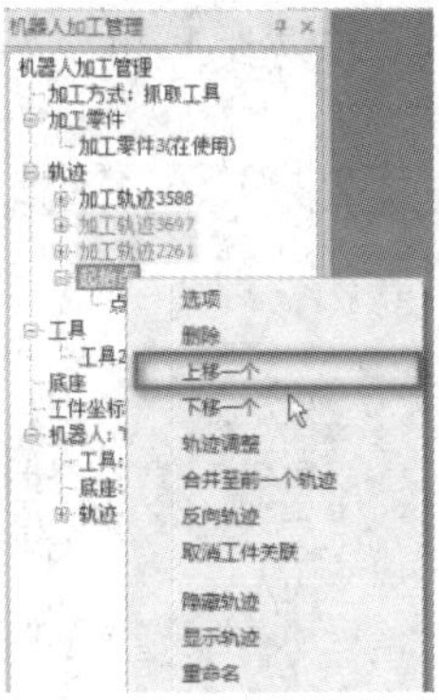

📷 任务扩展

仿真与后置处理

1. 仿真

通过下面的按钮进行仿真观察机器人运动状况。如果运动异常继续进行轨迹调整。

2. 后置处理

仿真确认没有问题的话就要生成机器人代码，如图 6-17 所示。

图 6-17　后置生成代码

点击机器人文件，其余默认就可以了。点击生成文件后选择目录就可以了，如图 6-18 所示。

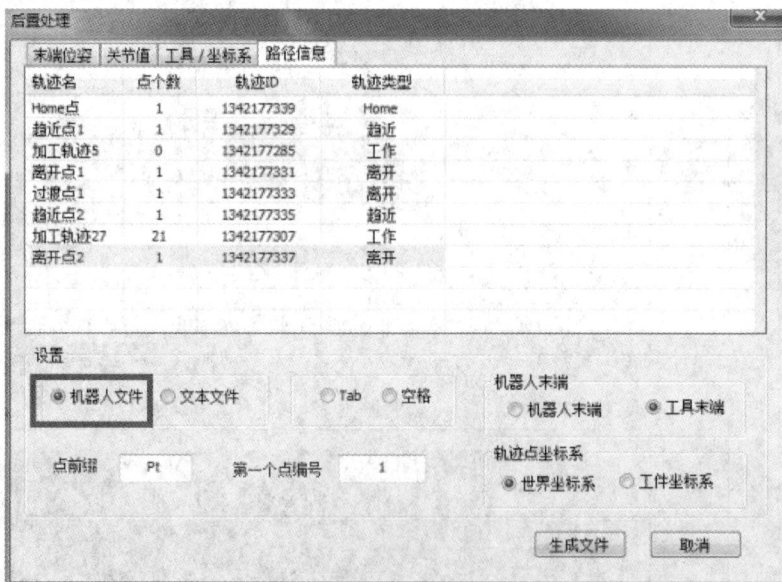

图 6-18　生成机器人可执行文件

用后置代码让机器人进行实际作业。完整的离线编程就结束了。后置完成时记着保存工程文件。有时因为现实误差，轨迹有问题还需要微调。

🎥 任务巩固

完成图 6-19 所示零件的孔加工，该零件的厚度为 5 mm。

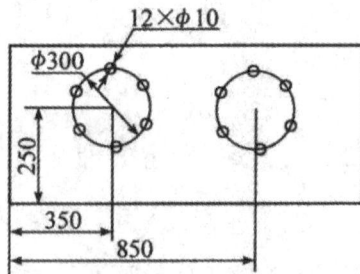

图 6-19　孔加工零件图

任务四 涂　　装

🎬 工作任务

涂装工业机器人工作站由涂装机器人、机器人控制器、自动胶枪、吸盘、机器人走行导轨、供胶系统、气泵等组成，如图 6-20(a)所示。机器人操纵涂胶枪可以精确地控制黏结剂流量，进行各种复杂形状和空间位置的涂敷，涂敷快速而稳定。其虚拟工业站如图 6-20(b)所示。

供胶系统　吸盘　自动胶枪

机器人控制器　气泵　涂装机器人　导轨

(a)　涂装工业机器人工作站的组成

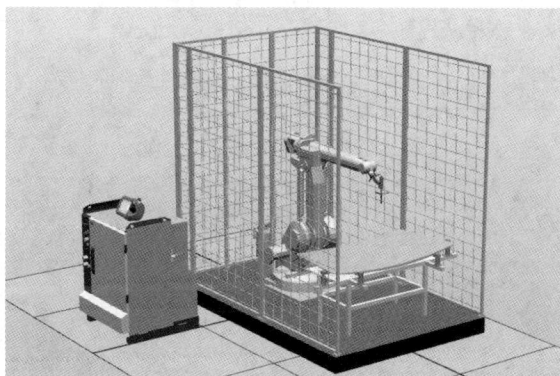

(b) 涂装虚拟工作站

图 6-20

🎬 任务目标

1. 掌握创建机器人工作站的方法；
2. 能生成机器人涂胶操作的路径；
3. 会 RobotArt 离线编程软件的轨迹调整；
4. 会应用 RobotArt 离线编程软件的辅助工具。

任务实施

根据实际情况，让学生在教师的指导下进行技能训练。

一、RobotArt 离线编程软件的自动路径功能实现步骤

1. 创建机器人工作站

本任务要求完成一个涂胶任务，机器人需要沿着油盘的外边缘涂胶作业，运行轨迹为 3D 曲线。要完成本任务，首先要导入机器人、工具和工件，接着可根据导入的工件模型生成机器人的运动轨迹，进而完成整个轨迹调试并模拟仿真。

因此，需要首先建立如图 6-21 所示的工作站。

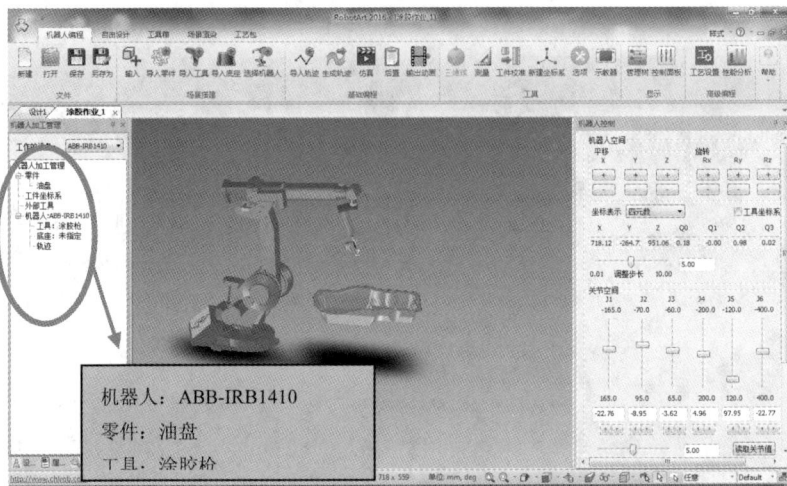

图 6-21　RobotArt 机器人工作站

(1) 在"机器人编程"功能选项卡中单击"选择机器人"，选择 ABB-IRB1410 型号机器人，插入机器人模型之后，如图 6-22 所示。

图 6-22　插入机器人模型

(2) 在"机器人编程"功能选项卡中单击"导入工具",选择涂胶枪,如 ✍ 笔记
图 6-23 所示。

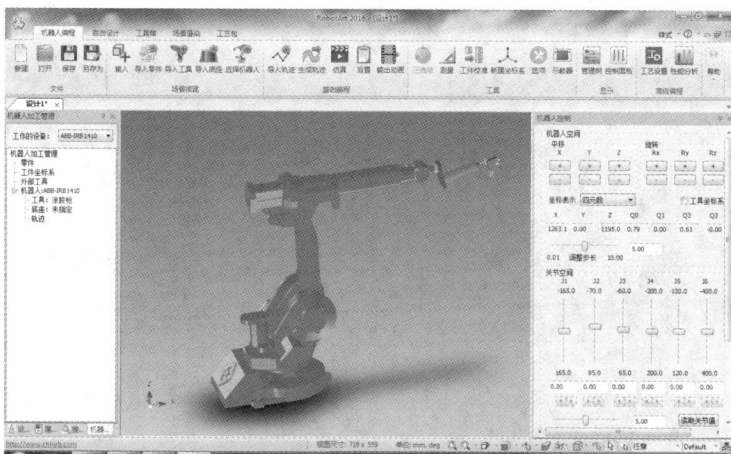

图 6-23 导入涂胶枪

(3) 在"机器人编程"功能选项卡中单击"导入零件",选择油盘,并且
利用三维球工具,将油盘移动到合适位置,如图 6-24 和图 6-25 所示。

图 6-24 导入油盘效果

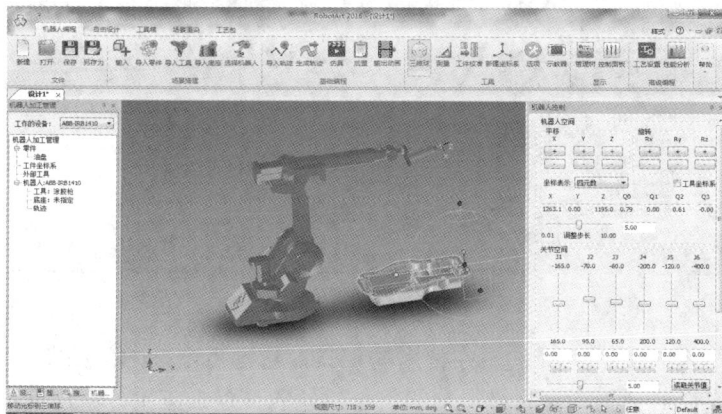

图 6-25 油盘移动后效果

笔记

此时，机器人工作站已经建立完，如果需要与实际位置相对应，还需要经过工件校准、TCP 定义两步，如图 6-26 和图 6-27 所示。

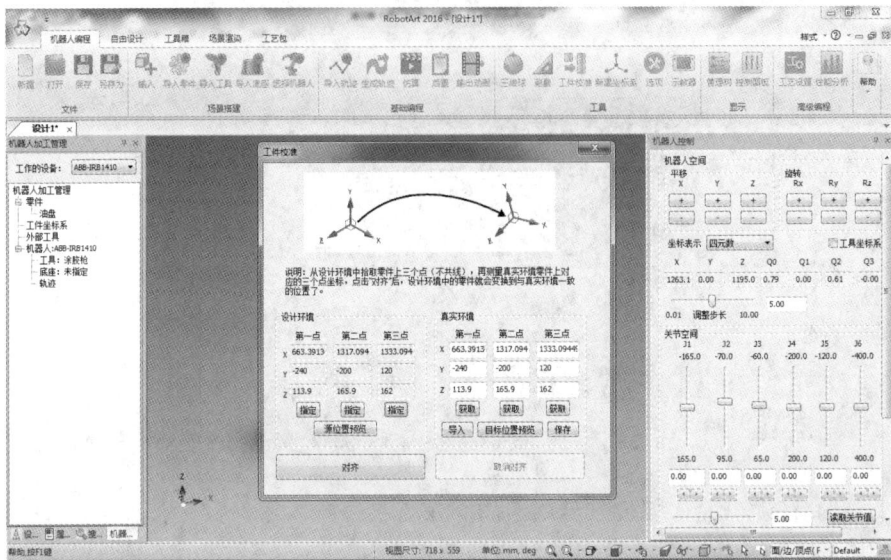

图 6-26　工件校准

工件校准时，需要在设计环境中指定三点，点击指定按钮，在设计环境中选取一个点，重复此操作指定第二、三点，现在需要在实际环境中测量这三点坐标，并将数据输入。点击对齐后关闭对话框，工件校准完毕。

图 6-27　TCP 定义

定义 TCP 时，选择你正在使用的工具，右键点击，弹出如图 4-20 所示的 TCP 属性对话框，将测量得到的值一次输入，点击应用。输入后可将这组数据保存，也可直接加载上次保存的数据。

2. 生成机器人涂胶操作的路径

✐ 笔记

(1) 在"机器人编程"功能选项卡中单击"生成轨迹"，会出现如图 6-28 所示画面。

图 6-28　生成轨迹画面

生成路径的类型选项里有 5 个选项可供选择，用以辅助完成轨迹的设计。拾取元素选项里显示的是用户选择的用以辅助寻找轨迹的点线面。

在这里，重点介绍一下沿着一个面的一条边和曲线特征两个选项。

类型 1：沿着一个面的一条边。

该类型也是通过将三维模型的某个面的边的轨迹路径，选择面作为轨迹的法向。该类型经通过制定的一条边及其轨迹方向，加上提供轨迹法向的平面来确定轨迹。选择完类型后，用鼠标先选择所需要生成的轨迹中的一段平面的边。并选择轨迹方向(点击小箭头可以更换方向)。完成后点击确定，轨迹路径将会被自动生成出来。

类型 2：曲线特征。

曲线特征由曲线加面生成轨迹，可以实现完全设计自己的空间曲线作为轨迹路径，选择面或独立方向作为轨迹法向。用鼠标选择所需要选择的三维曲线，再选择作为轨迹法向的一个平面，点击确定后即可确定轨迹。

在本章中，可以选用类型 1 来进行路径规划。

(2) 选取"沿着一个面的一条边"，拾取一条线，如图 6-29 所示，图中黄色箭头标明了机器人轨迹的方向，可以单击箭头，进行方向的更换，如图 6-30 所示。

(3) 选取"沿着一个面的一条边"，拾取一个与上一操作相关的面，如图 6-31 所示。

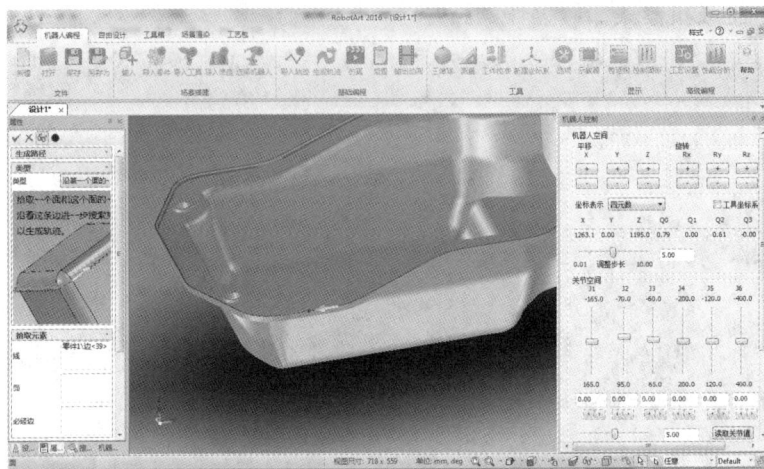

图 6-29　拾取线操作

工匠精神

把简单的事情做到极致，功到自然成，最终"止于至善"。正如古大德云："成大人成小人全看发心，成大事成小事都在愿力"。

——秋山利辉

图 6-30　更换轨迹方向

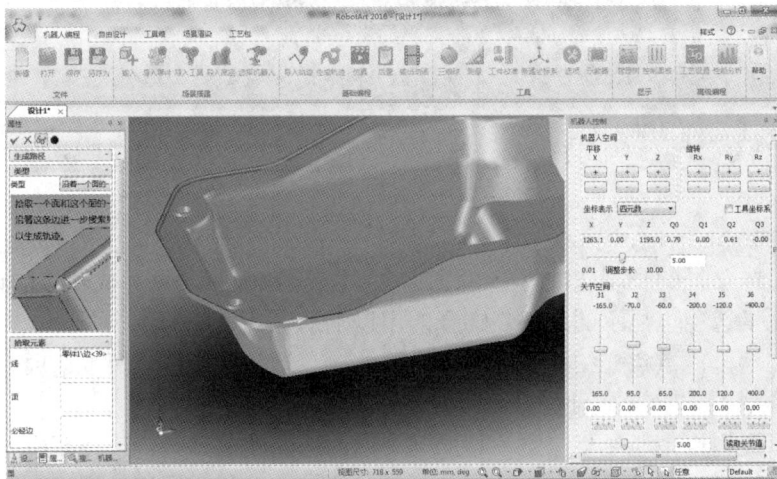

图 6-31　拾取面操作

（4）单击 ✔ ✗ 👓 ● [   ] 中的对号，会出现如图 6-32 所示的画面。

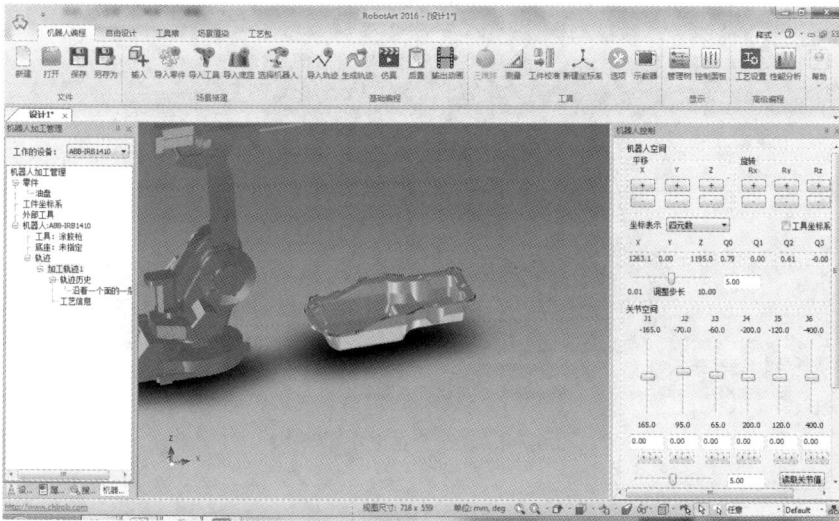

图 6-32　轨迹生成画面

图 6-32 中，可以看到左侧轨迹出现下拉框，生成了加工轨迹 1，油盘的外边缘出现一排小的坐标系，这是轨迹点的法向坐标系。

右键点击"沿着一个面的一条边"，点击修改特征，可以修改步长值，如图 6-33 所示，默认步长为 10mm。同时，如果把"仅为直线生成首末点"勾掉，就会出现如图 6-34 效果。

图 6-33　步长修改操作

接着点击"仿真"按键，查看机器人运行效果，如图 6-35 和图 6-36 所示。

通过对比两张效果图，会发现机器人的姿态很不规范，工具的方向一直在变化，因此不能达到预期的效果，需要对机器人的姿态、位置进行调整。

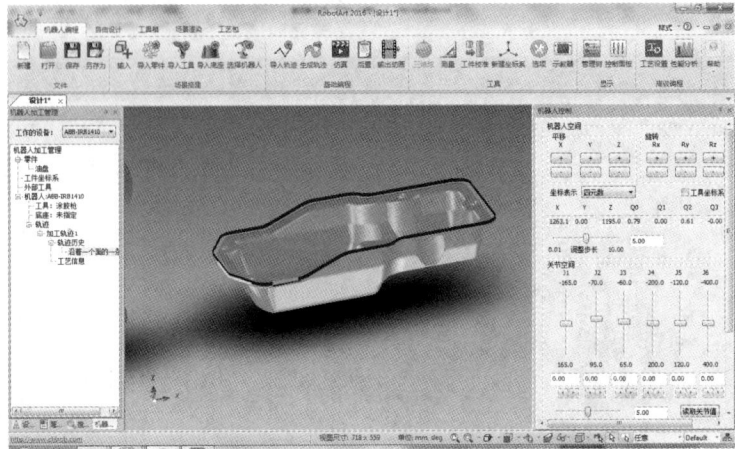

图 6-34 修改特征之后的效果

图 6-35 机器人仿真效果图 1

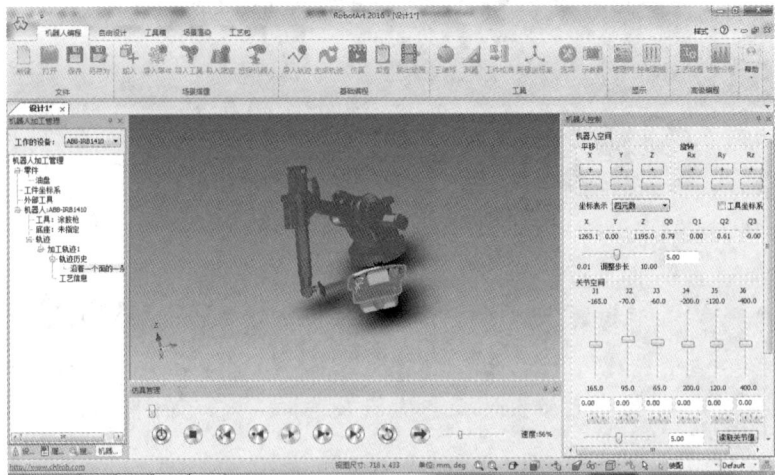

图 6-36 机器人仿真效果图 2

二、RobotArt 离线编程软件的轨迹调整

1. 机器人轨迹起始点的调整

(1) 左键双击"加工轨迹 1",可以看到所有的轨迹点,序号从小到大依次排列,如图 6-37 所示。

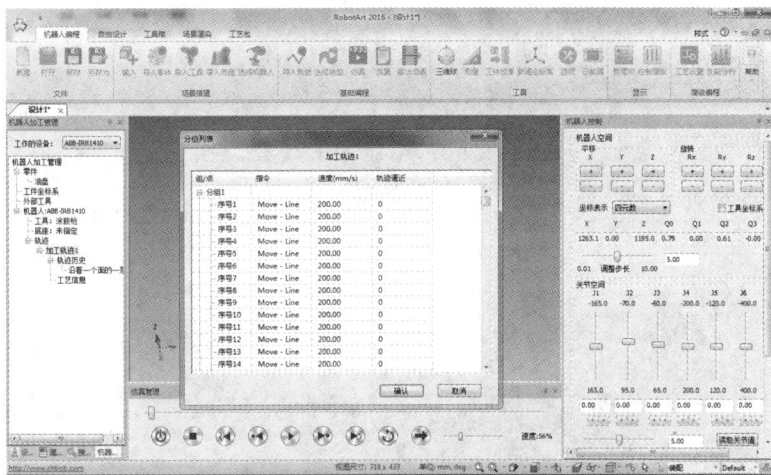

图 6-37　轨迹点图

(2) 右键单击序号 1,选择运动到点,会出现如图 6-38 所示效果。

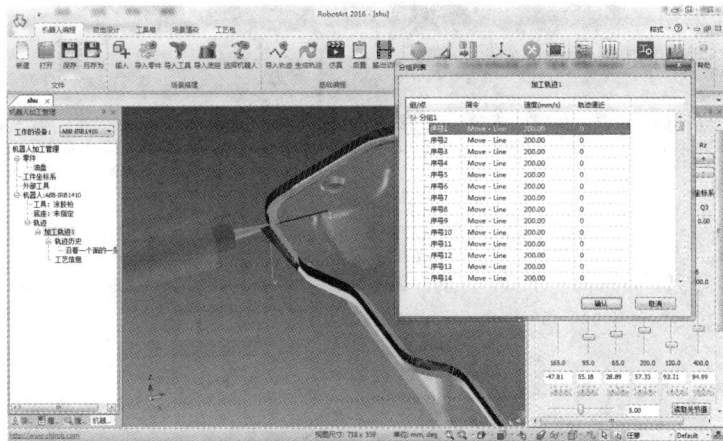

图 6-38　运动到起始点

但是,此时会发现,机器人的姿态不是我们需要的,需要对其姿态进行调整。

(3) 右键单击序号 1,选择编辑点,此时会在工具上出现三维球,可以通过三维球对工具位置进行调整,如图 6-39 所示。

(4) 右键点击序号 1,选择统一位姿,此时所有的轨迹点都与序号 1 的位姿一致了,如图 6-40 所示,机器人在序号 200 的位置与序号 1 的位置,工具的姿态一致。

图 6-39 起始点位置调整

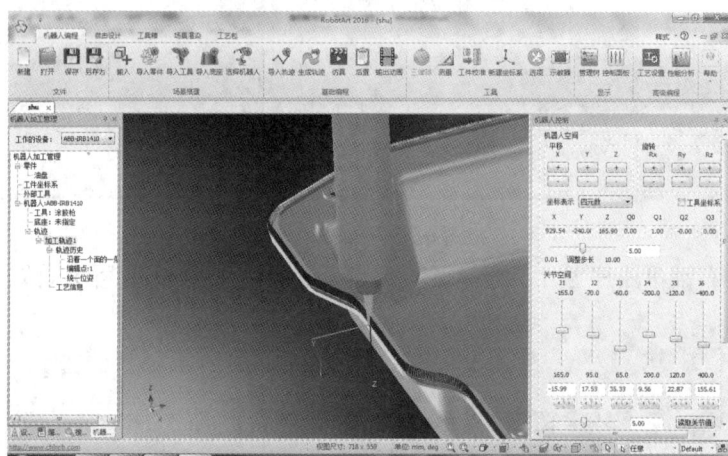

图 6-40 统一位姿操作

此时进行仿真运行，就会看到如图 6-41 和图 6-42 所示的效果，所有位置点姿态一致。

图 6-41 统一位姿后的仿真 1

图 6-42　统一位姿后的仿真 2

但是，油盘的边缘并不是规则地在一个平面内，而是高低不平的。经过统一位姿操作后，在由高到低、由低到高操作时，不能保证与涂胶面垂直，有可能导致涂胶不均匀。因此，需要对每个轨迹点的位置进行统一，垂直于涂胶面即可。

(5) 右键单击加工轨迹 1，选择 Z 轴固定，就可以使涂胶枪垂直于涂胶面，如图 6-43 和图 6-44 所示。

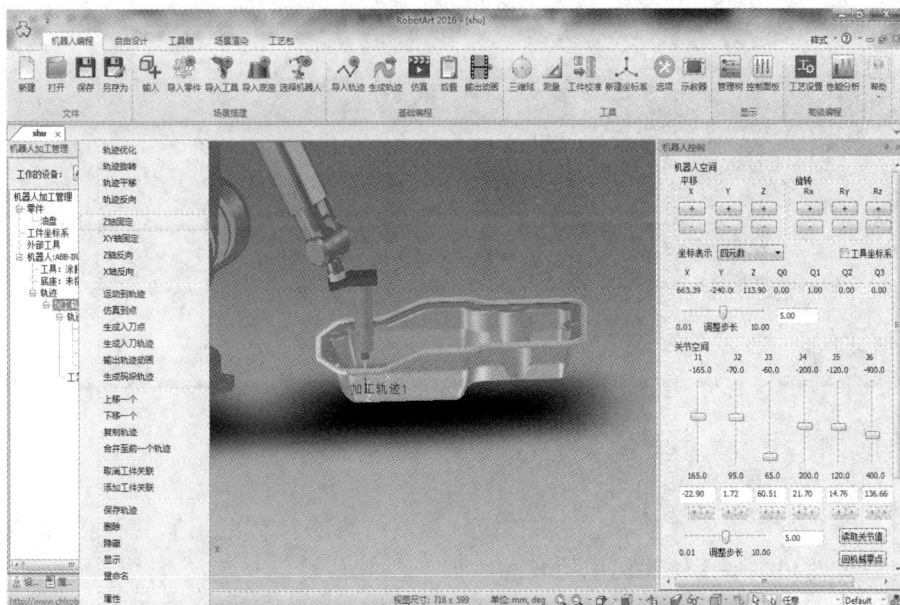

图 6-43　Z 轴固定操作

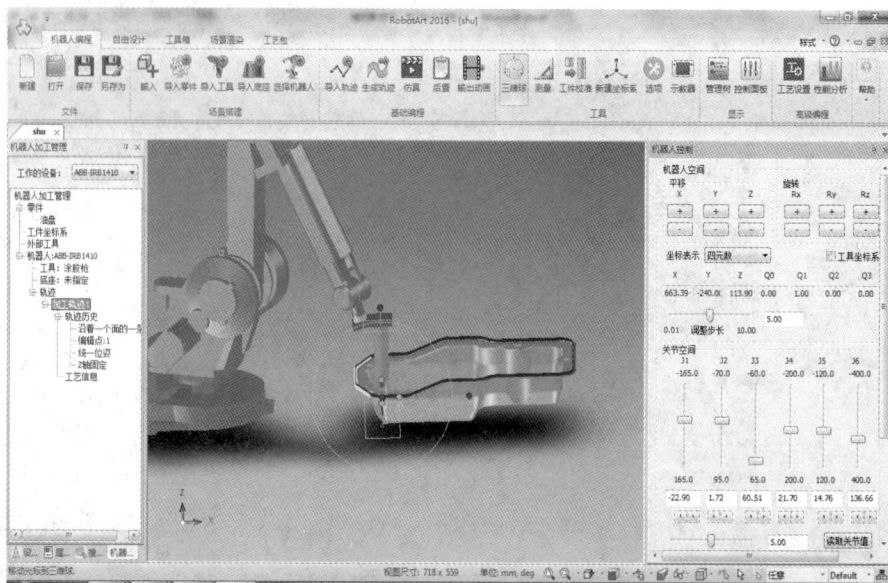

图 6-44　Z 轴固定效果图

此时的仿真效果会呈现如图 6-45 所示的情况。

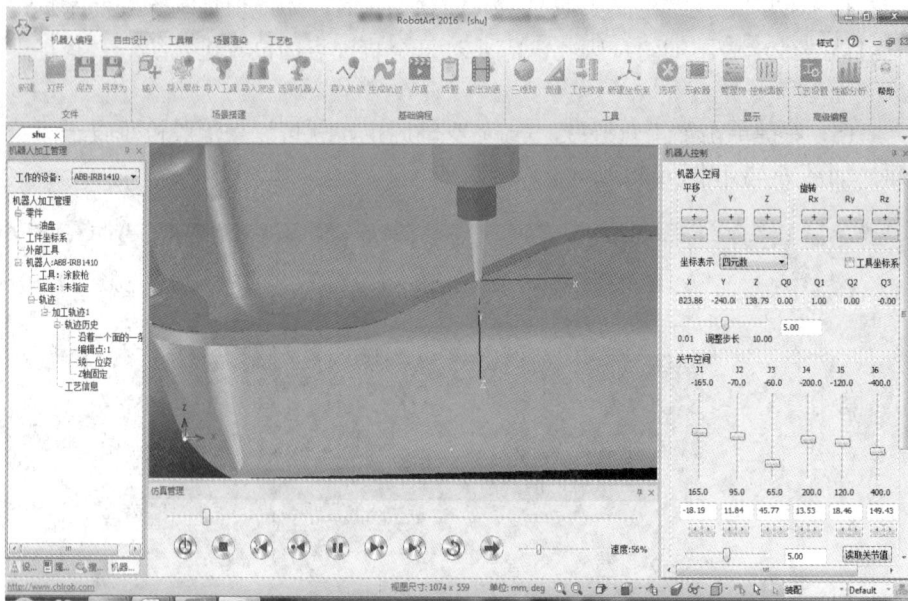

图 6-45　Z 轴固定仿真效果图

2. 重新规划

个别情况下，轨迹点会变成红色，表明此轨迹点难以到达，需要重新规划，此时可以使用轨迹优化功能进行调整。

(1) 右键单击加工轨迹 1，选择轨迹优化选项，如图 6-46 所示，单击后，会出现如图 6-47 所示画面。

☞ 笔记

图 6-46　轨迹优化操作

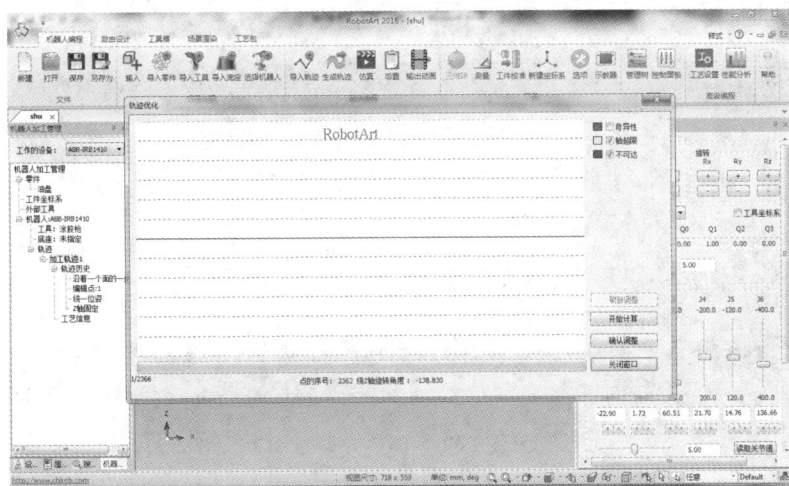

图 6-47　轨迹优化画面

(2) 单击"开始计算"按键，出现如图 6-48～图 6-50 所示画面。

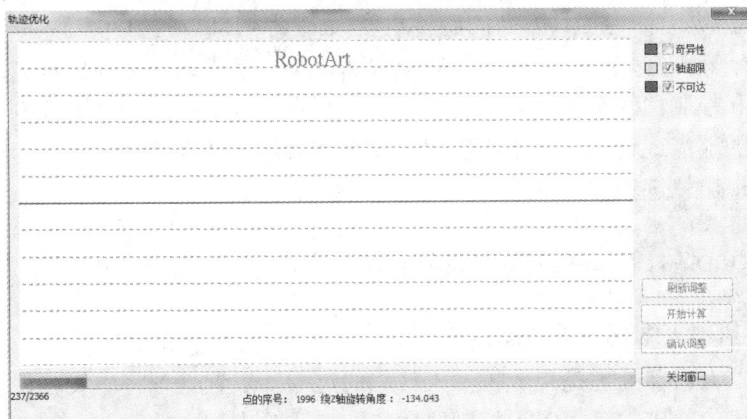

图 6-48　开始计算图

图 6-49　计算效果图

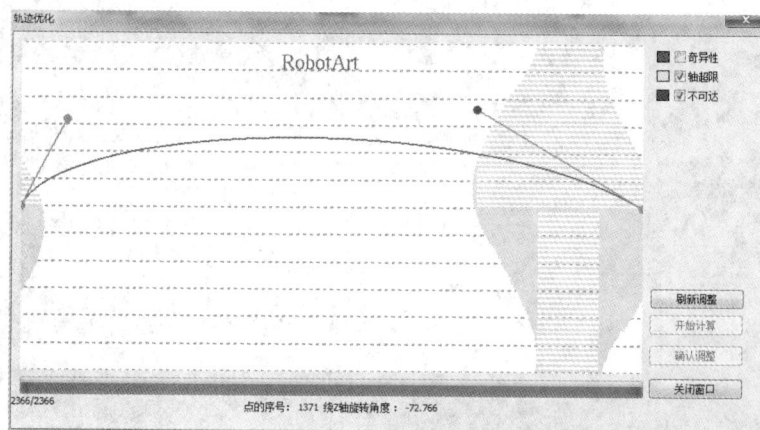

图 6-50　调整效果图

　　轨迹优化功能采用可视化的方式，方便快捷地调整轨迹点的姿态，避开机器人的奇异位置、轴超限、干涉等。轨迹调整是利用一条曲线调整工具方向的旋转角度，实现对轨迹点的姿态调整，曲线的横坐标为点的编号(从 1 开始编号)，纵坐标为工具方向的旋转角度(范围为–180°到 180°)。中间的水平线为工具方向旋转角度为 0°的位置和姿态。点击该水平线出现曲线的两个端点和控制曲线在端点处切向。可以选择端点或者曲线切向的控制点，修改曲线的端点或切向。如果不想用的调整结果，不选择确认调整，选择关闭窗口，退出轨迹调整。

三、RobotArt 离线编程软件的辅助工具

1. 机器人编程后置功能

　　机器人后置处理是生成机器人代码的过程。后置处理将离线编程仿真软件所生成的轨迹按照机器人控制器所指定格式输出到文件。

点击后置按钮，弹出如图 6-51 所示的界面，该界面可以对轨迹点的值进行查看、设置后置输出文件的格式、设置轨迹点的属性和配置坐标系。

图 6-51 后置操作

(1) 后置处理界面。在后置处理界面，可以查看轨迹点的相关属性，主要有：轨迹点的编号、轨迹点的位置、轨迹点的姿态，如图 6-52 所示。

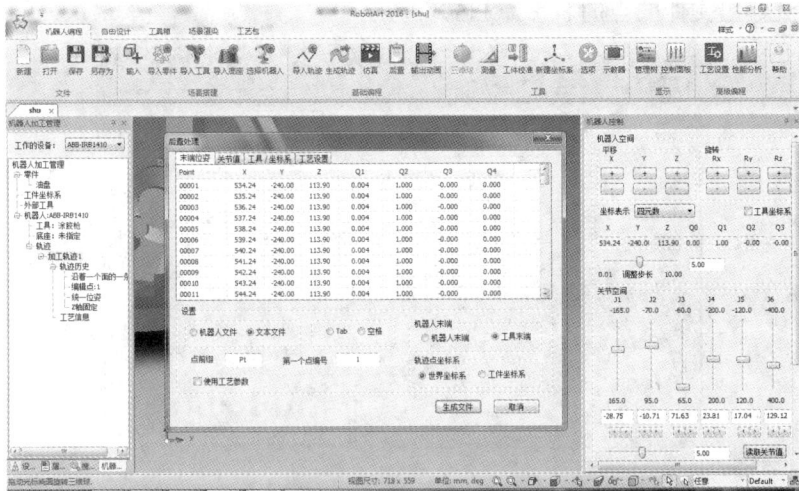

图 6-52 轨迹点相关属性

(2) 后置输出文件。配置后置输出文件，如图 6-53 所示。为了能够与机器人控制进行对接，需要对后置处理输出的文件进行设置，主要包括文件格式、文件里分隔符以及点的前缀和编号。

根据实际用的机器人型号，选择相应的机器人文件；普通的文本文件，后缀名为 .txt。

两个数据之间的间隔为按下键盘 Tab 键的大小；两个数据之间的间隔为按下键盘空格键的大小。

点前缀用几个字符用于标识轨迹点，如 Pt、Point 等；对于一条轨迹来

笔记 说，往往有很多个点，需要对每个点进行编号以作为标识，这里输入第一个点的编号，之后的编号依次递增。如果点前缀是 Pt，第一个点编号为 5，那么后置输出文件的点的名称为 Pt5，Pt6，……

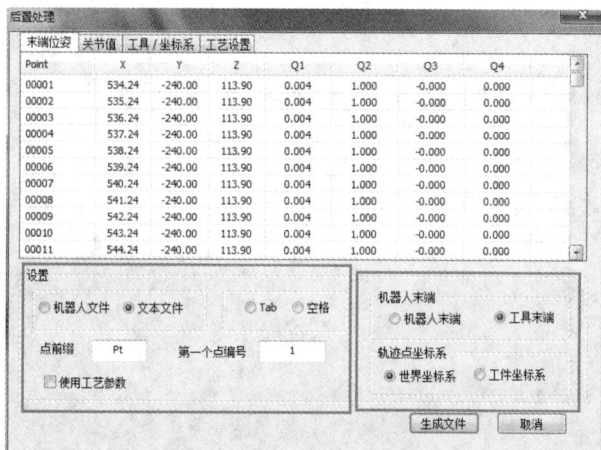

图 6-53　配置后置输出文件

(3) 输出轨迹。选择输出轨迹，如图 6-53 所示。根据实际使用需求，可以选择机器人末端(法兰)所走过的轨迹还是工具末端所走过的轨迹，机器人末端即机器人法兰所走过的位置；工具末端即安装在机器人法兰上的工具末端所走过的位置。

选择轨迹点所参考的坐标系，世界坐标系即将轨迹点表示在世界坐标系中，一般情况下，世界坐标系与机器人坐标系是重合的；工件坐标系即将轨迹点表示在工件所在的坐标系中。

(4) 生成轨迹文件。完成上述准备工作以后，便可以生成轨迹文件。点击图 6-53 所示的"生成文件"按钮，便会弹出一个如图 6-54 所示的文件保存的对话框，选择你需要保存的位置和文件名，然后点击保存即可。

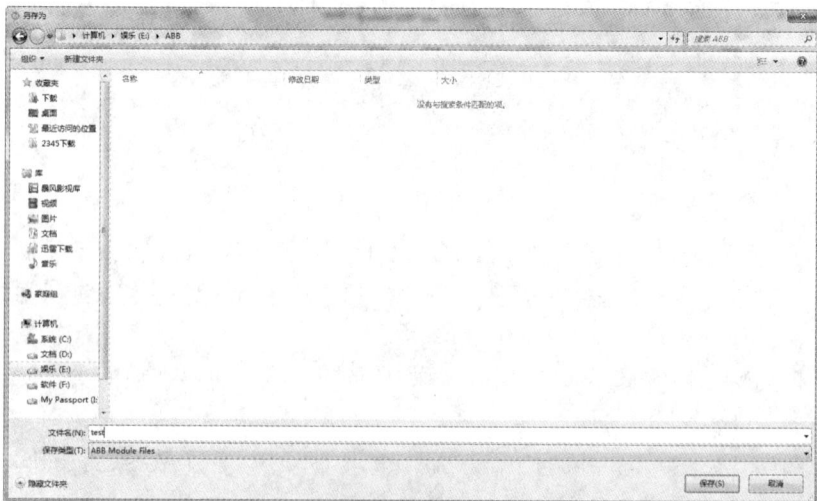

图 6-54　后置文件保存对话框

从保存文件的位置打开生成的文件(见图 6-55)即可查看软件自动生成的机器人可执行代码。为了保证安全，请仔细审核该文件确认有无明显错误，以防因为文件错误导致机器人失控造成损失。在确认无误之后，便可将其拷贝至机器人控制，让机器人按该文件所设置的轨迹进行工作。

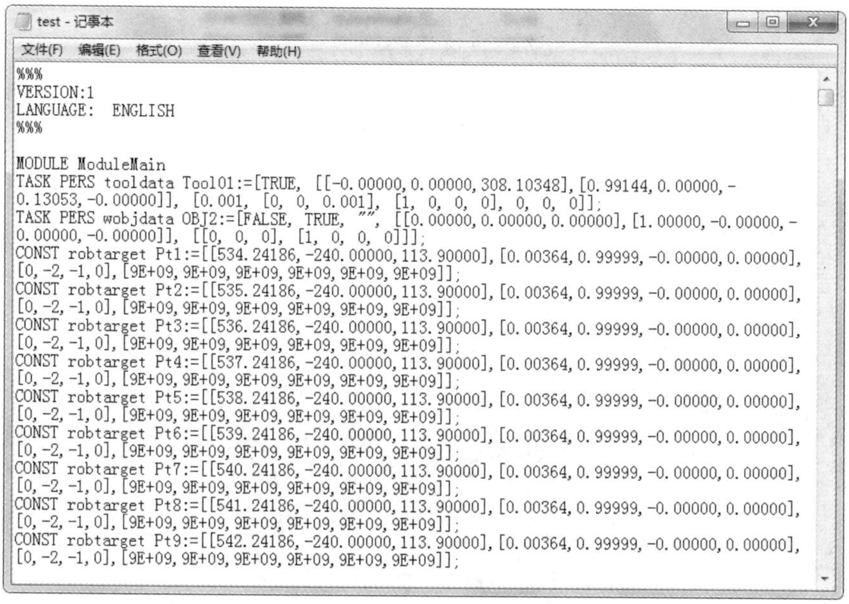

图 6-55　TXT 打开的后置文件

2. 轨迹合并

点击此项，可以将该条轨迹与前一条轨迹合并成一条轨迹(如图 6-56 和图 6-57 所示)。

图 6-56　合并至前一轨迹

笔记

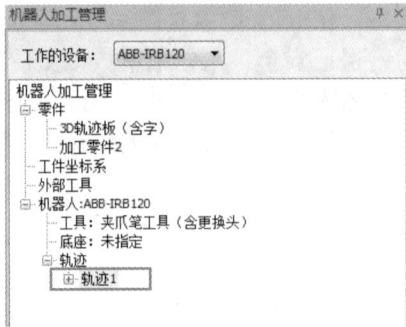

图 6-57　合并后的轨迹

3. 重命名

点击此项，可对轨迹名称进行修改(如图 6-58 和图 6-59 所示)。

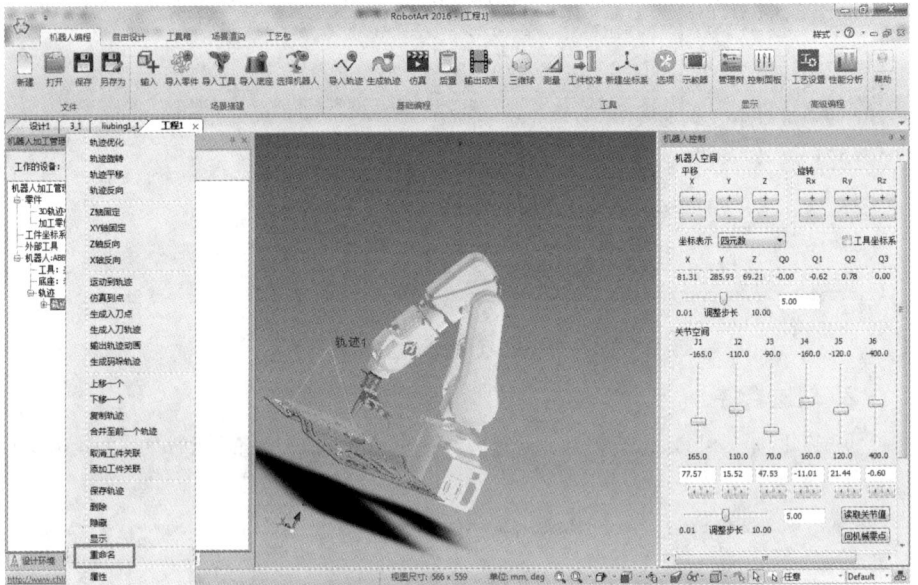

图 6-58　重命名操作

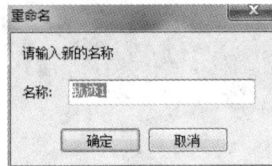

图 6-59　输入新名称对话框

📹**任务扩展**

三维球的操作技巧

三维球是一个非常杰出和直观的三维图素操作工具。作为强大而灵活的三维空间定位工具，它可以通过平移、旋转和其他复杂的三维空间变换精确

定位任何一个三维物体；同时三维球还可以完成对智能图素、零件或组合件

笔记

生成拷贝、直线阵列、矩形阵列和圆形阵列的操作功能。

三维球可以附着在多种三维物体之上。在选中零件、智能图素、锚点、表面、视向、光源、动画路径关键帧等三维元素后，可通过单击快速启动栏上的三维球工具按钮打开三维球，使三维球附着在这些三维物体之上，从而方便地对它们进行移动、相对定位和距离测量。

默认状态下三维球的形状如图 6-60 所示。

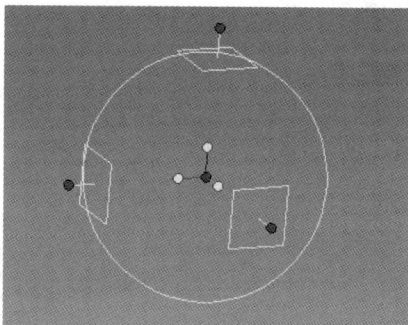

图 6-60 三维球

三维球在空间有三个轴、一个中心点，内外分别有三个控制柄。

1. 外控制柄(约束控制柄)

单击它可用来对轴线进行暂时的约束，使三维物体只能进行沿此轴线上的线性平移，或绕此轴线进行旋转，如图 6-61 所示。

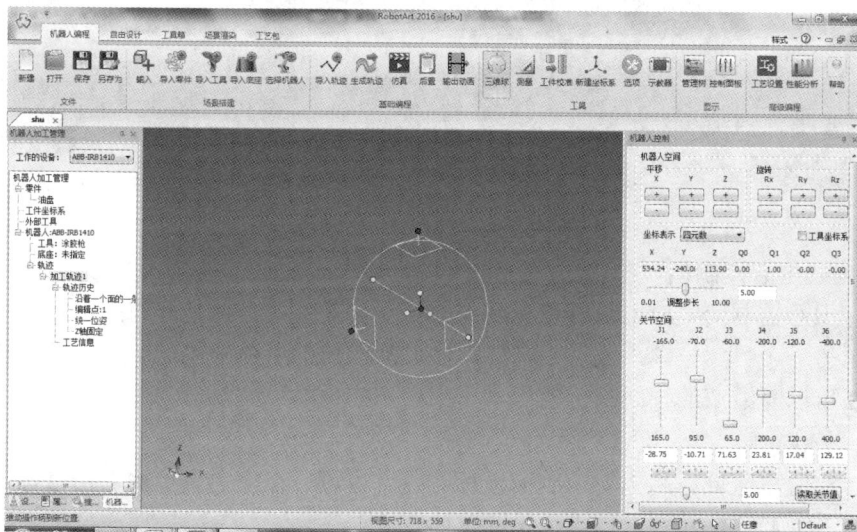

图 6-61 外控制手柄

2. 圆周

拖动这里，可以围绕一条从视点延伸到三维球中心的虚拟轴线旋转，如图 6-62 所示。

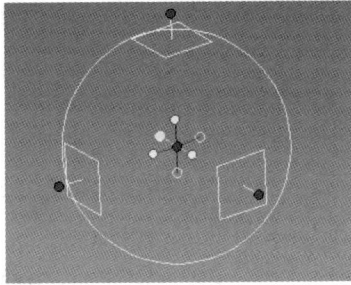

图 6-62　圆周

3. 定向控制柄(短控制柄)

定向控制柄将三维球中心作为一个固定的支点，进行对象的定向。其使用方法有两种：拖动控制柄，使轴线对准另一个位置；右击鼠标，然后从弹出的菜单中选择一个项目进行定向，如图 6-63 所示。

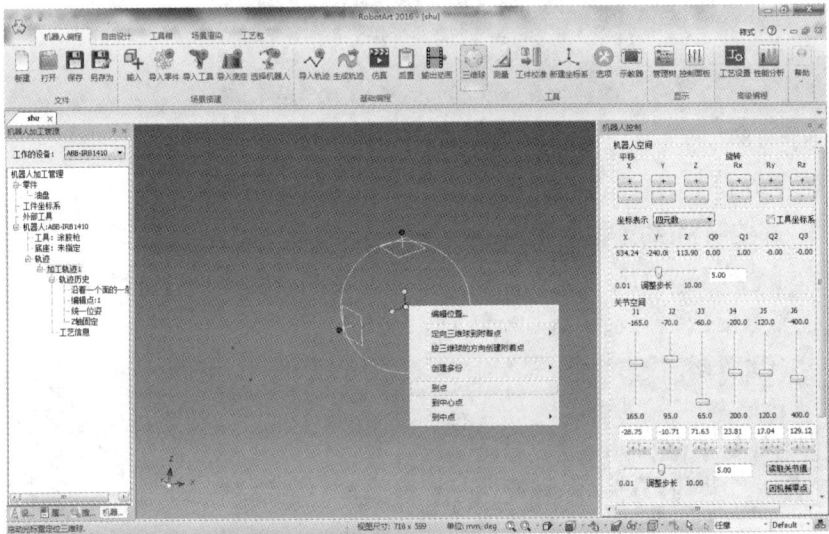

图 6-63　三维球中心定向

4. 中心控制柄

中心控制柄主要用来进行点到点的移动。其使用方法是：将控制板直接拖至另一个目标位置，或右击鼠标，然后从弹出的菜单中挑选一个选项。控制还可以与约束的轴线配合使用。

5. 内侧

在空白区域内侧拖动控制柄进行旋转。也可以在空白区域内右击鼠标，出现各种选项，对三维球进行设置，如图 6-64 所示。

6. 二维平面

三维球拥有三个外部约束控制手柄(长轴)、三个定向控制手柄(短轴)、一个中心点。在软件的应用中它主要的功能是解决软件的应用中元素、零件，以及装配体的空间点定位、空间角度定位的问题。其中长轴是解决空间约束定位的；短轴是解决实体方向的；中心点解决定位。

一般条件下，在三维球的移动、旋转等操作中，鼠标的左键不能实现复制的功能；鼠标的右键可以实现元素、零件、装配体的复制功能和平移功能。在软件的初始化状态下，三维球最初是附着在元素、零件、装配体的定位锚上的。特别对于智能图素，三维球与智能图素是完全相符的，三维球的轴向与图素的边，其轴向完全是平行或重合的。三维球的中心点与智能图素的中心点是完全重合的。三维球与附着图素的脱离通过单击空格键来实现。当三维球脱离后，若将其移动到规定的位置，一定要再次按空格键，从而附着三维球。

笔记

以上是在默认状态下对三维球的设置，还可以通过右击鼠标三维球内侧，在出现的快捷菜单中对三维球进行其他设置。

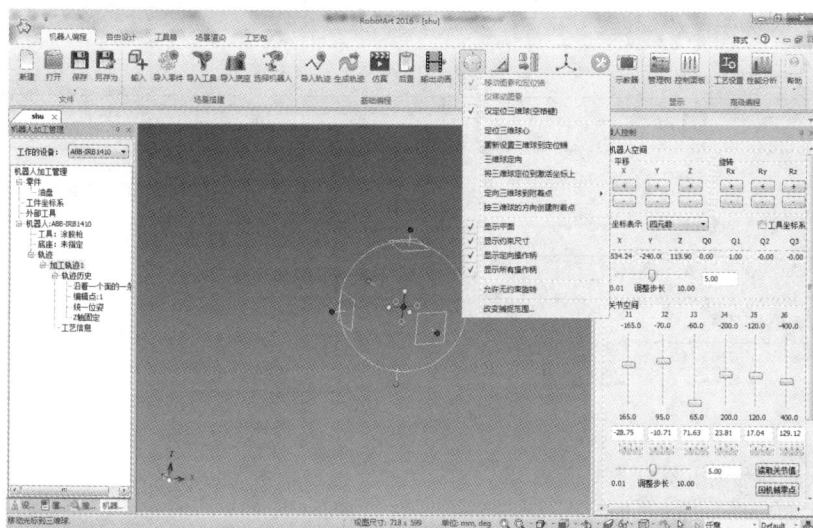

图 6-64　内侧快捷菜单

选择"显示所有操作柄"后的三维球如图 6-64 所示，所有方向都会出现操作手柄。选择"允许无约束旋转"后，再将鼠标放到三维球内部时，鼠标形状会变成，此时三维球附着的三维物体可以围绕三维球中心并自由地旋转，而不必局限于围绕从视点延伸到三维球中心的虚拟轴线旋转。三维球的位置和方向变化后，当前的位置和方向默认被记住。

任务巩固

如图 6-65 所示，完成汽车车灯涂胶，利用 IRB1410 机器人将胶体均匀地涂抹在灯壳胶槽内。

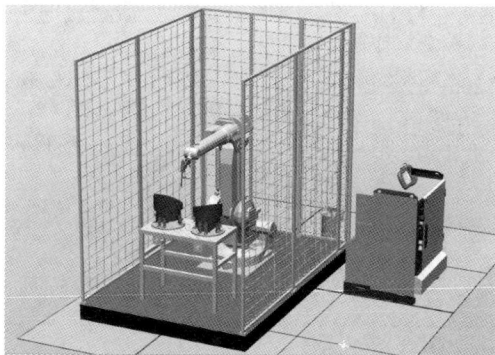

图 6-65　汽车车灯涂胶

模块六资源

操作与应用

工 作 单

姓名		工作名称	应用RobotArt离线编程软件构建典型工作站
班级		小组成员	
指导教师		分工内容	
计划用时		实施地点	
完成日期		备注	

工 作 准 备		
资　料	工　具	设　备

工作内容与实施	
工作内容	实　施
1. 构建如图1所示工作站	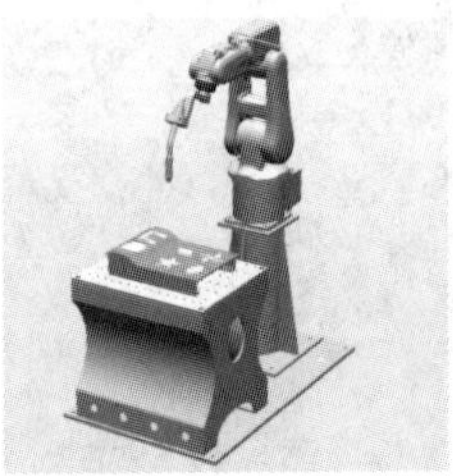 图1　工作站
2. 完成图工1作站上图样程序的生成	
3. 图2零件材料为HT200,已经加工完成,构建为图2去毛刺的工作站	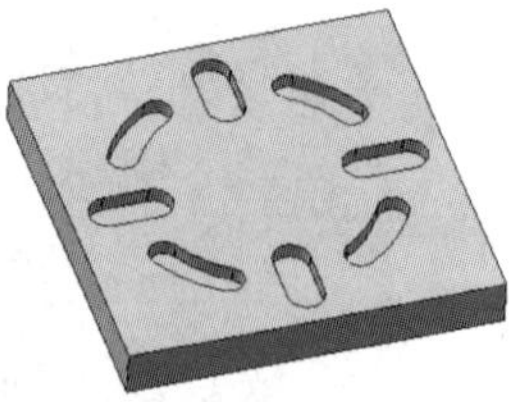 图2　三维图　　注:图2的尺寸可根据实际情况自己确定
4. 构建为图2抛光的工作站	
5. 构建为图2涂装的工作站	

工 作 评 价

	评 价 内 容				
	完成的质量 (60 分)	技能提升能力 (20 分)	知识掌握能力 (10 分)	团队合作 (10 分)	备注
自我评价					
小组评价					
教师评价					

1. 自我评价

班级：＿＿＿＿＿＿＿＿　姓名：＿＿＿＿＿＿＿

工作名称：认识工业机器人的编程

序号	评 价 项 目	是	否
1	是否明确人员的职责		
2	能否按时完成工作任务的准备部分		
3	工作着装是否规范		
4	是否主动参与工作现场的清洁和整理工作		
5	是否主动帮助同学		
6	是否完成轨迹工作站的构建		
7	是否完成去毛刺工作站的构建		
8	是否完成轻型加工工作站的构建		
9	是否完成涂装工作站的构建		
10	是否完成了清洁工具和维护工具的摆放		
11	是否执行6S规定		
评价人		分数		时间	年　　月　　日

2. 小组评价

序号	评 价 项 目	评 价 情 况
1	与其他同学的沟通是否顺畅	
2	是否尊重他人	
3	工作态度是否积极主动	
4	是否服从教师的安排	
5	着装是否符合标准	
6	能否正确地理解他人提出的问题	
7	能否按照安全和规范的规程操作	

笔记

序号	评 价 项 目	评 价 情 况
8	能否保持工作环境的干净整洁	
9	是否遵守工作场所的规章制度	
10	是否有工作岗位的责任心	
11	是否全勤	
12	是否能正确对待肯定和否定的意见	
13	团队工作中的表现如何	
14	是否达到任务目标	
15	存在的问题和建议	

3. 教师评价

课程	工业机器人离线编程与仿真	工作名称	应用 RobotArt 离线编程软件构建典型工作站	完成地点	
姓名		小组成员			
序号	项 目		分 值		得 分
1	完成轨迹工作站的构建		25		
2	完成去毛刺工作站的构建		25		
3	完成轻型加工工作站的构建		25		
4	完成涂装工作站的构建		25		

自 学 报 告

自学任务	应用EASY-ROB离线编程软件构建典型工作站
自学内容	
收获	
存在问题	
改进措施	
总结	

模块七

认识其他常用离线编程软件的操作

任务一　认识 MotoSim EG 离线编程软件的操作

📽 **工作任务**

MotoSim EG 是一款专门用于 YASKAWA 工业机器人 MOTOMAN 的仿真软件，如图 7-1 所示。使用 MotoSim EG 可实现以下功能：确认系统方案，确认机器人选型，确认机器人/工件安装位置，确认机器人动作范围和可达到性，确认机器人与其他部件有无干涉，对夹具提出修改意见，模拟系统流程，确认动作节拍，输出离线程序，并用于验证机器人系统的可行性。

🏛 **课程思政**

三体现

　　体现在坚决贯彻党中央决策部署的行动上；体现在履职尽责、做好本职工作的实效上；体现在党员、干部的日常言行上。

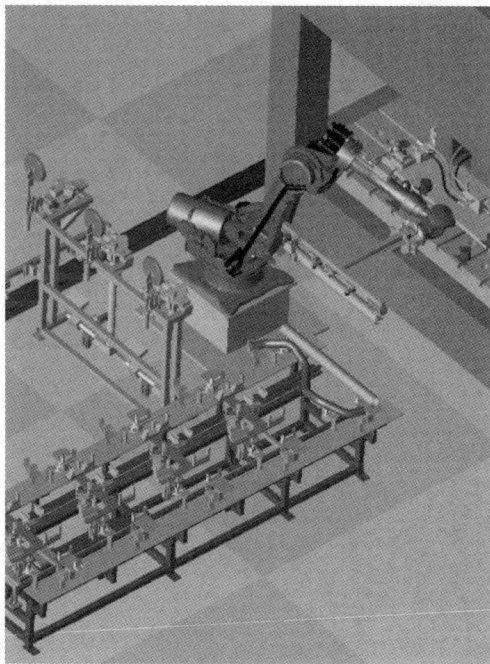

图 7-1　虚拟工作站

🎥 **任务目标**

1. 能新建 CELL，并添加机器人与工具；
2. 能设置工具尖端点；
3. 能导入三维模型；
4. 会应用测量功能、捕捉功能；
5. 掌握 DUMMY 的运用方法；
6. 能添加外部轴，并进行协调；
7. 能创建机器人程序；
8. 能调整角度。

🎥 **任务实施**

根据实际情况，让学生在教师的指导下进行技能训练。

技能训练

一、软件安装

(1) MotoSim EG 的安装程序如图 7-2 所示。

ISSetupPrerequisites	2013/12/7 12:54	文件夹	
0x0409.ini	2009/5/22 5:53	配置设置	21 KB
0x0411.ini	2009/6/9 6:45	配置设置	15 KB
1033.mst	2013/12/6 20:11	MST 文件	92 KB
1041.mst	2013/12/6 20:11	MST 文件	86 KB
Autorun.inf	2013/12/6 20:08	安装信息	1 KB
Data1.cab	2013/12/6 20:11	WinRAR 压缩文件	298,664 KB
MotoSim EG 4.01.msi	2013/12/6 20:12	Windows Install...	1,977 KB
setup.exe	2013/12/6 20:08	应用程序	1,004 KB
Setup.ini	2013/12/6 20:12	配置设置	6 KB

图 7-2   安装 MotosimEG

(2) 安装加密狗驱动程序，如图 7-3 所示。

Manual	2015/5/6 9:01	文件夹	
SSD5411	2015/5/6 9:01	文件夹	
Sentinel System Driver Installer 7.5.7....	2011/5/27 8:06	应用程序	2,778 KB

图 7-3   安装加密狗驱动程序

二、新建 CELL

新建 CELL 的步骤如图 7-4 和图 7-5 所示。

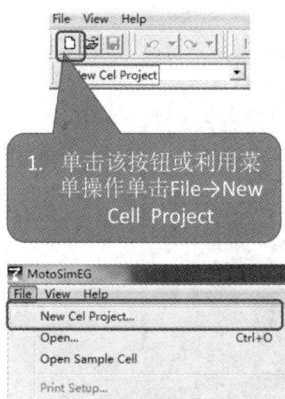

图 7-4　步骤 1

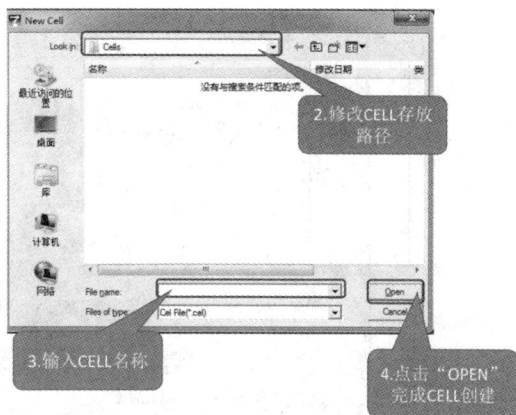

图 7-5　步骤 2～4

三、添加机器人

以添加应用 DX200 控制器的 MA01440 机器人为例来介绍，其步骤如图 7-6～图 7-11 所示。最后结果如图 7-12 所示。

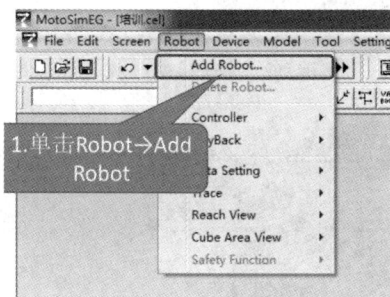

图 7-6　步骤 1

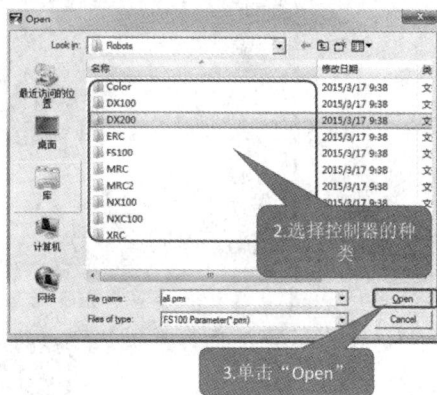

图 7-7　步骤 2～3

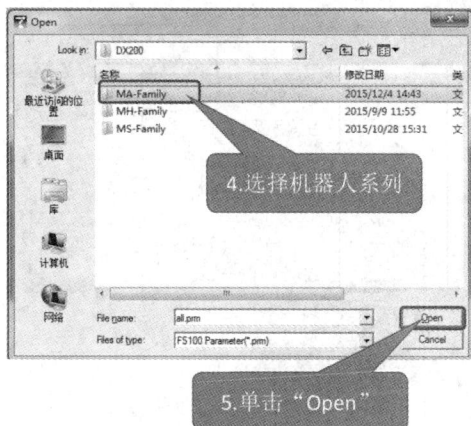

图 7-8　步骤 4～5

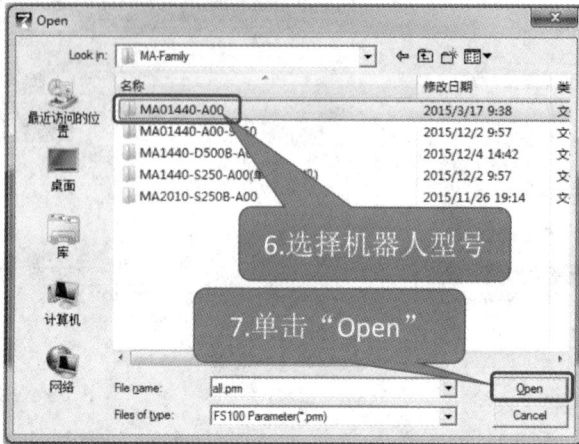

图 7-9　步骤 6~7

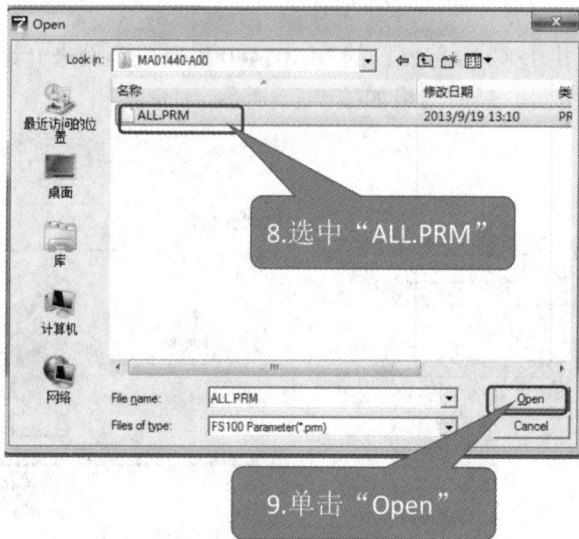

图 7-10　步骤 8~9

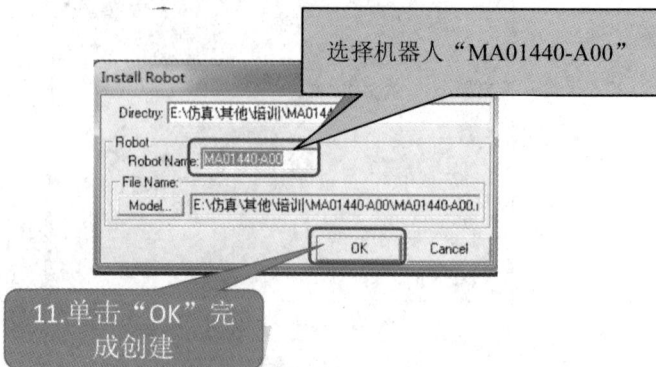

图 7-11　步骤 10~11

✎ 笔记

图 7-12　结果

说明：机器人型号后缀说明：

T 表示机器人带有三个旋转外部轴；

D 表示机器人带有两个旋转外部轴；

S 表示机器人带有一个旋转外部轴；

XY 表示机器人带行走轴的方向；

D、S 之后的 250、500 表示旋转变位机的负载。

四、添加工具

下面以 MA1440 机器人添加东金 300R 焊枪为例来介绍，其步骤如图 7-13～图 7-20 所示，其结果如图 7-21 所示。

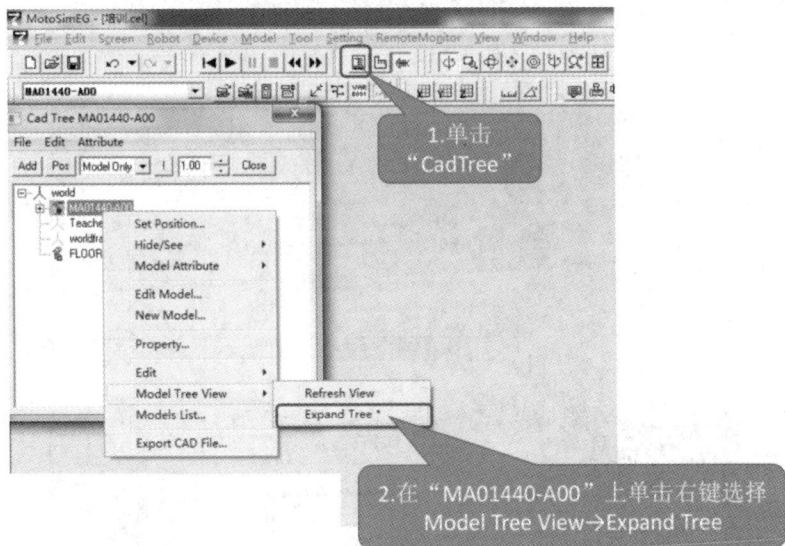

图 7-13　步骤 1～2

✍ 笔记

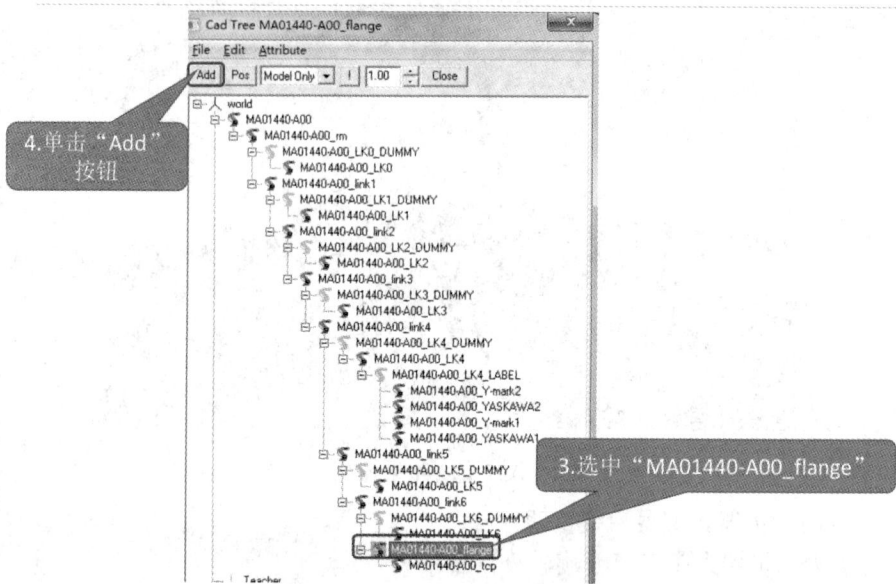

图 7-14　步骤 3～4

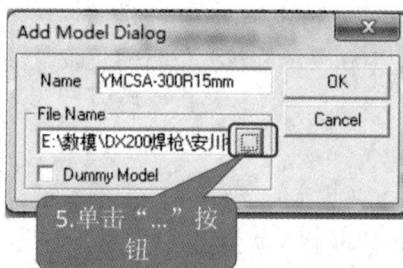

图 7-15　步骤 5

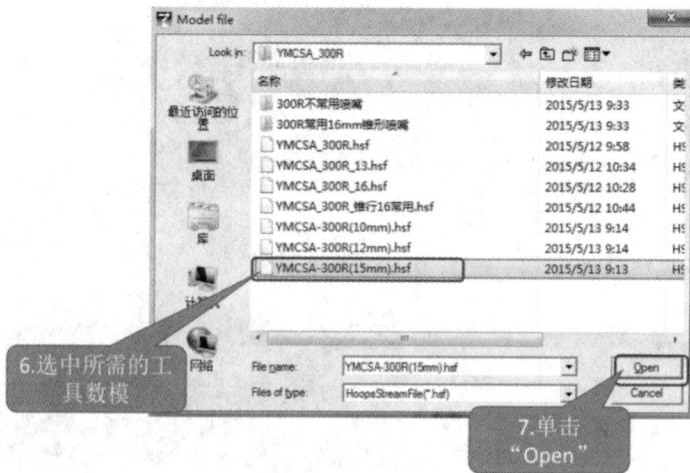

图 7-16　步骤 6～7

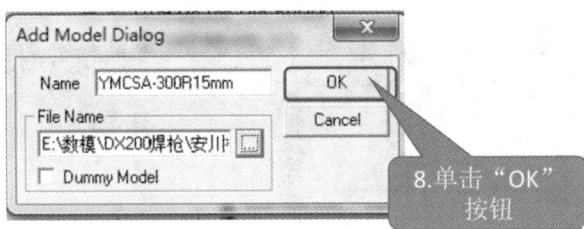

图 7-17 步骤 8

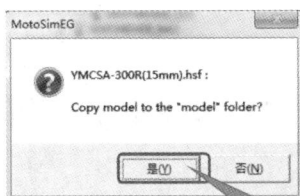

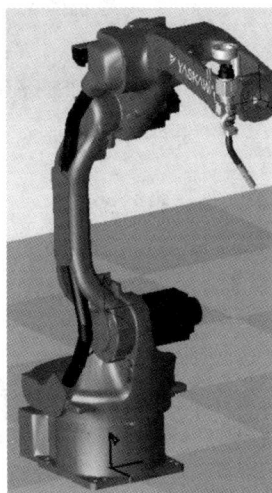

(a) 步骤 9 　　　　　　　　(b) 工具数模导入

图 7-18

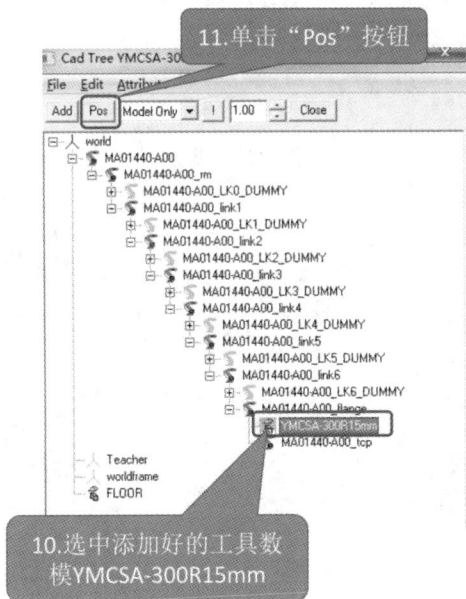

图 7-19 步骤 10～11

工匠精神

一个人一辈子能做成一件事，已经很不简单了。为什么？中国有 13 亿人民，我们这几个（企业）把豆腐磨好，磨成好豆腐；你那几个企业好好地去发豆芽，把豆芽做好……我们 13 亿人每个人做好一件事，拼起来我们就是伟大的祖国呀！
——任正非

✎ 笔记

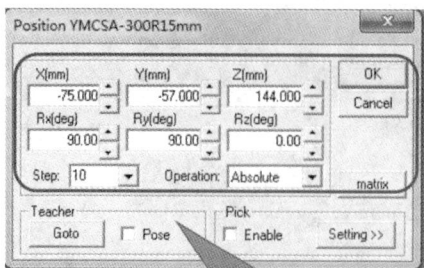

12.修改数模位置，完成后单击"OK"按钮

图 7-20　步骤 12

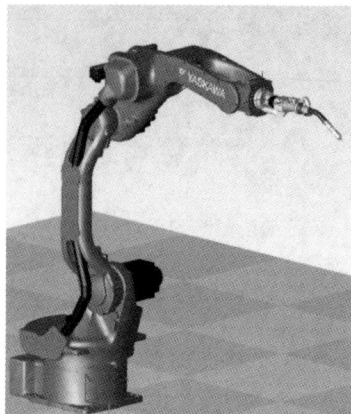

图 7-21　结果

五、设置工具尖端点

设置工具尖端点的操作步骤如图 7-22 和图 7-23 所示，查看方法如图 7-24 所示，其结果如图 7-25 所示。

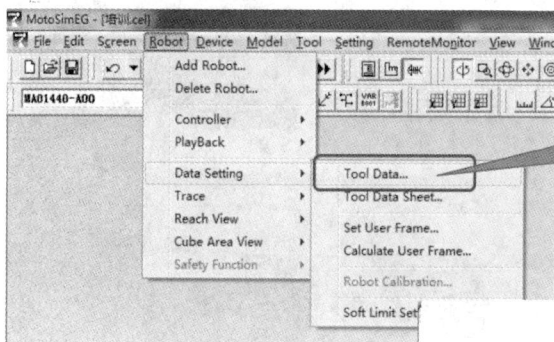

1.单击Robot→Data Setting→Tool Data...

图 7-22　步骤 1

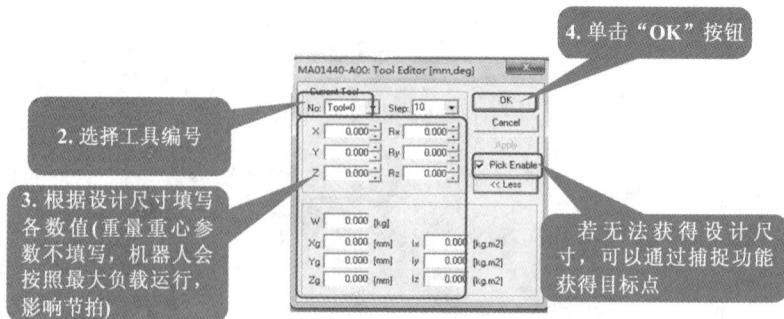

4.单击"OK"按钮

2.选择工具编号

3.根据设计尺寸填写各数值(重量重心参数不填写，机器人会按照最大负载运行，影响节拍)

若无法获得设计尺寸，可以通过捕捉功能获得目标点

图 7-23　步骤 2~4

图 7-24　查看

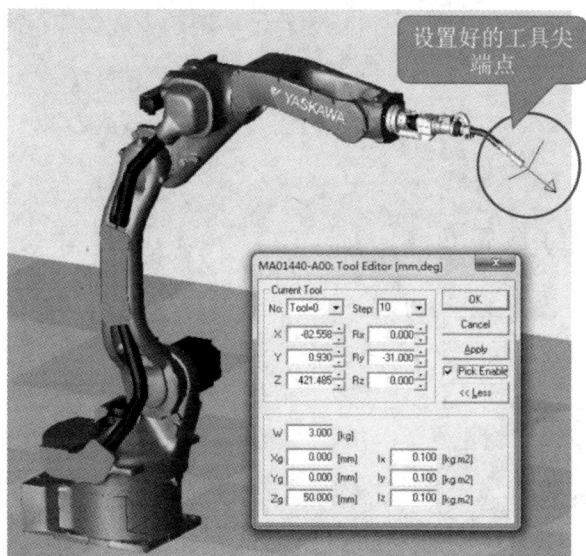

图 7-25　查看结果

六、导入数模

可生成 .hsf 格式的三维软件的模型，如 CATIA、SOLIDWORKS 可直接导入；不能生成 .hsf 格式的三维软件，如 UG、PRO/E 等，可先生成 IGES、CGR 等文件，然后由 CATIA 软件转化为 .hsf 格式。导入数模方法与添加工具方法相同，其结果如图 7-26 所示。

笔记

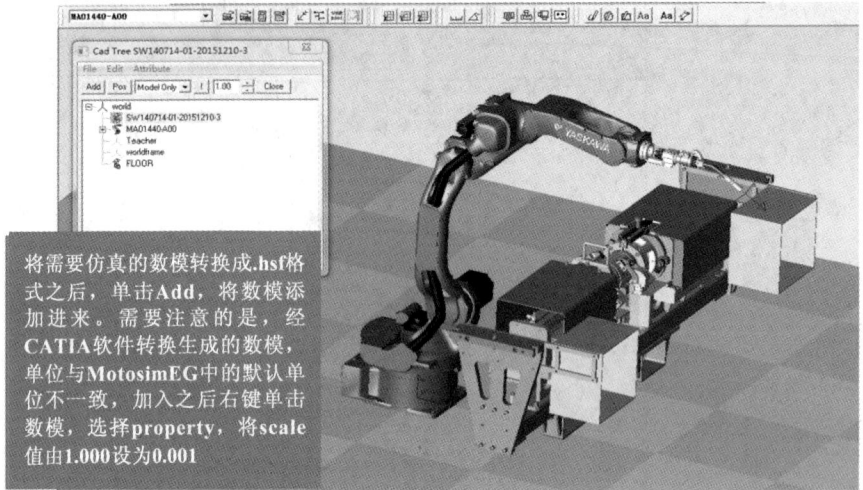

图 7-26　导入数模

七、数模位置的移动

在此操作中，需要与不同视角的按钮配合使用，如图 7-27 所示。其操作步骤如图 7-28 和图 7-29 所示，鼠标滚轮上下滚动为放大缩小画面。

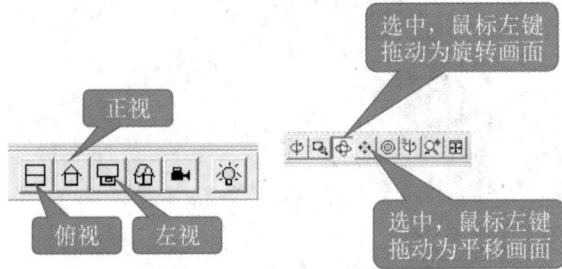

图 7-27　视角按钮

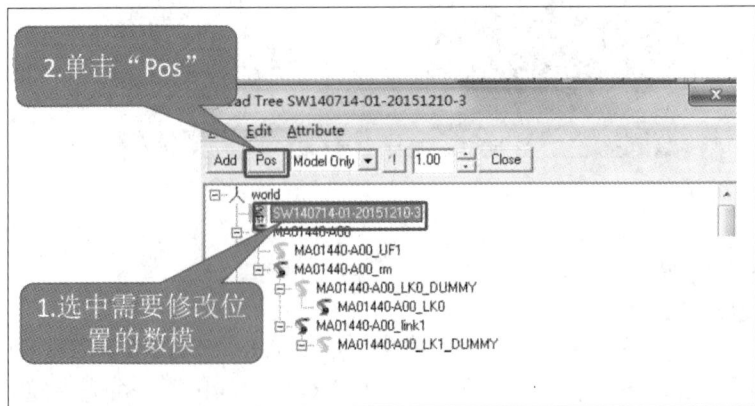

图 7-28　步骤 1~2

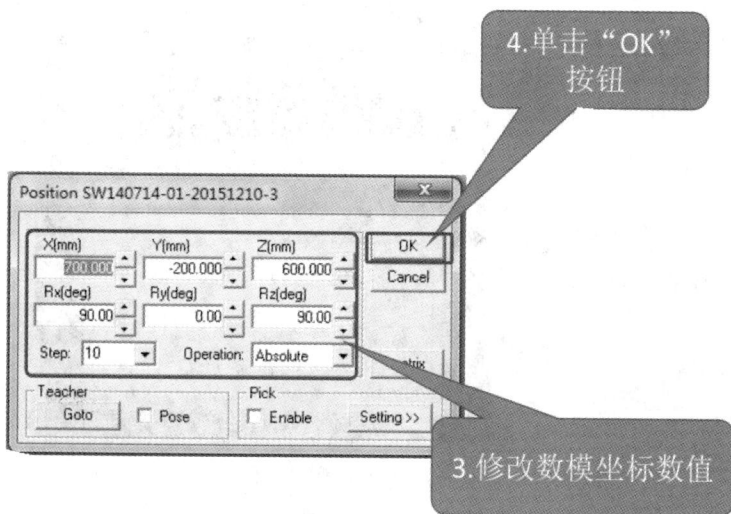

图 7-29 步骤 3~4

注意：步骤 3~4 中的变化规律如图 7-30 所示。

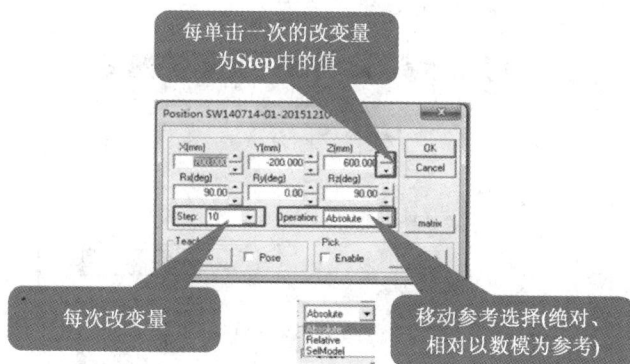

图 7-30 变化规律

八、测量功能

测量功能操作步骤如图 7-31 和图 7-32 所示。

图 7-31 步骤 1

✍ 笔记

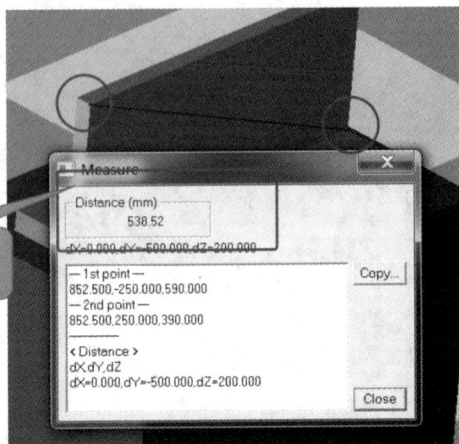

图 7-32　步骤 2

九、可达范围

　　确定工具及工件的初步位置如图 7-33 和图 7-34 所示。无工具的情况如图 7-35 所示，有工具的情况如图 7-36 所示。

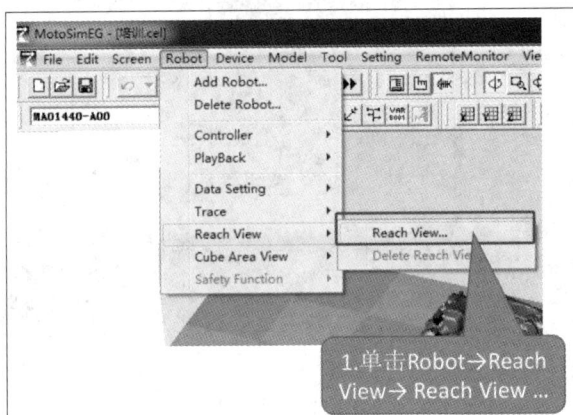

图 7-33　步骤 1

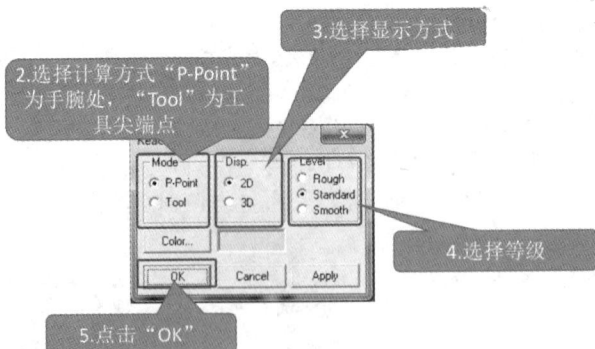

图 7-34　步骤 2～5

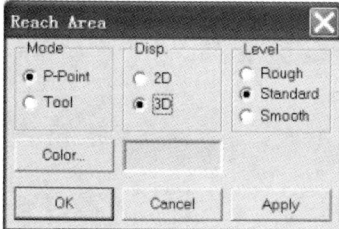

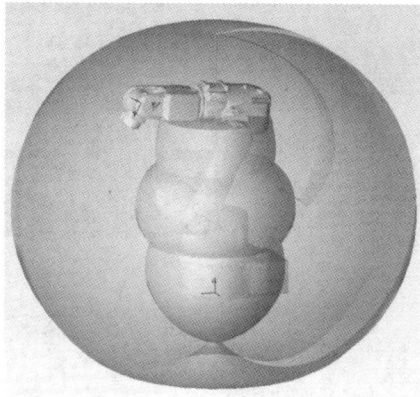

图 7-35 无工具的情况

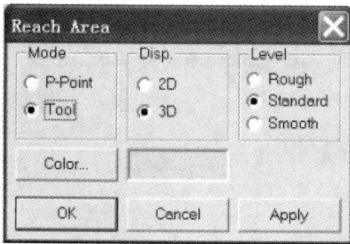

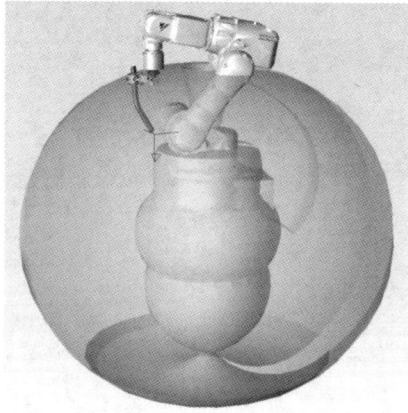

图 7-36 有工具的情况

注意：P-Point 的可达范围与姿态无关，如图 7-37 所示。

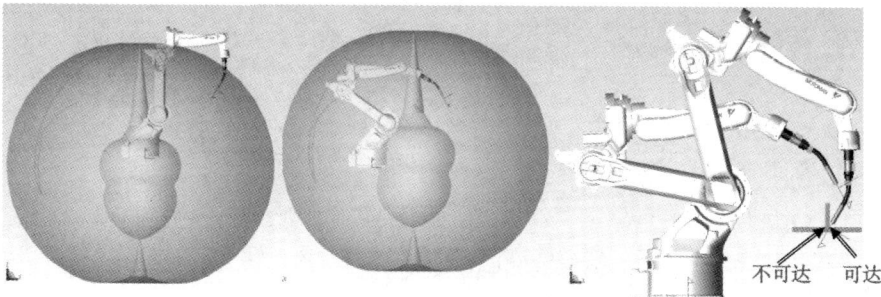

不可达 可达

图 7-37 P-Point 的可达范围与姿态无关

十、捕捉功能

捕捉功能是仿真中最常用的功能之一，其操作步骤如图 7-38 和图 7-39 所示。

1.单击"OLP"按钮

图 7-38　步骤 1

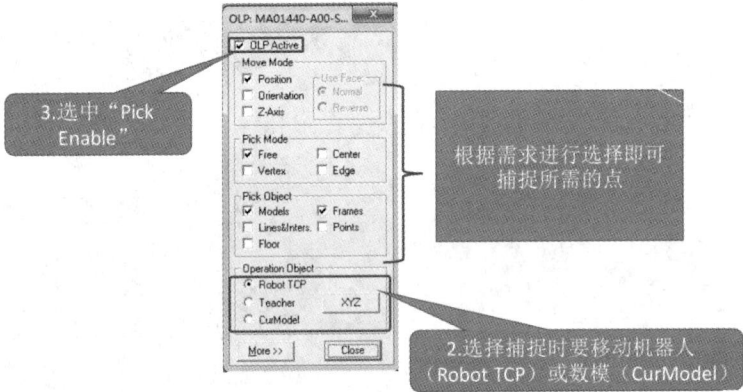

3.选中"Pick Enable"

根据需求进行选择即可捕捉所需的点

2.选择捕捉时要移动机器人（Robot TCP）或数模（CurModel）

(a)　步骤 2～3

激活捕捉功能

捕捉位置不改变XYZ方向
捕捉位置并限定XYZ方向
捕捉位置并限定Z方向

同向
反向

自由捕捉
捕捉角点

捕捉中心点
捕捉边缘

捕捉模型

捕捉Frames

使机器人TCP移动
使Teacher坐标移动
使选中的数模移动

整改捕捉点的位置

(b)　说明

图 7-39

十一、DUMMY 的运用

DUMMY 的运用操作步骤如图 7-40～图 7-44 所示。Dummy 的作用是对数模进行分组标识，改变外部轴的旋转方向，方便数模的装配。利用对数模角点捕捉和Dummy可以方便地将任意角度的数模放置到所需位置，如图 7-45所示。

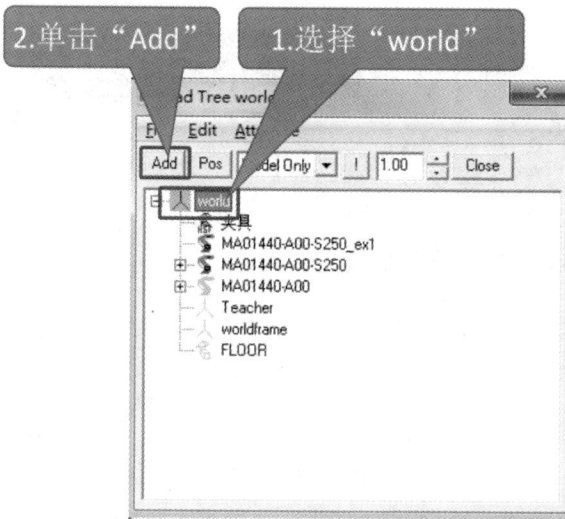

图 7-40 步骤 1～2

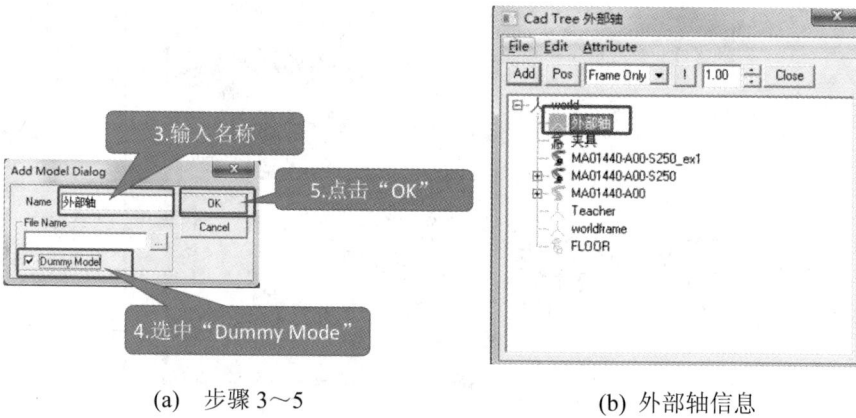

(a) 步骤 3～5

(b) 外部轴信息

图 7-41

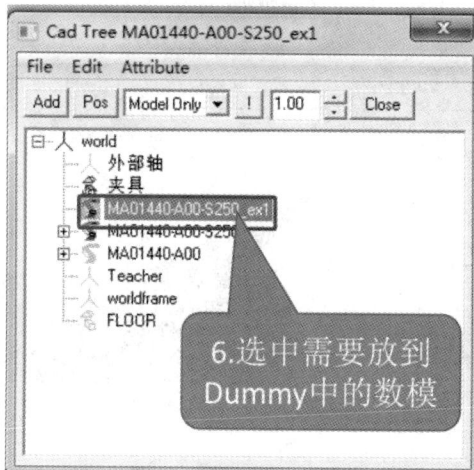

图 7-42 步骤 6

✎ 笔记

🐝 企业文化

携手员工，
通过权益保护
与人文关怀，
帮助员工实现
价值，提升员
工幸福指数。

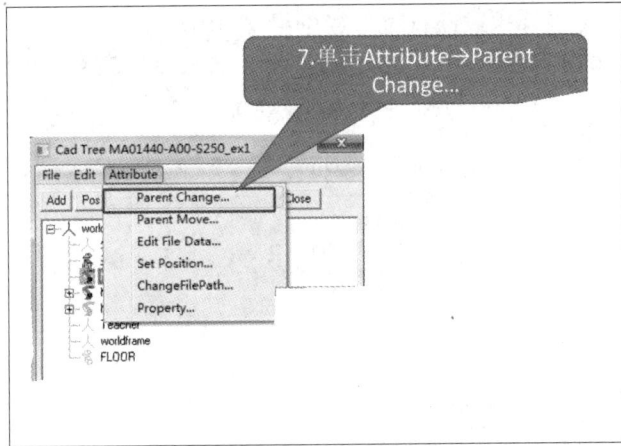

图 7-43　步骤 7

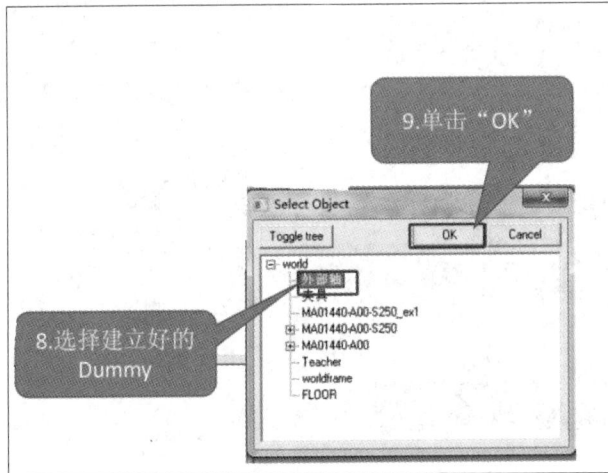

(a) 步骤 8～9

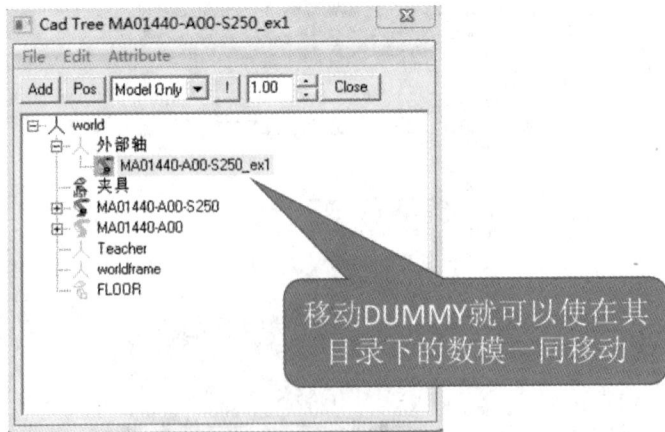

(b) 说明

图 7-44

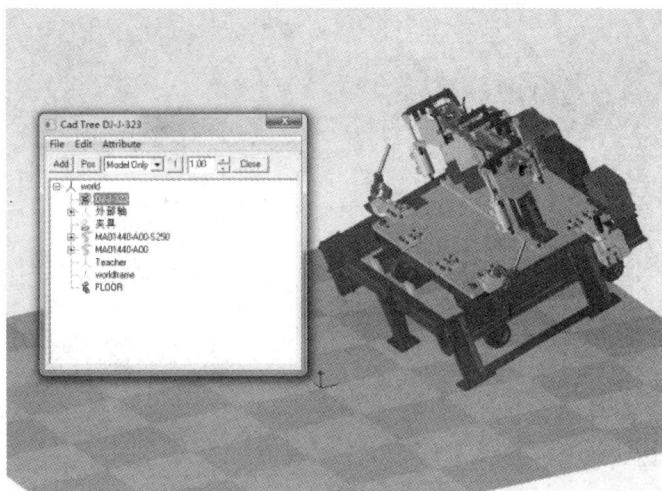

(a) 位置与方向

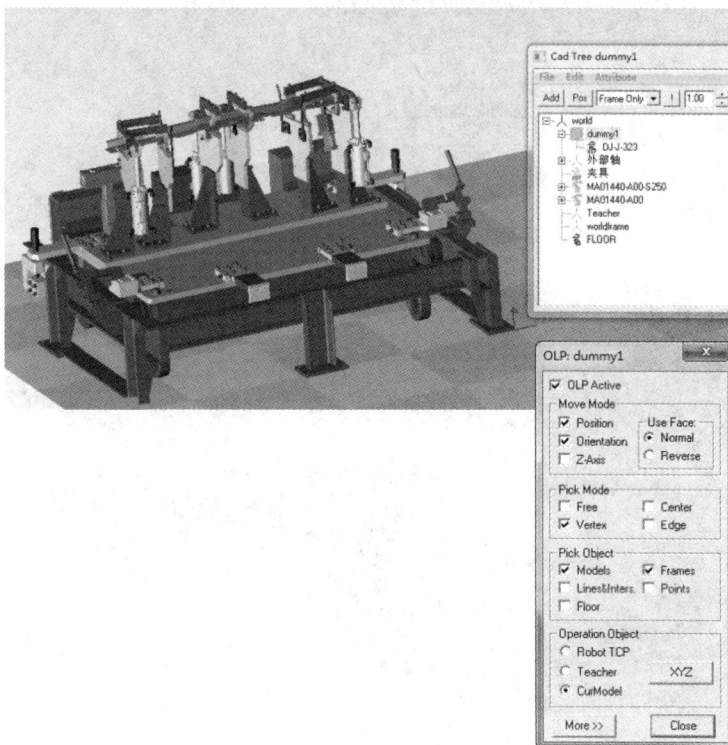

(b) 改变位置与方向

图 7-45

十二、添加外部轴

添加外部轴的操作步骤如图 7-46～图 7-49 所示。

移动夹具使夹具回转中心、外部轴中心、机器人底座中心重合,如图 7-46 所示。

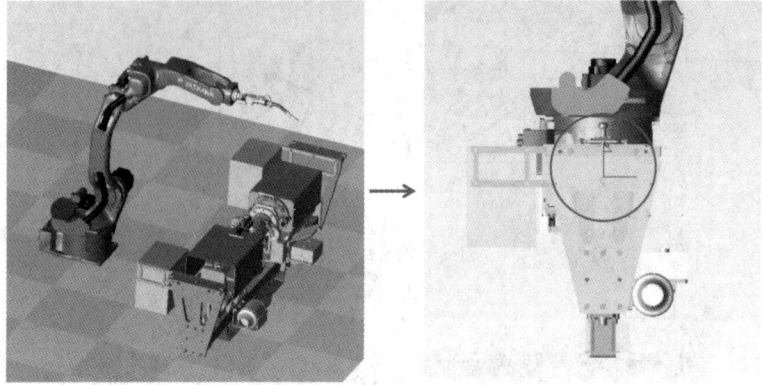

图 7-46　三心重合

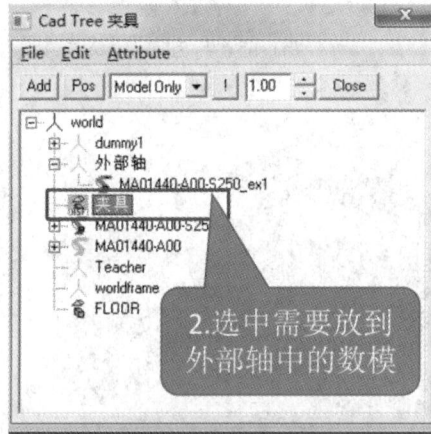

图 7-47　步骤 2

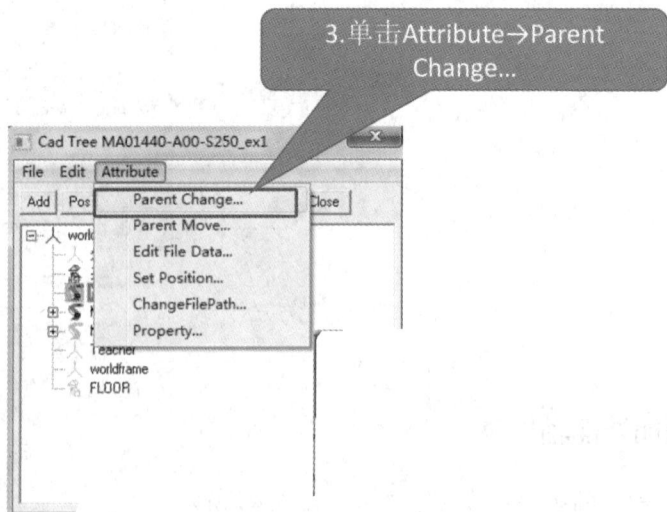

图 7-48　步骤 3

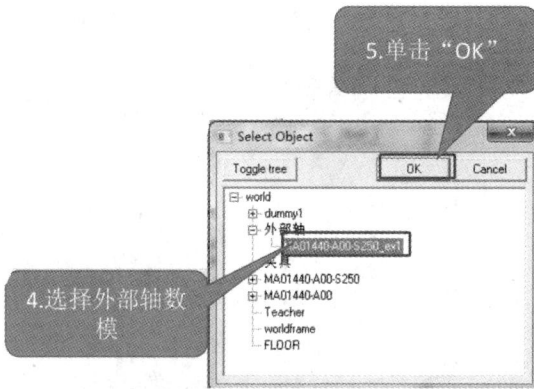

图 7-49 步骤 4～5

注意：夹具随外部轴一同转动，如图 7-50 所示。

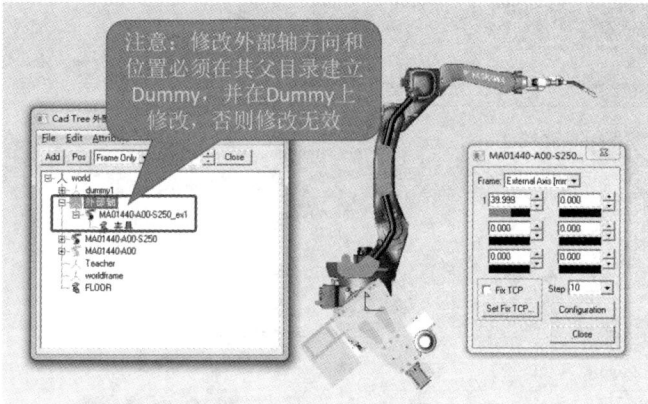

图 7-50 夹具随外部轴一同转动

十三、外部轴协调

外部轴协调的操作步骤如图 7-51～图 7-58 所示。

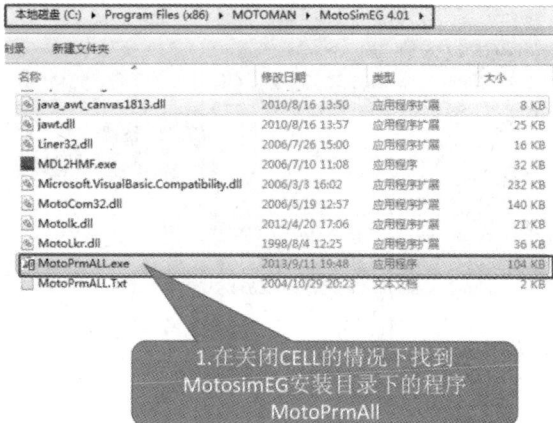

图 7-51 步骤 1

✎ 笔记

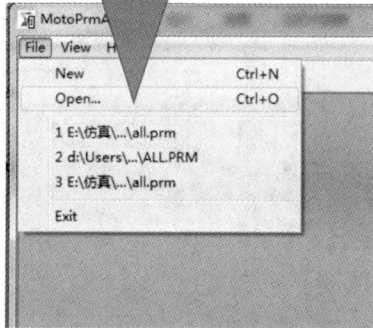

图 7-52　步骤 2

图 7-53　步骤 3～4

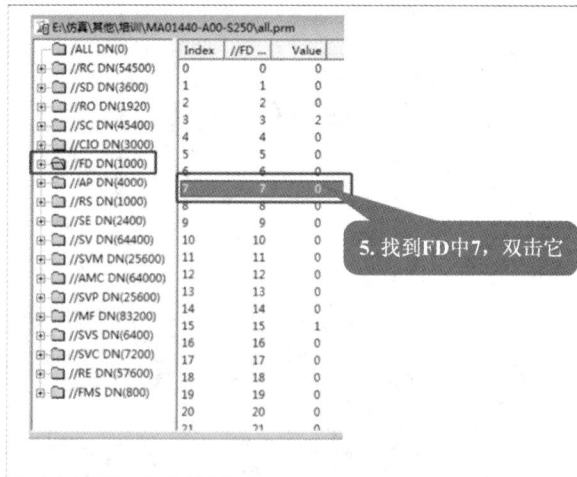

图 7-54　步骤 5

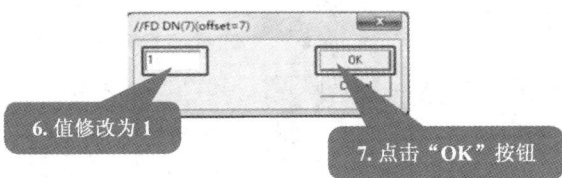

图 7-55 步骤 6～7

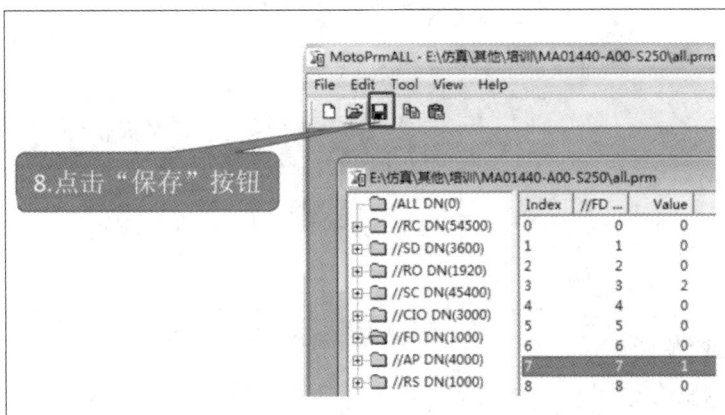

图 7-56 步骤 8

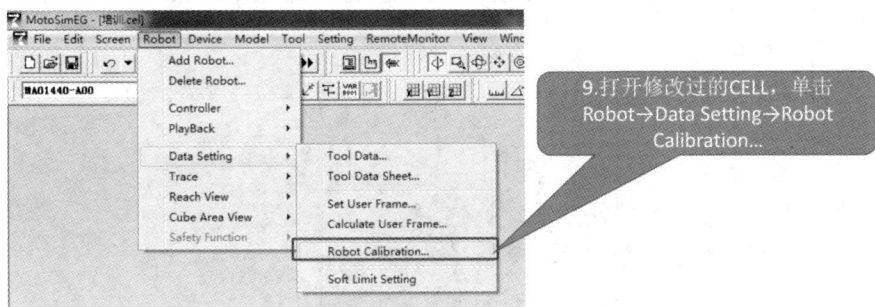

图 7-57 步骤 9

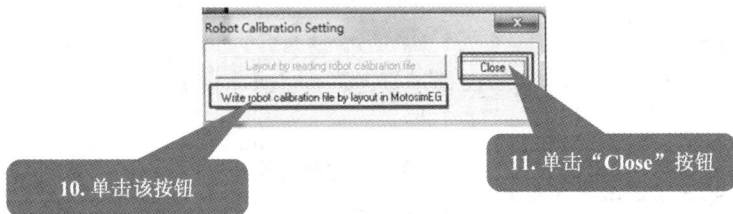

图 7-58 步骤 10～11

十四、创建机器人程序

创建机器人程序操作步骤如图 7-59～图 7-63 所示。最后插入运动指令，如图 7-64 所示。

图 7-59　步骤 1

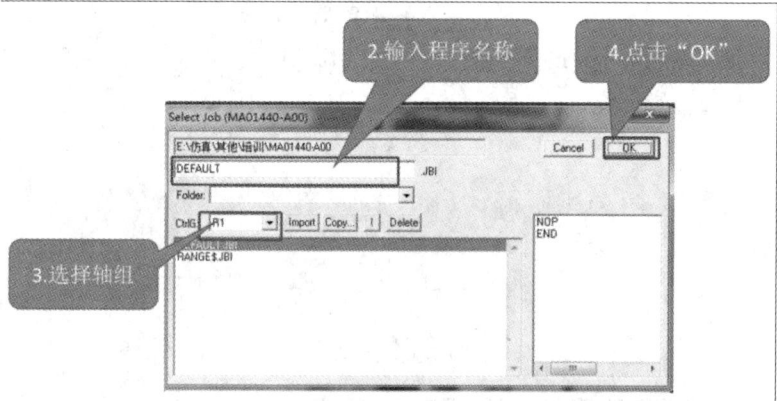

图 7-60　步骤 2～4

图 7-61　步骤 5

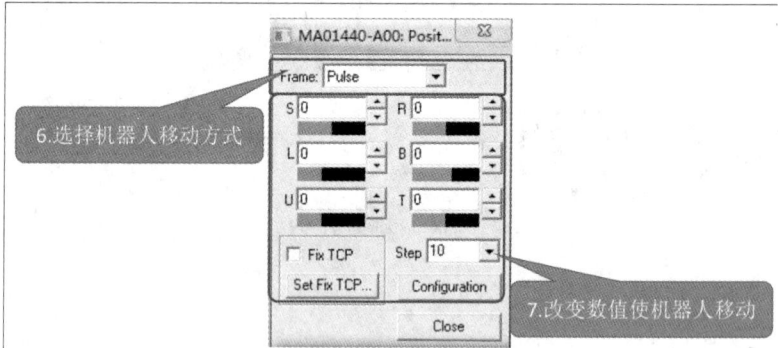

(a)　步骤 6～7

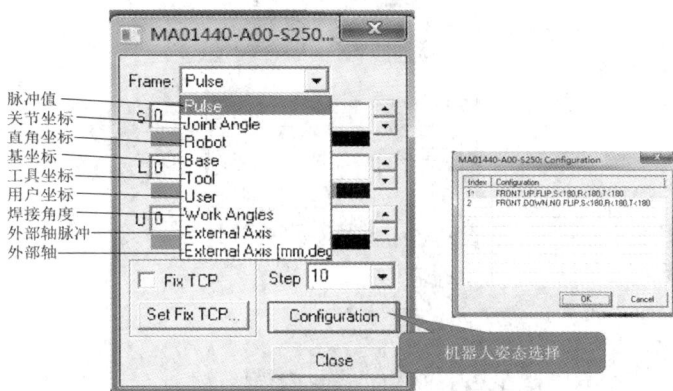

脉冲值
关节坐标
直角坐标
基坐标
工具坐标
用户坐标
焊接角度
外部轴脉冲
外部轴

机器人姿态选择

(b) 说明

图 7-62

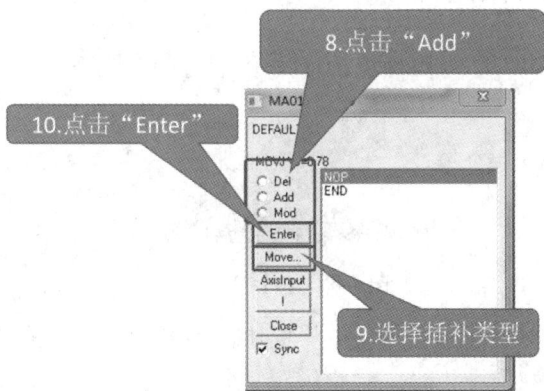

8.点击"Add"

10.点击"Enter"

9.选择插补类型

(a) 步骤 8～10

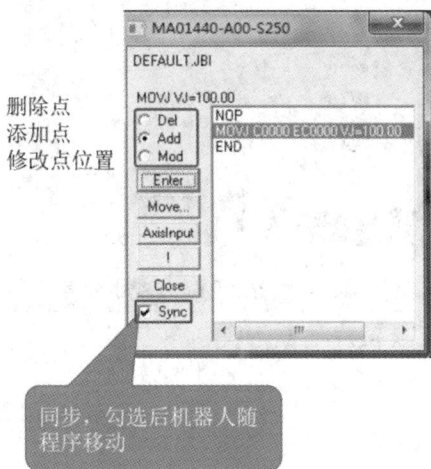

删除点
添加点
修改点位置

同步，勾选后机器人随
程序移动

(b) 说明

图 7-63

课程思政

关键
　关键在一
个"抓"字，
总书记的要
求就是真抓、
实抓、狠抓。

• 375 •

笔记

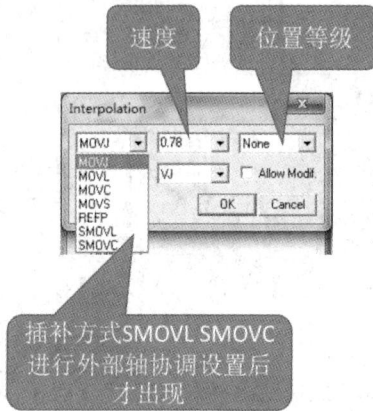

图 7-64　插入运动指令

十五、仿真程序的运行

(1) 单击"Start"可运行仿真程序，如图 7-65 所示。

图 7-65　运行仿真程序

(2) 播放完成自动显示节拍，也可在 Robot→PlayBack→Cycle Time...中显示，如图 7-66 所示。

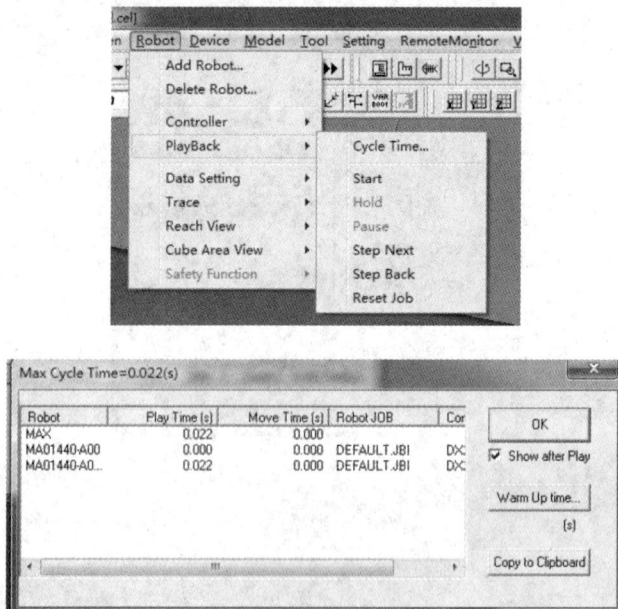

图 7-66　显示节拍

(3) 单击 Tool→StageMaster...，选择启动的机器人，如图 7-67 所示。

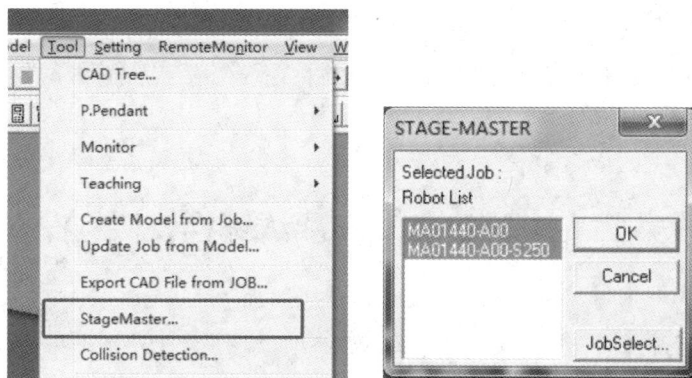

图 7-67　选择启动的机器人

任务扩展

调 整 角 度

有些工业机器人的操作要调整角度，比如焊接角度，其操作方式如图 7-68 所示。调整后的情况如图 7-69 所示。

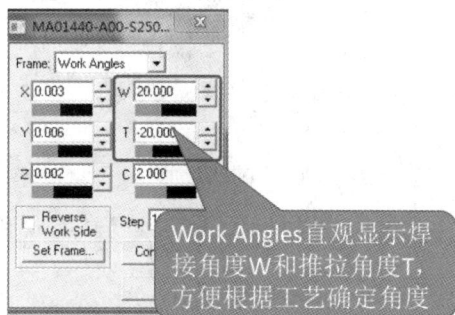

图 7-68　操作方式

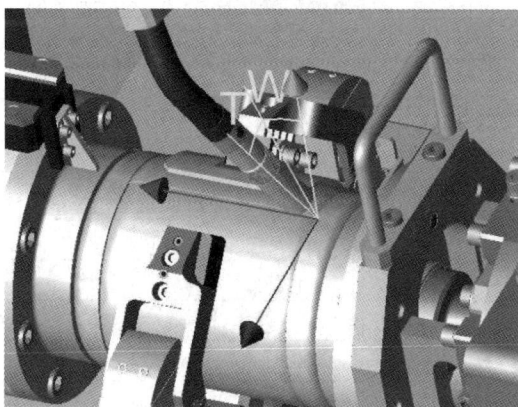

图 7-69　调整后的情况

📷 **任务巩固**

有条件的单位对该软件进行操作，并且在 YASKAWA 工业机器人上进行验证。

任务二　认识 RoboDK 离线编程软件的操作

📷 **工作任务**

RoboDK 软件具有图 7-70 所示的功能，RoboDK 和其他仿真软件的比较见表 7-1，其软件界面与操作如图 7-71 与图 7-72 所示。不仅可以形成虚拟工作站，还可以形成虚拟自动线。

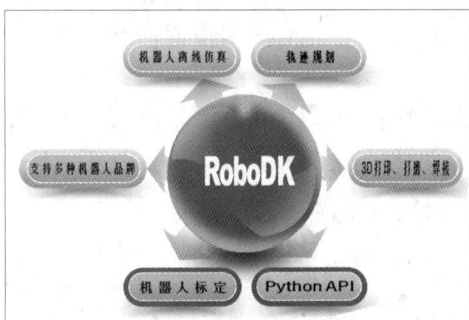

图 7-70　RoboDK 软件功能

表 7-1　RoboDK 和其他仿真软件比较

项目＼软件	RobotStudio	RobotMaster	RoboDK
应用领域	教学、工业	工业	教学、工业
支持机器人品牌	ABB	大多数品牌	大多数品牌，并可以创建机器人
示教编程	支持	不支持	支持
离线编程	支持	支持	支持
导出机器人程序	只支持 ABB	支持多个品牌	支持多个品牌机器人
碰撞检测	支持	支持	支持
和机器人通信	支持	不支持	支持，并可以上传或下载机器人程序
多机器人仿真	支持	不支持	支持
运动学建模	不支持	不支持	支持
轨迹规划	不支持	不支持	支持
二次开发	支持，基于 VBA	不支持	支持，基于 Python
机器人标定	不支持	不支持	支持
支持平台	支持 PC	支持 PC	支持 PC，PAD(安卓)

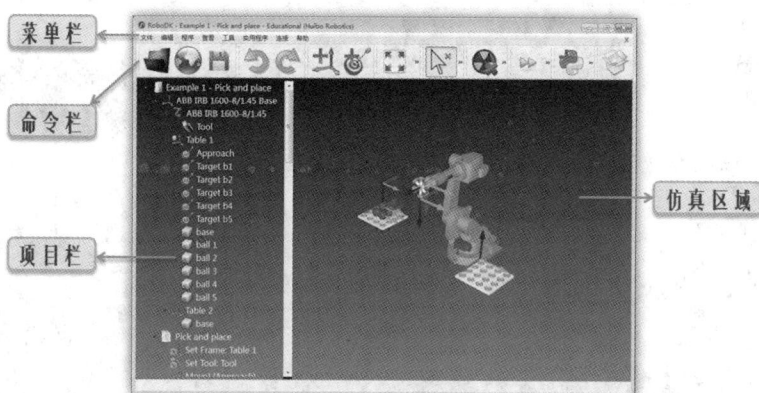

图 7-71　软件界面

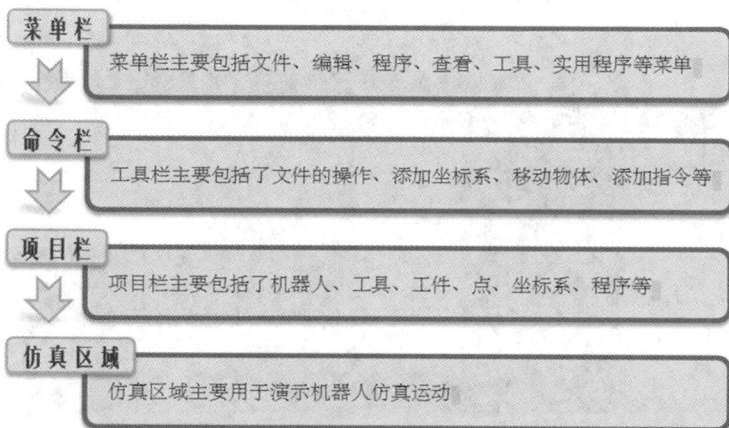

图 7-72　软件操作

任务目标

1. 掌握 RoboDK 的基础操作;
2. 了解 RoboDK 仿真程序;
3. 掌握后置处理的方法。

任务实施

根据实际情况，让学生在教师的指导下进行技能训练。

技能训练

一、RoboDK 基础操作

1. 导入

(1) 导入数模。导入数模的操作步骤如图 7-73～图 7-75 所示。

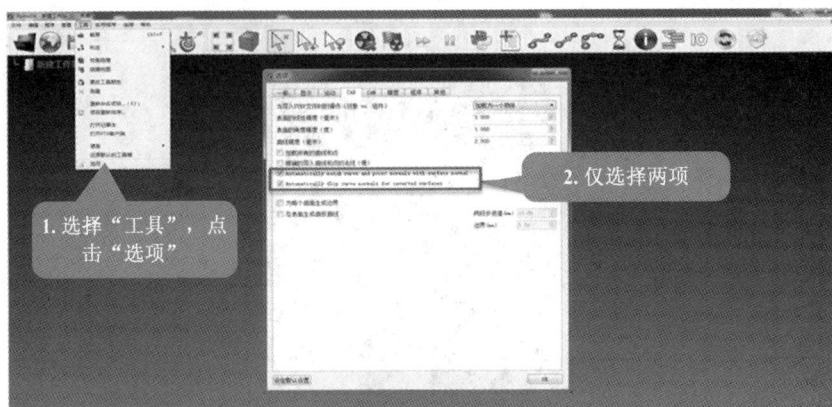

图 7-73　步骤 1～2

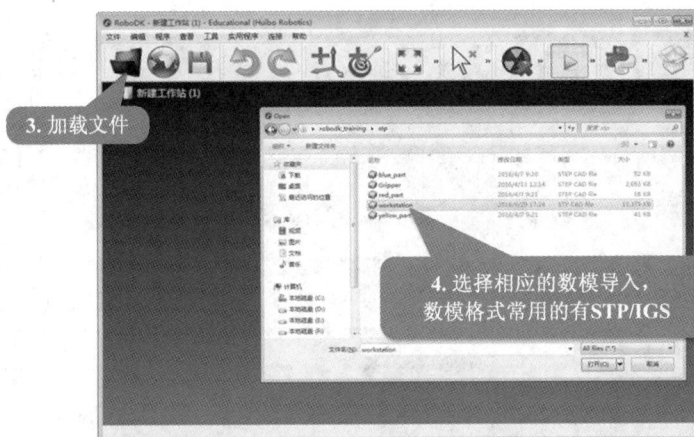

图 7-74　步骤 3～4

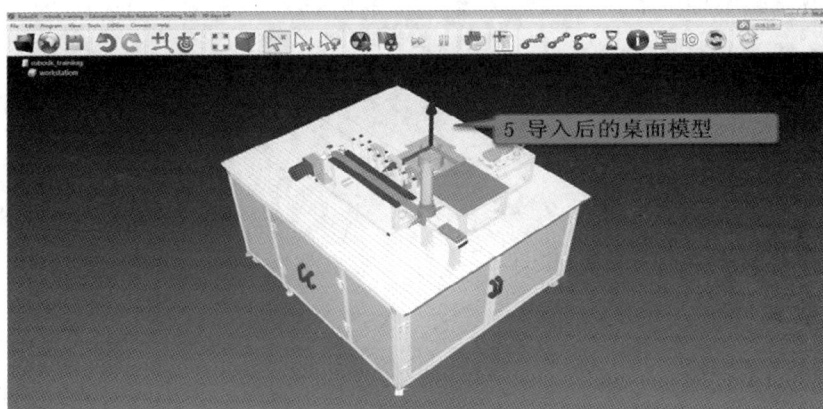

图 7-75　步骤 5

说明：当数模较大时，修改工作站选项设置，可有效避免工作站的卡顿现象。

(2) 导入工件及布局。导入工件及布局的操作步骤如图 7-76 和图 7-77

所示。

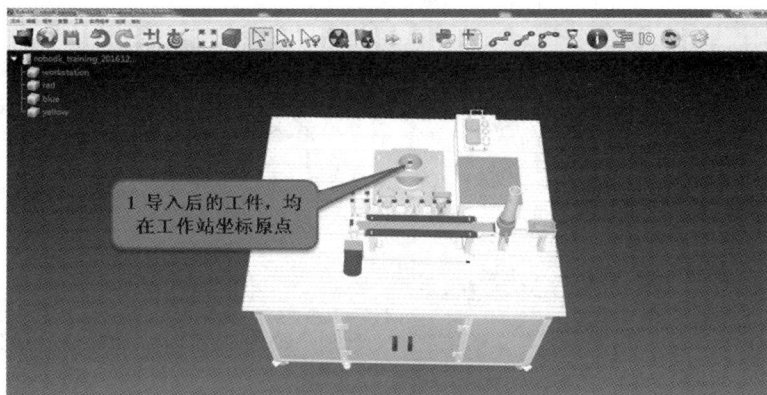

图 7-76　步骤 1

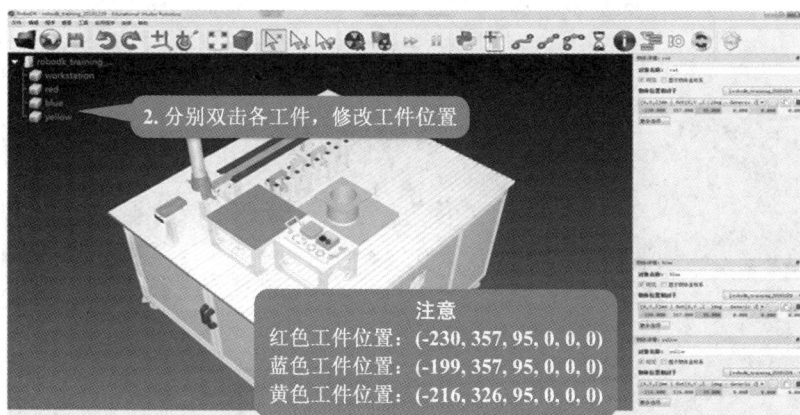

图 7-77　步骤 2

(3) 导入机器人及布局。导入机器人及布局的操作步骤如图 7-78 和图 7-79 所示。

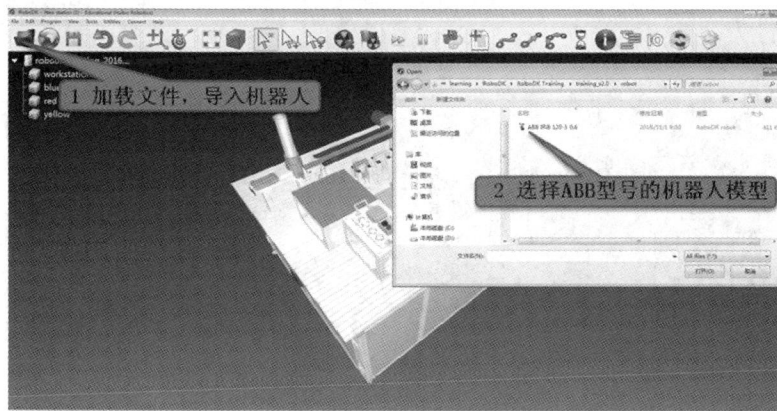

图 7-78　步骤 1~2

说明：更多机器人模型可到官网 www.robodk.com 下载。

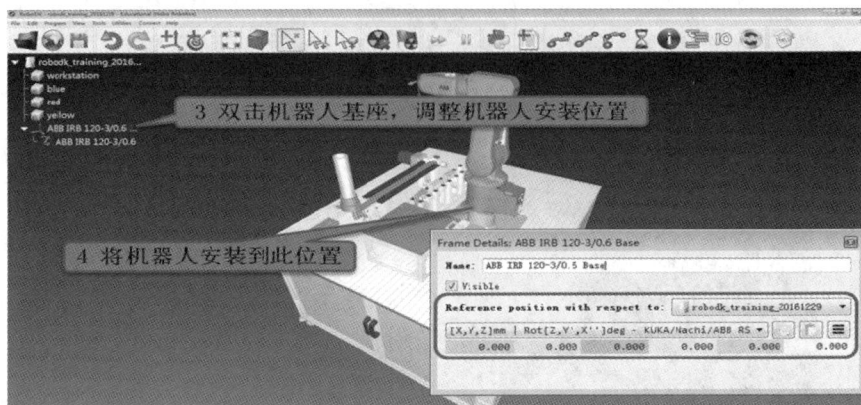

图 7-79　步骤 3～4

（4）导入工具及安装。导入工具及安装的操作步骤如图 7-80～图 7-83 所示。

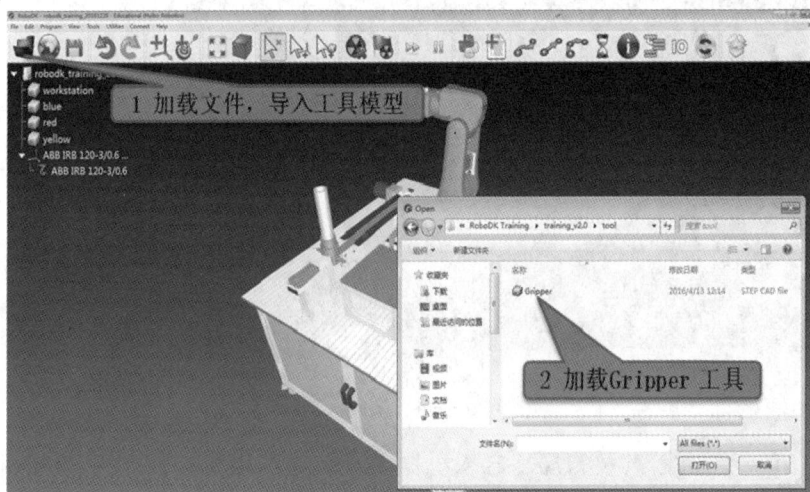

图 7-80　步骤 1～2

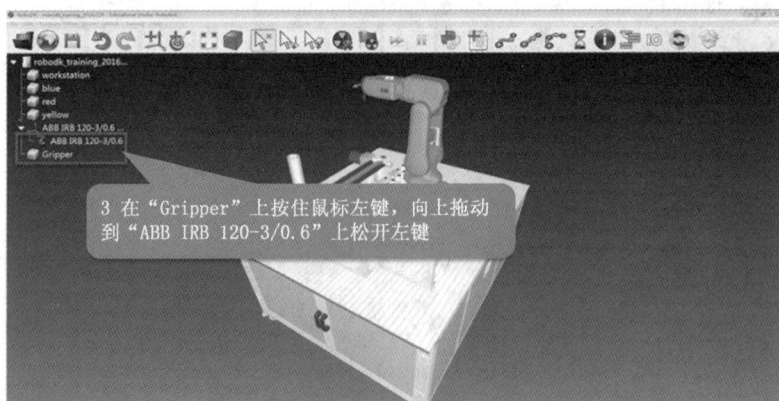

图 7-81　步骤 3

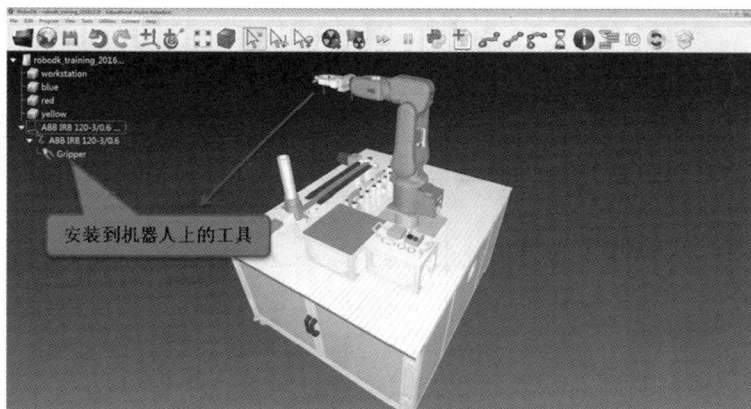

图 7-82　安装到机器人上的工具

注意：工具安装到机器人法兰上的原则是工具数模的坐标系和机器人法兰坐标系重合。

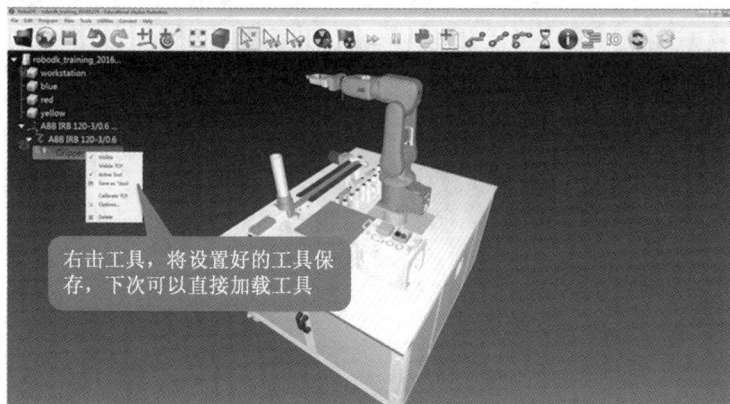

图 7-83　保存工具

注意：机器人库文件(.robot)、工具库文件(.tool)。

2. 鼠标与快捷键操作

鼠标的操作方式如图 7-84 所示，快捷键操作见表 7-2。

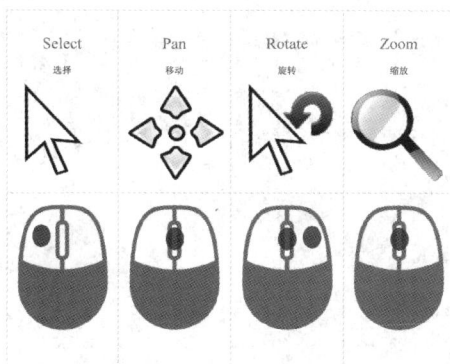

图 7-84　鼠标操作方式

笔记

表 7-2　快捷键操作

快　捷　键	功　　能
"+" "−"	放大或缩小工作站中的坐标系
"/"	显示工作站中的对象名称
"Alt + 1"	等距
"Alt + 2"	俯视图
"Alt + 3"	前视图
"Alt + 4"	右视图
"Alt + 5"	左视图
"Alt + 6"	后视图

3. 设置

(1) 设置工具坐标系(见图 7-85)。

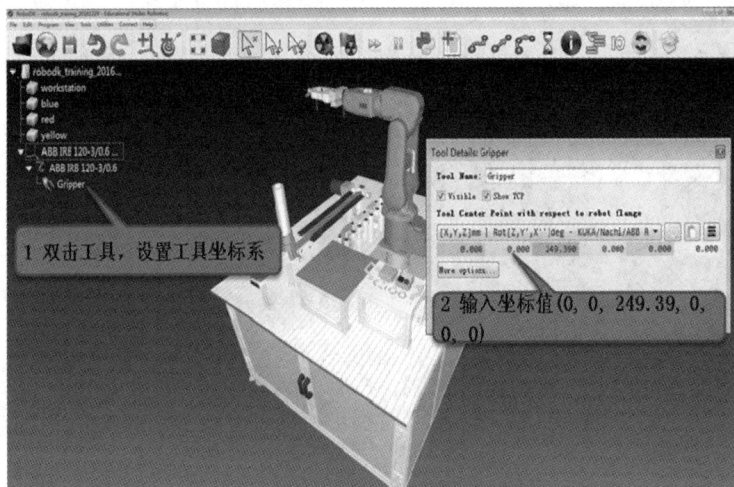

图 7-85　设置工具坐标系

(2) 创建工件坐标系。创建工件坐标系的操作步骤如图 7-86 和图 7-87 所示。

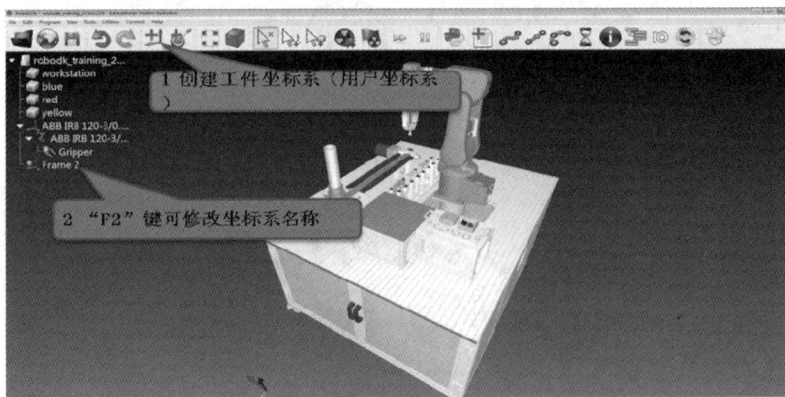

图 7-86　步骤 1～2

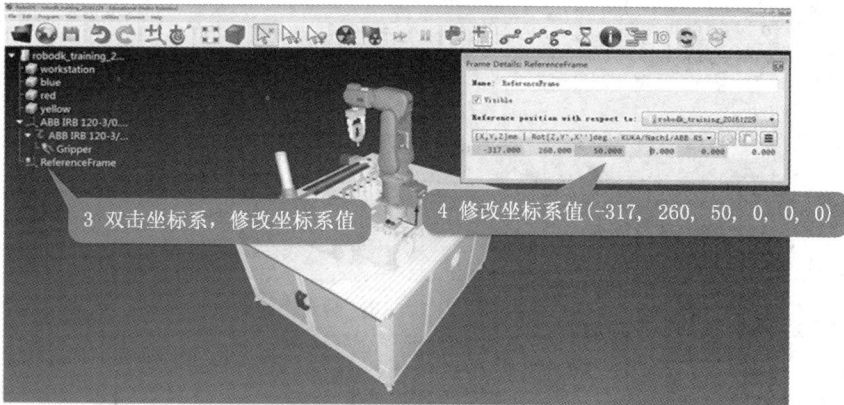

图 7-87　步骤 3～4

(3) 创建目标点。创建目标点的操作步骤如图 7-88 和图 7-89 所示。

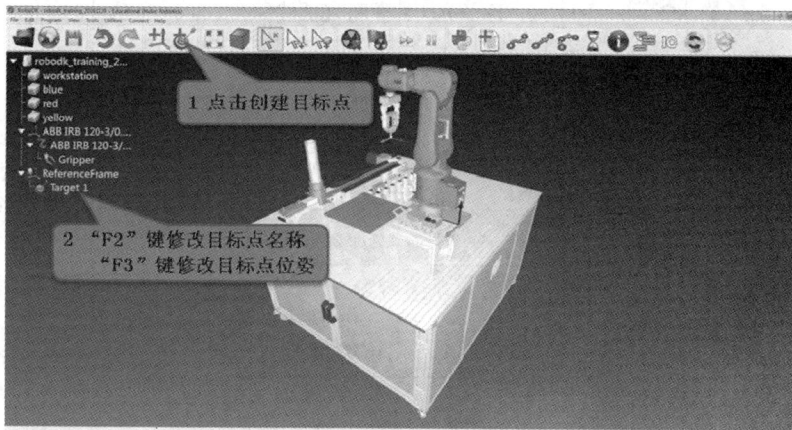

图 7-88　步骤 1～2

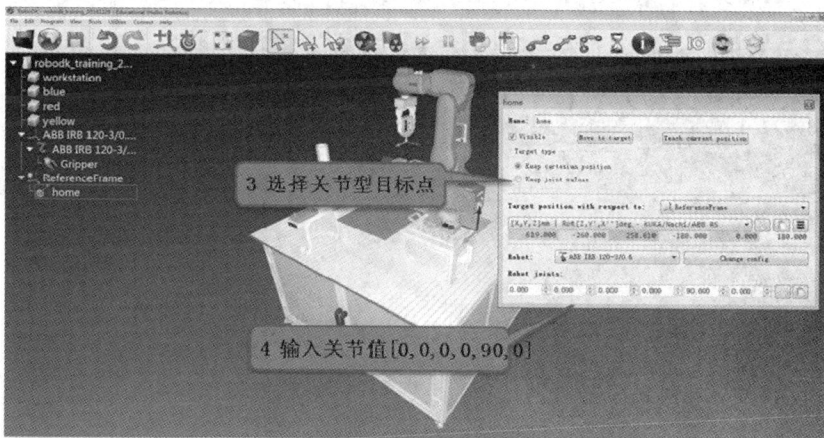

图 7-89　步骤 3～4

二、RoboDK 仿真程序——Program

1. 指令详解

指令详解见表 7-3。

表 7-3　Program 程序指令详解

指令图标	指令说明
Move Joint Instruction	添加机器人关节移动指令
Move Linear Instruction	添加机器人直线移动指令
Move Circular Instruction	添加机器人圆弧移动指令
Set Reference Frame Instruction	设置工件坐标系指令
Set Tool Frame Instruction	设置工具坐标系指令
Show Message Instruction	显示信息指令
Function call Instruction	调用函数、插入代码指令
Pause Instruction	添加机器人暂停指令
Set or Wait I/O Instruction	添加信号输出/等待信号指令
Set Speed Instruction	添加设置速度指令
Set Rounding Instruction	添加转弯半径指令
Simulation Event Instruction	添加仿真事件指令

2. 添加

(1) 添加 Program 程序(见图 7-90 和图 7-91)。

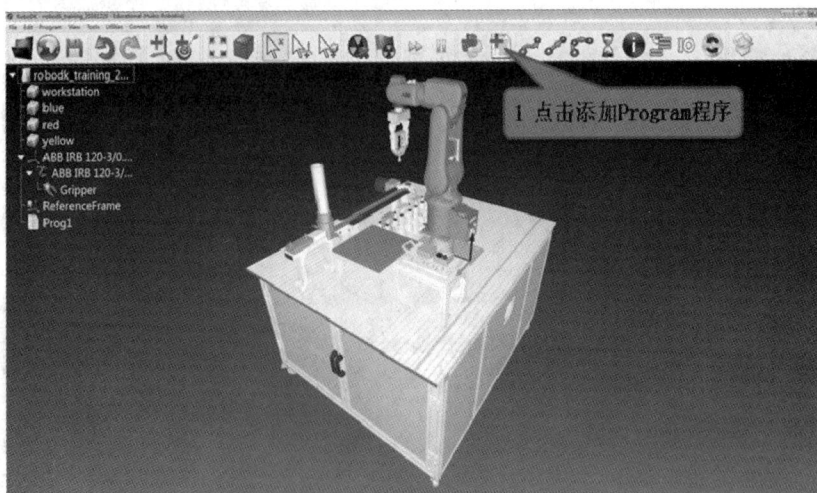

图 7-90　添加 Program 程序

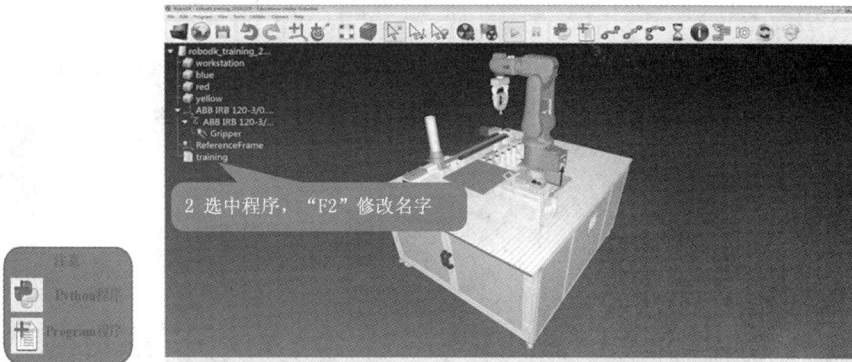

图 7-91 修改程序名

说明：程序名字最好是英文。

(2) 选择指令(见图 7-92)。

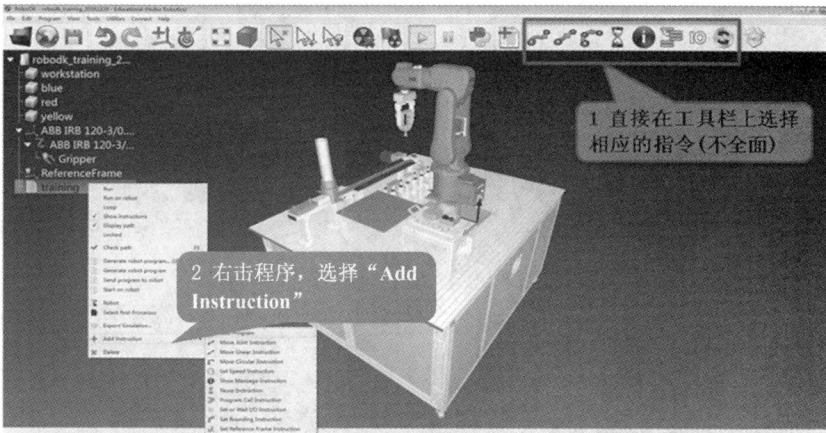

图 7-92 选择

(3) 指令添加，设置工件坐标系和工具坐标系(见图 7-93)。

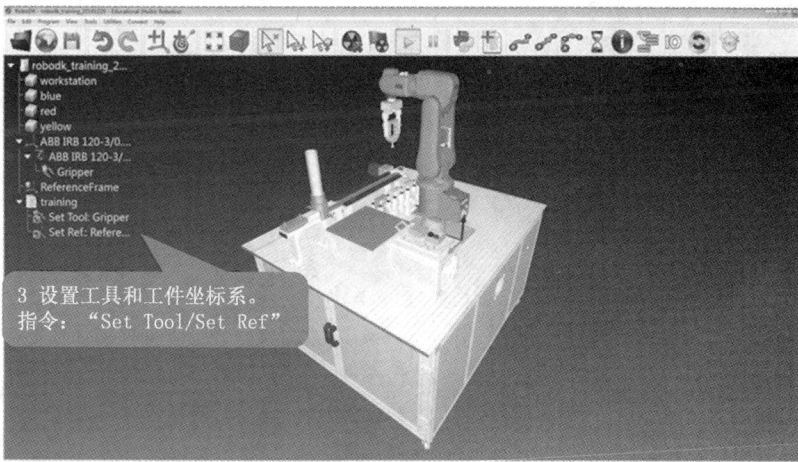

图 7-93 设置工件坐标系和工具坐标系

(4) 指令添加，设置速度(见图 7-94)。

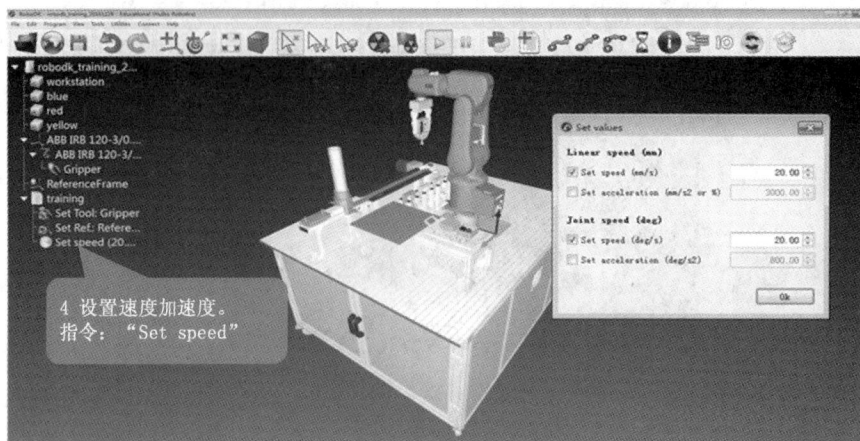

图 7-94　设置速度

(5) 指令添加，设置工件初始位置(见图 7-95)。

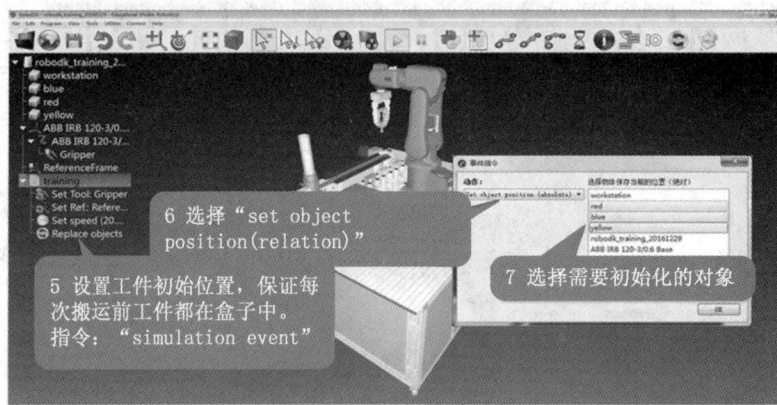

图 7-95　设置工件初始位置

(6) 指令添加，移动至 home 点(见图 7-96 和图 7-97)。

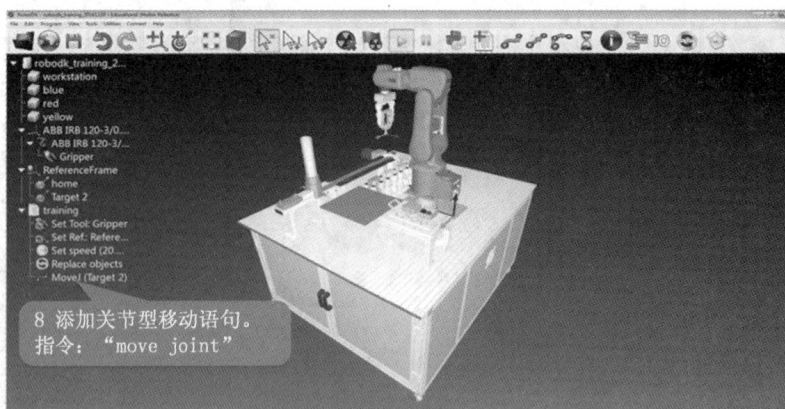

图 7-96　添加移动语句

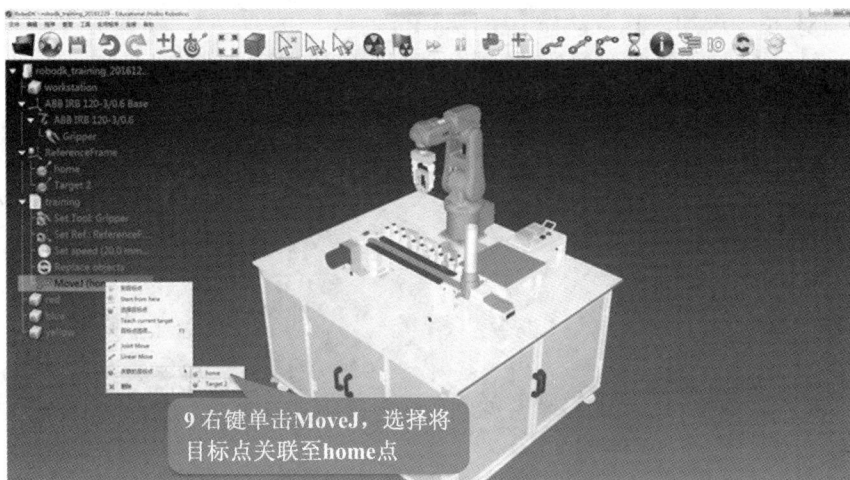

图 7-97 移动至 home 点

(7) 指令添加，移动至抓取点(见图 7-98 和图 7-99)。

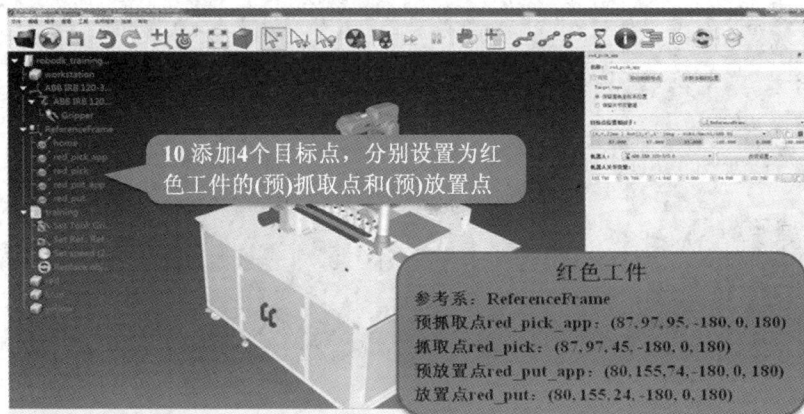

图 7-98 添加目标点

图 7-99 添加移动指令

(8) 指令添加，抓取动作(见图 7-100)。

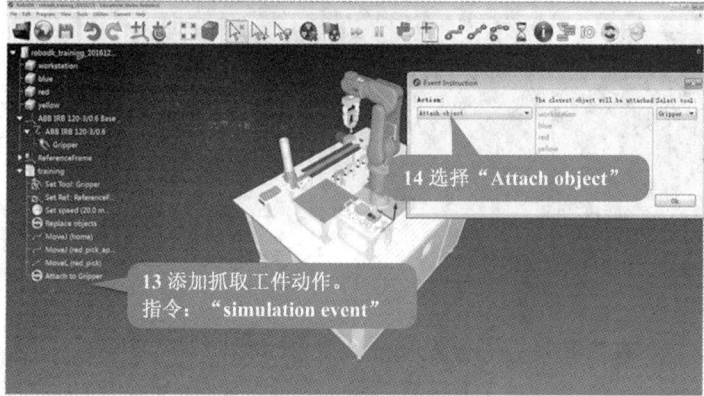

图 7-100　抓取动作

(9) 指令添加，等待(见图 7-101)。

图 7-101　等待

(10) 指令添加，移动至放置点(见图 7-102)。

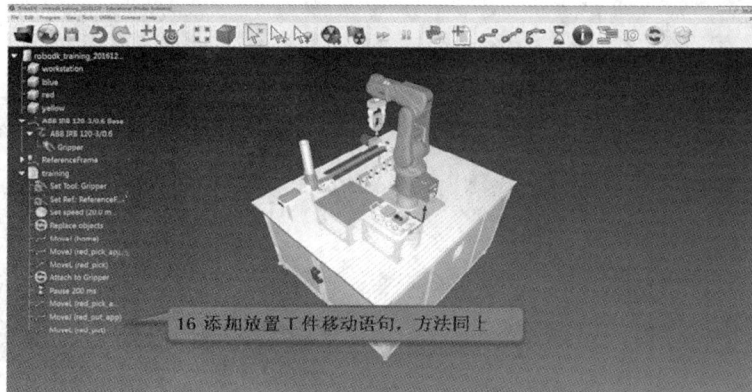

图 7-102　移动至放置点

(11) 指令添加，放置动作(见图 7-103)。

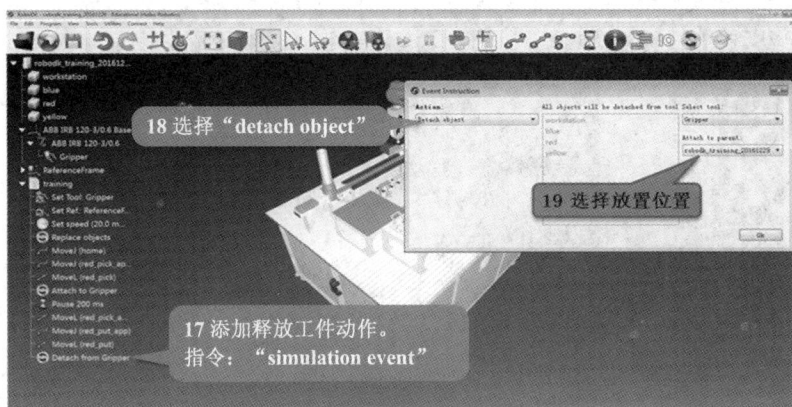

图 7-103 放置动作

三、后置处理程序

(1) 轨迹可达性检测(见图 7-104)。

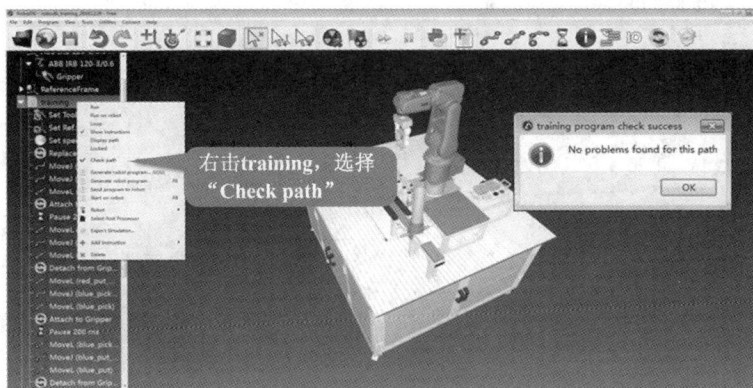

图 7-104 轨迹可达性检测

(2) 运行程序(见图 7-105)。

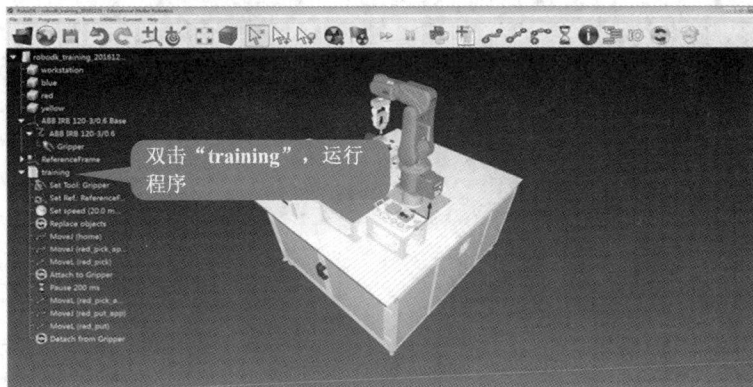

图 7-105 运行程序

(3) 离线程序(见图 7-106 和图 7-107)。

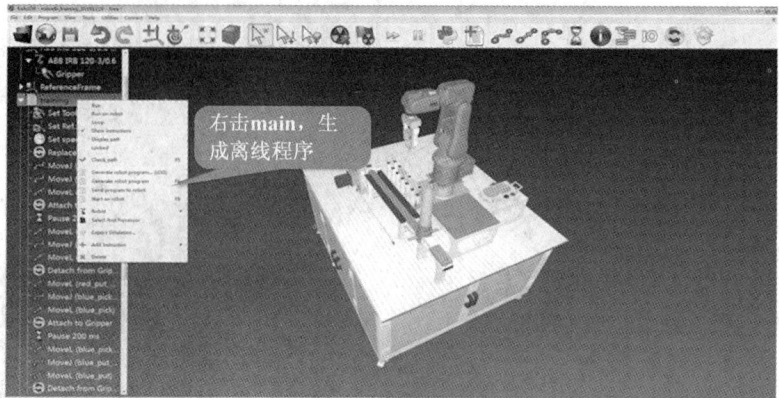

图 7-106　生成离线程序

注意：相应品牌机器人会生成相应品牌的机器人程序。

图 7-107　导出离线程序

(4) 视频(见图 7-108)。

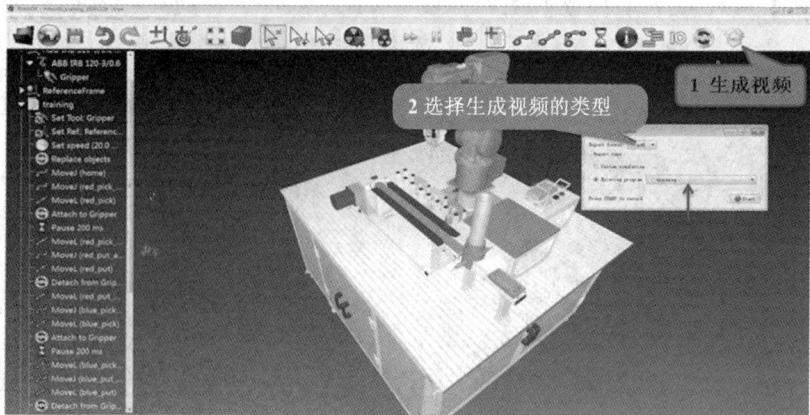

图 7-108　视频

🎥 任务扩展

碰撞检测(见图 7-109～图 7-111)。

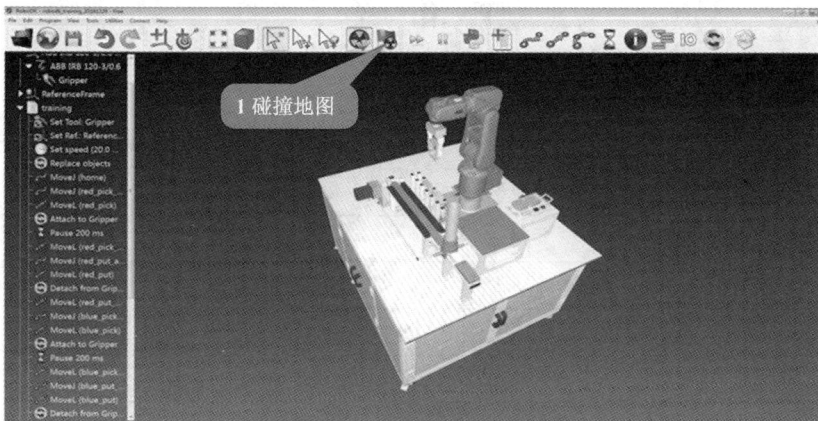

图 7-109 选择碰撞地图

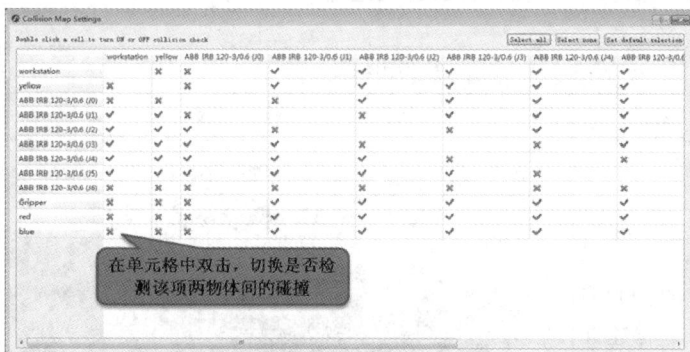

图 7-110 碰撞地图

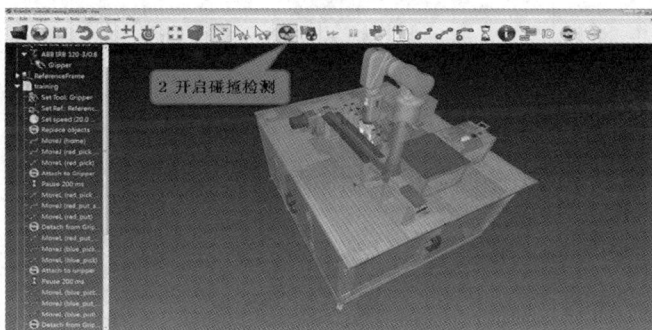

图 7-111 碰撞检测

注意：如有碰撞，两个碰撞对象的颜色会变成深红色！

🎥 任务巩固

有条件的单位对该软件进行操作，并且在工业机器人上进行验证。

模块七资源

操作与应用

工 作 单

姓名		工作名称	应用 MotosimEG 离线编程软件与 RoboDK 离线编程软件构建工作站
班级		小组成员	
指导教师		分工内容	
计划用时		实施地点	
完成日期		备注	

工 作 准 备		
资　料	工　具	设　备

工作内容与实施	
工作内容	实　施
1. 应用 MotosimEG 离线编程软件构建立图1所示工作站	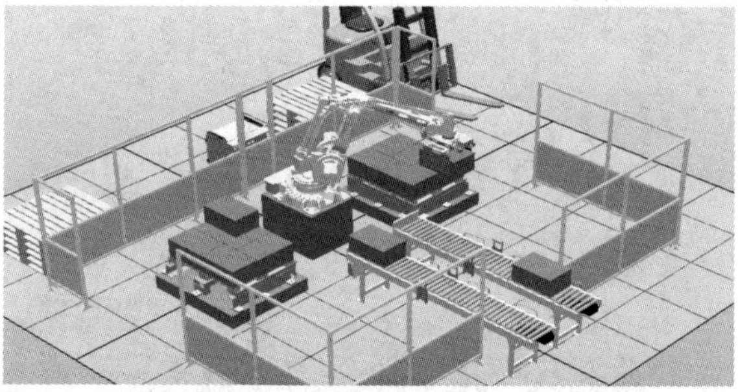 图1　具有外轴的工作站
2. 应用 RoboDK 离线编程软件构建图2所示工作站	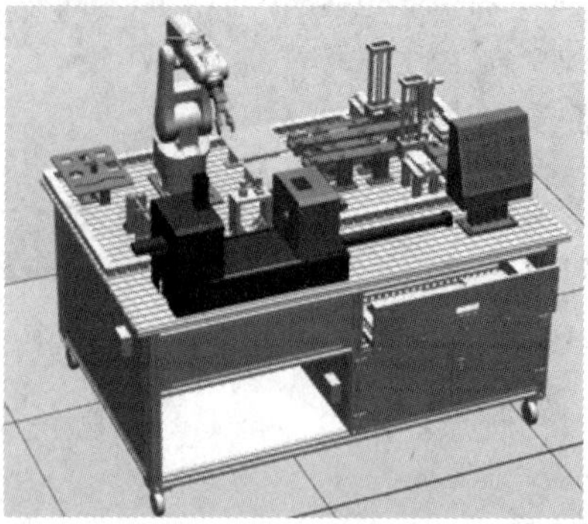 图2　生产线

工 作 评 估

	评 价 内 容				
	完成的质量 (60 分)	技能提升能 力(20 分)	知识掌握能 力(10 分)	团队合作 (10 分)	备注
自我评价					
小组评价					
教师评价					

1. 自我评价

班级：＿＿＿＿＿＿＿ 姓名：＿＿＿＿＿＿＿

工作名称：认识工业机器人的编程

序号	评 价 项 目	是	否
1	是否明确人员的职责		
2	能否按时完成工作任务的准备部分		
3	工作着装是否规范		
4	是否主动参与工作现场的清洁和整理工作		
5	是否主动帮助同学		
6	是否应用 MotosimEG 离线编程软件构建工作站		
7	是否看应用 RoboDK 离线编程软件构建工作站		
8	是否完成了清洁工具和维护工具的摆放		
9	是否执行6S规定		
评价人		分数		时间	年 月 日

2. 小组评价

序号	评 价 项 目	评 价 情 况
1	与其他同学的沟通是否顺畅	
2	是否尊重他人	
3	工作态度是否积极主动	
4	是否服从教师的安排	
5	着装是否符合标准	
6	能否正确地理解他人提出的问题	
7	能否按照安全和规范的规程操作	
8	能否保持工作环境的干净整洁	
9	是否遵守工作场所的规章制度	

✎ 笔记

序号	评 价 项 目	评 价 情 况
10	是否有工作岗位的责任心	
11	是否全勤	
12	是否能正确对待肯定和否定的意见	
13	团队工作中的表现如何	
14	是否达到任务目标	
15	存在的问题和建议	

3. 教师评价

课程	工业机器人离线编程与仿真	工作名称	应用 MotosimEG 离线编程软件与 RoboDK 离线编程软件建立工作站	完成地点	
姓名		小组成员			
序号	项 目		分 值	得 分	
1	应用RoboDK离线编程软件构建工作站		50		
2	应用MotosimEG离线编程软件构建工作站		50		

自 学 报 告

自学任务	应用EASY-ROB离线编程软件构建图1所示工作站
自学内容	
收获	
存在问题	
改进措施	
总结	

附录

Smart 组件——子组件概览

一、"信号与属性"子组件

1. Logic Gate

Output 信号由 Input A 和 Input B 这两个信号的 Operator 中指定的逻辑运算设置，延迟在 Delay 中指定，属性及信号说明见附表 1。

附表 1　Logic Gate 属性及信号说明

属　　性	说　　明
Operator	使用的逻辑运算的运算符：AND、OR、XOR、NOT、NOP Delay 用于设定输出信号延迟时间
信　　号	说　　明
Input A	第一个输入信号
Input B	第二个输入信号
Output	逻辑运算的结果

2. Logic Expression

评估逻辑表达式，属性及信号说明见附表 2。

附表 2　Logic Expression 属性及信号说明

属　　性	说　　明
String	要评估的表达式
Operator	各种运算符：AND、OR、XOR、NOT
信　　号	说　　明
结果	包含评估结果

3. Logic MUX

依照 Output=(Input A*NOT Selector)+(Input B*Selector)设定 Output，信号说明见附表 3。

附表 3　Logic MUX 信号说明

属　性	说　明
Selector	当为低时，选中第一个输入信号 当为高时，选中第二个输入信号
Input A	指定第一个输入信号
Input B	指定第二个输入信号
Output	指定运算结果

4. Logic Split

Logic Split 获得 Input 并将 Output High 设为与 Input 相同，将 Output Low 设为与 Input 相反。Input 设为 High 时，Pulse High 发出脉冲；Input 设为 Low 时，Pulse Low 发出脉冲。其信号说明见附表 4。

附表 4　Logic Split 信号说明

属　性	说　明
Input	指定输入信号
Output High	当 Input 设为 1 时，转为 High(1)
Output Low	当 Input 设为 1 时，转为 High(0)
Pulse High	当 Input 设为 High 时，发送脉冲
Pulse Low	当 Input 设为 Low 时，发送脉冲

5. Logic SR Latch

用于置位/复位信号，并带锁定功能，信号说明见附表 5。

附表 5　Logic　SR Latch 信号说明

属　性	说　明
Set	设置输出信号
Reset	复位输出信号
Output	指定输出信号
Inv Output	指定反转输出信号

6. Converter

用于属性值和信号值之间转换，属性及信号说明见附表 6。

附表 6　Converter 属性及信号说明

属　性	说　明
Analog Property	要评估的表达式
Digital Property	转换为 Digital Output
Group Property	转换为 Group Output
Boolean Property	由 Digital Input 转换为 Digital Output
Digital Input	转换为 Digital Property
Digital Output	由 Digital Property 转换
Analog Input	转换为 Analog Property
Analog Output	由 Analog Property 转换
Group Input	转换为 Group Property
Group Output	由 Group Property 转换

7. Vector Converter

在 Vector 和 X、Y、Z 值之间转换，信号说明见附表 7。

附表 7　Vector Converter 信号说明

属　性	说　明
X	指定 Vector 的 Y 值
Y	指定 Vector 的 Y 值
Z	指定 Vector 的 Z 值
Vector	指定向量值

8. Expression

表达式包括数字字符(包括 PI)，圆括号，数学运算符 s、+、−、*、/、∧ (幂)和数学函数 sin、cos、sqrt、atan、abs。任何其他字符串被视作变量，作为添加的附加信息。其结果将显示在 Result 框中。其信号说明见附表 8。

附表 8　Express ion 信号说明

属　性	说　明
Expression	指定要计算的表达式
Result	显示计算结果

9. Comparer

Comparer 使用 Operator 对第一个值和第二个值进行比较。当满足条件时，将 Output 设为 1。其属性及信号说明见附表 9。

附表 9　Comparer 属性及信号说明

属　性	说　明
Valuc A	指定第一个值
Valuc B	指定第二个值
Operator	指定比较运算符：==、！=、>、>=、<、<=
信　号	说　明
Output	当比较结果为 True 时，表示为 True；否则为 False

10. Counter

设置输入信号 Increase 时，Count 增加；设置输入信号 Decrease 时，Count 减少；设置输入信号 Reset 时，Count 被重置。其属性及信号说明见附表 10。

附表 10　Counter 属性及信号说明

属　性	说　明
Count	指定当前值
信　号	说　明
Output	当该信号设为 True 时，将在 Count 中加 1
Decrease	当该信号设为 True 时，将在 Count 中减 1
Reset	当 Reset 设为 high 时，将 Count 复位为 0

11．Repeater

脉冲 Output 信号的 Count 次数。属性及信号说明见附表 10。

12．Timer

Timer 用于指定间隔脉冲 Output 信号。如果未选中 Repeat，在 Interval 中指定的间隔后将触发一个脉冲；如果选中，在 Interval 指定的间隔后重复触发脉冲。其属性及信号说明见附表 11。

附表 11　Timer 属性及信号说明

属　性	说　明
Start Time	指定触发第一个脉冲前的时间
Interval	指定每个脉冲间的仿真时间
Repeat	指定信号是重复还是仅执行一次
Current time	指定当前仿真时间
信　号	说　明
Active	将该信号设为 True，启用 Timer；设为 False，停用 Timer
Output	在指定时间间隔发出脉冲

13．Stop Watch

Stop Watch 计量了仿真的时间(Total Time)。触发 Lap 输入信号将开始新的循环。Lap Time 显示当前单圈循环的时间。只有 Active 设为 1 时才开始计时。当设置 Reset 输入信号时，时间将被重置。属性及信号说明见附表 12。

附表 12　Stop Watch 属性及信号说明

属　性	说　明
Total Time	指定累计时间
Lap Time	指定当前单圈循环的时间
Auto　Reset	如果是 True，当仿真开始时 Total Time 和 Lap Time 将被设为 0
信　号	说　明
Active	设为 True 时启用 Stop Watch，设为 False 时停用 Stop Watch
Reset	当该信号为 High 时，将重置 Total time 和 Lap time
Lap	开始新的循环

二、"参数与建模"子组件

1．Parametric Box

Parametric Box 生成一个指定长度、宽度和高度的方框。其属性及信号说明见附表 13。

附表 13　Parametric Box 属性及信号说明

属　性	说　明
Size X	沿 X 轴方向指定该盒形固体的长度
Size Y	沿 Y 轴方向指定该盒形固体的宽度
Size Z	沿 Z 轴方向指定该盒形固体的高度
Generated Part	指定生成的部件
Keep Geometry	设置为 False 时，将删除生成部件中的几何信息。这样可以使其他组件如 Source 执行得更快
信　号	说　明
Update	设置该信号为 1 时，更新生成的部件

2. Parametric Circle

Parametric Circle 根据给定的半径生成一个圆。其属性及信号说明见附表 14。

附表 14　Parametric Circle 属性及信号说明

属　性	说　明
Radius	指定圆周的半径
Generated Pan	指定生成的部件
Generated Wire	指定生成的线框
Keep Geometry	设置为 False 时，将删除生成部件中的几何信息。这样可以使其他组件如 Source 执行得更快
信　号	说　明
Update	设置该信号为 1 时，更新生成的部件

3. Parametric Cylinder

Parametric Cylinder 根据给定的 Radius 和 Height 生成一个圆柱体。其属性及信号说明见附表 15。

附表 15　Parametric Cylinder 属性及信号说明

属　性	说　明
Radius	指定圆柱半径
Height	指定圆柱高
Generated Part	指定生成的部件
Keep　Geometry	设置为 False 时，将删除生成部件中的几何信息。这样可以使其他组件如 Source 执行得更快
信　号	说　明
Update	设置该信号为 1 时，更新生成的部件

4. Parametric Line

Parametric Line 根据给定端点和长度生成线段。如果端点或长度发生变化，生成的线段将随之更新。其属性及信号说明见附表 16。

附表 16　Parametric Line 属性及信号说明

属　性	说　明
End Point	指定线段的端点
Height	指定线段的长度
Generated Part	指定生成的部件
Generated Wire	指定生成的线框
Keep Geometry	设置为 False 时，将删除生成部件中的几何信息。这样可以使其他组件如 Source 执行得更快
信　号	说　明
Update	设置该信号为1时，更新生成的部件

5. Linear Extrusion

Linear Extrusion 沿着 Projection 指定的方向拉伸 Source Face 或 Source Wire。其属性说明见附表 17。

附表 17　Linear Extrusion 属性说明

属性	说　明
Source Face	指定要拉伸的面
Source Wire	指定要拉伸的线
Projection	指定要拉伸的方向
Generated Pan	指定生成的部件
Keep Geometry	设置为 False 时，将删除生成部件中的几何信息，这样可以使其他组件如 Source 执行得更快

6. Circular Repeater

Circular Repeater 根据给定的 Delta Angle 沿 Smart Component 的中心创建一定数量的 Source 的复制。其属性说明见附表 18。

附表 18　Circular Repeater 属性说明

属性	说　明
Source	指定要复制的对象
Count	指定要创建的复制的数量
Radius	指定圆周的半径
Delta Angle	指定复制间的角度

7. Linear Repeater

Linear Repeater 根据 Offset 给定的间隔和方向创建一定数量的 Source 的复制。其属性说明见附表 19。

附表 19　Linear　Repeater 属性说明

属　性	说　明
Source	指定要复制的对象
Offset	指定复制间的距离
Count	指定要创建的复制的数量

8. Matrix Repeater

Matrix Repeater 在三维环境中以指定的间隔创建指定数量的 Source 对象的复制。其属性说明见附表 20。

附表 20　Matrix Repeater 属性说明

属　性	说　明
Source	指定要复制的对象
Count X	指定在 X 轴方向上复制的数量
Count Y	指定在 Y 轴方向上复制的数量
Count Z	指定在 Z 轴方向上复制的数量
Offset X	指定在 X 轴方向上复制间的偏移
Offset Y	指定在 Y 轴方向上复制间的偏移
Offset Z	指定在 Z 轴方向上复制间的偏移

三、"传感器"子组件

1. Collision Sensor

Collision Sensor 检测第一个对象和第二个对象间的碰撞丢失和接近丢失。如果其中一个对象没有指定，将检测另外一个对象在整个工作站中的碰撞。当 Active 信号为 High、发生碰撞或接近丢失并且组件处于活动状态时，设置 Sensor Out 信号并在属性编辑器的第一个碰撞部件和第二个碰撞部件中报告发生碰撞或接近丢失的部件。其属性及信号说明见附表 21。

附表 21　Collision Sensor 属性及信号说明

属　性	说　明
Object 1	检测碰撞的第一个对象
Object 2	检测碰撞的第二个对象
Near Miss	指定接近丢失的距离
Part 1	第一个对象发生碰撞的部件
Part 2	第二个对象发生碰撞的部件
Collision Type	None、Near miss、Collision
信　号	说　明
Active	指定 Collision Sensor 是否激活
Sensor Out	当发生碰撞或接近丢失时为 True

笔记

2. Line Sensor

Line Sensor 根据 Start、End 和 Radius 定义一条线段。当 Active 信号为 High 时，传感器将检测与该线段相交的对象。相交的对象显示在 Closest Part 属性中，距线传感器起点最近的相交点显示在 Closest Point 属性中。出现相交时，会设置 Sensor Out 输出信号。其属性及信号说明见附表 22。

附表 22　Line Sensor 属性及信号说明

属　性	说　　明
Start	指定起始点
End	指定结束点
Radius	指定半径
Sensed Part	指定与 Line Sensor 相交的部件。如果有多个部件相交，则列出距起始点最近的部件
Sensed Point	指定相交对象上距离起始点最近的点
信号	说　　明
Active	指定 Line Sensor 是否激活
Sensor Out	当 Sensor 与某一对象相交时为 True

3. Plane Sensor

Plane Sensor 通过 Origin、Axis1 和 Axis2 定义平面。设置 Active 输入信号时，传感器会检测与平面相交的对象。相交的对象将显示在 Sensed Part 属性中。出现相交时，将设置 Sensor Out 输出信号。其属性及信号说明见附表 23。

附表 23　Plane Sensor 属性及信号说明

属性	说　　明
Origin	指定平面的原点
Axis1	指定平面的第一个轴
Axis2	指定平面的第二个轴
Sensed　Part	指定与 Plane Sensor 相交的部件，如果多个部件相交，则在布局浏览器中第一个显示的部件将被选中
信号	说　　明
Active	指定 Plane Sensor 是否被激活
Sensor Out	当 Sensor 与某一对象相交时为 True

4. Volume Sensor

Volume Sensor 检测全部或部分位于箱形体积内的对象。体积用角点、边长、边高、边宽和方位角定义。其属性及信号说明见附表 24。

附表 24　Volume Sensor 属性及信号说明

属　性	说　明
Comer Point	指定箱体的本地原点
Orientation	指定对象相对于参考坐标和对象的方向(Euler ZYX)
Length	指定箱体的长度
Width	指定箱体的宽度
Height	指定箱体的高度
Percentage	作出反应的体积百分比。若设为 0，则对所有对象作出反应
Partial Hit	允许仅当对象的一部分位于体积传感器内时，才侦测对象
Sensed Part	最近进入或离开体积的对象
Sensed Parts	在体积中侦测到的对象
Volume Sensed	侦测的总体积
信　号	说　明
Active	若设为"高(1)"，将激活传感器
Object Detected Out	当在体积内检测到对象时，将变为"高(1)"。在检测到对象后，将立即被重置
Object Deleted Out	当检测到对象离开体积时，将变为"高(1)"。在对象离开体积后，将立即被重置
Sensor Out	当体积被充满时，将变为"高(1)"

5．Position Sensor

Position Sensor 监视对象的位置和方向，对象的位置和方向仅在仿真期间被更新。其属性说明见附表 25。

附表 25　Position Sensor 属性说明

属　性	说　明
Object	指定要进行映射的对象
Reference	指定参考坐标系(Parent 或 Global)
Reference Object	如果将 Reference 设置为 Object，指定参考对象
Position	指定对象相对于参考坐标和对象的位置
Orientation	指定对象相对于参考坐标和对象的方向(Euler ZYX)

6．Closest Object

Closest Object 定义了参考对象或参考点。设置 Execute 信号时，组件会找到 Closest Object、Closest Part 和相对于参考对象或参考点的 Distance(如未定义参考对象)。如果定义了 ROOtObject，则会将搜索的范围限制为该对象和其同源的对象。完成搜索并更新了相关属性时，将设置 Executed 信号。其属性及信号说明见附表 26。

附表 26　Closest Object 属性及信号说明

属　性	说　明
Reference Object	指定平面的原点
Reference Point	指定平面的第一个轴
Root Object	指定平面的第二个轴
Closest Object	指定与 Plane Sensor 相交的部件，如果多个部件相交，则在布局浏览器中第一个显示的部件将被选中
Closest Part	指定距参考对象或参考点最近的部件
Distance	指定参考对象和最近的对象之间的距离
信　号	说　明
Execute	设该信号为 True，开始查找最近的部件
Executed	当完成时发出脉冲

四、"动作"子组件

1. Attacher

设置 Execute 信号时，Attacher 将 Child 安装到 Parent 上。如果 Parent 为机械装置，还必须指定要安装的 Flange。设置 Execute 输入信号时，子对象将安装到父对象上。如果选中 Mount，还会使用指定的 Offset 和 Orientation 将子对象装配到父对象上。完成时，将设置 Executed 输出信号。其属性及信号说明见附表 27。

附表 27　Attacher 属性及信号说明

属　性	说　明
Parent	指定子对象要安装在哪个对象上
Flange	指定要安装在机械装置的哪个法兰上(编号)
Child	指定要安装的对象
Mount	如果为 True，子对象装配在父对象上
Offset	当使用 Mount 时，指定相对于父对象的位置
Orientation	当使用 Mount 时，指定相对于父对象的方向
信　号	说　明
Execute	设为 True 进行安装
Executed	当完成时发出脉冲

2. Detacher

设置 Execute 信号时，Detacher 会将 Child 从其所安装的父对象上拆除。如果选中了 Keep Position，位置将保持不变；否则相对于其父对象放置子对象的位置。完成时，将设置 Executed 信号。其属性及信号说明见附表 28。

✍ 笔记

附表 28　Detacher 属性及信号说明

属性	说　明
Child	指定要拆除的对象
Keep Position	如果为 False，被安装的对象将返回其原始的位置
信号	说　明
Execute	设该信号为 True，移除安装的物体
Executed	当完成时发出脉冲

3. Source

源组件的 Source 属性表示在收到 Execute 输入信号时应复制的对象。所复制对象的父对象由 Parent 属性定义，而 Copy 属性则指定对所复制对象的参考。输出信号 Executed 表示复制已完成。其属性及信号说明见附表 29。

附表 29　Source 属性及信号说明

属　性	说　明
Source	指定要复制的对象
Copy	指定复制
Parent	指定要复制的父对象。如果未指定，则将复制与源对象相同的父对象
Position	指定复制相对于其父对象的位置
Orientation	指定复制相对于其父对象的方向
Transient	如果在仿真时创建了复制，将其标识为瞬时的。这样的复制不会被添加至撤销队列中，且在仿真停止时自动被删除。这样可以避免在仿真过程中过分消耗内存
信　号	说　明
Execute	设该信号为 True，创建对象的复制
Executed	当完成时发出脉冲

4. Sink

Sink 会删除 Object 属性参考的对象。收到 Execute 输入信号时开始删除，删除完成时，设置 Executed 输出信号。其属性及信号说明见附表 30。

附表 30　Sink 属性及信号说明

属　性	说　明
Object	指定要移除的对象
信　号	说　明
Execute	设该信号为 True，移除对象
Executed	当完成时，发出脉冲

5. Show

设置 Execute 信号时，将显示 Object 中参考的对象。完成时，将设置 Executed 信号。其属性及信号说明见附表 31。

附表 31　Show 属性及信号说明

属　性	说　明
Object	指定要显示的对象
信　号	说　明
Execute	设该信号为 True，以显示对象
Executed	当完成时，发出脉冲

6. Hide

设置 Execute 信号时，将隐藏 Object 中参考的对象。完成时，将设置 Executed 信号。其属性及信号说明见附表 32。

附表 32　Hide 属性及信号说明

属　性	说　明
Object	指定要隐藏的对象
信　号	说　明
Execute	设置该信号为 True，隐藏对象
Executed	当完成时，发出脉冲

五、"本体"子组件

1. Lineal Mover

Lineal Mover 会按 Speed 属性指定的速度，沿 Direction 属性中指定的方向，移动 Object 属性中参考的对象。设置 Execute 信号时开始移动，重设 Execute 时停止。其属性及信号说明见附表 33。

附表 33　Lineal Mover 属性及信号说明

属　性	说　明
Object	指定要移动的对象
Direction	指定要移动对象的方向
Speed	指定移动速度
Reference	指定参考坐标系，可以是 Global、Local 或 Object
Reference Object	如果将 Reference 设置为 Object，指定参考对象
信　号	说　明
Execute	将该信号设为 True 时开始旋转对象，设为 False 时停止

2. Linear Mover2

Linear Mover2 将指定物体移动到指定的位置。其属性及信号说明见附表 34。

附表 34　Linear Mover2 属性及信号说明

属　性	说　明
Object	指定要移动的对象
Direction	指定要移动对象的方向
Distance	指定移动距离
Duration	指定移动时间
Reference	指定参考坐标系。可以是 Global、Local 或 Object
Reference Object	如果将 Reference 设置为 Object，指定参考对象
信　号	说　明
Execute	将该信号设为 True 时开始旋转对象，设为 False 时停止
Executed	移动完成后输出脉冲信号
Executing	移动执行过程中输出执行信号

3. Rotator

Rotator 会按 Speed 属性指定的旋转速度旋转 Object 属性中参考的对象。旋转轴通过 Center Point 和 Axis 进行定义。设置 Execute 输入信号时开始运动，重设 Execute 时停止运动。其属性及信号说明见附表 35。

附表 35　Rotator 属性及信号说明

属性	说　明
Object	指定旋转围绕的点
Center Point	指定要移动对象的方向
Axis	指定旋转轴
Speed	指定旋转速度
Reference	指定参考坐标系，可以是 Global、Local 或 Object
Reference Object	如果将 Reference 设置为 Object，指定参考对象
Execute	将该信号设为 True 时开始旋转对象，设为 False 时停止

4. Rotator2

Rotator2 使指定物体绕着指定坐标轴旋转指定的角度。其属性及信号说明见附表 36。

附表 36　Rotator2 属性及信号说明

属　性	说　明
Object	指定旋转围绕的点
Center Point	指定要移动对象的方向
Axis	指定旋转轴
Angle	指定旋转角度

信　号	说　明
Duration	指定旋转时间
Reference	指定参考坐标系，可以是 Global、Local 或 Object
Reference Object	如果将 Reference 设置为 Object，指定参考对象
Execute	将该信号设为 True 时开始旋转对象，设为 False 时停止
Executed	旋转完成后输出脉冲信号
Executing	旋转过程中输出执行信号

5. Positioner

Positioner 具有对象、位置和方向属性。设置 Execute 信号时，开始将对象向相对于 Reference 的给定位置移动。完成时，设置 Executed 输出信号。其属性及信号说明见附表 37。

附表 37　Positioner 属性及信号说明

属　性	说　明
Object	指定要放置的对象
Position	指定对象要放置到的新位置
Orientation	指定对象的新方向
Reference	指定参考坐标系，可以是 Global、Local 或 Object
Reference Object	如果将 Reference 设置为 Object，指定相对于 Position 和 Orientation 的对象
信　号	说　明
Execute	将该信号设为 True 时开始移动对象，设为 False 时停止
Executed	当操作完成时设为 1

6. Pose Mover

Pose Mover 包含 Mechanism、Pose 和 Duration 等属性。设置 Execute 输入信号时，机械装置的关节值移向给定姿态。达到给定姿态时，设置 Executed 输出信号。其属性及信号说明见附表 38。

附表 38　Pose Mover 属性及信号说明

属　性	说　明
Mechanism	指定要进行移动的机械装置
Pose	指定要移动到的姿势的编号
Duration	指定机械装置移动到指定姿态的时间

信　号	说　明
Execute	将该信号设为 True 时开始移动对象，设为 False 时停止
Pause	暂停动作
Cancel	取消动作
Executed	当机械装置达到位姿时，为 Pulses high
Executing	在运动过程中为 High
Paused	当暂停时为 High

7. Joint Mover

Joint Mover 包含机械装置、关节值和执行时间等属性。当设置 Execute 信号时，机械装置的关节向给定的位姿移动。当达到位姿时，使 Executed 输出信号。使用 Get Current 信号可以重新找回机械装置当前的关节值。其属性及信号说明见附表 39。

附表 39　Joint Mover 属性及信号说明

属　性	说　明
Mechanism	指定要进行移动的机械装置
Relative	指定 J1～Jx 是否是起始位置的相对值，而非绝对关节值
Duration	指定机械装置移动到指定姿态的时间
J1～Jx	关节值
信　号	说　明
Get Current	重新找回当前关节
Execute	设为 True，开始或重新开始移动机械装置
Pause	暂停动作
Cancel	取消运动
Executed	当机械装置达到位姿时为 Pulses high
Executing	在运动过程中为 High
Paused	当暂停时为 High

8. Move Along Curve

Linear Mover2 会按 Speed 属性指定的速度，沿 Direction 属性中指定的方向，移动 Object 属性中参考的对象。设置 Execute 信号时开始移动，重设 Execute 时停止。其属性及信号说明见附表 40。

笔记

附表 40　Move Along Curve 属性及信号说明

属　性	说　明
Object	指定要移动的对象
Direction	指定要移动对象的方向
Speed	指定移动速度
Reference	指定参考坐标系，可以是 Global、Local 或 Object
Reference Object	如果将 Reference 设置，为 Object，指定参考对象
信　号	说　明
Execute	将该信号设为 True 时开始旋转对象，设为 False 时停止

六、"其他"子组件

1. Get Parent

Get Parent 返回输入对象的父对象。找到父对象时，将触发"已执行"信号。其属性及信号说明见附表 41。

附表 41　Get Parent 属性及信号说明

属性	说　明
Child	指定一个对象，寻找该对象的父级
Parent	指定子对象的父级
信　号	说　明
Output	如果父级存在则为 High(1)

2. Graphic Switch

通过单击图形中的可见部件或设置重置输入信号在两个部件之间转换。其属性及信号说明见附表 42。

附表 42　Graphic Switch 属性及信号说明

属　性	说　明
Part High	在信号为 High 时显示
Pan Low	在信号为 Low 时显示
信　号	说　明
Input	输入信号
Output	输出信号

3. High lighter

临时将所选对象显示为定义了 RGB 值的高亮色彩。高亮色彩混合了对象的原始色彩，通过 Opacity 进行定义。当信号 Active 被重设，对象恢复原始颜色。其属性及信号说明见附表 43。

附表 43　High lighter 属性及信号说明

属　　性	说　　明
Object	指定要高亮显示的对象
Color	指定高亮颜色的 RGB 值
Opacity	指定对象原始颜色和高亮颜色混合的程度
信　　号	说　　明
Active	当为 True 时将高亮显示，当为 False 时恢复原始颜色

4. Logger

打印输出窗口的信息。属性及信号说明见附表 44。

附表 44　Logger 属性及信号说明

属　　性	说　　明
Format	字符串，支持变量如{id: type)，类型可以为 d(double)、i(int)、s (string)、o(object)
Message	信　　息
Severity	信息级别：0(Information)，1(Warning)，2(Error)
信　　号	说　　明
Execute	设该信号为 High(1)，打印信息

5. Move To View Point

当设置输入信号 Execute 时，在指定时间内移动到选中的视角。当操作完成时，设置输出信号 Executed。其属性及信号说明见附表 45。

附表 45　Move To View Point 属性及信号说明

属　　性	说　　明
Viewpoint	指定要移动到的视角
Time	指定完成操作的时间
信　　号	说　　明
Execute	设该信号为 High(1)，开始操作
Executed	当操作完成时，该信号转为 High(1)

6. Object Comparer

比较 Object A 是否与 Object B 相同。其属性及信号说明见附表 46。

附表 46　Object Comparer 属性及信号说明

属　　性	说　　明
Object A	指定要进行对比的组件
Object B	指定要进行对比的组件
信　　号	说　　明
Output	如果两对象相等，则为 High

7. Queue

表示 FIFO(first in，first out)队列。当设置信号 Enqueue 时，Back 中的对象将被添加到队列中。队列前端对象将显示在 Front 中。当设置 Dequeue 信号时，Front 对象将从队列中移除。如果队列中有多个对象，下一个对象将显示在前端。当设置 Clear 信号时，队列中所有对象将被删除。如果 Transformer 组件以 Queue 组件作为对象，该组件将转换 Queue 组件中的内容而非 Queue 组件本身。其属性及信号说明见附表 47。

附表 47　Queue 属性及信号说明

属　性	说　　明
Back	指定 Enqueue 的对象
Front	指定队列的第一个对象
Queue	包含队列元素的唯一 ID 编号
Number Of Objects	指定队列中的对象数目
信　号	说　　明
Enqueue	将在 Back 中的对象添加至队列末尾
Dequeue	将队列前端的对象移除
Clear	将队列中所有对象移除
Delete	将在队列前端的对象移除，并将该对象从工作站移除
Delete All	清空队列，并将所有对象从工作站中移除

8. Sound Player

当输入信号被设置时，播放使用 Sound Asset 指定的声音文件，必须为 .wav 文件。其属性及信号说明见附表 48。

附表 48　Sound Player 属性及信号说明

属　性	说　　明
Sound Asset	指定要播放的声音文件，必须为.WAV
信　号	说　　明
Execute	设该信号为 High 时播放声音

9. Stop Simulation

当设置了输入信号 Execute 时，停止仿真。其属性及信号说明见附表 49。

附表 49　Stop Simulation 属性及信号说明

属　性	说　　明
Execute	设该信号为 High 时停止播放声音

10. Random

当 Execute 被触发时，生成最大最小值间的任意值。其属性及信号说明见附表 50。

附表 50   Random 属性及信号说明

属　性	说　　明
Min	指定最小值
Max	指定最大值
Value	在最大值和最小值之间任意指定一个值
信　号	说　　明
Execute	设该信号为 High 时，生成新的任意值
Executed	当操作完成时，设为 High

11．Simulation Events

在仿真开始和停止时，发出脉冲信号。其信号说明见附表 51。

附表 51   Simulation Events 信号说明

属　性	说　　明
Simulation Started	仿真开始时，输出脉冲信号
Simulation Stopped	仿真停止时，输出脉冲信号

参 考 文 献

[1] 田贵福，林燕文. 工业机器人现场编程. 北京：机械工业出版社，2019.

[2] 韩鸿鸾，等. 工业机器人现场编程与调试. 北京：化学工业出版社，2017.

[3] 叶晖，等. 工业机器人实操与应用技巧. 2 版. 北京：机械工业出版社，2019.

[4] 叶晖. 工业机器人典型应用案例精析. 北京：机械工业出版社，2015.

[5] 胡伟，等. 工业机器人行业应用实训教程. 北京：机械工业出版社，2015.

[6] 余任冲. 工业机器人应用案例入门. 北京：电子工业出版社，2015.

[7] 朱林，吴海波. 工业机器人仿真与离线编程. 北京：北京理工大学出版社，2017.

[8] 叶晖，管小清. 工业机器人实操与应用技巧. 北京：机械工业出版社，2011.

[9] 叶晖主，等. 工业机器人工程应用虚拟仿真教程. 北京：机械工业出版社，2016.

[10] 韩鸿鸾，张云强. 工业机器人离线编程与仿真. 北京：化学工业出版社，2018.

[11] (美)J J Craig. 机器人学导论. 北京：机械工业出版社，2006.

[12] 韩鸿鸾. 工业机器人装调与维修. 北京：化学工业出版社，2018.